세계무역마찰과
대국의 흥망

세계무역마찰과
대국의 흥망

초판 1쇄 인쇄 2022년 1월 15일
초판 1쇄 발행 2022년 1월 20일
옮 긴 이 김승일(金勝一)·전영매(全英梅)
발 행 인 런쩌핑(任泽平)
디 자 인 조경미
출 판 사 경지출판사
출판등록 제 2015-000026호

잘못된 책은 바꿔드립니다.
가격은 표지 뒷면에 있습니다.

ISBN 979-11-90159-75-3 (03310)

판매 및 공급처 경지출판사

주소: 서울시 도봉구 도봉로117길 5-14 **Tel**: 02-2268-9410 **Fax**: 0502-989-9415
블로그: https://blog.naver.com/jojojo4

※ 이 도서의 국립중앙도서관 출판시 도서목록(CIP)은 서지정보유통지원시스템 홈페이지(http://seoji.nl.go.kr)와 국가자료공동목록시스템에서 이용하실 수 있습니다.

세계무역마찰과 대국의 흥망

런쩌핑(任泽平) 지음 | 김승일(金勝一)·전영매(全英梅) 옮김

경지출판사
Korea Wisdom China
经典中国国际出版工程
China Classics International

contents

contents

머리말

중·미 무역마찰

본질·영향·대응 및 미래의 시뮬레이션

2018년 7월 6일 중국과 미국의 무역마찰이 격화되기 시작한 이래 미국은 중국 관세에 대한 추가 부과 상품의 규모를 꾸준히 확대했다. 아울러 무역마찰은 투자 규제, 기술 봉쇄, 인재 교류 제한, 중국을 고립시키기 등 방면에까지 점점 격화되었으며, 이에 따라 세계경제와 무역, 외국인 직접투자(FDI)·지연정치·중·미관계 등에까지 큰 영향을 끼치게 되었다. 2019년 5월 초까지 중·미 양국은 이미 10라운드에 걸친 경제무역 고위급 협상을 진행, 협의문서를 둘러싸고 협상을 진행하여 기술 이전, 지적재산권 보호, 비관세 장벽, 서비스업, 농업, 환율 및 집행 메커니즘 등에서 합의를 이끌어냈다. 그러나 2019년 5~6월, 미국이 갑자기 관세율을 더 인상하고 화웨이(華爲) 공급사슬을 끊어버리는 것으로 중국 하이테크 주력기업에 압박을 가하는 바람에 중·미 무역마찰이 재차 대폭 격화되었다. 6월말 중·미 정상이 회담을 갖고 경제무역협상을 재개하는데 동의함에 따라 중·미 무역마찰이 단계적 완화로 돌아섰다. 중·미 무역담판은 우여곡절이 많고 같은 상황이 반복되고 있어 설사 합의가 이루어진다 하더라도 중·미 경제무역마찰문제가 완전히 해결된 것이라고 생각할 수 없다. 따라서 중국은 두 가지 준비를 해야 한다. 중·미 무역마찰이 장기적 특성을 띠고 있을 뿐만 아니라 갈수록 준엄해지고 있다는 사실을 반드시 명확히 인식해야 한다. 중·미 무역마찰이 꾸준히 격화됨에 따라 미국의 전략적 의도와 속내가 갈수록 더욱 뚜렷이 드러나고 있다. 미국의 목표는 단순히 무역적자를 줄이기 위한 것이 아님이 분명하다. 갈수록 많이 드러나고 있는 흔적들을 통해서 그 목표가 보호무역주의의 명분을 내세워 중국의 경제발전과 산업 업그레이드를 겨냥하고 있음을 알 수 있다. 특히 중국의 하이테크 분야에 대한 전략적 억제가 목표임을 알 수 있다. 미국의 전략적 의도가 가장 잘 드러나는 두 가지 문서와 두 건의 사건이 있다. 2018년 3월의 「301보고서」와 2018년 5월의 "조건부 리스트(要價淸單)"(「아메리카합중국과 중화인민공화국 간의 무역관계 균형을 이루기 위함에 대하여」) 두 가지 문서, 그리고 1980년대의 미·일 무역마찰과 현재 화웨이에 대한 미국의 봉쇄 두 건의 사건이 바로 그것이다. 중국경제가 발전함에 따라, 그리고 중·미 산업의 분업이 서로 보완하던 데서 서로 경쟁하는 데로 나아감에 따라, 그리고 또 중·미 양국이 가치관·이데올로기·국정운영에서 존재하는 차이가 점점 불거짐에 따라, 중국에 대한 미국 정계의 견해에 큰 변화가 생겼다. 강경파 언론이 계속 고개를 쳐들고 있는 가운데 미국의 일부 인사들은 중국을 정치면에서의 권위주의, 경제면에서의 국가자본주의, 무역면에서의 중상주의, 국제관계에서의 신 확장주의로 간주하면서 미국이 이끄는 서방세계에 대한 전면적 도발이라고 주장하고 있다. 그들은 중국의 경제발전을 미국의 경제 패권에 대한 도발로, 중국의 하이테크 분야 진출을 미국의 하이테크 분야 독점 지위에 대한 도발로, 중국의 중상주의를 미국의 무역 규칙에 대한 도발로, 중국의 '일대일로(一帶一路)' 창의를 미국의 지연정치에 대한 도발로, 중국의 발전모델을 미국의 이데올로기와 서방문명에 대한 도발로 간주하고 있다. 중·미 무역마찰은 협의적 차원에서부터 광의적 차원에 이르기까지 4개의 단계로 나뉜다. 즉 무역적자 감축단계, 공정무역의 구조적 개혁 실현단계, 신흥 대국에 대한 패권국가의 전략적 규제단계, 냉전 사유에 대한 이데올로기 대결단계이다. 무역적자의 감축은 양자의 노력을 통해 단계적으로 완화할 수 있지만, 만약 미국이 일방적으로 중국에만 조정을 요구하고, 자국의 '고 소비' '저 저축' 패턴, 대 중국 하이테크 제품의 수출 제한, 달러화 과잉공급 특권의 횡포 등 근본적인 문제를 철저히 해결하지 않는다면, 미국의 무역적자는 근본적으로 삭감될 수가 없다. 기껏해야 이전처럼 미·일 무역마찰 이후 미국이 대외 무역적자를 일본에서 중국으로 이전했다가 그 뒤 중국에서 다시 동남아로 이전하는 따위의 방법을 취하는 것 이외에는 달리 방법이 없을 것이다. 공평무역의 구조적 개혁을 실현하는 면에서 중국은 적극적인 개혁을 진행할 수 있다. 이 또한 중국 자체 발전의 수요이기도 하다. 그러나 이 모든 것은 중국의 첨단과학기술의 업그레이드와 대국의 부흥을 전략적으로 저지하려는 미국의 의도를 만족시킬 수 없다. 따라서 중·미 쌍방은 의견 차이를 관리통제하고, 판단 오류를 범하지 않도록 피해야 하며, 많이 협상하고, 협력하며, 서로 신뢰하고, 상생방법을 모색하여 갈등이 격화되는 것을 막아야 한다. 중·미 쌍방은 인류복지 증진에 이로운 글로벌화와 시장화를 공동으로 수호해야 한다. 중·미 무역마찰을 통해 우리는 중국이 과학기술혁신·첨단제조·금융서비스·대학교육·군사실력 등 영역에서 미국과 거대한 격차가 존재한다는 사실을 명확하게 인식하게 되었다. 중국이 투자규제완화·관세인하·재산권보호·국유기업개혁 등 영역에서 아직도 해야 할 일이 많다는 점을 반드시 분명히 인식해야 하고, 중·미관계가 협력 상생으로부터 경쟁협력의 방향으로 나아가고 있으며, 심지어 전략적 억제의 방향으로 나아가고 있다는 사실을 반드시 분명히 인식해야 하며, 반드시 새로운 라운드의 개혁개방을 확고부동하게 추진하여 전략적 힘을 유지해야 한다. 시진핑(習近平) 중국 국가주석은 2018년 4월 10일 보아오(博鰲)아시아포럼 2018년 연차총회 개막식 연설에서 전 세계에 다음과 같이 선고했다. "중국은 개방의 대문을 닫지 않을 것이며 점점 더 활짝 열어젖힐 것이다!" "실천이 증명했다시피 지난 40년 동안 중국의 경제발전은 개방된 조건에서 이룬 것이며, 앞으로 중국경제의 고품질 발전을 실현함에 있어서 반드시 더욱 개방된 조건에서 전개되어야 한다." 이와 동시에 우리는 또 중국경제발전의 거대한 잠재력과 장점을 명확하고도 깊이 인식해야 한다. 또한 새 라운드의 개혁개방이 거대한 이윤을 창출할 것이며, 최적의 투자기회는 바로 중국에 있다는 사실을 명확하게 인식해야 한다. 중국에는 세계 최대의 통일된 시장이 있고(약 14억 명 인구가 있음) 세계 최대의 중등소득 군체(4억 명)가 있다. 중국의 도시화 수준이 선진국과 비교해볼 때 아직도 20%의 발전 공간이 있어 잠재력이 거대하다. 중국에는 노동력 자원이 약 9억 명, 취업인원이 7억여 명 있으며, 대학교교육과 직업교육을 받은 높은 자질을 갖춘 인재가 1억 7,000만 명에 달하고, 매년 800여 만 명의 대학생이 배출되면서 인구의 이익이 인재의 이익으로 전환되고 있다. 새 라운드의 개혁개방이 새로운 주기에 들어서게 되어 거대한 활력을 방출하게 될 것이다. 중·미 무역마찰 초기에는 주류 언론과 시장에 심각한 판단 오류가 나타나 "중·미 관계가 썩 크게 좋아질 리도 없고 크게 나빠질 리도 없을 것이다", "중·미 무역마찰이 중국에 미치는 영향은 크지 않을 것이다"라는 등의 관점이 유행했다. 그러나 우리는 처음부터 시장에서 유행하는 관점과는 다른, 그 뒤 정세의 변화에 따라 거듭 검증되는 판단을 분명하게 제기했다. 그 판단은 즉 "중·미 무역마찰이 장기성을 띨 것이며, 갈수록 준엄해질 것", "보호무역주의 명분을 내세운 억제라는 것", "중·미 무역마찰에서 우리의 최고 대응책은 더 큰 결심과 더 큰 용기로 새 라운드 개혁개방을 확고부동하게 추진하는 것이다. 이에 대해 우리는 냉철하고 전략적인 자세를 유지해야 한다." 미국문제의 실질은 중국이 아니라 미국 자체에 있다. 포퓰리즘, 과소비, 극심한 빈부격차, 트리핀 딜레마[1] 등 문제를 어떻게 해결할 것인지에 있는 것이다. 1980년대에 미국이 일본의 굴기를 성공적으로 저지하고 경제 패권을 유지할 수 있었던 주요 원인은 미·일 무역마찰 자체에 있었던 것이 아니라, 로널드 레이건(Ronald Reagan) 행정부의 공급측 개혁과 볼커의 인플레이션 억제가 성공한 데 있었다. 중국의 실제문제는 수준 높은 시장경제와 개방체제를 어떻게 건설할 것이냐 하는 것이다. 더 깊이 파고들어가 보면 지난 40년간 중국경제가 고속성장을 이룰 수 있었던 것은 대내 개혁개방과 대외 도광양회(韜光養晦, 재능을 드러내지 않고 몸을 낮추고 때를 기다린다는 뜻–역자 주) 등 2대 선명한 입국전략에 힘입은 것이다. 현재 전략적 전환시기와 전략적 미확정시기에 처해 있는 중국이 해결해야 할 중점 문제는 미래 정치·경제·사회정세의 변화 추세 및 세계 지배권 교체에 직면하여 우리에게 이로운 장원한 전략적 방향과 목표를 확립하는 것이다. 이는 과거 영국의 대륙 세력균형, 미국의 고립주의 그

---

1) 트리핀 딜레마 : 로버트 트리핀(Robert Triffin : 1993년 81세를 일기로 사망) 예일대 교수는 미국의 무역수지 적자가 심각해진 1960년, 기축통화의 구조적 모순을 트리핀 딜레마라는 용어로 설명했다. 그는 1944년 출범한 브레튼우즈(Bretton Woods) 체제가 기축통화(key currency)라는 내적 모순을 안고 있다고 진단했다. 브레튼우즈 체제는 기존의 금 대신 미국 달러화를 국제결제에 사용하도록 한 것으로, 금 1온스의 가격을 35달러로 고정해 태환할 수 있도록 하고, 다른 국가의 통화는 조정 가능한 환율로 달러 교환이 가능하도록 해 달러를 기축통화로 만든 것이다. 한편, 달러화가 기축통화의 역할을 하기 위해서는 대외거래에서의 적자를 발생시켜 국외에 끊임없이 유동성을 공급해야 한다. 그러나 미국의 적자상태가 장기간 지속될 경우에는 유동성이 과잉돼 달러화의 가치는 흔들릴 수밖에 없다. 반면 미국이 대외거래에서 장기간 흑자상태를 지속하게 되면, 달러화의 가치는 안정시킬 수 있으나 국제무역과 자본거래를 제약할 수 있다. 적자와 흑자의 상황에도 연출될 수밖에 없는 달러화의 이럴 수도 저럴 수도 없는 모순을 가리켜 트리핀 딜레마라고 하는 것이다.

리고 과거 중국의 도광양회와 비슷한 것이다. 중국은 대내 입국전략이 매우 명확하다. 즉 개혁개방을 계속 심화시키는 것이다. 대외적으로 중국의 가장 중요한 외교관계는 중·미 관계이다. 중·미 관계의 본질은 신흥대국과 패권국가 간의 관계 모델 문제, 즉 도광양회 고립, 경쟁대립을 선택하느냐 아니면 협력 추종을 선택하느냐 하는 것이다. 그러나 오늘의 중·미관계는 과거 영국·독일, 영국·미국, 미국·일본, 미국·소련 관계와는 다르다. 영국·독일, 미국·소련처럼 사활을 건 전면적 경쟁 대립관계도 아니고, 영국·미국처럼 동족 동원의 협력추종, 순위계승 관계도 아니며, 경쟁 협력관계의 요소가 더 많다. 때문에 중국은 미국이 자국 이익을 우선시하는 패권사유로 회귀한 큰 배경에서 전 세계 인민에게 광범한 흡인력이 있는 아름다운 비전과 선진문명을 수립하고 널리 알려야 하고, 미국이 보호무역주의로 회귀한 큰 배경에서 더욱 개방적이고 대범한 자세로 세계를 향해 나가야 하며, 미국이 사방으로 싸움을 벌이고 있는 큰 배경에서 동남아시아·유럽·일본과 한국·중앙아시아 등과의 자유무역체계를 전면적으로 깊이 있게 구축하여 협력 상생을 실현해야 한다. 역사에는 규칙이 있다. 무릇 외부 문명의 성과를 꾸준히 받아들이고 꾸준히 배우고 진보하려는 나라는 꾸준히 강성하고, 낡은 틀에 얽매여 제자리걸음을 하면서 시대의 흐름을 가로막으려는 나라는 아무리 강대하더라도 결국에는 쇠락의 길을 걷게 된다. 우리는 10여 년 전부터 "대국 흥망성쇠의 세기적 법칙과 중국의 궐기가 직면한 도전 및 미래"에 관한 연구에 종사해왔다. 미국 대선 이후 우리는 미국의 경제·사회 발전의 배경, 보호무역주의 및 포퓰리즘이 머리를 쳐들게 된 배후의 경제·사회적 기반, 미국 각계의 대 중국 태도와 전략적 변화, 트럼프의 새로운 정치 주장 및 진전 등에 대해 체계적으로 연구하고 지속적으로 추적해 왔다. 오로지 대국 흥망성쇠의 세기적 법칙, 미국 보호무역주의 및 포퓰리즘이 머리를 쳐들게 된 경제·사회적 배경, 중·미관계 변화 과정과 추세에 대해 깊이 연구하고 트럼프의 새 정치의 핵심 요구와 속내를 분명히 파악해야만 전략적 판단 오류를 피할 수 있으며 환상을 버리고 멀리 내다보는 안목으로 침착하게 대처할 수 있는 것이다.

1. 2018년 이래, 미국의 대 중국 무역마찰은 투자 제한·기술 봉쇄·인재 교류저애 등으로 전면 격화되어 왔고, 중국은 그에 대해 반격하는 한편 개혁개방 진척을 가속해서 추진해 왔다.

(1) 중 · 미 무역마찰의 변화

2017년 8월 도널드 트럼프 미국 대통령이 미국무역대표부(USTR)에 대(對) 중국 "301조 조사"를 지시했다. 2018년 3월 USTR가 조사 결과 「301보고서」를 발표하여 중국에 "기술양도 강요, 미국 지적재산권 절취 등의 문제가 존재한다"고 지목했다. 트럼프는 이에 따라 중국에 대한 관세 추가 부과조치를 취했다. 2018년 6월 11일부터 미국은 과학·기술·공학·수학 등 학과에 대한 중국인 유학생에게 비자 발급을 엄격히 제한했다. 그 추세는 기타 학과에까지 점차 확대되어 정상적인 학술교류에까지 영향을 주었으며, 중국의 미국 방문 교류학자들이 부당하게 제지당하는 사건이 자주 발생했다. 2018년 6월 15일 미국은 쌍방이 5월에 달성한 합의를 일방적으로 파기하고 500억 달러 상당의 상품에 대해 25%의 관세를 부과하기로 결정하였으며, 두 차례로 나누어 실시키로 했다. 이에 중국은 6월 15일 미국이 원산지인 약 500억 달러 상당의 수입상품에 대해 25%의 관세를 추가 징수하기로 결정했다. 2018년 6월 18일 트럼프 대통령이 관세를 추가 징수키로 한 2,000억 달러의 중국상품 리스트를 확정할 것을 미국무역대표에게 지시하였으며, 만약 중국이 보복조치를 취하고 무역 "불공정 행위"를 시정하는 것을 거부할 경우 이 액수 외에 10%의 관세를 추가 부과할 것이라고 밝혔다. 6월 27일, 트럼프 대통령은 미국의 핵심 과학기술산업에 대한 중국의 투자를 제한할 것이라고 밝혔다.

2018년 7월 6일 미국이 340억 달러의 중국 상품에 대한 수입관세 25%를 추가하여 부과하는 조치를 단행했다. 이에 중국은 같은 날 같은 규모의 미국 제품에 대해 25%의 수입관세를 추가 부과했다.

2018년 8월 1일 트럼프는 2,000억 달러의 중국 상품에 추가 부과하는 관세율을 10%에서 25%로 상향조정하겠다고 위협했다. 8월 3일 중국은 600억 달러의 미국상품에 대해 각각 5%, 10%, 20%, 25%의 관세를 추가 부과할 것이라고 대응했다. 2018년 8월 8일 미국은 8월

23일 중국에서 수입하는 500억 달러 상품 중 나머지 160억 달러의 상품에 대해 관세를 추가 부과할 것이라고 선포했다. 이에 중국은 8월 23일에 미국에서 수입하는 160억 달러의 상품에 관세를 추가 부과할 것이라고 선포했다.

2018년 9월 18일 미국정부가 9월 24일부터 중국에서 수입하는 약 2,000억 달러의 제품에 대해 10%의 관세를 추가 부과하며, 2019년 1월 1일부터 관세율을 25%까지 인상한다고 공식 선포했다. 미국은 또 중국이 미국 농민이나 다른 업종에 대해 보복조치를 취할 경우 약 2,670억 달러의 중국 제품에 대해 추가 관세를 부과할 것이라고 밝혔다. 이에 중국 상무부는 이날 대등한 반격에 나설 것이라고 밝혔다.

2018년 10월 1일, 미국−캐나다−멕시코 간 "신북미자유무역협정(USMCA)" 협상에 성공하였으며 독소 조항이 제정되어, 미국·캐나다·멕시코 3국 모두 "비시장경제" 국가와 '함부로' 협정을 체결하지 못하도록 규정지었다. 이는 미국의 허락 없이 중국이 캐나다·멕시코 두 나라와 각각 자유무역협정을 체결할 수 있는 가능성이 매우 희박해졌음을 의미한다. 더 심각한 것은 미국이 그 조항을 유럽연합(EU)·일본과의 무역협정에 포함시킬 경우 중·일·한 자유무역구(FTA)와 역내 포괄적 경제동반자관계(RCEP) 협상도 큰 영향을 받게 될 것이라는 사실이다. 2018년 11월 1일 미국 재무부 외국투자위원회가 미국의회에서 6월 통과된 「외국 투자 리스크 평가 현대화 법안」에 의거, 우주항공·바이오의약·반도체 등 핵심 기술업종의 외자 투자심사를 본격적으로 강화했다. 이 법안에서는 또 미국 상무부 장관이 2년에 한 번씩 의회에 "중국기업 실체의 대미 직접투자" 및 "국유기업 대미 교통업 투자" 관련 보고서를 제출하도록 규정했다. 2018년 11월 20일, 미국 상무부 산업안전국은 제정 예정인 핵심기술과 관련 제품에 대한 수출 통제체계를 공표함과 아울러 대중 의견 수렴단계에 들어갔다. 그리고 바이오테크놀로지·인공지능(AI)·머신 러닝(Machine Learning) 등 14가지 핵심 첨단기술에 대한 수출 통제를 실시할 예정이라고 발표했다. 2018년 12월 1일 주요 20개국(G20) 정상회담인 부에노스아이레스정상회담에서 중·미 양국 정상이 잠정휴전 관련 기본 협의를 달성하고 90일간의 구조적인 협상을 가동했다. 2019년 1월 30~31일, 중·미 경제무역협상이 단계적인 진전을 거두었다. 쌍방은 효과적인 조치를 취하여 중·미 무역의 균형화 발전을 추진하는데 찬성했다. 중국은 미국으로부터 농산물·에너지·공업 완제품 및 서비스 제품의 수입을 크게 확대키로 했다. 그러나 쌍방이 협의 이행, 지적재산권 보호, 기술 양도 등 구조적인 문제에서는 여전히 의견일치를 달성하지 못했다. 이와 동시에 미국은 계속하여 특수차별대우 수단으로 화웨이(华为)를 공격했다. 2019년 1월 29일 미국 법무부는 화웨이를 상대로 23건의 형사소송을 제기한다고 선포하였으며, 또 캐나다에 화웨이 부회장, 최고재무책임자(CFO)를 인도할 것을 요구하는 등 전 세계적으로 화웨이에 압박을 가하는 움직임이 지속적으로 격화되었다. 2019년 2월 5일 트럼프 대통령은 의회에서 "위대한 선택"이라는 주제로 연두교서 연설을 발표하면서 공정한 무역원칙, 미국의 취업기회 수호, 미국의 이익을 중시하는 외교정책 수행, 중국을 경제와 가치관의 라이벌로 삼을 것이라고 거듭 강조했다. "만약 다른 나라가 미국 제품에 대해 불공정한 관세를 부과한다면, 우리는 그들이 우리에게 파는 동일한 제품에 대해 똑같은 관세를 부과할 수 있다." 이날, USTR는 2018년도 「중국의 세계무역기구(WTO) 가입 공약 이행 상황 보고서」를 발표해, 중국이 강제 기술 양도, 산업정책, 불법수출제한, 전자지불시장을 외자에 개방하지 않는 등의 문제가 여전히 존재한다고 제기하였으며, "중국이 세계무역기구 회원국과 다자간 무역체계에 대해 독특하고도 심각한 도발을 하고 있다"면서 "개방적이고, 시장의 수요가 이끄는 방향에 따르는 정책을 받아들이지 않은 것이 주된 원인"이라고 주장했다. 이에 대해 중국 상무부는 즉각 반발했다. 2019년 2월 7일 미국 백악관이 미래 산업발전계획을 발표하여 인공지능(AI), 선진제조, 양자정보 및 5G 기술 등 네 가지 핵심 기술의 발전에 주력하는 것으로 미국의 경제 번영과 국가 안전을 수호할 것이라고 밝혔다. 2019년 2월 14일~15일 제6라운드 중·미 경제무역 고위급 협상이 끝났다. 쌍방은 기술양도·지적재산권보호·비관세장벽·서비스업·농업·무역균형·실시 메커니즘 등의 의제를 둘러싸고 논의를 거쳐 원칙적인 공감대를 이루었다. 2019년 2월 21~24일, 제7라운드 중·미 경제무역 고위급 협상을 통해 중요한 공감대를 이루게 되었다. 쌍방은 협의문서를 둘러싸고 협상을 벌였으며 환율과 금융서비스 협상 관련 내용을 추가하여 실질적인 진전을 이루었다. 2019년 3월 1일 USTR가 2018년 9월부터 추가 관세를 부과하기로 하였던 중국으로부터 수입하는 상품에 대하여 관세율을 추가 부과하지 않고 계속 10%를 유지할 것이라고 선포했다. 이에 중국은 환영을 표했다. 2019년 3월 28~29일, 4월 3~5일, 4월 30~5월 1일, 제8, 제9, 제10 라운드 중·미 경제무역고위급협상에서 협의 관련 문서에 대한 토론을 계속 이어나갔으며 지속적인 진전을 이루었다.

2019년 5월 6일 트럼프 대통령이 갑자기 5월 10일부터 중국에서 수입하는 2,000억 달러 수입 상품에 대해 관세율을 원래 10%에서 25%로 인상할 것이라고 밝혔으며, 또 단기간 또 다른 3,250억 달러 상품에 대해서 25%의 관세를 부과할 것이라고 전격 발표했다. 이에 따라 5월 13일, 중국은 6월 1일부터 미국으로부터 수입하는 600억 달러 상품에 대해 관세율을 원래의 5%와 10%에서 10%, 20%, 25%로 인상할 것이라고 발표했다. 2019년 5월 15일, 트럼프 미국 대통령이 행정명령에 서명하여 미국의 "국가비상상태" 돌입을 선포하고 미국기업은 국가 안보에 위협이 되는 기업이 생산한 통신설비를 사용하지 못한다고 선포했다. 미국 상무부 공업 및 안보국은 화웨이를 수출 통제 "실체 리스트"에 포함시켰다. 2019년 6월 29일 주요 20개국(G20) 정상회담인 오사카정상회담에서 중·미 양국 정상은 조율·협력·안정을 기조로 하는 중·미 관계를 추진해 평등과 상호 존중을 바탕으로 경제무역 협상을 재개하기로 합의했다. 미국은 협상기간에 중국 제품에 대해 더 이상 관세를 추가 부과하지 않을 것이라고 밝혔다. 양국 경제무역 협상단은 구체적인 문제를 둘러싸고 토론을 벌일 것이라고 밝혔다. 트럼프는 미국 회사는 국가안보와 관련이 없는 부품을 화웨이에 계속하여 공급할 수 있다고 선포했다.

(2) 중국만 겨냥한 것이 아니라 미국은 자국 이익을 중심으로 글로벌 무역마찰을 일으켜 사방으로 싸움을 걸고 합종연횡하면서 광범위한 반발을 불러일으켰다.

2018년 3월, 미국이 자국에서 수입하는 철강·알루미늄 제품에 대해 각각 25%와 10%의 관세를 부과한다고 선포하고, 그 수입 제품에는 유럽연합(EU)·캐나다·멕시코·일본 등 여러 나라와 지역이 관련되었다. 이에 대한 반발로 유럽연합은 약 35억 달러 상당의 미국 상품에 대해 25%의 수입 관세를 추가 부과할 것이라고 선포했다. 이에 대해 트럼프는 유럽으로부터 수입하는 자동차 및 부품에 대해 20%의 관세를 부과할 것이라고 위협했다. 2018년 7월 장 클로드 융커(Jean Claude Juncker) 유럽연합 유럽이사회 의장이 미국을 방문, 미국과 유럽연합은 공동성명을 발표하여 협상을 통해 무역장벽을 낮추고 무역마찰을 완화시키는데 동의함과 아울러 추가 관세 부과를 잠정 중단하는데 동의한다고 선포함에 따라 미국과 유럽연합 간 무역마찰이 완화되었다. 그러나 2019년 4월 트럼프 대통령은 유럽연합이 에어버스에 불법 보조금을 지원했다고 비난하면서 이에 따라 110억 달러 상당의 유럽 수입 제품에 대해 관세를 추가 부과할 것이라고 밝혔다. 2019년 7월 1일 USTR가 관세 부과 예정인 40억 달러 상당의 유럽연합 상품 목록을 발표하였으며, 미국과 유럽연합 간의 무역마찰이 재연되었다. 트럼프 대통령은 미·일 양국 무역이 불공정하다고 거듭 비난하면서 일본의 농업과 자동차업계를 공격했다. 2018년 7월 로버트 라이트하이저(Robert Lighthize) 미국 무역대표가 반드시 일본과 무역협정 관련 협상을 진행해야 한다고 말했다. 9월 미·일 양국이 화물무역협정 협상을 가동하였으며 미국 농업부 장관은 일본에 농업시장 개방을 요구했다. 10월 트럼프 대통령은 일본이 시장을 개방하지 않으면 일본 자동차에 20%의 관세를 부과할 것이라고 밝혔다. 미국 정부는 심지어 일본에 대한 안전보호를 조건으로 압박을 가하였으며 「미·일안보조약」이 불공정하다고까지 비난하고 나섰다. 미국은 WTO를 거치지 않는 새로운 세계무역체계를 만들려고 시도했다. 미국·유럽연합, 미국·일본 간의 협상 외에, 2018년 7월 17일 유럽연합과 일본이 도쿄에서 「경제동반자협정」(EPA)을 체결했다. 만약 미·일·EU가 결맹을 이루게 될 경우 WTO는 유명무실해질 것이고, 세계에는 양대 평행시장이 형성될 것이며, 국제 경제무역 질서가 재구성되어야 할 것이다. 그러나 미·EU, 미·일 연맹의 결성은 단번에 이루어질 수 없다. 여전히 많은 문제가 남아 있다. 예를 들면 유럽과 일본의 농업·자동차 분야에서 단기간 내에 미국과 제로 관세의 실현이 어려운 등이다. (특히 프랑스 농업이 큰 충격을 받을 것으로 예측된다.) 그 뒤 미·EU

공동성명은 프랑스 등 국가의 강력한 반대를 받았다. 미국이 자국의 제2위 무역적자 원천국인 멕시코와 무역마찰을 일으켰다. 트럼프 대통령은 취임하자마자 미국·캐나다·멕시코 자유무역협정 재협상을 제기했다. 2019년 5월 31일 트럼프 대통령은 외교문제를 경제화하고 관세를 무기화했으며, 불법 이민을 제한하기 위해 6월 10일부터 멕시코로부터 수입하는 모든 상품에 대해 5%의 관세를 추가 부과할 것이라고 밝혔다. 만약 위기가 해소되지 않을 경우 미국은 늦어도 10월 1일까지 계속하여 관세율을 25%까지 인상할 것이라고 밝혔다. 이에 멕시코는 국민 경위대를 배치하여 국경지역의 법 집행을 강화하는 한편 멕시코 경내로 송환되는 불법 이민자들을 받아들이는 수밖에 없었다. 미국은 또 인도와도 무역마찰을 일으켰다. 2019년 6월 5일 미국은 인도의 일반 특혜 관세제도 무역의 지위를 종결시키고, 인도에 대한 관세 감면 특혜를 취소했다. 이에 인도는 바로 사과·아몬드 등 28가지 미국 제품에 대해 보복 관세를 추징하기로 했다.

(3) 중국은 맞서 싸움으로써 평화를 촉진케 하고 개혁개방을 확대했다.

중국은 한편으로는 미국의 관세 추징조치에 반격을 가하여 미국을 협상테이블에 돌아와 앉도록 촉구하면서, 다른 한편으로는 관세를 낮추고 투자의 편리화를 촉진하며, 개방을 확대하고, 공급측 구조개혁을 추진하여 개혁개방을 적극 추진했다. 2018년 4월 시진핑 중국 국가주석이 보아오아시아포럼 연차총회 연설에서 자동차 수입관세와 외자 지분비례에 대한 제한을 완화하고 금융서비스업의 개방을 확대할 것이라고 밝혔다. 2018년 6월 26일 중국은 아시아–태평양 수입 협정 세율을 인하하고 콩 수입 제로관세를 실행했다. 2018년 6월 29일 중국은 「외국인 투자 허용 네거티브 리스트(2018년판)」를 발표하여 총 22개 분야에서 개방조치를 내놓았으며, 제조업 투자 규제를 거의 완전히 풀어놓았다. 그리고 또 2021년에 금융 영역의 외자 지분비례 관련 모든 규제를 없앨 것이라고 밝혔다. 2019년 7월 2일 리커창(李克强) 중국 총리가 제13회 하계다보스포럼에서 금융분야 개방을 2020년으로 앞당길 것이라고 밝혔다. 2018년 7월 16일 제20차 중국·유럽연합 지도자회담에서 쌍방은 쌍무무역과 투자분야에서 공정하고 서로에 이득이 되는 협력을 확보하여 「중국·유럽연합 투자협정」 협상을 가속화하기 위해 노력하기로 합의했다. 2018년 11월 5일 시진핑 주석이 제1회 중국 국제수입박람회에서 5대 주도적 신(新)개방 조치를 선포했다. 즉 수입 잠재력 자극, 시장 접근규제의 지속적 완화, 국제 일류 비즈니스 환경의 조성, 대외 개방의 새로운 고지 조성, 다자·양자간 협력의 심층적 발전 추진(중·일·한 자유무역구)이다. 2018년 12월 19~21일 중앙경제업무회의에서는 "전 방위적인 대외개방을 추진해야 한다. 상품 및 요소 이동성 개방에서 규칙 등 제도성 개방으로의 전환을 추진해야 한다. 시장진입규제를 완화하고, 진입 전 내국민 대우 및 네거티브 리스트 관리제도를 전면적으로 실시하며, 외국투자자들의 중국 내 합법적 권익 특히 지적재산권을 보호하고 더욱 많은 분야에서 독자경영을 할 수 있도록 허용해야 한다. 수출입 무역을 확대하고 수출시장의 다원화를 추진하며 수입과정에서 제도적 원가를 삭감하여 주어야 한다."라고 강조했다. 2019년 3월 15일 전국인민대표대회에서는 「외상투자법(외국인투자법)」을 채택하여 외국인 투자의 중국 진출·촉진·보호·관리 등에 대한 통일된 규정을 수립했다. 3월 28일 리커창 총리가 보아오아시아포럼 2019년 연차총회 개막식에서 「외상투자법」 관련 법규의 제정을 가속화할 것이라고 선포하였으며, 부가가치통신·의료기관·교육서비스·교통운수·인프라시설·에너지자원 등 영역의 대외개방을 확대할 것이라고 선포했다. 2019년 4월 26일 시진핑 주석이 제2회 '일대일로(一帶一路)' 국제협력정상포럼에서 "중국은 일련의 중대한 개혁개방 조치를 취하여 제도적·구조적 조치를 강화하고, 더 높은 수준의 대외개방을 촉진시킬 것"이라고 선포하면서 여기에는 "외자의 시장 진입을 더욱 넓은 영역으로 확대하고, 지적재산권 보호 관련 국제협력을 더욱 대대적으로 강화하며, 수입상품과 서비스수입을 더 큰 규모로 확대하고, 국제 거시적 경제정책 조정을 더욱 효과적으로 실시하며, 대외개방정책의 관철과 이행을 더욱 중시하는 등의 내용이 포함된다"라고 밝혔다. 그리고 "중국은 네거티브리스트를 꾸준히 대폭 줄여나갈 것이며, 현대 서비스업, 제조업, 농업의 전 방위적인 대외개방을 추진할 것"이라고 밝혔다. 이는 트럼프 대통령의 "미국 우선"정책과 선명한 대조를 이룬다. 2019년 5월 31일 상무부는 "신뢰할 수 없는 기업 리스트 제도"를 구축하여 시장규칙을 지키지 않고, 계약정신을 어기고, 비상업 목적으로 중국기업에 대한 봉쇄와 공급차단을 실시하여 중국기업의 정당한 권익을 심각하게 훼손한 외국기업이나 조직 또는 개인의 경우 "신뢰할 수 없는 기업리스트"에 포함시킬 것이라고 밝혔다. 2019년 6월 30일 국가발전개혁위원회와 상무부가 「외상 투자 진입 허용 특별 관리조치(네거티브 리스트)(2019년판)」를 발표했다. 2018년판에 비해 2019년판 네거티브 리스트는 광산업·교통운수·인프라시설·문화 등 분야의 투자 제한을 한층 더 완화하였으며 네거티브 리스트 조항을 48조에서 40조로 줄였다.

2. 최근 몇 년간 중국에 대한 미국 정계의 견해에 중대한 변화가 일어났다. 대 중국정책에서 미국 양당이 공동인식을 이루었으며, 정부 내각 구성원은 거의 다 대 중국 독수리파(강경파)로 바뀌었다.

(1) 트럼프 행정부 내각 구성원은 거의 다 대 중국 독수리파로 바뀌었다. 트럼프 대통령은 2017년 1월 대통령에 취임한 뒤 2019년 1월까지 잦은 인원 교체를 진행하였는데, 42명에 이르는 내각과 백악관 고위직 관리를 교체하였으며, 취임 첫해 백악관 관리 변동률이 34%로서 같은 기간 오바마·조지 w 부시·클린턴 전 대통령의 9%, 6%, 11%에 비해 훨씬 높았다. 현재 대외무역 및 경제와 직결된 주요 고위직은 거의 다 독수리파로 바뀌었으며, 기타 내정 및 외교와 관련된 마이크 펜스(Mike Pence) 부통령, 마이크 폼페이오(Mike Pompeo)

국무부 장관 등은 중국의 남해(南海), '일대일로' 창의 등 문제에 대해 벌써 여러 차례나 비난했다. 중국에 대한 비난이 무역분야에서 이데올로기적 차원으로 확대되었으며, 극단적인 독수리파가 되었다. 로버트 라이트하이저 미국 무역대표는 무역에서 중국에 대한 강경자세를 유지할 것을 주장하면서 중국은 글로벌 무역체계의 최대 파괴자라고 주장했다. 피터 나바로(Peter Navarro) 백악관 무역·제조업 정책국장은 중국이 무역보조금과 환율조작을 이용하여 제품을 미국에 덤핑 판매한다고 주장했다. 라리 쿠들로(Larry Kudlow) 백악관 수석 경제고문은 대 중국 태도가 비둘기파에서 독수리파로 바뀌었으며, "'301조사'의 핵심은 과학기술"이라면서 "중국이 미국의 미래를 말살하게 내버려둬서는 안 된다"라고 주장했다. 윌버 로스(Wilbur Louis Ross Jr.) 미국 상무부 장관은 "미국의 최우선 과제가 무역적자를 줄이는 것"이라며 "불공정 무역정책을 실행하는 국가에 반격을 가해야 한다"라고 주장했다.

(2) 1979년 중·미 양국이 수교하면서부터 지금까지 중·미관계는 협력 상생단계(1979~2000년), 경쟁 협력단계(2001~2008년), 전략적 억제단계(2008년~현재) 세 단계로 나눌 수 있다. 이와 동시에 미국 양당의 대 중국 태도 또한 중국에 우호적이어야 한다는 공통 인식에서 의견 차이가 나고, 또 중국을 억제해야 한다는 공감대를 이루기까지의 세 단계를 거쳤다. 공화당은 더욱 현실적이어서 이데올로기보다는 실제이익을 중시하였고, 민주당은 이데올로기를 중시하여 중국의 인

권문제를 강조했다. 중국에 대한 공화당의 부정적인 평가가 차지하는 비중이 민주당보다 높았다.

(3) 2018년 9월 16일 로버트 졸릭(Robert Bruce Zoellick) 미국 전 국무부 차관이자 전 세계은행 총재가 중국발전고위급포럼 심포지엄에서 한 연설이 비교적 대표적이다. "중국에 대한 미국의 우려는 트럼프 행정부에만 국한되는 것이 아니다. 중·미 관계가 중간 선거나 2020년 대선 이후 과거로 돌아갈 것이라 가정하는 것은 현실적이지 않다. 나는 주로 다음과 같은 네 가지 면에서 우려한다.

첫째, 국유기업의 역할이다. 외부에서 보면 중국이 국가자본주의 모델로 방향을 바꾼 것으로 보이는데 우리는 중국 사영기업이 공정경쟁을 펼칠 수 없을까봐 우려된다.

둘째, 내가 지난 10년간 관찰한 바에 따르면 미국과 다른 나라들이 이전에 중국과의 우호관계를 매우 지지하던 데서부터 지금은 점점 실망해가고 있다는 느낌이다. 왜냐하면 그들은 강압적인 기술 양도와 경쟁에 대한 규제, 그리고 지적재산권의 절취 등에 직면할 수도 있기 때문이다. 이전에 상업계는 우호적인 중·미관계의 발전을 매우 지지하였었지만, 이제는 더 이상 그 역할을 하지 않고 있다.

셋째, 메이드 인 차이나 2025이다. 누군가에게 있어서 이는 미래의 기술업계를 지배하려는 것처럼 보일 것이다. 그것이 외국인과의 소통에 있어서 때로는 매우 두렵게 느껴질 수도 있다. 왜냐하면 그것은 보호주의·보조금·해외 과학기술기업 인수 합병을 바탕으로 하기 때문이다.

넷째, 중국의 외교정책을 보면 이전 덩샤오핑 시대의 자제 외교에서 지금은 매우 자신감 넘치는 대국 외교로 전향하고 있다. 중국이 WTO에 가입하였을 때 당시 입었던 옷들이 이제는 몸에 썩 맞지 않고 있다. 중국은 시장진출 면에서 매우 많은 승낙을 했다. 어쩌면 기타 개발도상국들보다 더 많은 승낙을 하였을 수도 있다. 그러나 현재 중국의 평균 관세는 여전히 약 9%로서 다른 나라의 3배나 된다. 나와 같은 사람은 왜 중국이 미국 자동차에 부과하는 수입관세가 25%인데에 반해 미국이 중국 자동차에 부과하는 수입관세는 2.5%인지에 대해 트럼프 대통령에게 설명하기가 너무 어렵다. "전반적인 투자와 무역상황을 보면 두 나라의 조건이 대등하지 않은 건 사실이다. 그래서 미국에서 불공정한 시각이 형성된 것일 수도 있다. 트럼프 행정부는 미국이 지난 70년간 중국과 다른 나라들에게 너무 많은 양보를 했다고 생각하고 있다. 이런 불공정한 대우에 대한 인식이 중·미 관계에 부담을 더해줄 수 있다고 나는 생각한다."

⑷ 2018년 11월 7일 헨리 폴슨(Henry Paulson) 미국 전 재무부 장관이 싱가포르에서 열린 블룸버그 뉴이코노미 포럼(Bloomberg New Economy Forum) 연설에서 다음과 같이 지적했다. "미국 양당은 다른 모든 문제에 대한 의견이 서로 엇갈리지만 중국에 대한 부정적인 시각만은 완전히 일치한다. 대 중국 무역이 미국의 일부 노동자의 이익에 손해를 끼치게 되자 그들은 벌써 표결을 통해 불만을 표시했다.

미국에 있어서 중국은 전략적 도발과 같은 존재인 동시에 중국의 궐기 또한 이미 미국의 이익에 손해를 끼치고 있다는 하나의 공감대가 현재 형성되고 있다. 미국인들은 중국을 같은 등급의 경쟁자로 생각하며 중국이 적대시정책을 펴고 있으며, 또 미국에 전략적 도발이 되고 있다고 점점 더 굳게 믿어가고 있다." "갈수록 많은 사람들이 과거 미국의 대 중국정책에 의구심을 느끼기 시작하였고, 심지어 반대하는 쪽으로 돌아서고도 있다. 미국기업들은 무역마찰이 일어나는 것을 원치 않지만, 정부가 더욱 적극적인 자세를 취하길 바라는 것은 확실하다. 미국 상업계는 정부의 질식경쟁정책과 최근 20년간 느린 시장개방 행보에 실망하고 있다. 이에 따라 정치인과 전문가들의 태도가 부정적인 방향으로 빠르게 전향하고 있다."

(5) 헨리 키신저(Henry Alfred Kissinger) 미국 전 국무부 장관은 "중·미 관계가 다시는 과거로 되돌아갈 수 없다. 새롭게 정의를 내려야 한다."라고 말했다.

(6) 윌리엄 재릿(William Zarit) 주중 미국 상공회의소 의장은 "중·미 경제무역관계에 대한 미국 상업계의 태도가 지지에서 회의적으로 바뀌었다"면서 "중국이 WTO에 가입한 후 개방의 행보를 지속적으로 늦추었기 때문에 대량의 불공정무역을 초래하게 되었다"라고 주장했다.

3. 트럼프 대통령 당선에 따른 역습, 미국 보호무역주의 및 포퓰리즘의 성행은 결코 우연이 아니며 심층적 경제사회 배경이 있다.

(1) 2008년 서브프라임 모기지(비우량 주택담보대출) 위기 이후 양적완화(QE)와 제로금리로 인해 자산의 가격이 크게 오르고, 미국의 소득분배 격차가 전례 없이 확대되었으며, 제조업이 대폭 쇠락하는 바람에 저소득층 노동자들 대다수가 느끼는 박탈감이 더 커졌다. 국제무역의 기본 이론에 따르면 각국의 노동생산, 부존자원과 비교우위의 차이가 국제 분업을 결정지으며, 분업은 전문화 생산·규모 경제의 효과와 생산성을 향상시키는 것이다. 그러므로 국가는 하나의 전체로서 국제무역에서 이득을 볼 수 있는 것이다. 그러나 국제무역은 수입 분배효과가 매우 강하므로 무역소득이 수출부문에는 이롭지만 수입부문은 손해를 입게 된다. 미국은 국제무역에서 전체적으로 이득을 얻어 고소비패턴을 지탱하고 있으며, 미국의 과학기술과 금융은 비교 우위를 갖췄기 때문에 이익을 보는 것이다. 그러나 비교우위를 갖추지 못한 제조업(중·저층)은 손해를 보고 있다. 우리는 반드시 미국 정객과 기업인을 구별해야 한다고 생각한다. 정객이 기만하는 대상은 글로벌화 과정에서 손해를 보는 일부 하층민중이다. 대다수 지식인 엘리트와 기업가·민중은 각성하였고 우호적이며 이성적이다. 미국에는 글로벌화와 중·미관계 개선을 지지하는 건설적이고 중요한 세력들이 많이 존재하고 있다. 글로벌화 과정에 혜택을 입은 미국의

금융과 과학기술 기업들은 트럼프의 보호무역주의에 반대하고 있으며, 동시에 중국의 지적재산권 보호, 시장 접근 등 분야의 개선을 희망한다. 미국 북동부의 몰락한 녹슨 지대(러스트벨트, Rust Belt)의 전통 실업 노동자들은 트럼프 대통령의 대 중국 강경정책을 지지하는 주요한 정치적 기반이고, 일부 정객들의 보호무역주의와 포퓰리즘은 주로 이들 유권자들의 마음을 사기 위한 것이다.

(2) 미국의 상품무역적자가 사상 최고치를 기록하면서 미국정부와 기업, 민중들은 과거 장기간 저들이 지지하고 주도해온 글로벌화가 미국에 미치는 부정적 영향 및 미국이 받은 '불공정' 대우문제에 대해 전면적으로 돌이켜보게 되었다. 미국의 방대한 무역적자 가운데 대 중국 상품무역적자가 48%나 차지한다. 1960년대 서유럽, 80년대 일본과 마찬가지로 현재 중국은 미국의 국내 모순을 이전할 수 있는 중요한 대상이 되었다. 미국은 중·미 무역의 불균형과 미국 제조업 몰락의 주요 책임이 중국의 중상주의에 있다고 주장하면서 무역적자를 초래하는 심층적인 체제와 시스템, 구조적인 문제를 체계적으로 해결할 것을 희망했다. 2018년 6월 2~3일 시장의 기대를 한껏 모았던 중·미 경제무역협상이 무산되었다. 로스 미국 상무부 장관은 베이징에서 협상할 때 무역적자의 삭감에 대해 제기하였을 뿐 아니라 또 쟁의가 있는 무역과 산업정책을 바꿀 것을 중국에 촉구하는 것에 초점을 맞춰 "이는 (중국이) 더 많은 (미국) 상품을 구매하는 것과 직결될 뿐 아니라 구조적인 변화와도 직결된다."라고 주장했다.

(3) 한편으로 개혁개방 40년의 성과와 중국공산당 제19차 전국대표대회 보고를 통해 중국경제의 발랄한 생기와 웅대한 청사진을 보여주었다. 2012~2018년 중국이 세계경제 규모에서 차지하는 비중이 11%에서 16%로 상승하였으며. 중국은 일본을 제치고 세계 제2의 경제국(지역)가 되었다. 다른 한편으로는, 2008년 이후 미국이 금융위기의 강타와 빈부 격차가 커진 상황에서 반(反)글로벌화가 머리를 쳐들기 시작했다. 현재 중·미 무역마찰이 격화된 실질은 새로운 냉전사유로 인해 기존의 패권국이 신흥대국의 궐기를 억제하고 있기 때문이다. 오바마 행정부 때부터 미국은 "몸통 하나, 날개 둘", 두 날개(TPP·TTIP)를 편다는 경제전략 및 "전략적 동진"의 군사전략을 대대적으로 추진해 아시아·태평양지역으로의 복귀와 "아태 재균형"의 실현을 꿈꿔왔다. 2008년 미국의 「국방전략보고서」는 중국을 "잠재적 경쟁자"로 지목했다. 그 뒤 서브프라임 모기지 위기가 폭발하면서 미국은 국내경제에 대응하기에 바빴다. 미국의 경제회복과 중국의 점차적인 궐기에 따라 2018년 「국방전략보고서」는 최초로 중국을 "전략적 경쟁상대"로 지목했다. 이번 중·미 무역마찰은 단지 지난 10여 년간 중국의 발전에 대한 미국의 억제전략의 연속과 확대에 불과할 뿐이다.

(4) 현재 중·미 무역마찰의 형세는 지난 40년과 다르다. 근본적인 성질과 심층적 원인에 대해 분석해보면 미·일 양국 무역전쟁과 더욱 비슷하다. 미·일 무역전쟁은 1950년대 중후반부터 시작되어 1980년대 말 90년대 초까지 30여 년간 지속되었다. 업종도 방직산업(1957~1974

년), 철강산업(1968~1992년), 컬러텔레비전산업(1968~1980년), 자동차산업(1981~1995년), 통신산업(1981~1995년), 반도체산업(1978~1996년) 등과 연관되었다. 일본은 초기에 "자진 수출 제한"(예를 들어 방직·철강·가전)에서 나중에는 자진 수입 확대, 국내 관세 폐지(예를 들면 자동차 산업), 국내 시장개방(예를 들면 통신 산업), 대 미국 수출제품에 대한 가격통제(예를 들면 반도체제품) 등의 조건을 받아들이는 수밖에 없었다. 일본 자동차 업체들은 심지어 직접 미국에 진출해 투자하는 방법을 선택하는 것으로 미국의 온갖 요구를 꾸준히 충족시켜야만 했다. 그럼에도 미·일 무역전쟁은 양국 간 무역 불균형 문제를 근본적으로 해결하지 못했다. 무역전쟁 이외에도 미국은 또 일본에 대해 환율금융전쟁과 경제전쟁 등을 도발했다. 1985년 미국의 주도와 강압으로 미국·일본·독일·프랑스·영국 등 국가가 「플라자 합의(Plaza Agreement)」를 체결, 달러화 대비 엔화 환율이 단시일 내에 대폭 평가절상했다. 1990년 미국은 일본과 「미·일 구조적 장애 문제에 관한 협의」를 체결하고 일본에 국내 시장의 일부를 개방할 것을 요구함과 아울러 일본에 국내 경제정책과 지침을 개정할 것을 직접적으로 강요했다. 그 뒤 일본정부는 부채 방식으로 대규모 공공투자를 실행했다. 「플라자 합의」 이후, 엔화의 평가절상으로 일본은 무역흑자가 줄어들고, 경제성장과 인플레이션 수준이 동반 하락했다. "엔화 평가절상의 불황"에 대응하기 위해 일본 은행들은 꾸준히 돈줄을 풀어야만 했다. 느슨한 통화정책으로 인해 국내 유휴자금이 급증하면서 대량의 유동성 자금이 주식시장과 부동산시장으로 흘러들어 갔으며, 이에 따라 투기 붐을 일으켜 결국 헤이세이 버블 붕괴를 유발하고 말았다. 장기간에 걸친 미·일 무역전쟁에서 미국은 계속 압박을 가하고 일본은 번번이 양보하면서 심지어 무원칙적으로 순종하기까지 했다. 그렇게 적절치 못한 대응과 국내 자산 가격 거품의 붕괴에 이르면서 일본은 "잃어버린 20년"에 빠져들었으며, 더 이상 미국의 경제 패권에 도전할 능력도 자격도 완전히 상실한 뒤에야 미·일 무역전쟁은 비로소 일본의 금융 패배로 마무리되었다.

4. 중·미 무역마찰에서 트럼프 행정부의 요구와 속내

(1) 스티브 배넌(Steve Bannon)은 트럼프 대선 캠프의 홍보총장이자 핵심 브레인으로서 2017년 12월 일본 도쿄에서 「중국이 자유시장의 꽃을 따가면서 미국을 몰락의 길로 몰아넣었다」라는 제목으로 연설을 발표하면서 트럼프 행정부의 이념 및 대 중국 태도를 명확하게 밝혔다. 그 이념과 태도는 다음과 같다. 이번 포퓰리즘의 대규모 흥기는 독특한 글로벌 단계에 나타났다. 그것은 바로 중국의 궐기이다. 미국의 엘리트들은 오랜 세월 동안 중국이 자유 시장경제를 실행할 것이라는 잘못된 기대를 해왔다. 그러나 지금 우리 앞에 나타난 것은 유가의 중상주의 모델이다. 중국의 수출 과잉으로 영국 중부와 미국 중서부의 공업지역이 거덜 나게 생겼다. 미국의 노동계층과 하층 민

중의 생활수준이 지난 수십 년간 퇴보하였기 때문이다. 이제 트럼프는 어떻게 할 것인가? 첫째, 그는 대규모 불법 이민자들의 미국 입국을 막을 것이다. 둘째, 그는 산업업무를 미국으로 다시 가져올 것이다. 셋째, 그는 미국이 이미 16~17년 동안 빠져있던 해외전장을 다시 한 번 살펴볼 것이다. 만약 우리가 5조 6,000억 달러에 이르는 군사비용을 우리 도시와 인프라 시설을 발전시키는 데 썼더라면 중국과의 글로벌경제 경쟁에서 우리가 훨씬 앞섰을 것이다. "트럼프 대통령의 중심 목표는 미국의 부활이다. 그중에서 중요한 책략은 중국을 통화조종과 불공정무역으로 반격하여 제압하는 것이다. 중국이 자유시장의 꽃을 꺾어갔다. 그것은 바로 우리의 혁신이다."

(2) 라이트하이저 현임 무역대표부 대표가 쓴 글 「미·중 무역문제에 대한 증언」과 「중국 무역장벽 리스트」는 중국 무역문제에 대한 미국 독수리파의 인식과 반성 및 요구를 반영하고 있다. 로버트 라이트하이저는 레이건 행정부 시절에 미국 무역대표부 부대표를 지낸 적이 있는데, 1980년대 미·일 무역전쟁이 바로 그의 작품이다. 그는 자유무역에 회의적인 태도를 갖고 있으며, 무역 규칙을 어기는 국가에 대해서는 높은 관세를 부과해야 한다고 주장하고 있다. 2018년 5월 4일 미국이 제시한 "조건부 리스트"는 라이트하이저의 제안을 대부분 반영했다. 라이트하이저가 2010년 「미중 경제 안전심사위원회 증언: 지난 10년간 WTO에서의 중국의 역할에 대한 평가」라는 글에서 다음과 같이 지적했다. 10년간 중국은 WTO에 가입할 때 한 승낙을 대부분

지키지 않았다. 미국이 중국에 영구적 정상 무역 관계 지위(PNTR)를 비준한 것은 잘못한 것이다.

⑴ 미국의 정책제정자들은 중국의 경제정치체제가 우리의 WTO이념에 얼마나 어울리지 않는지에 대해 깨닫지 못하고 있다.

⑵ 미국의 정책제정자들은 서방의 기업들이 자사의 업무를 중국으로 이전하여 이로써 미국시장을 위한 서비스를 제공하려는 동기에 대해 크게 잘못 판단했다.

⑶ 중국의 중상주의에 대한 미국정부의 반응은 매우 소극적이다. 레이트하이저는 또 중국이 WTO에 가입할 때의 승낙을 이행하지 않았다고 주장했다.

1) PNTR 지지자들이 약속한 경제이익이 실현되지 않았다. 2000년부터 2009년까지 미국의 대 중국 무역적자가 2배 늘어났으며, 미국 제조업 분야도 수백만의 일자리를 잃었다.

2) 중국의 법제 승낙은 의심스럽다. 미국정부는 여전히 중국이 미국의 지적재산권을 존중하지 않는 것에 대해 중대한 관심을 표시하고 있다.

3) 중국의 중상주의는 미국경제에 치명적인 영향을 주었다.

⑶ 트럼프가 선거기간에 밝힌 정책주장은 배넌이 전하는 포퓰리즘이념과 거의 일치한다. 대선 기간 동안 트럼프가 제기한 정책 주장은

보호무역주의와 포퓰리즘 및 자유주의의 혼합체였다. 대선에 승리한 후 트럼프는 자신의 정책 골자의 핵심 세부에 대해 명확히 밝히기 시작하였으며 실행에 착수했다. 예를 들면 세무제도개혁법안을 체결하고 이민정책을 엄격히 하였으며, 중국·일본·유럽에 대한 무역마찰을 본격화하고, 인프라시설 건설을 실행을 추진한 것 등이다.

(4) 「301보고서」와 2018년 5월 미국의 「아메리카합중국과 중화인민공화국 간의 무역관계 균형을 이루자」 (미국의 「조건부 리스트」) 이 두 문서에서는 미국의 의도를 분명하게 반영했다. 「301보고서」는 다섯 가지 죄목을 열거하며 중국을 고발했다. 그 죄목에는 불공정한 기술 양도 제도, 차별적인 허가 제한, 정부가 기업에 해외 투자를 지시하여 미국 지적재산권과 선진 기술을 취득하게 한 행위, 권한이 없는 상태에서 미국 상업 컴퓨터 네트워크에 침입한 행위 및 기술 양도와 지적재산권 분야 관련 소지가 있는 기타 내용이 포함된다. 그러나 「301보고서」는 대량의 데이터 허위 인용, 일방적 진술, 이중 기준과 개념 혼동 등의 문제점을 안고 있다. 미국은 중국이 WTO 가입 이후 관세 인하와 비관세 장벽 인하, 대외개방 영역 확대, 지분규제 완화, 지적재산권 보호 등 분야에서 기울인 노력과 진보를 보지 못했다.

미국의 "조건부 리스트"에는 중국의 대 미국 무역흑자 2,000억 달러를 삭감, "중국제조 2025"에 대한 보조금과 지원 중단, 지적재산권 보호, 관세 인하, 농산물수입 확대, 중국에서의 미국의 투자 제한 개선 등 내용이 포함되었다. 그중 "중국제조 2025"는 세 차례나 거론되었다. 현재 중국의 대 미국 무역흑자가 비교적 큰 분야에는 주로 기계와 전기 기구, 음반 제품, 노동집약적 섬유 등 중·저급 제조가 포함된다. 그러나 미국이 제시한 조건부 및 중국에 대한 추가 관세 부과 영역은 상기 중·저급 제조 분야가 아니라 앞으로 대대적으로 발전시키고자 하는 하이테크 산업이다. 이는 보호무역주의 명분을 내세운 적나라한 억제로서 트럼프 행정부의 일방주의와 패권주의 및 미국 이익 우선 사유를 드러낸 것이다. 총체적으로 상기 두 문서는 중국이 선진 기술을 장악하여 미국의 경쟁우위를 따라잡고 "국가 안보"를 위협하는 것이 두렵고 하이테크 혁신에 폭넓게 깊이 개입하고 있는 중국정부의 제도와 행위가 우려되어 중국의 하이테크산업을 탄압하고 억제하려는 미국의 의도를 분명하게 반영하고 있다.

(5) 트럼프 행정부는 사방으로 싸움을 걸면서 외부로는 관세를 인상하고, 내부로는 대폭적인 감세정책을 실행하는 두 가지 조치가 미국에 대한 전 세계 수출 원가를 상승시켰을 뿐만 아니라, 미국의 생산비용도 낮춰주었다. 그 목적은 자본의 환류(還流)와 "다시 한 번 제조화(制造化)"를 이끌고, 나아가서 "미국이 더욱 강대해지게" 하려는 것이다.

5. 미래의 시뮬레이션.

(1) 단기적으로 보면 중·미 무역마찰이 격화되었다가 중단되었다가를 끊임없이 반복하고 있는데 완화되기만 할 뿐 끝은 나지 않을 것 같다. 중·미 무역마찰은 계속하여 “격화–접촉–시탐(試探)–재격화–재접촉–시탐”의 논리로 진화하게 될 것이다. 싸우면서 협상을 이어가게 될 것이다. 싸우는 것은 협상 테이블에서 좋은 가격을 부르기 위해서다. 싸움은 하되 관계를 완전히 깨뜨리지는 않는 것이다. 심지어 구조적 개혁과 무역적자 삭감에 대한 협의를 이끌어낼 수도 있다. 그러나 중국의 핵심 이익과 관련되는 하이테크 기술과 산업 업그레이드와 관련해서는 미국의 요구를 만족시키기가 어려울 것이다. 따라서 무역마찰이 완화될 수는 있지만 끝은 나지 않을 것이다. 설사 합의를 이루더라도 영원한 것이 될 수는 없을 것이다. 트럼프 대통령이 협의를 파기할 수 있기 때문이다.

(2) 향후 반년 내지 1년간 중·미 경제무역관계의 발전 방향을 결정짓는데서 4가지 중요한 변수와 관건적인 접점이 있다.

1) 2020년 대선이 2019년 하반기에 가동되는 것이 하나의 변수이다. 이에 따라 대 중국 강경무역정책은 또 다시 대통령 후보들이 유권자들로부터 표를 얻기 위한 책략이 될 것이다. 대 중국

강경무역정책이 이어질 가능성이 높은 가운데 "중국 위협론" 등 논조가 또 다시 시끄럽게 대두할 것이다.

2) 미국경제가 정점을 찍고 하락하는 속도와 미국 주가의 조정 속도가 또 하나의 변수이다. 만약 중·미 무역마찰이 재차 격화될 경우, 미국경제와 주식시장이 하행국면에 처하게 되며, 따라서 트럼프 대통령의 강경태도를 제약하게 된다.

3) 중국의 개혁개방 강도가 하나의 변수로 작용할 것이다. 중국의 지속적인 개혁개방, 시장접근 규제 완화, 지적재산권 보호 강화, 국유기업 개혁 등은 자체 수요에도 부합할 뿐만 아니라 협상에 대한 성의도 방출할 수가 있다.

4) 미국이 또 다른 국제분쟁을 일으켜 중국을 견제하는 것이 하나의 변수가 된다. 미국은 북한·이란·중국의 남해·중국의 대만 등 문제들로 중국을 견제할 가능성이 있다.

(3) 장기적으로 볼 때 중·미 무역마찰은 장기성을 띠며 갈수록 격화될 것이다. 미국은 무역마찰(대 중국 마찰의 5대 분야), 환율 금융전쟁(일본을 상대), 자원전쟁(유럽을 상대) 등 다원화 공격의 경험을 쌓은 상태다. 우리 앞에 펼쳐진 것은 중·미 무역마찰

뿐이 아니라 경제·정치·문화·과학기술·네트워크·이데올로기 등 영역의 전 방위적인 종합 실력의 겨룸이다.

1) 「플라자 합의」가 체결되기 이전에 일본과 미국의 GDP의 비율은 40%에 가까웠다. 2018년 중국의 GDP는 미국의 66%에 해당했다. GDP 성장률을 6%로 보면 2027년 즈음에 가서 중국이 미국을 제치고 세계 최대 경제국(지역)으로 부상할 수 있다. 14억에 가까운 인구를 가진 슈퍼 경제대국이 날아오르기 시작하여, 발전방식의 전환과 도약을 실현하기에 이르는 것이다, 이는 인류 경제성장 역사의 기적이 아닐 수 없다. 제2차 세계대전이 끝난 후 미국은 이러한 경쟁 상대를 한 번도 만난 적이 없다. 1980년대의 일본과 달리 중국은 핵심 이익을 내주면서 거래를 하지 않을 것이다.

2) 전 세계 신경제의 유니콘기업을 보면 미국과 중국기업이 차지하는 비중이 70%를 초과할 만큼 중국 신경제가 왕성한 활력을 보여주고 있다. 글로벌 시장조사기관 CB Insight의 데이터에 따르면, 2018년 말까지 현재 전 세계 유니콘기업 수가 311개이며, 그 중 미국기업이 151개로 48.6%를 차지하고, 중국이 그 다음으로 총 88개로서 28.3%를 차지하며, 영국과 인도가 각각 3위와 4위이며, 각각 15개와 14개로 4.8%와 4.5%를 차지한다.

3) 중국은 연구개발(R&D) 지출이 GDP에서 차지하는 비중이 미국과의 격차가 좁혀지고 있다. 중국 엔지니어의 수효가 점차 늘고 있으며, 이공과 졸업생수가 해마다 늘고 있다. 중국은 인구 수량에 따른 이익 배당이 엔지니어를 통한 이익 배당으로 전환하고 있다.

4) 중국은 제조업이 빠른 속도로 궐기하고 있다. 증가가치가 전 세계 제조업 증가가치 총액에서 차지하는 비중이 꾸준히 향상하고 있고, 하이테크 산업에 진출하고 있어 중·미 산업의 상호 보완성이 점차 약화되고 경쟁성이 점차 강화되고 있다.

5) 세계적으로 대국 흥망성쇠의 세기적 규칙과 지도권의 교체로부터 볼 때, 무역마찰은 중국이 현 단계에까지 발전한 후 필연적으로 나타나게 되는 현상이고, 반드시 직면하게 될 도전이다. 이번 중·미 무역마찰은 발전패턴·이데올로기·문화문명·가치관 등의 차이로 인한 세계의 지도권 교체의 싸움이라는 점을 깊이 인식해야 한다. 앞으로 그 변화의 참고 모델은 지난 40년 동안 중·미 무역마찰의 모델이 아니라, 영미 세계 지도권 교체, 미·일 무역전쟁 등 역사 변화의 모델을 참고해야 한다.

6. 중·미 무역마찰에 대처하는 최적의 방법은 더욱 큰 결심과 더욱 큰 강도로 개혁개방을 추진하는 것이다.

(1) 현재 시장에는 항복론·강경론·개방론 등 세 가지 관점이 유행하고 있다. 중·미 무역마찰의 지속적인 확대를 두고 비관적인 "항복론" 관점이 유행하기 시작했다. 이 관점은 중국이 항복만 한다면 중·미 간 무역마찰이 끝날 것이라는 주장을 펴고 있다. 유행하는 두 번째 관점은 "강경론"이다. 이번 중·미 무역마찰이 일어나기에 앞서 국내에는 과팽창·과신의 사조가 일었다. 중·미 무역마찰이 격화됨에 따라 일종의 협애한 민족주의·애국주의 심지어 포퓰리즘으로 이끄는 사조가 생겨났다. 그 사조의 주장에 따르면 중국은 이미 강대해져 경제·금융·자원·언론·지정학 등 분야에서 미국을 상대로 전면적인 전쟁을 일으킬 수 있는 실력을 갖추었다는 것이다. 중·미 무역마찰을 통해 중국이 개혁개방 영역에서 여전히 많은 과제가 남아 있음을 알 수 있다. 그런 의미에서 이번 중·미 무역마찰은 꼭 나쁜 일만은 아니다. 중국은 위기를 기회로 바꾸고, 압력을 동력으로 바꿀 수 있다. 솔직하게 말하면 관세 인하, 투자 제한 완화, 국유기업 독점 타파, 더 강도 높은 개혁개방 추진, 더 높은 수준의 시장경제와 개방체제 구축 등 방면에서 우리에게는 풀어야 할 과제가 매우 많다. 이는 우리가 객관적으로 인정해야 할 부분이다. "항복론"이나 "강경론"이나 모두 미국에 끌려가는 것이다. 중국은 역사적 대국관과 명석한 전략적 파워를 유지하면서 자신의 일을 잘하는 데 주력해야 한다. 개혁개방의 강도를 높이고 높은 수준의

시장경제와 개방체제를 건설하며, 자유와 평등, 인간 중심의 조화로운 사회를 건설해야 한다. 그러면 우리 세계관과 이데올로기도 자연스레 세계에서 인정을 받게 될 것이며, 역사와 인민이 결국 가장 공정한 대답을 해줄 것이다.

⑵ 중국이 수동적인 대응의 틀에서 벗어나 미국과 함께 "제로 관세, 제로 장벽, 제로 보조"를 바탕으로 하는 중·미 자유무역구 구축을 적극 추진할 것을 먼저 나서서 제기하기를 제안한다. 자유무역은 국제 분업을 촉진시키고 중·미 양국 각자 부존자원의 장점을 살리며 윈윈(win-win)을 실현하는데 이롭다. 또한 자유무역은 천성적으로 제조업대국에 이로운 것이다. 이는 유로존, 여러 자유무역지대 및 글로벌화 과정에서 모두 뚜렷하게 반영되었다. 중국은 지난 40년간 글로벌화의 최대 수혜자이고, 독일은 유럽연합의 최대 수혜자이다. 이론적으로도 설립된다. 중국은 노동요소의 원가가 전체적으로 미국에 비해 낮은데다가 제조업의 산업사슬이 더욱 완전하다. 중·미 자유무역구는 윈윈(win-win)을 실현할 수 있다. 동시에 중국 자체 발전 및 진일보 대외개방의 필수 요소이기도 하다. 그렇기 때문에 중·미 자유무역구의 창설은 중·미 무역마찰을 해소하는데 유리하며 전쟁을 평화로 전환시킬 수 있는 수단이다. 중국이 1980년대에 특구를 설립하고, 2001년에 WTO에 가입한 데 이어, 중·미 자유무역구를 설립하면 중국의 새로운 라운드 개혁개방의 붐을 일으켜 중국이 제조업 대국에서 제조업 강국으로 나아가는 데 도움이 될 것이다. 동시에 중국은

미국과 자유무역구를 공동 건설할 것이라는 의사를 널리 선전하여 미국을 협상궤도로 불러들여 미국도 규칙의 제약을 받도록 해야 한다. 이외에도 중국은 아세안(ASEAN. 동남아시아국가연합)·라틴아메리카·아프리카 및 "일대일로(一帶一路, 중국 주도의 '신[新] 실크로드 전략 구상'으로 내륙과 해상의 실크로드경제벨트를 지칭함)" 연선 국가와 지구를 적극 연합하고, 유럽연합·일본 및 한국과 양자 협력과 자유무역구 협상을 적극 전개하며, WTO 등 국제조정체제를 모색해 무역마찰이 격화되고 확대되는 것을 막아야 한다.

(3) 무역마찰의 본질은 개혁전쟁이다. 가장 좋은 대응은 추세에 따라 더욱 큰 결심과 더욱 큰 용기로 새로운 라운드의 개혁개방을 추진하는 것이다. 앞서 금융 디레버리징(Deleveraging)[2] 과 중·미 무역마찰로 인해 또 다시 통화완화책을 펴 자극을 주어야 한다는 목소리와 토론을 유발하였는데, 이는 매우 근시안적이고 나라를 망치는 관점이다. 만약 중·미 무역마찰의 외부충격 때문에 다시 통화로 자극하는 옛 방법으로 돌아가게 되면 미·일 무역전쟁 실패의 교훈을 재연하게 될 것이다. 중·미 무역

2) 디레버리징(deleveraging) : 부채를 축소하는 것을 말한다. 미시경제 측면에서 보면, 가계나 기업 등 개별 경제주체의 대차대조표에서 부채의 비중을 낮추는 것을 의미한다. 경기가 호황일 때는 상 대적으로 낮은 금리로 자금을 차입하여 수익성이 높은 곳에 투자해 빚을 상환하고도 수익을 많이 낼 수 있는 레버리지(leverage)가 효과적인 투자기법이 된다. 그러나 경기가 불황일 때는 자산가치가 급격히 하락하여 수익성이 낮아지고 금리가 상대적으로 높아지게 되므로 부채를 상환, 정리, 감축하는 디레버리징이 효과적인 투자기법이 된다.

마찰은 개혁개방의 공동 인식의 방향으로 이끌어야 한다. 그것은 1960~1990년 독일의 산업 업그레이드 대응 모델과 비슷한 것이다. 믿음이 황금보다도 더 중요하다. 앞으로 6대 개혁을 돌파구로 삼아 기업과 주민의 믿음을 진작시키고 높은 품질의 발전을 이루는 새로운 시대를 열어나가야 한다.

첫째, 고품질 발전의 심사평가체계를 구축하여 지방의 시행을 격려함으로써 새 라운드 개혁개방에서 지방의 적극성을 동원해야 한다.

둘째, 국유기업 개혁을 확고히 실행하고, 이데올로기의 논쟁에 빠지는 것을 피하며, 흑묘백묘(黑猫白猫. 검은 고양이든 흰 고양이든 쥐만 잘 잡으면 된다는 뜻으로, 1970년대 말부터 덩샤오핑이 취한 중국의 경제정책-역자 주) 이론의 실용주의 기준으로 평가해야 한다.

셋째, 서비스업을 대대적으로 대규모로 활성화하고 민영기업가의 적극성을 동원해야 한다. 중국은 이미 서비스업을 주도산업으로 하는 시대에 들어섰다. 제조업의 업그레이드를 실현하기 위해서는 생산성 서비스업의 대대적인 발전이 이루어져야 하고, 아름다운 생활의 수요를 만족시키기 위해서는 소비성 서비스업의 대대적인 발전이 이루어져야 한다. 중국 공산당 제19차 전국대표대회 보고에서는 중국사회의 주요 모순이 이미 인민들의 날로 늘어나는 아름다운 생활에 대한 수요와 불균형적 불충분한 발전 간의 모순으로 바뀌었다고 지적했다. 중국 제조업은 자동차 등 소수 분야를 제외하고 대부분 민간기업과 외국기업에 개방되었지만, 서비스업은 여전히 국유기업이 독점하고 있어 개방이 부족한 상황이 심각하며, 그로 인해 효율이 떨어지고, 기초적인 비용이 높은 결과를 초래하고 있다. 앞으로 체제와 시스템의 보완을 통해 국내 업종 규제를 완화하고 요소의 시장화를 실현하며 일부 서비스업의 비관세장벽을 낮춤으로써 서비스업을 더 대폭적으로 활성화해야 한다.

넷째, 미시적 주체의 원가를 대규모로 낮춰야 한다. 감세와 행정관리의 간소화를 추진하고 물류·토지·에너지 등 기초적인 원가를 낮춰야 한다.

다섯째, 중대한 리스크를 방비하고 해소하며, 금융의 근원적 상태로의 회귀를 촉진시켜 실물경제를 위해 더 훌륭한 서비스를 제공할 수 있도록 한다.

여섯째, "주택은 투기용이 아니라, 거주용이다"라는 포지셔닝에 따라, 거주 지향적인 새로운 주택제도와 장기효과체제를 수립해야 한다. 관건은 통화금융의 안정, 그리고 상주인구와 주택용지공급을 연결시키는 것이다. 앞으로 신규 증가 상주인구와 토지공급을 연결시키는 정책을 실시해야 하고, 부동산 금융정책의 장기적인 안정을 유지해야 하며, 개발업체 위주에서 정부·개발업체·임대중개회사·장기임대대행업체 등 다원화 공급으로 전환해야 하고, 부동산세 개혁을 추진하여 투기수요를 억제해야 한다.

제1장

세계무역마찰과 미국의 대공황

제1장
세계무역마찰과 미국의 대공황[3]

1929년 대공황 초기에 미국 주식시장 거품이 붕괴되고 은행업 위기가 폭발하면서 경제가 대공황 상태에 빠졌다. 미국은 자국 경제와 취업을 보호하기 위하여 관세를 전면 인상했다. 그러자 각국의 보복성 조치가 경쟁이라도 하듯이 쏟아져 나왔다. 그 보복성 조치들에는 관세 인상, 수입쿼터 제한, 투자 제한, 환율 평가절하 등이 포함되었다. 이에 따라 국제무역 상황이 심각하게 악화되고 국제조정 체제가 붕괴되었으며, 각국 경제가 설상가상의 형편에 이르렀다. 결국 금융위기가 걷잡을 수 없는 국면에 이르고 계속 악화되어 경제위기·사회위기·정치위기, 나아가 군사위기로 번졌으며, 제2차 세계대전이 발발하여 인류는 자아훼멸의 모드로 진입했다. 참으로 쓰라린 교훈이었다. 거울로 삼아야 할 교훈이 결코 멀리 있지 않은 것이다. 제2차 세계대전 종전 후, 국제사회는 점차 교훈을 받아들여 브레턴우즈체제(Bretton Woods System), 관세무역일반협정(GATT, WTO의 전신), 세계은행 등 국제 조정체제와 조직을 점차 설립하였으며, 세계경제가 비교적 번영하고 안정적인 발전기에 들어섰다. 2018년에 미국이 재차 세계무역 분쟁을 일으켰다. 트럼프 행정부는 역사의 교훈을 받아들여 대공황의 전철을 밟지 않도록 해야 할 것이다.

---

3) 글을 쓴 사람들 : 런쩌핑(任澤平)·뤄즈헝(羅志恒)·허천(賀晨).

제1절
대공황 시기 무역마찰의 시대적 배경과 원인

1. 제1차 세계대전 후 패권세력의 교체, 유럽경제의 점진적 둔화

미국의 경제실력이 크게 향상되었다. 1918년 제1차 세계대전이 끝난 후 미국의 세계 1위 경제 강국의 지위가 더욱 확고해졌다. 미국은 패권지위를 공고히 하고 국내 산업을 보호하기 위한 견지에서 보호무역 정책을 실행하였으며, 관세의 기준이 뚜렷이 향상되었다. 1914~1922년 미국의 평균 관세율은 28.3%에나 이르렀다. 1920년의 일시적인 경제위기를 겪은 뒤 미국의회가 1922년에 「포드니 매컴버 관세법」(Fordney-McCumber Tariff Act)을 채택했다. 1922~1929년 미국 평균 관세율이 더 올라 38.2%에 달했다. (그래프 1-1을 참조) 관세율의 꾸준한 향상은 국내 농업·공업 등 관련 산업을 보호하였고, 다른 한편으로는 유럽 각국이 수출을 통해 경제 활성화를 이루고 전쟁 채무를 청산할 수 있는 가능성이 물거품이 되고 말았다. 1920~1929년 미국 경제가 빠르게 발전하자 국가의 경제력이 배로 늘어났으며 대량의 자본이 미국 금융시장으로 빠르게 흘러들어 왔다. 그러자 유럽 각국의 경제실력이 약화되었다. 영국은 제1차 세계대전 기간의 인명 피해와 물자 손실로 인해 경제가 심각한 쇠퇴를 겪어야 했다. 독일은 패전국으로서 국내경제 복구와 동시에 거액의 전쟁배상금 부담

그래프 1-1) 1891~1939년 대공황시기 미국 평균 관세율

까지 떠안아야 했다. 이밖에도 1928년에 미국이 독일에서 투자를 철회하는 바람에 독일경제 상황은 설상가상으로 걷잡을 수 없게 되었다. 유립의 기타 여러 나라 경제도 전후 짧은 번영을 이뤘다가 역시 하락했다. 수출 성장이 대폭 둔화되어 독일은 전쟁배상금을 지불할 능력이 없게 되었으며 유럽경제 전체가 하락상태에 빠져들었다. 그리하여 금본위제도를 회복시켰다. 제1차 세계대전기간에 여러 나라에서 금본위제도를 종결시켰었는데 전쟁이 끝나자 그 제도를 다시 회복하기 시작했던 것이다. 1925년에 영국이 금본위제의 회복을 선포하였고, 1928년에 프랑스가 금본위제의 회복을 선포했다. 1929년까지 스페인을 비롯하여 아시아·라틴아메리카의 소수의 국가를 제외한 여러 나라에서 금 태환 형태로 존재하는 금본위제를 회복하면서 전후 혼란하던 통화금융체계가 서서히 상대적 안정을 되었다. 그러나 대공황

이전에 여러 나라 사이에 균형적인 공정 가격 관계가 결여되어 각자 제멋대로였기 때문에 금본위제 하에서의 국제수지 조절체제가 정상적으로 운행될 수가 없었다. 금환본위제 하에서 지폐는 금과 직접 태환할 수 없었고, 금 보유국과의 통화만 태환할 수 있었다.

그 다음 다시 이들 국가의 관련 규정에 따라 금으로 태환하였던 것이다. 그러나 실제로 금 보유국들은 금 태환에서 많은 제한을 두고 있었다. 이로 인해 통화 가치가 불안정하고, 통화의 공급과 국제수지 자동 조절체제가 제한을 받는 등 많은 문제들을 초래하게 되었다.

2. 미국 연방준비제도이사회의 금리인상, 미국 주식시장의 버블 붕괴

제1차 세계대전 종전 후, 여러 참전국 경제가 점차 회복되고 생산이 회복됨에 따라 미국 제품에 대한 수요가 빠른 속도로 줄어들었으며 이에 따라 전시에 미국의 주요 수출상품이었던 농산물 가격이 대폭 하락했다. 연방정부는 농산물 가격을 끌어올리려고 다양한 방법을 시도했다. 그 방법 중에는 외국에 대한 대출 발행, 유럽 국가의 농산물 구매 지불능력 제고 등이 포함되었다. 미국정부는 또 은행들이 저금리 대출을 하는 것으로써 추가 경기 부양에 나서도록 격려했다. 동시에 대량의 국제자본과 금이 미국으로 흘러들어 투기가 활기를 띠기 시작하였고, 미국 증시가 고공행진을 이어갔다. 그밖에 미국 노동자 실제 임금의 상승폭은 사회생산율에 미치지 못하였으며, 소비를 위한 신용대출이 빠르게 확장했다. 1929년에 농업당국이 가뭄과 식량가격 하락으로 손실을 입었고 실업률이 상승하였으며, 은행의 불량대출비율이 올라가고 미국의 경제구조가 악화되었으며, 주식시장의 버블 리스크가 더욱 커졌다. 갈수록 통제력을 잃어가는 주식투기에 대응하기 위하여 1928~1929년까지 미국 연방준비제도이사회는 재할인율을 잇달아 8차례나 인상하여 3.5%에서 6%까지 인상했다. 그러자 갑자기 긴축된 통화정책과 경제 부진으로 시장에 공황 정서가 확산되었다. 1929년 10월 29일 모든 주식은 "무대가 투매 화"되었으며 미국 주식시장의 거품이 붕괴되었다. 이미 1929년 10월 12일부터 미국 주가가 하락하기 시작하였으며, 대규모 지분 청산이 강행되고 있었다. 10월 24일을 시작으로 미국의 주가가 5일 연속 하락하여 10월 29일에 이르러 주식 시장의 거품이 전면 붕괴되었다. 이날 투매된 주식이 1,641만 3,000주에 달하였으며, 다우존스지수는 최고

그래프 1-2 1925~1933년 미국 주가지수 추이

자료출처: Wind, 헝다 연구원.

치 386에서 40% 하락하여 230에 이르렀다. 그 하락세는 1932년까지 지속되었으며, 그때 당시 주식 시가가 1929년에 비해 이미 89% 증발한 수준이었다. (그래프 1-2를 참조) 1929년 미국 증시의 붕괴는 대공황의 시발점으로 간주된다. 그 뒤 미국은 물론 세계경제가 기나긴 침체기에 빠져들게 되었으며 경제 나아가 정치 형세도 불안정한 국면을 겪기 시작했다.

3. 미국의 무역관세 부과

1929년 미국의회가 「스무트 홀리 관세법(Smoot-Hawley Tariff Act)」을 채택하여 그 관세법 규정에 따라 미국은 1830년 이후 100년 동안 미국 최고 관세를 적용하게 되었으며, 관세 수준을 40%에서 47%까지 인상하게 되었다. 미국 관세과세물품이 총 수입물품에서 차지하는 비중도 빠르게 상승하여 1936년에 이르러 그 비중이 42.9%에 달하였으며, 1930년에 비해 12.4% 상승했다. (표 1-1를 참조)

표 1-1 1930~1936년 미국 관세과세물품이 총 수입물품에서 차지하는 비중

연도	1930	1931	1932	1933	1934	1935	1936
비중(%)	30.5	33.4	33.2	36.9	39.4	40.9	42.9

자료출처: 미국 국제무역위원회, "U.S. Imports for Consumption, Duties Collected, and Ratio of Duties to Value, 1891-2016", 2017년 3월, https://www.usitc.gov/documents/dataweb/ ave_table_1891_2016.pdf 참고, 조회시간: 2019년 4월 23일, 헝다 연구원.

그 법안이 통과된 후 미국 경제학자 1,028명이 연명으로 탄원서에 서명하여 그 법안에 반대하였으며, 영국·캐나다 등 23개 무역 파트너 국가도 강력히 반발했다. 그러나 그 법안은 결국 허버트 후버(Herbert Hoover) 미국 대통령의 서명을 거쳐 1930년 6월 17일 정식 실행되기 시작했다. 미국이 「스무트 홀리 관세법」을 실행한 것은 주로 다음과 같은 세 가지 이유에서였다.

(1) 미국의 일부 산업을 보호하기 위한 필요에서였다. 1922~1929년 다년간 잇따른 저금리, 신용대출 확대, 그리고 현저히 높아진 생산성의 영향으로 인해 지속되는 대규모 생산 때문에 미국 농산물과 일부 공업품시장에서 과잉공급에 따른 가격 폭락현상이 이어졌다. 관세 부과조치는 그 부분 산업의 이익을 보호하고 집권당의 전통 선거구 투표를 공고히 하는데 유리했다.

(2) 1929년 미국 주식시장 거품 붕괴로 인한 경제적 충격을 완화시키기 위한 수요에서였다. 1929년 10월 주식 재앙으로 투자자의 믿음이 철저히 무너졌다. 주민의 재산이 대폭 줄어들고 소비 능력이 대폭 줄었으며, 상품 재고 현상이 심각하게 되었다. 실물기업이 대대적으로 도산하고 은행의 부실자산이 드러남에 따라 신용긴축이 이어졌으며, 은행위기가 폭발했다. 주식위기와 은행위기는 경제에 막대한 충격을 주었다. 이에 미국정부는 추가관세조치를 통해 국내산업을 보호하고 경제회복을 촉진시키려 했다.

(3) 금본위제가 통화정책수단의 적용을 제약했다. 제1차 세계대전 후 서방 여러 나라들은 통화 공급과 금융체계를 안정시키기 위하여

금본위제를 회복하기 위해 노력했다. 1929년에 이르러 금본위제는 이미 여러 시장경제국가들에 기본적으로 보급되었다. 그런데 금본위제하에서 "삼위일체 불가능이론"의 어려움이 통화정책의 독립성을 제약했다. 미국 연방 준비제도 이사회는 금본위제를 유지하기 위해 1931년 10월 재할인율을 재차 인상했다. 이로 인해 미국은 관세 인상, 쿼터 축소 등 보호무역정책을 통해 경제 부양과 국내 생산·취업 보호를 더 한층 촉진하지 않으면 안 되었다.

제2절
추이: 미국 관세전쟁 도발, 여러 나라 보복성 관세 부과

미국은 경제발전법칙을 무시하고 「스무트 홀리 관세법」의 실시를 강행하여 관세를 더 한층 인상함으로써 정상적인 국제무역관계를 심각하게 파괴하여 여러 나라의 강렬한 불만을 자아냈다. 캐나다·이탈리아·스페인·스위스 등 나라들이 보복성 무역정책을 잇달아 출범시켰다.(표 1-2 참조) 이에 따라 국제 경제무역관계가 한층 더 악화되었다.

표 1-2 캐나다 · 이탈리아 · 스페인 · 스위스 4개국 보복성 무역정책

시간	국가	무역정책
1930년 6월 17일	미국	「스무트 홀리 관세법」 실시, 관세 수준 40%에서 47%로 인상함.
1930년 6월 22일	스페인	보복성 관세(wais tariff) 실시, 거의 모든 미국상품에 대한 관세 인상함. 그중 자동차 관세는 100%~150%까지 인상함.
1930년 6월 30일	이탈리아	미국이 이탈리아로 수출하는 자동차·농업생산기계·무선전장비에 대해 전면적 관세징수를 선포함. 그중 자동차 관세는 150%가 넘음.
1930년 9월 17일	캐나다	「캐나다 긴급 관세법안」(Canadian Emergency Tariff) 채택, 미국에서 수입하는 거의 모든 중요한 산업제품에 약 50%의 추가 관세를 부과함.
1930년 6월	스위스	미국제품 전면 배척, 1930년에 대 미국 수입액이 29.6% 하락함.

자료출처: Mark Milder, "Parade of Protection: A Survey of the European Reaction to the Pas-sage of the Smoot-Hawley Tariff Act of 1930", Major Themes in Economics, Vol.1,No.1(1999), pp.3-26.

1. 캐나다·이탈리아·스페인·스위스 4개국 제일 먼저 반격.

(1) 캐나다는 대 미국 보복성 관세 50%까지 인상.

캐나다는 미국의 최대 무역 파트너국가로서 미국·영국 두 나라에 여러 가지 원재료를 수출하는 것이 그 주요 경제활동과 국가경제의 성장점이다. 그중 밀·감자·우유제품·육류제품 등 추가관세 부과 중점 농산물은 더욱이 캐나다의 주요 수출 상품이다. 1929년까지 캐나다 수출 무역의 비중이 국민소득의 3분의 1을 차지했다. 미국의 새 관세 법안이 실행되기 이전부터 캐나다는 관련 조치를 취해 사태의 악화를 막고자 하였었다. 1930년 5월에 캐나다는 미국이 캐나다로 수출하는 16가지 상품 관세를 소폭 인상함으로써 미국의 새 관세법의 실시를 제약하려고 했다. 「스무트 홀리 관세법」이 6월 발효된 후 캐나다는 대 미국 관세 수준을 한층 더 인상하였으며, 1930년 9월 17일에는 또 「캐나다 긴급 관세 법안」을 통과시켜 미국에서 수입하는 거의 모든 중요한 산업 제품에 대한 관세를 약 50% 인상했다.

(2) 이탈리아와 스페인은 대 미국 자동차 관세 100%~150%까지 인상

1920년대 말, 미국 자동차가 이탈리아를 비롯해 유럽시장을 빠르게 점령해나가면서 자동차가 그들 지역에 대한 미국의 가장 주요한 수출품 중의 하나로 자리 잡았다. 이탈리아는 자국 농산물이 미국의 새 관세장벽으로 인해 큰 타격을 입었다. 1930년 6월 30일 이탈리아는 미국이 이탈리아로 수출하는 자동차·농업생산기계·무선전화장비에 대해 관세를 전면적으로 부과한다고 선포했다. 그중에서도 자동차 관세율이 150%가 넘어, 포드 자동차의 이탈리아 판매가격이 300달러에서 815달러로 껑충 뛰어올랐다. 이외에도 이탈리아는 한 걸음 더 나아가 이탈리아 농산물을 구입하는 국가들에서만 상품을 수입할 것이라고 밝혔다. 스페인의 경우는 미국의 관세정책으로 인해 주요 수출품인 와인이 큰 타격을 입었다. 1930년 6월 22일 스페인은 미국에서 수입하는 거의 모든 상품에 대한 관세를 인상할 것이며, 미국·프랑스·이탈리아에서 스페인에 수출하는 자동차에 대해 100%~150%의 관세를 부과한다고 밝혔다. 프랑스와 이탈리아는 그 뒤 스페인과의 무역협상에서 스페인에 보상 조치를 취하였는데 관세 압력이 줄어들면서 자동차 수출이 소폭 반등했다. 그러나 미국이 스페인에 수출하는 자동차 수량은 3년간 꾸준히 떨어져 94%까지 하락했다. (그래프 1-3을 참조).

(3) 스위스는 미국 제품을 전면 배척.

스위스는 전통적인 무역수출국으로서 시계제품이 수출총액의 90%~95%를 차지한다. 그중 약 6분의 1의 손목시계가 미국으로 수출되었다. 미국 새 관세 법안에 시계제품 관세를 194%에서 266%로 인상한다는 규정에 격노한 스위스가 미국제품을 전면 배척하기에 나섰다. 1930년 스위스 수입액이 5.4% 하락한 가운데 대 미국 수입액은 29.6%나 하락했다.

그래프 1-3 1929~1932년 스페인 수입 자동차 수량

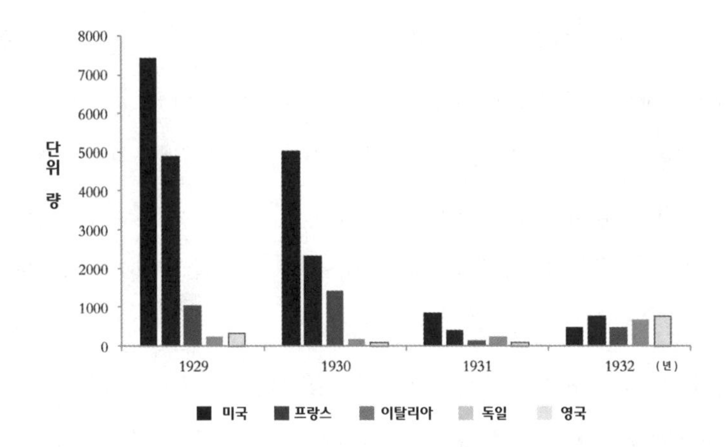

자료출처: Mark Milder, "Parade of Protection: A Survey of the European Reaction to the Passage of the Smoot-Hawley Tariff Act of 1930", Major Themes in Economics, Vol.1, No.1(1999), pp.3~26, 스페인 통계국 자료 인용.

2. 영국·프랑스·독일이 무역전쟁에 참가하면서 국제무역체계가 전면 붕괴.

(1) 영국은 특정 상품에 차별적 관세 부과.

갈수록 심각해지는 국제무역형세에서 자유무역의 수호자인 영국 경상계정이 크게 악화되자 영국은 결국 관세를 올려 국내 산업을 보호하는 한편 제국 내부 특혜관세제도를 실시하기로 결정함에 따라 국제무역체계가 분열되기 시작했다. 1930년 미국 「스무트 홀리 관세법」 반포 초기에 자유무역주의의 확고한 지지자로서의 영국은 관세인상 조치를 취하지 않고 지속적인 시장개방을 선택했다. 그러나 캐나다·이탈리아·스페인·중남미 4개국이 보호무역정책을 실시함에 따라 국제무역상황이 갈수록 준엄해지면서 여러 나라의 상품이 영국의 일부 면세구역으로 대량 수출되는 바람에 영국의 경상계정이 계속 악화되는 결과가 초래되었다. 결국 영국은 1931년 11월 20일 「비상수입세법」(Abnormal Imports Act)을 반포하고 특정 상품에 대해 최고 100%의 차별적 높은 관세를 부과했다. 1932년 2월 영국 의회가 새 수입관세법안을 통과시키고, 일반 수입품에 대해 10%의 통과관세를 부과하고 대다수 공업제품에 대해서는 20%의 관세를 부과한다고 규정지었다. 그리고 철강·사치품 등에 대해서는 더 높은 관세를 부과하기로 했다. 이와 동시에 영국은 오타와 회의를 열어 자국 영지·자치식민지와는 호혜관세, 즉 제국 내부 특혜관세제도를 실시키로 함으로써 다른 나라 상품에 대한 차별화를 이루었다.

(2) 프랑스는 수입쿼터제도 실시.

1920년대 초기에 체결한 무역협정의 제약으로 말미암아 프랑스는 70% 비중을 차지하는 수입상품에 대한 관세가 고정되어 조정할 수 없었다. 이런 상황에서 프랑스 정부는 수입쿼터제를 실시한다고 선포, 이는 미국이 프랑스에 수출하는 전자설비 및 육류제품에 대해 엄격한 할당액 제한을 실시하는 것을 겨냥한 조치였다. 그밖에 이런 할당액은 계약에 따라 협상을 통해 제정하게 되어 있어 프랑스의 일부 시장을 유럽국가에 개방할 수 있도록 보장함으로써 어떤 의미에서 보면 유럽 국가들이 연합하여 미국을 배척하도록 촉진시켰다. 1932년 말까지 프랑스에 이어 총 10개국이 전면적 무역할당제 혹은 수입허가제를 실시했다.

(3) 독일은 관세를 인상하고 수입쿼터제를 실시하였으며 준 식민지 무역 시장을 개발.

독일은 패전국으로 제1차 세계대전 이후 엄청난 전쟁 배상금을 부담해야 하였으며, 국내의 악성 인플레이션, 높은 실업률, 다른 승전국과의 불평등무역협의로 인해 서방 여러 나라와의 국제무역에서 독일이 얻을 수 있는 수익은 매우 적었다. 국제무역시장이 전면적으로 악화되자 1932년 1월 독일은 관세를 높이고 수입쿼터제를 실시하는 한편 유럽 동남부와 남아메리카 등 편벽한 지역의 준 식민지와 양자무역을 적극 전개함으로써 국내 경제를 발전시키고자 했다.

(4) 국제무역체계의 전면적 붕괴.

미국이 1930년 정식 실시한 「스무트 홀리 관세법」과 최초 캐나다·이탈리아·스페인·스위스 4개국의 보복성 관세의 반격으로 국제무역 국면이 크게 악화되었고, 뒤이어 영국·프랑스·독일이 잇달아 실행한 보호무역정책이 국제무역의 전면 붕괴를 가속화시켰다. 1928~1932년 미국·캐나다 등 국가의 관세 인상폭이 15%를 넘었고, 영국·프랑스·독일·이탈리아 등 국가의 관세 인상폭은 50%를 넘었다. 국제무역관계 붕괴의 시작은 미국의 「스무트 홀리 관세법」의 실시로서 미국이 국제무역 다자간 관계를 무시하고 일방적으로 관세를 인상하여 국내경제를 보호하고자 한데 있었으며, 이는 오히려 미국과 세계의 경제를 더욱 악화시키는 결과를 초래했다.

제3절
열기 상승과 결과 : 경제위기에서 제2차 세계대전에 이르기까지

대공황은 진정한 의미에서의 제1차 글로벌 경제위기로서 그것이 가져다준 후과는 급격한 무역 위축과 세계경제의 쇠퇴만은 아니었다. 한편으로는 향후 국제통화체계, 거시적 경제이론, 국가의 거시적 정책, 국제 조정체제의 일련의 발전 변화에도 심원한 영향을 끼쳤다.

1. 악성 무역마찰로 인해 세계무역이 하락하고, 세계경제 상황이 한층 더 악화되었다.

전반적으로 볼 때, 대공황기간에 각국의 무역은 뚜렷이 하락했다. 세계 수출무역이 1929~1934년 사이에 약 66% 감소했다. (그래프 1-4 참조) 수출입 데이터를 보면 1929~1933년 미국의 수입금액은 44억 6,000만 달러에서 66% 하락한 15억 2,000만 달러에 이르렀고, 수출금액은 52억 달러에서 16억 7,000만 달러로 줄어들었다. 그중 유럽에서 수입하는 상품이 1928년의 6억 3,000만 달러에서 1935년의 3억 1,000만 달러로 줄어들고, 유럽으로 수출되는 상품이 12억 4,000만 달러에서 6억 4,000만 달러로 줄어들었다. 유럽 각국의 수출입이 대폭 하락

그래프 1-4 1921~1938년 세계 수출무역총액 및 변동률

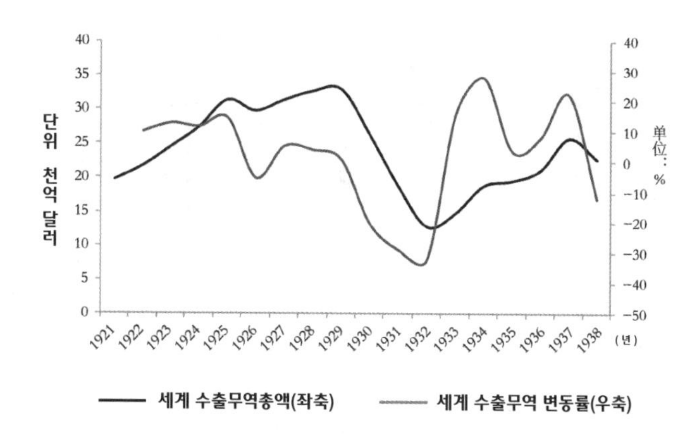

자료출처: 유엔, "Historical Data 1900-1960 on International Merchandise Trade Statistics", https://unstats.un.org/unsd/tradekb/Knowledgebase/50015/Historical-data-19001960-on-international-merchandise-trade-statistics 참고, 조회시간: 2019년 4월 23일.

했다. 그중 1930~1931년 동안 영국·독일·프랑스·이탈리아를 통틀어 수입과 수출이 각각 평균 26.3%, 24.6% 하락했다. GDP 데이터를 보면, 여러 나라 경제성장률이 모두 하락했다. 그중 미국의 GDP 성장률이 1930~1932년 동안 각각 8.5%, 6.4%, 12.9% 하락하였고, 영국·독일·프랑스 3국은 이 기간 GDP가 5.4%, 16.5%, 15.3% 하락했다. (그래프 1-5 참조) 국가별 실업률은 1929~1933년 사이에 빠르게 상승해 미국·영국·독일·캐나다의 1932년 실업률이 모두 20%를 넘었으며, 각각 23.6%, 22.1%, 43.8%, 26%를 기록했다.

그래프 1-5 1930년 대비 1932년 각국 GDP 하락폭

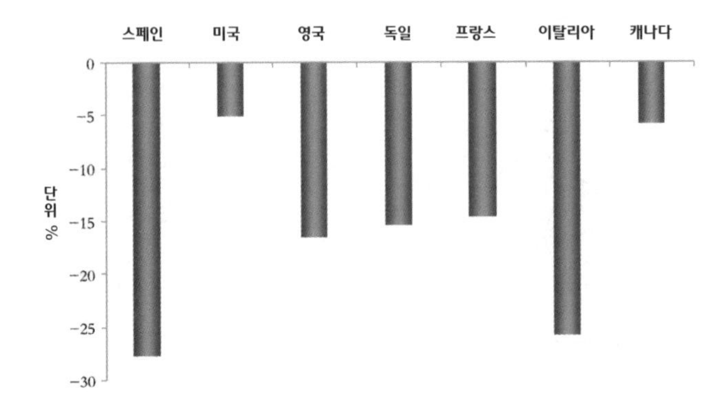

자료출처: 유엔, "Historical Data 1900−1960 on International Merchandise Trade Statistics", https://unstats.un.org/unsd/tradekb/Knowledgebase/50015/Historical-data-19001960-on-international-merchandise-trade-statistics 참고, 조회시간: 2019년 4월 23일.

2. 세계경제의 지속적인 불경기, 케인즈주의의 흥기.

시장의 "보이지 않는 손"에 의해 경제회복을 자동적으로 실현할 수 있다는 신념을 기반으로, 미국을 비롯한 많은 서양 국가들은 대공황 초기에 여전히 재정 예산 균형을 유지하면서 지속적으로 재정확장정책을 실행하지 않았다. 그러나 각국은 물론 세계경제 상황이 지속적으로 악화됨에 따라 사람들은 고전경제학의 합리성을 의심하기 시작하면서 케인즈주의가 흥기하기 시작하였으며 점차 각국의 거시적 경제를 관리하고 경제정책을 제정하는 주류 이론으로 부상했다.

케인즈주의는 시장경제라 하여 반드시 자율 조정을 실현할 수 있는 것은 아니며 그래서 고용 창출을 실현한 균형적인 상태에 이를 수 있

는 것은 아니라고 주장한다. 그래서 시장이 기능을 잃었을 때 경제에 관여할 수 있는 정부의 '유형의 손'이 필요하고, 정부의 재정확장정책을 필요로 하며 효과적이어야 했다. 이를 근거로 서양 각국은 정부지출을 점차 확대하여 균형재정에서 기능재정으로 전환하고, 재정확장정책을 취해 위기에서 벗어나기 시작했다. 1931년부터 미국의 재정예산은 꾸준히 적자로 돌아섰다.(그래프 1-6 참조)

3. 금본위제가 무너지고, 국제금융시스템이 거의 마비되었으며, 국제수지조절체제가 바뀌다.

(1) 금본위제 하에서 자율 조절되는 국제수지균형 시스템

금본위제는 금을 본위 통화로 하는 통화제도로서 금화본위제, 금

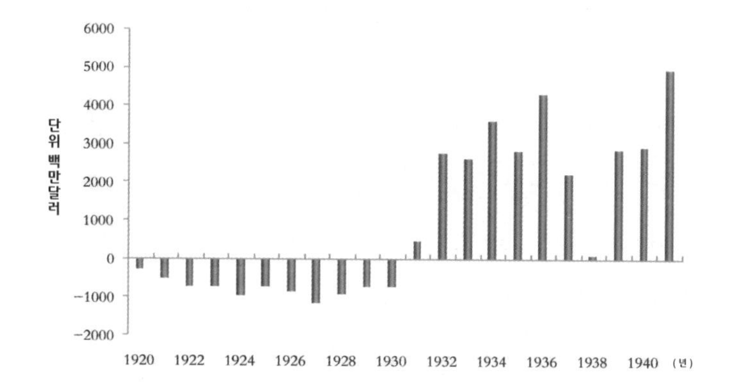

자료출처: 미국의회 예산국, "Table 1.1–Summary of Receipts, Outlays, and Surpluses or Defi- cits (−): 1789–2024", https://www.whitehouse.gov/omb/historical-tables/ 참고, 조회시간: 2019년 4월 23일.

그래프 1-7 금본위제 하에서의 국제수지조절시스템

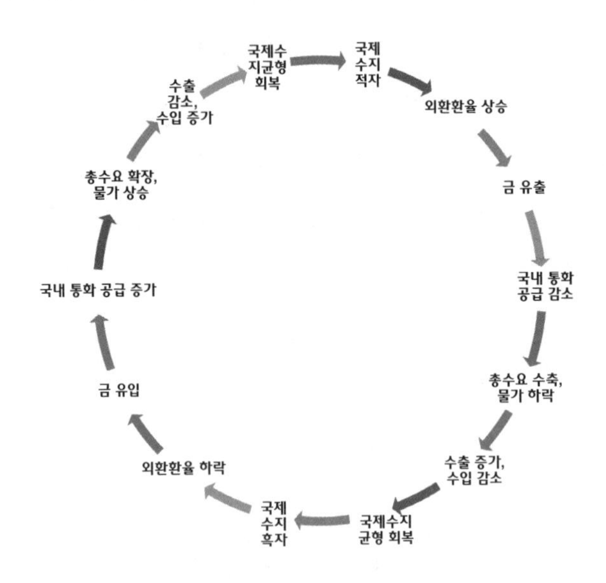

자료출처: 헝다 연구원.

괴본위제, 금환본위제가 포함된다. 경제 대공황 전에 세계 통화체계가 이미 금환본위제로 되돌아가 금본위제 시기 통화가치 보류의 결정을 토대로, 통화가 여전히 금 함유량을 규정짓고 있지만 금화의 자유 주조가 금지되고 국내 유통도 금지되었으며, 각국 중앙은행이 발행한 은행권이 이를 대체해 유통 통화가 되었다. 각국은 황금을 각자 고정한 중심국(영국·프랑스·미국 등)에 보관해두고 본국 통화와 고정 비율에 따른 태환을 실행했다. 오직 본국 통화를 황금 보관국 통화로 태환한 뒤에야 비로소 다시 금으로 태환할 수 있다.

금본위제 하에서 국제수지균형은 자율 조절 특징을 띤다. (그래프 1-7 참조) 금본위제 하에서 한 나라 국제무역에 적자가 나타나게 되면, 외환 공급이 부족한 결과가 초래된다. 만약 외환 환율이 금 수출점을 초과하게 되면 금 유출 결과가 나타나 국내 통화 공급량이 감소하고 총수요가 수축되며 물가가 하락하고 수입이 줄어들면서 수출경쟁력 우위가 커져 무역적자가 줄어들고 국제수지상황이 개선된다. 반대의 경우도 역시 마찬가지이다.

(2) 영미집단이 금본위제에서 탈퇴, 국제금융시스템 마비.

1929년 미국 증시의 붕괴로 미국 은행권 위기가 유발되었고, 이어서 나타난 금융위기는 유럽으로 확산되었다. 1931년 5월 오스트리아 크레디탄스탈트(Creditanstalt)가 파산을 선언했다. 아울러 은행의 건전성에 대한 우려와 환율 하락에 대한 예상이 서로에 대한 불신을 조장시키면서 대규모의 은행 예금 인출 및 자본 이탈을 촉발시켰다. 이어 공황은 독일·영국·폴란드 등 국가로 파급되었다. 그중 지속적인 대규모 예금 인출 사태로 영국은 두 달 만에 2억 파운드 이상의 금이 유실되었다. 이에 영국 정부는 하는 수 없이 9월 21일 금본위제 탈퇴를 선언하는 수밖에 없었다. 이는 국제 간 외환관리제와 경쟁적 평가절하의 결과를 초래했다. 파운드화와 고정환율을 유지하던 스웨덴·노르웨이·덴마크·포르투갈·이집트·이라크·아르헨티나·브라질 등도 잇달아 금본위제를 포기하고 파운드화그룹을 형성했다. 국제금융공황은 미국으로 돌아가 1931년 10월에 이르러 미국의 금 유실이 7억 6,000만 달러에 달했다. 1933년에 미국이 금본위제 탈퇴를 선언함에 따라 제1차 세계대전 종전 후 회복되었던 국제통화금융체계는 거의 마비되었다.

(3) 국제 조정에 실패, 금본위제 철저히 붕괴.

각자 제멋대로인 정책이 국내 경제정세 개선에 큰 효과가 없다는 것을 인식한 서방 각국은 국제협력을 모색하기 시작하였으며, 1933년에 런던에서 세계경제회의를 열었다. 그 취지는 첫째, 통화를 안정시키고, 외환에 대한 통제와 운행 장애를 제거하기 위한 것이며, 둘째는 국제무역 장애를 제거하고 국제무역의 재활성화를 촉진하기 위한 것이었다. 그런데 회의에서 제기된 목표는 여러 나라 간의 의견차로 인해 바로 실패로 돌아가고 말았다. 1936년 프랑스가 프랑화의 평가절하를 선언하고, 같은 해에 영국·미국과 3국 통화협정(Tripartite Agreement)을 체결했다. 금본위제가 철저히 붕괴되고 금본위제를 실시하는 국가의 수가 1932년부터 빠르게 줄어들기 시작했다. (그래

그래프 1-8 1921~1936년 금본위제 실시 국가 수량

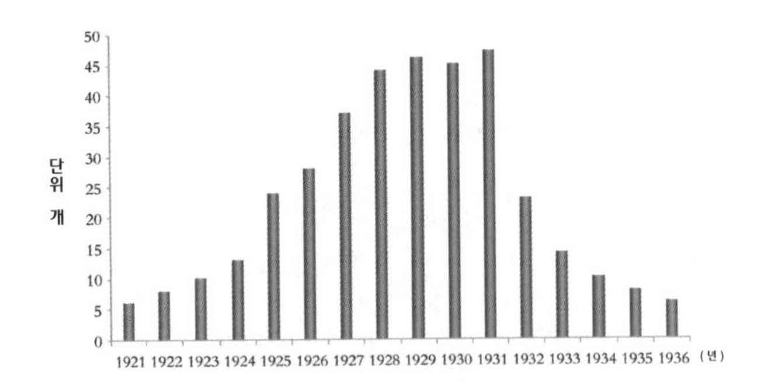

자료출처: Barry Eichengreen, Globalizing Capital: A History of the International Monetary System, Princeton: Princeton University Press,1998; Barry Eichengreen, Golden Fetters: The Gold Standard and the Great Depression, 1919-1939, New York, Oxford: Oxford University Press, 1992.

프 1-8 참조) 통화체계가 파운드화·프랑화·달러화를 핵심으로 하는 3대 그룹으로 점차 분열되었다. 대공황 이전에 완전한 국제조정시스템이 아직 수립되지 않았기 때문에, 여러 나라 간의 조정은 주로 경제적 측면에 집중되어 일시성과 특정성을 띠었다. 대공황 무역경쟁 기간에 국제조정시스템의 결여로 반(反)무역보호 결재를 진행하거나 보완책을 제시할 수 있는 권위적인 국제조직이 없었으며, 더욱이 각국이 보편적으로 수용할 수 있는 금융위기에 대처하는 경제정책이 없었다. 나라마다 각자 제멋대로 정책을 펴고 남에게 화를 전가하는 정세가 개선되기 어려웠으며, 결국 "죄수의 딜레마(prisoner's dilemma)"에 빠져들고 말았다. 제2차 세계대전 이후 국제사회는 경험과 교훈을 받아들여 브레튼우즈 체제(Bretton Woods System)·세계은행·관세무역일반협정[General Agreement on Tariffs and Trade(GATT)], 가트 등 국제조정시스템과 기구를 점차 설립하여 국제경제의 건전한 발전을 촉진시켰다. 이에 따라 세계경제는 비교적 안정적인 발전기에 들어서게 되었다.

(4) 각국 환율이 경쟁이라도 하듯 평가절하, 국제수지조절시스템의 변화

금본위제가 무너지고 각국의 환율이 다투어 평가절하하는 상황에서 국제수지조절시스템이 바뀌면서 먼저 평가 절하한 국가가 우위를 차지하게 되었다. 금본위제에서 탈퇴한 후 각국은 통화 환율을 금에 고정시켜야 하는 제한을 더 이상 받지 않게 되었으며, 통화 공급량을 확대하고 환율의 가치절하를 조정하며, 수출을 촉진시키는 것을 통

그래프 1-9 경쟁적 평가절하 상황에서 국제수지조절시스템

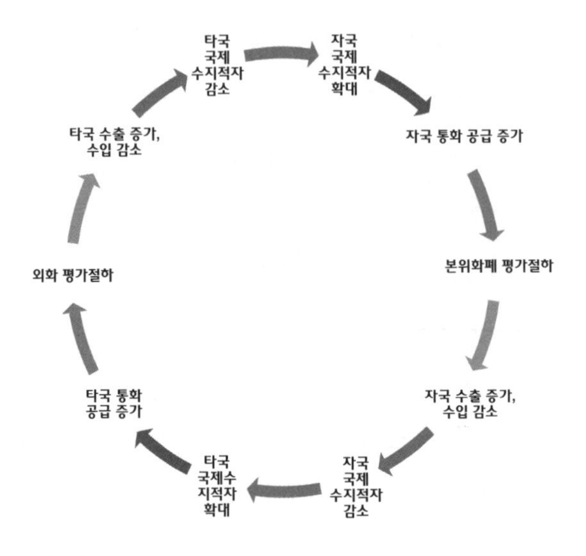

자료출처: 헝다 연구원.

해 국제수지 개선의 목적을 달성했다. (그래프 1-9 참조.) 이밖에 일찍 금본위제를 탈출한 영국 파운드화집단은 여타 국가들보다 더 먼저 통화 리플레이션(reflation)에 대한 외적 구속(통화 환율의 금 고정)을 풀고, 적극적인 통화정책을 적용하여 보다 빠르고 강력한 경기회복을 유도했다. (그래프 1-10 참조) 그래서 세계 통화 공급 지수는 1933년부터 빠른 속도로 상승했다. (그래프 1-11 참조) 반면에 프랑스를 비롯한 일부 국가는 금 보유량이 충분하여 계속 금본위제를 유지하였기 때문에 통화가치가 평가절상하고 무역이 더 큰 손상을 입게 되면서 일찍 금본위제를 포기한 국가들에 비해 경제 회복 속도가 다소 느린 편이었다.

4. 독재주의·군국주의의 궐기

지속되는 경제 불황이 독재주의·군국주의의 궐기를 자극하여 제2차 세계대전의 발발을 간접적으로 부추겼다. 독일의 경우 미국 증시의 폭락으로 미국 은행들의 대 독일 구제금융 대출이 중단되고 금융위기가 확산됨에 따라 독일 은행들이 파산을 맞았고, 실물경제가 급격히 위축되면서 실업률이 43.8%까지 치솟았다. 지속되는 경제 쇠퇴로 인해 민중들은 나치당을 지지하는 쪽으로 돌아서고 말았다. 1933년 1월 나치당이 정권을 장악하고 독재정부를 건립했다. 일본은 1929~1931년까지 GDP가 8% 하락했다. 1931년 일본이 금본위제에서 탈퇴, 엔화의 평가절하와 재정정책으로 경제를 자극하면서 대량의 적자 지출로 무기와 군비를 구입했다. 이에 따라 군국주의 실력이 날로

그래프 1-10 1935년 여러 나라 공업 생산품 및 환율의 변화 공업 생산품 (1929=100)

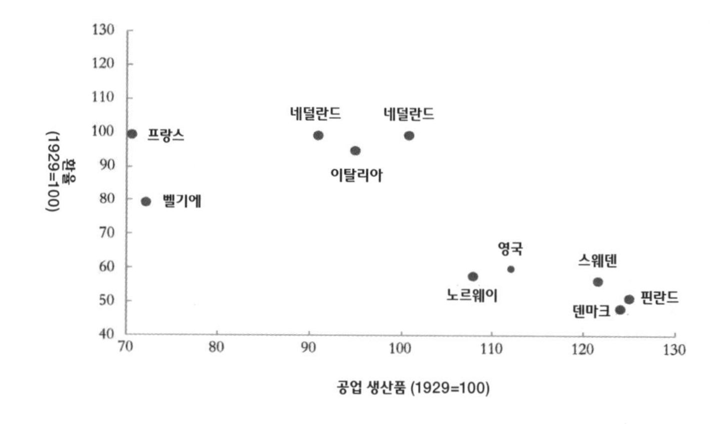

자료출처: Barry Eichengreen, Jeffrey Sachs, "Exchange Rates and Economic Recovery in the 1930s", The Journal of Economic History, Vol. 45, No.4(December 1985), pp.925~946.

팽창했다.

지속되는 경제 불황이 독재주의·군국주의의 궐기를 자극해 제2차 세계대전 발발의 잠재적 위험을 심어놓았다.

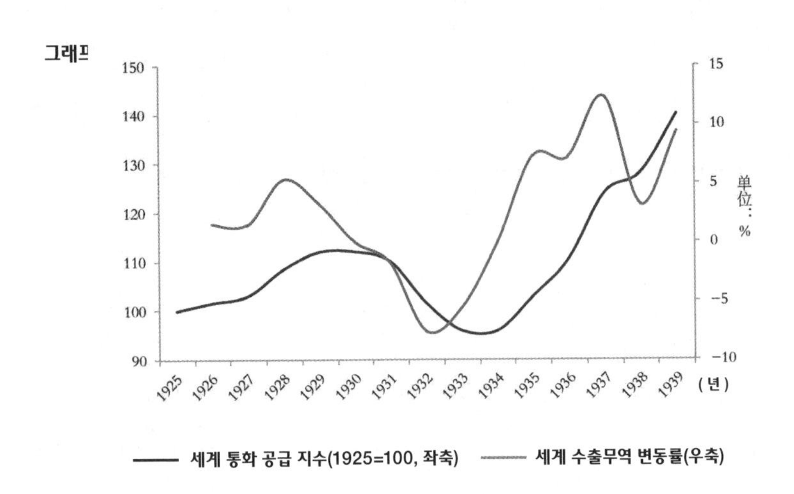

자료출처: 유엔, "Historical Data 1900-1960 on International Merchandise Trade Statistics", https://unstats.un.org/unsd/tradekb/Knowledgebase/50015/Historical-data-19001960-on-international-merchandise-trade-statistics, 조회시간: 2019년 4월 23일.

제4절
계발: 보호무역주의가 "죄수의 딜레마"를 초래하여 경제·사회·군사위기를 유발

1. 무역 경쟁이 일단 시작되면 타국의 보복성 관세 인상을 유발하여 "죄수의 딜레마"에 빠져들게 되며, 심지어 투자 제한과 환율전쟁으로까지 격화되어 국제무역 상황의 악화를 부르게 된다.

영국은 1930년에 미국이 「스무트 홀리 관세법」을 반포하였을 때 당시 관세를 인상하지 않았다. 그러나 캐나다·이탈리아 등 국가가 보복성 무역 관세를 부과한 뒤 국제무역상황이 악화되고 금융위기가 확산되면서 영국은 금본위제 탈퇴를 선언하였으며 관세 장벽을 높였다. 이는 국제무역상황을 더욱 악화시켰으며 더 많은 국가가 무역마찰에 가담하도록 유발했다.

2. 하루 빨리 금본위제에서 퇴출하고, 내수확대정책을 실시한 국가일수록 경기회복을 빨리 실현했다. 그렇기 때문에 환율 평가절하, 감세, 적극적인 재정정책은 무역마찰의 외부 충격에 대처하는 효과적인 수단인 것이다.

금본위제에서 퇴출한 후 각국은 통화 공급량 확대를 통해 환율이 평가절하는 것을 조정하고 수출을 촉진시켜 국제수지 개선의 목표를 달성할 수 있다. 이밖에 경제 불황기 재정정책은 균형재정에서 기능재정으로 전환하여 역주기 조절을 강화해 경제상황을 개선해야 한다.

3. 보호무역주의는 곤경에 빠진 경제를 구제하기 어렵다. 다자간 자유무역체계 회복만이 살길이다.

관세 인상, 비관세장벽 등 무역보호수단을 이용하는 목적은 자국 산업을 보호하기 위한 것이다. 그러나 그 결과는 타국의 보복을 부르고 세계 분업을 파괴하며 무역이 위축되는 것이다. 따라서 보호무역주의는 결코 경제위기를 해결할 수 있는 출로가 아니다. 오히려 각국의 경제난을 악화시켜 나아가 세계경제 회복의 발목을 잡을 뿐이다. 여러 나라 간 경제적 연결이 날로 밀접해져가는 오늘날, 일방주의·보호무역주의는 바람직하지 않다. 각국이 협상과 협력을 강화하고 국제조정시스템의 우세를 충분히 발휘하여 개방과 협력 속에서 함께 발전을 도모해야 하며, 다자간 자유무역의 기본 체계로 복귀해야 한다.

4. 자유무역을 선택하느냐 아니면 보호무역주의를 선택하느냐는 국익에 달렸다. 자유무역과 보호무역주의의 격렬한 충돌은 세계 패권 교체시기에 흔히 발생한다.

산업혁명 후 무역을 통해 나라를 세운 영국은 자유무역정책을 봉행하며 글로벌 시장을 선점하였으며, 심지어 무력으로 국제무역(예를 들면 아편전쟁 등)을 추진하는 것도 불사했다. 그러나 1930년대에 국내 농업 위기에 대처하고 국내시장을 보호하기 위하여 영국은 결국 장장 백여 년간 이어오던 자유무역을 포기했다. 금 태환성 위기, 파운드화 가치 하락 등 사건이 발생한 후 영국은 더 이상 미국과 맞설 여력이 없었다. 그 대응 상대는 미국이 이미 백년 넘게 실시해온 보호무역주의였다. 그러나 1930년 미국의 관세 법안은 자국의 경제회생 문제를 해결하지 못하였을 뿐 아니라 오히려 전 세계무역에 심각한 타격을 주었다. 이는 미국이 무역정책을 되돌아보고 조정하도록 했다. 1933년 프랭클린 델러노 루스벨트(Franklin Delano Roosevelt) 대통령이 취임한 후 "부흥·구제·개혁"이라는 뉴딜정책을 펴기 시작했다. 1934년 「호혜무역법(Reciprocal Trade Act)」이 채택되었다. 의회는 대통령에게 "3년 안에 대외협상을 담당하고 관세율 조정과 관련한 무역협정을 체결할 수 있으며, 의회의 비준을 거칠 필요 없이 최대 50% 관세 인하를 스스로 결정할 수 있는 권한"을 부여했다. 협상을 거쳐 미국은 많은 나라들과 호혜무역협정을 체결함으로써 미국의 국제관계와 무역 회복에 큰 역할을 하였으며, 미국경제가 제일 먼저 위기에서 벗어날 수 있도록 촉진시켰다. 그때부터 미국은 영국을 대체해 자유무역의 기치를 높이 쳐들 수 있게 되었다.

역사의 경험을 통해 알 수 있다시피 국력이 약할 때는 국가가 경제를 보호해야 하고, 국력이 강대해진 뒤에는 자유무역으로 시장을 얻어야 한다. 다른 나라가 궐기하고 자국이 쇠락할 때는 또 보호무역주의에 매달리게 된다. 이것이 바로 자유무역과 보호무역주의가 번갈아 나타나는 궤적이다. 그 배후에는 새로운 라운드의 국제 정치경제 구도의 변화와 패권의 교체가 있다. 앞으로도 예외는 없을 것이다.

제2장

미·일 무역전쟁
일본은 왜 금융전쟁에서 패한 것일까?

제2장
미·일 무역전쟁
일본은 왜 금융전쟁에서 패한 것일까?[4]

본문의 취지는 1950년대 중후반에서 80년대 말 90년대 초까지 미·일 무역전쟁·금융전쟁·경제전쟁·과학기술전쟁의 풍운을 되돌아보면서 미국의 상투적인 수단과 일본이 경제 패권 싸움에서 패한 원인을 종합해보고 본질을 파악하려는데 있다. 미·일 무역전쟁의 본질은 대국의 경제패권 다툼이고, 패권국이 신흥대국의 궐기를 억제하고자 함이었지 무역전쟁은 단지 핑계에 불과할 뿐이다. 일본은 통화 발행을 통해 외부 충격에 대응함으로써 자산가격의 버블을 초래한 것이며, 결국 금융전쟁에서 패하게 되면서 "잃어버린 20년"의 수렁에 빠져들게 된 것이다. 우리가 개혁개방을 확고부동하게 추진하기만 한다면 그 무엇으로도 중국경제의 안정적인 발전을 막을 수가 없다.

4) 이 글을 쓴 사람들 : 런쩌핑(任澤平)·뤄즈헝(羅志恒)·화옌쉐(華炎雪)·자오닝(趙寧).

제1절
미·일 무역전쟁이 일어나게 된 정치·경제 환경

미·일 무역전쟁은 1950년대 중후반부터 90년대 초반까지 일어났는데, 미국과 일본의 경제·정치실력 및 국제정세의 변화에 따라 상응하는 변화가 일어났으며, 총체적으로는 일본의 궐기와 더불어 점점 치열해졌다. 제2차 세계대전 후 일본경제는 대체로 다음과 같은 다섯 단계로 나눌 수 있다.

1. 종전 후 회복기: 1945~1955년, GDP 연 평균 성장률이 9.3%에 이르렀다.
2. 고속 발전기: 1956~1973년, GDP 연 평균 성장률이 9.2%에 이르렀다. (그래프 2-1 참조) 경공업에서 중화학공업으로의 업그레이드를 실현하였으며, 일본의 원가 우위와 산업 업그레이드가 가져다준 시장경쟁력이 미국의 관련 업종에 충격을 주게 되면서 섬유·철강·컬러텔레비전을 둘러싼 무역전쟁이 폭발했다.
3. 안정적 성장기: 1974~1985년 GDP 연 평균 성장률이 4%에 이르고, 루이스 전환점이 나타나 경제성장 속도가 바뀌었다. 1980년에 과학기술에 의한 국가 진흥 방침을 확립하고 중화학산업에서 기술 집약형 산업(자동차·통신·반도체)으로의 업그레이드를

그래프 2-1 1956~2016년 일본 경제 성장률

자료출처: Wind, 일본 통계국, 헝다 연구원.

실현했다. 베트남전쟁과 두 차례의 오일쇼크가 미국에 큰 충격을 안겨주었고, 미국경제가 "스태그플레이션"에 빠져들었다. 반면에 일본은 상대적으로 빠른 속도로 경제 회복의 길을 걷기 시작했다. 레이건 대통령이 취임한 후 미국 경제가 적극적인 재정정책과 규제 완화에 힘입어 양호한 발전을 이루었지만, 전반적으로 일본의 경제성장이 미국보다 빨랐다. 미·일 간 무역적자가 급격히 확대되면서 무역전쟁이 백열화 단계에 들어섰다.

4. 버블경제 형성기: 1986~1991년 엔화가 지속적으로 평가절상하고 지나치게 느슨한 통화금융정책과 내수확대의 재정정책이 주가와 땅값의 거품을 부추겼다. 1980년대 말 추격기간이 끝나면서 추격기간의 경제체제와 기업경영방식이 새로운 환경에 적응할 수 없게 되었다.

5. 버블 붕괴 후 침체기: 1992년부터 현재까지 버블이 붕괴되면서 일본은 “잃어버린 20년”의 수렁으로 빠져들었다. 21세기 초 고이즈미 내각의 개혁이 활기를 띠는 양상이 보이긴 하였지만 여전히 전반적으로 저조한 상태에서 벗어나지 못했다.

1. 종전 후 회복기(1945~1955년): 냉전이 발발하자 미국의 대(對) 일본 태도는 약화에서 부양으로 바뀌었다.

제2차 세계대전이 종전된 후 미국은 「미국의 종전 후 초기 대 일본 정책」을 발표하여 일본을 단독 점령하고 일본정부와 천황의 역할을 보류시키면서 간접적으로 일본을 통치했다. 미국은 일본에 대한 비군사화·민주화·재벌 해체를 핵심으로 한 개혁을 실시했다. 그 취지는 강력한 제재정책을 통해 일본의 위협을 약화시키려는 데 있었다. 냉전 발발과 미·소의 대립에 따라 미국은 일본의 부흥을 통해 공산주의의 위협에 저항할 수 있는 능력을 높임과 동시에 미국의 아시아 전략의 실시에 협력할 수 있기를 희망했다. 1948년 10월 미국은 정식으로 일본을 육성하기 시작하였으며, 특파원을 파견하여 일본에 대한 전 방위적인 계획을 실행했다. 1950년에 한국전쟁이 발발하고 미국은 일본과 「특수주문계약」을 체결하였으며, 동시에 국내시장을 일본에 개방했다. 일본은 저금리 관제와 편향적인 생산방식에 의지해 기초산업을 복구하였으며, 종전 후 제1차 번영을 이루었다. 일본은 국가경제발전을 더 한층 촉진하기 위해 외향적 발전전략, 산업구조 조정,

그래프 2-2 1925~1960년 일본 GDP 규모

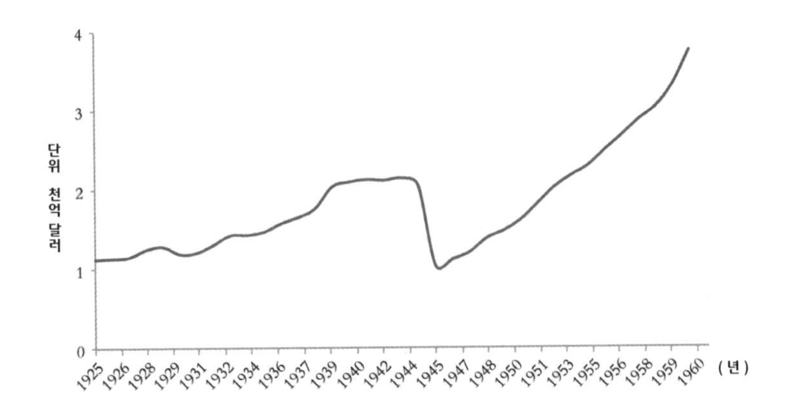

자료출처: "Social Democracy for the 21st Century: a Realist Alternative to the Modern Left", https://socialdemocracy21stcentury.blogspot.com/2013/01/japanese-real-gdp-growth-19252001.html 참고, 조회시간: 2019년 6월 3일, 헝다 연구원.

대기업 보호 및 소기업 발전 등의 전략을 제정하고, "경제 중시, 군비 경감" 방침을 세워 불과 10년 만에 전쟁 이전의 수준으로 회복되었다. (그래프 2-2 참조) 1951년 9월 미국과 일본은 「미·일 안전보장조약」을 체결하여 일본을 미국에 종속시킨다고 규정했다. 1956년 일본이 「경제백서」를 발표하여 "이미 더 이상 종전 이후의 상황은 아니다"라고 선언했다. 이는 부흥단계가 끝났음을 의미했다.

2. 고속 발전기(1956~1973년): 중화학공업을 주도로 섬유·철강·컬러텔레비전 등 무역 전쟁이 발발했다.

1956년 일본정부는 "세계 기술혁신의 동풍을 타고 일본을 새로운 건국의 길로 이끄는 것이 급선무이다"라고 제기했다. 이케다(池田) 내각은 1960년 12월에 "국민소득 배가계획"을 제정 1961년을 시작으로 10년 안에 국민소득을 2배로 늘린다는 계획을 세우고, 이에 상응하는 산업·재정·금융 정책 및 감독관리 모델을 형성했다. 이 단계에서 일본은 노동력이 전반적으로 충족되어 있었고(인구에 의한 이익 창출 시기), 인재양성과 교육의 강도가 강화되었으며, 도시화 진척이 빨랐으며, 융자 금리가 낮아 내수가 강력하였으며, 이러한 정책으로 산업 업그레이드를 이끌고 있었고, 외부환경이 상대적으로 우호적인 등 일련의 요소가 일본경제의 고속발전을 자극시켰다. 1967년 일본은 국민소득 2배 달성이라는 목표를 앞당겨 완성했다. 1968년 일본은 미국 다음으로 세계 2위 경제 강국으로 부상했다. 1973년 일본은 국민소득이 1960년에 비해 심지어 2배나 성장하였으며, 강대하고 안정된 중산층이 형성되고, 인프라시설 건설이 비약적으로 발전했다.

(1) 하방업체에서 상방업체로 전달되는 투자의 선도적 경제가 형성되었다. 1950년대 중반 일본은 한국전쟁에 따른 특수 소비의 확대를 계기로 경제성장 방식을 설비투자 주도로 전환하고, 화학·금속·기계 산업을 중심으로 하는 중화학공업 발전을 이끌어 하방기업에서 상방기업으로 전달되는, "투자로 투자를 이끄는" 경제성장 모델을 형성했다.

(2) 소비혁명으로 내수 확대의 선순환을 가동시켰다. 도쿄권·오사카권·나고야권 등 지역의 산업발전에 따라 일본 인구가 3대 도시권으로 이동하기 시작했다. 1972년 3대 도시권 인구가 전국

그래프 2-3 1884~2014년 일본 3대 도시권 인구 비중

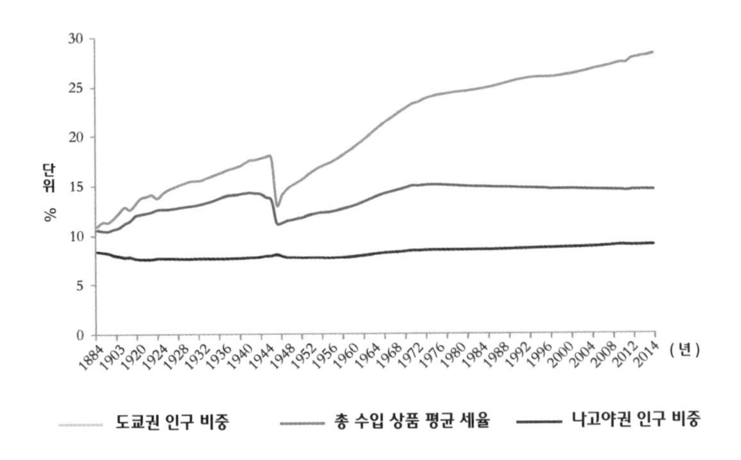

자료출처: 일본 통계국, "Population Census", https://www.e-stat.go.jp/en/stat-search/files?page=1&query=tokyo % 20population&layout=dataset&toukei=00200521 참고, 헝다 연구원.

인구 중에서 차지하는 비중이 47.3%에나 달했다. (그래프 2-3 참조) 1955~1975년까지 도시화 진척이 빨라지면서 일본의 도시화 율이 약 20% 상승하여 75.9%에 달했다. (그래프 2-4 참조) 도시 가구의 수량이 상승함에 따라 내구재의 수요량이 늘어나게 되었고, 공업생산능력의 상승과 양산체제가 상품가격의 하락을 이끌었다. 1950년대 후반기에 냉장고·세탁기·흑백텔레비전을 비롯한 가전제품 가격이 일반 가정이 감당할 수 있는 수준으로 떨어지면서 소비혁명이 급격한 내수 확대를 이끌었다. 1954~1958년 세탁기의 판매량이 27만 대에서 100만 대로 늘었으며, 흑백텔레비전은 3,000대에서 100만 대로 늘어났다. 이밖에 가정 저축률이 상승함에 따라 또 금융기관을 통해 기업 투

그래프 2-4 1920~2000년 일본 도시화율

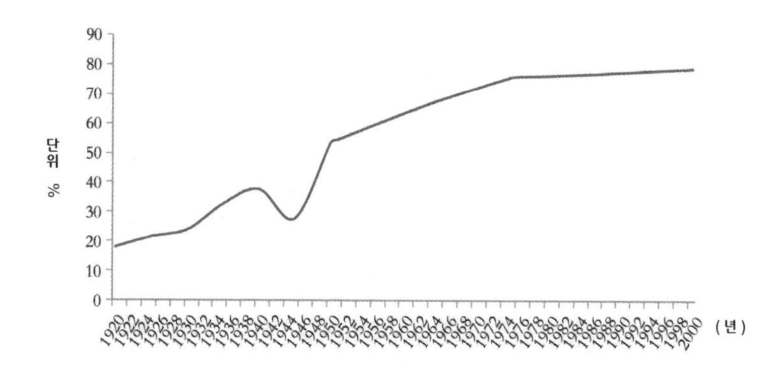

자료출처: Wind, 헝다 연구원.

자에 자금을 공급함으로써 경제성장을 지탱해주는 선순환이 가동되었다.

(3) 인재와 기술의 양성을 중시하고, 해외 선진 관리방식을 본받고 도입했다. 1956년에 일본의 교육문화경비가 재정지출에서 차지하는 비중은 12.4%에 달했다. (그래프 2-5 참조) 1974년 대학·단기 대학·고등학교 입학률이 1954년에 비해 뚜렷이 상승했다. (그래프 2-6 참조) 1955년에 일본은 "생산성본부"를 설립했는데, 그 핵심 업무는 일본 기업인과 노조원으로 구성된 해외시찰단을 미국·유럽에 파견해 현지 고찰과 기술 학습을 진행하는 것이었다. 1955~1975년 일본은 총 1,000차례 이상, 연인수로 1만 명 이상에 달하는 고찰단을 파견하여 그들이 배워온 성과에

그래프 2-5 1947~2003년 일본 교육 문화 경비 투입 및 재정지출에서 차지하는 비중

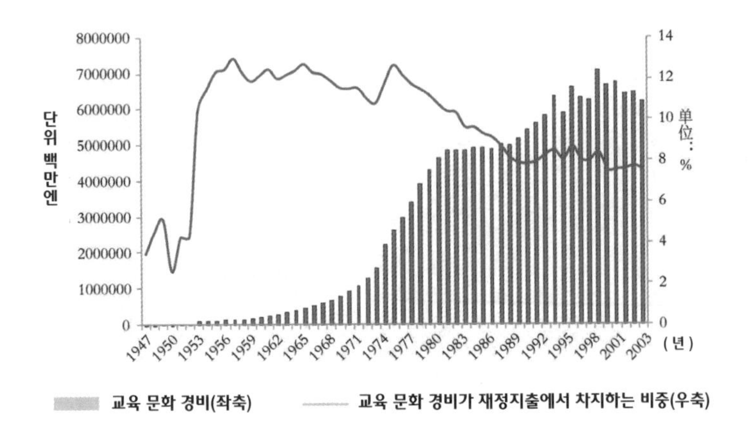

자료출처: 일본 통계국, "Public Finance", http://www.stat.go.jp/english/data/chouki/05.html 참고, 헝다 연구원.

대한 개량을 거쳐 자국의 기업 관리에 활용했다. 이외에도 군수 생산에서 양성한 기술을 민간 분야로 이전시켜 일본 공업 분야의 생산성과 품질을 향상시키고 생산원가를 낮추었다.

(4) 재정적 지원으로 산업 업그레이드를 유도하여 사양산업이 받는 충격을 줄였다. 1960년에 일본은 노동집약형의 방직경공업으로부터 자본집약형의 중화학공업으로의 업그레이드를 완성하였으며, 산업정책의 중심을 신흥 산업을 보호하고 육성하는 데로 옮겼다. (그래프 2-7 참조) 일본정부는 외화 할당정책 우선권, 설비투자 촉진을 위한 저금리 융자 및 수출 세제 등의 우대정책을 내놓았다. 석탄을 대표로 하는 석양산업에 대해서는 정부가 보조금을 지급하여 급격한 쇠퇴로 인한 실업과 지방경제가 입

그래프 2-6 19 50년대, 70년대 일본 입학률 비교 (단위 %)

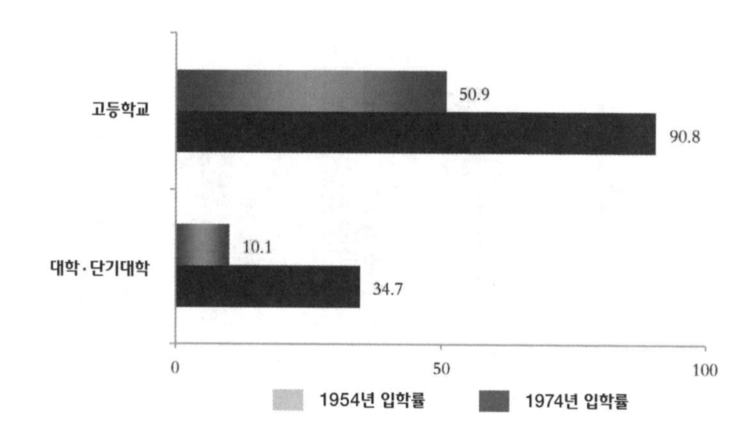

자료출처: [일본] 하마노 기요시(浜野潔) 등, 『일본경제사: 1600~2000』, 펑시(彭曦) 등 번역, 난징(南京)대학 출판사 2010년, 256쪽, 헝다 연구원.

게 될 타격을 줄였다. 생산과잉 업종에 대해서는 정부가 설비투자 조정과 기업 인수합병개편 촉진 등의 정책을 실시했다.

3. 안정 성장기(1974~1985년): 성장속도의 전환, 산업 업그레이드, 자동차·통신·반도체 등의 무역 전쟁이 발발했다.

1974년을 전후하여 일본경제의 고속성장을 지탱해주던 기본 조건에 변화가 일어났고, 이에 따른 산업구조 조정이 시급해졌다.

1974년에는 '스태그플레이션'이 나타난 데다 GDP가 마이너스성장을 기록했다.

그래프 2-7 1955~2000년 일본 경공업·중화학공업 비중

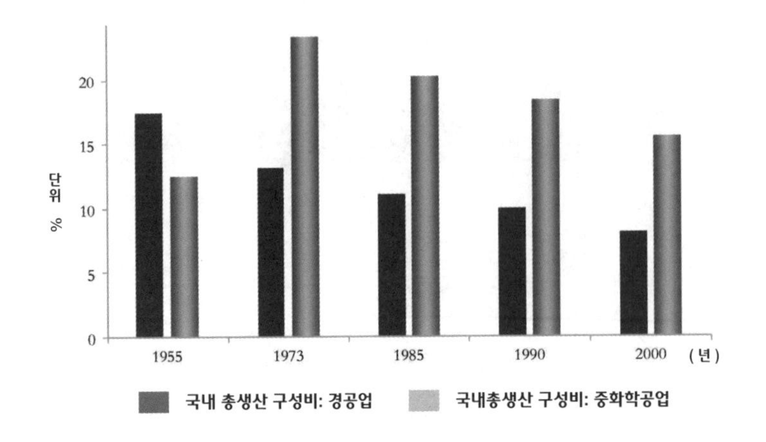

자료출처: [일본] 하마노 기요시(浜野潔) 등,『일본경제사: 1600~2000』, 펑시(彭曦) 등 번역, 난징(南京)대학 출판사 2010년, 242쪽, 헝다 연구원.

(1) 루이스 전환점[5]이 나타나고 인구에 의한 이익 창출이 점차 사라지고, 노령화가 가속화되었다. 일본의 저 출생률과 합계출산율이 1960년대 말 70년대 초반에 정점을 찍었다. (그래프 2-8 참조) 연령구조로부터 볼 때, 0~14세의 인구 비중이 지속적으로 하락했고, 15~64세 인구비중이 1969년과 1992년에 각각 68.89%와 68.92%로 두 차례 정점을 찍었으며, 65세 및 그 이상 연령대 인구 비중은 꾸준히 상승했다. (그래프 2-9 참조) 농촌에서 도시로 노동력의 이동이 70년대 초반에 이미 급격히 감소하여 도

5) 루이스 전환점 : 개발도상국에서, 농촌의 잉여 노동력이 고갈되면 노동자의 임금이 급등하고 경제 성장세가 꺾이는 현상. 노벨 경제학상 수상자인 루이스(Lewis, A.)가 제기한 개념으로, 개발도상국이 이 시기에 이르면 그때부터 인력의 수요와 공급 간에 불일치가 생겨 노동자의 임금이 급등하면서 고비용 저효율 구조가 발생한다.

그래프 2-8 1960~2016년 일본 출산율

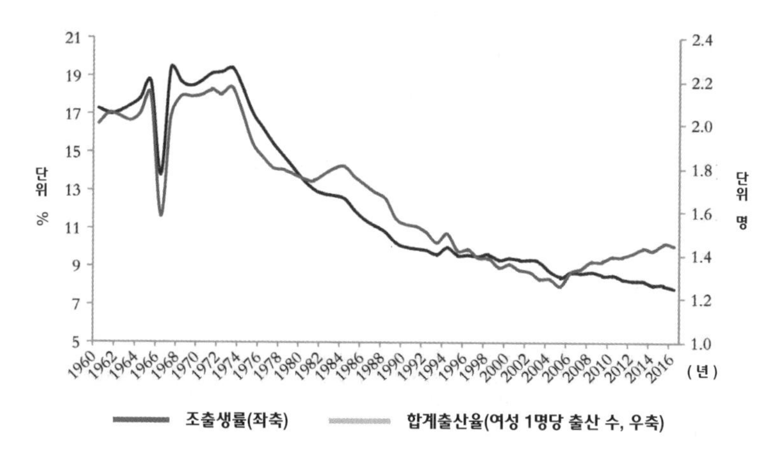

자료출처: Wind, 헝다 연구원.

시화 율이 1975년 75.9%로 높은 수준에 달한 뒤 그 후 10년 동안 겨우 0.8%포인트밖에 증가하지 않았다.

(2) 냉장고·세탁기·텔레비전을 대표로 하는 가전제품은 1975년을 전후하여 보급률이 상대적으로 높아 국내 수요가 상대적 포화 상태에 이르렀다. 그중 매 100가구 당 컬러텔레비전 보유량이 90대, 세탁기 98대, 냉장고 97대에 이르렀으며, 자동차는 여전히 시장잠재력이 있었다. 내구성 소비품을 중심으로 하는 내수 성장 메커니즘은 1970년대 중반에 이르러 이미 동력 부족 상태에 이르렀다. (표 2-1 참조)

표 2-1 1957~1990년 일본 매 100가구 당 내구성 소비품 보유량

매 100가구당 내구성	1957년	1960년	1965년	1970년	1975년	1980년	1990년
소비품 보유량	-	1	-	22	41	57	77
자동차(대)	20	45	69	88	98	99	108
세탁기(대)	3	16	51	85	97	99	116
냉장고(대)	8	55	90	90	-	-	-
흑백텔레비전(대)	-	-	-	26	90	98	197
컬러텔레비전(대)	-	-	-	-	-	-	82
녹화기(대)	-	-	-	-	-	-	71
전자레인지(대)	-	-	-	-	-	-	-

자료출처: Richard Katz, "Japan, the System that Soured"(Table 8.1), Routledge, June 2, 1998(1 edition), 헝다 연구원.

(3) 오일쇼크로 인해 중화학공업의 생산원가가 올라가 원래 경제의 고속성장을 추동하던 기업의 설비투자 적극성이 하락되었다. 한때는 선도적 지위를 차지하였던 철강·한국·석유화학 등 산업이 최종 경쟁력을 잃고, 1970년대 후반에서 80년대에 이르기까지 경제성장을 이끈 산업은 자동차·전자 등 기술집약적 산업이었다.

(4) 환경오염문제가 갈수록 심각해졌다. 중화학공업에서 배출되는 폐수와 다량으로 사용하는 농업화학비료로 인해 경제에 대한 환경의 제한이 날로 커져갔다.

(5) 브레튼우즈체제가 붕괴되고 엔화가 평가절상되었다. 브레튼우즈체제가 해체되기 전에 달러화 고정 엔화환율은 1달러 당 360

그래프 2-9 1960~2016년 일본 인구 구조

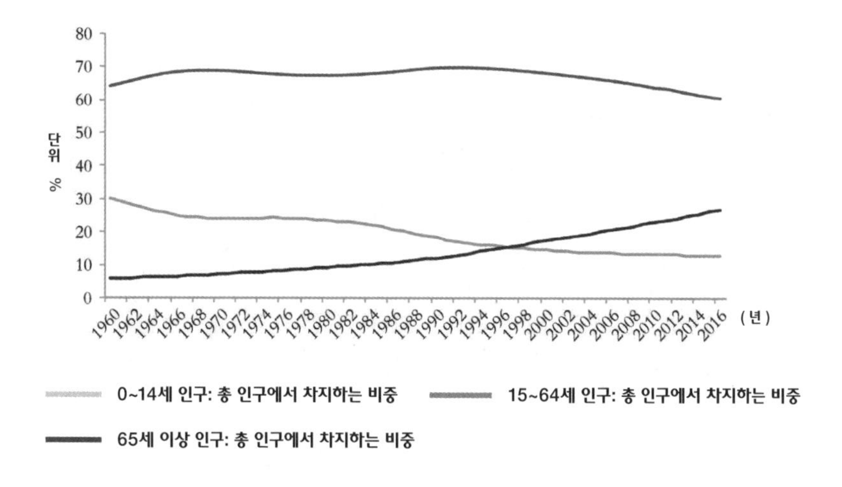

자료출처: Wind, 헝다 연구원.

엔이었다. 브레튼우즈체제가 붕괴된 후 1971년 12월, 「스미스소니언 협정(Smithsonian Agreement)」은 여러 나라간의 조정을 통해 고정환율제를 유지하려고 시도하였는데, 엔화 가치가 308엔/1달러로 강제 평가절상되었다. 1973년 2월 일본이 변동환율제를 적용하면서 「스미스소니언 협정」이 효력을 잃었으며, 엔화 가치는 220~250 엔/1달러까지 평가절상되었다. (그래프 2-10 참조) 그러나 일본은 제품 경쟁력 우세를 바탕으로 대미 수출이 꾸준히 확대되었으며, 미·일 간 무역적자는 꾸준히 상승했다. (그래프 2-11 참조) 상기 문제를 겨냥해 일본정부는 법률·재정·세수·금융 등 정책과 조치를 종합적으로 적용하여 공급측 개혁을 중점으로 실시함으로써 경제성장속도의 전환에 성

그래프 2-10 1971~2000년 달러 대 엔화 환율의 변화

자료출처: Wind, 헝다 연구원.

공하였다. 이로써 일본의 산업구조를 기술 집약형으로 업그레이드시켰다. 반면에 그때 당시 미국을 보면 두 차례 오일쇼크로 '스태그플레이션'을 겪었으며 레이건 정부가 "공급학파"의 이론으로 경제 건설을 이끌면서 재정과 무역은 이중 적자를 기록했다. 그 단계에서 일본의 평균 성장속도는 미국보다 높았으며 미·일 무역적자가 꾸준히 확대되고 무역전쟁의 범위가 확대되었다.

일본의 주요 개혁 조치는 다음과 같았다.

1) "감량 경영"으로 에너지 소모를 줄이고, 이자 부담과 인건비를 낮췄다.

제1차 오일쇼크가 일본 국내 경제위기를 유발했다. 그때 일부 기업들이 자발적으로 경영조정을 전개하였는데 이를 "감량 경영"이라고 부른다. 그 핵심 조치는 주로 에너지 절감, 이자 부담 경감 및 인

그래프 2-11 1960~2017년 일본과 미국 간 무역차액

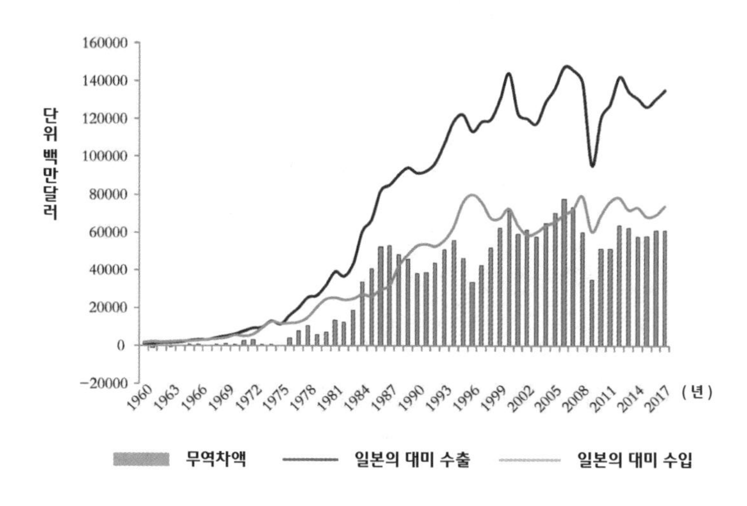

자료출처: IMF, http://data.imf.org/regular.aspx?key=61013712 참고, 헝다 연구원.

건비 절감 등 세 가지였다. 일본정부는 정세에 따라 이로운 방향으로 이끌어 "감량 경영"을 전국적으로 실시하도록 적극 추진하고 이끌었다. 따라서 제조업이 종전 후의 전통적인 조방형 경제에서 고부가가치형 경제성장 방식으로 전환했다. 에너지 소모를 줄였다. 오일쇼크에 따른 에너지 가격상승은 일본의 전통적 조방형 성장패턴에 큰 타격을 주었다. 석유화학과 철강 등으로 대표되는 에너지 다소비 업종은 경쟁력이 크게 떨어졌다. 일본정부는 행정적인 지도와 여러 가지 제한조치를 통해 경영효과와 수익이 낮은 기업들의 통폐합을 유도해 생산능력을 현저하게 줄였다. 이와 동시에 기업들이 내부 기술개조와 생산설비갱신을 진행하여 에너지를 효과적으로 절감하도록 권장했다. 많은 에너지 다소비 업종들이 에너지 절감 기술을 적극 활용

하기에 이르렀다. 예를 들면 철강업은 용광로 압력발전설비를 대대적으로 활용하고, 석유화학공업은 가열보일러의 폐가스·여열 회수 기술을 활용하였으며, 시멘트업은 부상예열기 기술을 도입한 것 등이 그것이다. 이자 부담을 줄였다. 제1차 오일쇼크가 발생한 후, 일본의 유명 잡지 『닛케이 비즈니스 주간』은 오일쇼크 후의 열악한 환경에서 일본기업들은 원자재비용, 재무비용 등 여러 가지 원가를 낮출 수 있도록 노력해야만 비로소 생존할 수 있다고 지적했다. 그때 당시 일본 기업은 자기자본 구성 비율이 높지 않아 이자 부담이 큰 것이 두드러진 문제였다. "감량 경영"을 통해 일본 기업들은 자기자본 구성 비율이 크게 향상되었다. 기업 대출금이 기업 영업 액에서 차지하는 비율로 보면, 1978년에는 1965~1973년에 비해 평균 6.6%포인트 하락했다. 제조업 자기자본 구성 비율을 보면 1985년은 1975년에 비해 7.7%포인트 상승했다. 게다가 같은 기간 일본의 금리 수준이 꾸준히 하락하여 기업의 이자 부담이 효과적으로 경감되었다. 인건비를 절감했다. 루이스 전환점이 나타난 후 인건비가 대폭 상승하여 오일쇼크의 충격을 받은 일본기업들이 감당하기 어려울 만큼 큰 부담이 되었다. 기업들은 비정규직 직원을 해고하고 정규직 직원의 채용을 제한하였으며, 여직원이 퇴직한 자리에 신규인력을 충원하지 않는 등 다양한 방법으로 고용인원 수를 조절해 인건비 부담을 줄였다. 일본 산업노동조사소의 통계에 따르면, 1975년 이후 4년간 파나소닉 전기, 미쓰비시 중공업, 도시바 등을 포함한 여러 기업이 21만 명을 감축한 것으로 집계되었다. 이밖에 개발도상국 인건비가 낮은 점을 감안한 일본

정부는 노동집약적 산업, 특히 에너지 소모가 크고 오염이 심한 일부 노동집약적 산업의 해외 이전을 적극 독려했다.

2) 정부가 산업구조의 업그레이드를 유도하여 생산력과잉을 대폭 해소하고 신흥산업의 발전을 지원했다.

생산력과잉을 대폭 해소했다. 두 차례 오일쇼크의 충격을 겪은 일본은 쇠퇴산업과 과잉 생산력이 늘어났다. 1978년 일본정부는 「특정 불황 산업 안정 임시 조치법(特定不況産業安定臨時措置法)」(이하 「특안법」이라 약칭)과 「특정 불황 산업 이직 자 임시 조치법」 등 4부의 법률을 제정하여 쇠퇴산업과 과잉 생산력에 대한 자발적인 조정과 해소를 진행했다. 「특안법」은 평면전기로·알루미늄 제련·합성섬유·한국·화학비료 등 14종의 산업을 구조적 쇠퇴산업으로 인정했다. 그때 당시 이들 산업 기업의 가동률은 60%~70%에 불과했다. 상기 구조적 산업기업을 겨냥한 조정과 해소방법에는 이런 몇 가지가 포함되었다.

① 정부는 설비를 수매하여 폐기처분하는 방식을 취했다. 즉 정부와 산업계가 합작하여 미래의 수급관계에 대해 예측한 뒤 '과잉 부분'에 대해서는 정부가 출자하여 수매 폐기처분했다.

② 특정 불황산업 신용기금을 설치하여 계획에 따라 낙후한 설비를 도태시키는 기업에 이자 우대대출을 제공하여 불황산업의 노동자 안치와 생산 전환을 도와주었다.

③ 수급균형이 심각하게 깨지고, 가격이 평균 생산비용 이하로 떨

어진 특정 상품 생산자에 대해서는 생산량을 제한하고, 합리적인 가격을 유지하는 독점조직을 결성하는 것을 허용했다. 「특안법」의 실시가 뚜렷한 성과를 거두어 1978년과 1979년에 일본은 2년 연속 공업에서 고성장을 이루었다.

신흥 산업의 발전을 지원했다. 쇠퇴산업과 과잉 생산력에 대한 조정과 해소를 진행하는 한편 일본정부는 산업정책을 효과적으로 이용하여 신흥 지식 및 기술 집약형 산업의 발전을 권장하고 육성했다. 1978년 일본정부는 「특정·기계·정보 산업·진흥 임시 조치법」을 제정하여 컴퓨터·고정밀도장비·지식산업을 육성해야 한다고 제기했다. 이에 따라 대규모의 정부 특별자금을 투입하여 첨단기술개발을 지원하였으며 상기 산업에 대해 세수와 금융 분야에서 우대정책을 실시했다. 일본이 1970년대 후반에 출범시킨 산업기술정책의 성공사례로 간주되어오고 있는 그 프로젝트는 일본 전자산업의 기반을 마련하였으며, 일본의 국제 전자시장 점유율을 확대하는데 크게 기여했다. 1970년대 일본 산업구조 변화에서의 또 하나의 중요한 특징은 서비스업의 중요성이 향상된 것이었다. 1973~1985년 서비스업 연 평균 성장률은 동기 제조업의 성장률보다 0.2%포인트 높았으며, 1970년부터 1980년까지 서비스업 취업 인수 비중은 8.9%포인트 향상되었다.

제2절
변화: 일본 산업의 업그레이드와 함께 6대 업종의 무역전쟁을 순차적으로 전개

종전 후 일본의 경제마찰은 경제 글로벌화와 일본 산업구조 전환의 배경 하에 발생하였으며, 관련된 산업은 1950년대 중후반의 경공업에서 60~70년대의 중화학공업에 이르고, 80년대의 하이테크업종에 이른다. 미·일 무역전쟁은 6대 업종에 집중되었다. 즉 「미·일 섬유무역 협정」으로 끝난 섬유무역전쟁(1957~1974년), 일본의 자발적 철강 수출규제와 미국과의 철강 "반덤핑 소송 자동 가동제도"의 제정으로 끝이 난 철강무역전쟁(1968~1992년), 일본의 대미 컬러텔레비전 수출 주동적 제한과 해외투자 확대로 끝난 컬러텔레비전무역전쟁(1968~1980년), 일본의 자동차 수출 자발적 제한과 대미 투자로 끝난 자동차무역전쟁(1981~1995년), 일본의 통신시장 개방으로 끝난 통신무역전쟁(1981~1995년), 일본 제품 판매가격 설정과 미국의 일본시장 점유율 설정을 통한 무역수치 관리로 끝난 반도체무역전쟁(1978~1996년)이다. 미·일 무역전쟁은 다음과 같은 특성을 띤다. (1) 상품무역에서 서비스 무역(1990년대의 금융서비스)으로 바뀌었다. (2) 수출입 조정에서 경제제도의 조정으로 바뀌었다. (3) 양자협상을 위주로 하여 GATT 다자체제를 피하였으며, 미국은 늘 국내무역법 301

조, 201조 등을 들어 일본을 위협하기가 일수였다. 심지어 이를 위하여 「1974년 무역법」을 개정하고, 「1988년 종합무역 및 경쟁법」을 통과시켜 일본을 제재하고 일본에 협정체결을 강요하기까지 했다.(표 2-2 참조) 미국과 일본은 전형적인 일방적·비대칭적 의존관계였다. 게다가 미국시장의 수호와 안보의존의 수요 때문에 어쩔 수 없이 공격적으로 몰아붙이는 미국 앞에서 일본은 번번이 양보해야 했으며, 필요한 유력한 반격과 제압을 가하지 못했다. (4) 무역전쟁 변화 발전의 기본 경로는 미국업종협회(기업)가 일본을 규탄하거나 혹은 대 일본 보호주의를 취할 것을 의회에 요구 → 일본이 반박 → 미국이 301조항 등을 들어 위협 → 경제문제의 정치화 → 협상 → 일본의 양보 → 협정체결 순으로 이어졌다. (5) 무역조치는 한 단계 한 단계씩 가중되었다. 일본의 자발적 수출규제를 요구하던 데서 수입 확대, 시장개방, 관세폐지, 대 미국 수출제품에 대한 가격통제, 일본 내 미국제품의 시장점유율 지표 설정 등의 조건을 요구하기에 이르게 된 것이다.

표 2-2 1976~1989년 미국의 대 일본 "301조사" 전개 사건

연도	업종/제품	"301조사" 사건	해결방식	법률 근거
1976	철강	EC OMA가 미국에 철강 이전	무	무
1977	실크	실크 수입 금지령 포기	쿼터 중단	GATT 제6조
1977	가죽	가죽류 수입 쿼터	쿼터 중단	GATT 제6조
1979	통신	NTT통신 구매	입찰 개방	GATT 도쿄라운드
1980	야구 배트	야구 배트 규정	규정 변경	GATT 제3조
1982	신발	신발류 수입 쿼터	쿼터 중단	GATT 제6조
1985	목재	목재 제품 기준	기준 변경	무
1985	통신	통신 기준	투명화	무
1985	의약	의약 기준	외국 테스트 수락	무
1985	전자	전자 지적재산권	특허법 강화	무
1985	반도체	반도체 수입	시장목표 20%	무
1989	인공위성	위성 구매	투명화	GATT 도쿄라운드
1989	슈퍼컴퓨터	슈퍼컴퓨터 구매	저가 낙찰	무
1989	목재	목재 제품 기준	기준 변경	무

자료출처: 천창성(陳昌盛)·양광푸(楊光普), 「미국 무역 방망이에 대응: 일본의 경험과 교훈」, 『중국경제시보』 2018년 7월 4일자; 헝다 연구원.

1. 섬유 무역 전쟁(1957~1974년)

제2차 세계대전 종전 후 미국은 일본 면방직업을 지원하는 것을 일본에 경제적 지원을 제공하는 내용의 하나로 삼았다. 미국은 일본기업에 자금을 빌려주어 목화와 기계 설비를 사들일 수 있게 하였고, 일본은 미국에 면직물을 수출해 외환을 벌어들여 차관을 상환하곤 했다. 1950년대 이전에 일본은 영국으로 대규모로 수출하였었는데,

50년대 이후에는 미국이 자국시장을 개방함에 따라 일본은 미국으로 대량 수출하게 되었다. (그래프 2-12 참조) 1949년 일본상공업성이 「합성섬유공업을 빠르게 발전시키는 데에 관한 방침」을 제정한 뒤 동양인제조회사 등 국내기업들이 합성섬유기술을 적극 도입하고 개발하여 한국전쟁의 특수에 의존하여 일본 방직업 생산량의 확대를 추진했다. 일본 방직업은 주로 중·소기업들로 구성되어 과잉 경제 상태에 처해 있었기 때문에 국제시장보다 가격이 저렴하였으며, 제대로 된 수출관리 제도를 갖추지 못했다. 1955년에 일본이 GATT에 가입하면서 미국은 30가지 면제품에 관세 혜택을 주었다. 이에 따라 저렴한 일본 면직물이 미국으로 수입되면서 "1달러짜리 셔츠사건"이 발생했다. 1955~1956년, "1달러짜리 셔츠"의 미국 시장 점유율은 3%에서 28%로 상승했다. 1957년에 일본은 영국을 제치고 세계에서 방직품 수출액 최대 국가가 되었다.

그래프 2-12 1947~1960년 일본의 대 미국·영국 면제품 수출

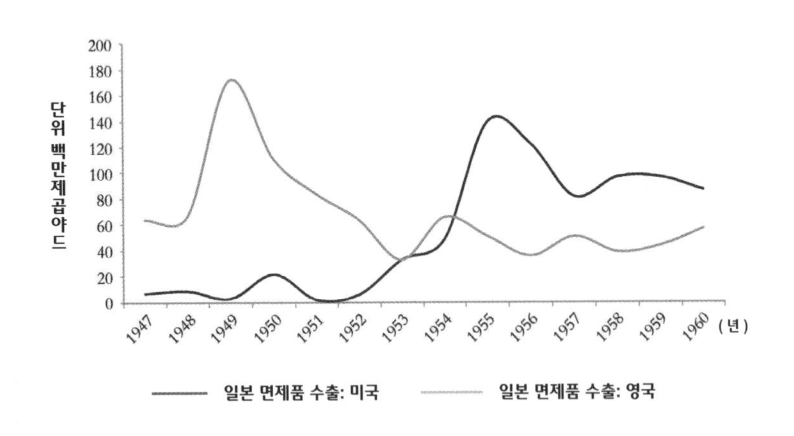

자료출처: Wind, 헝다 연구원.

수출지역을 보면 미국에 대한 수출이 가장 많아 일본 면제품의 미국시장 점유율이 1951년의 17.7%에서 1955년의 60%이상으로 상승했다. 1960년대 말까지 일본이 수출한 모직제품이 미국시장에서 차지하는 비중이 30%에 달하고, 합성섬유제품이 차지하는 비중이 25%에 달하면서 미국 방직업종의 이익에 손상을 입히게 되자 미국 경공업계는 의회에 수입을 제한하는 법안을 제출했다. 미국시장을 지키기 위해 일본은 1956년에 자주적 수출 제한조치(면제품 1억 2,500만 제곱미터, 블라우스 25만 다스)를 취하였으며, 1957년에 미국과 일본이 5년 유효기간인 「미·일 섬유협정(1957~1961)」을 체결했다. 1957년 일본은 미국의 규제강화 요구에 맞춰 미국정부와 「미·일 면방직물협정」을 맺고 정부 간 협약방식으로 자발적 수출규제를 실행했다. 1960년 존 F. 케네디(John Fitzgerald Kennedy)는 대선을 치르면서 방직업 보호 공약으로 남부 여러 주의 투표를 얻었던 터라 대통령에 취임한 직후 바로 방직업 장관 위원회를 설립하고 방직업 부양정책을 검토했다. 1961년 8월 미·일은 「미·일 면직물 단기 협정」을 체결, 여기에는 총수출 한도액과 3류 상품 한도액 설정 관련 내용이 포함되었다. 1963년에 미국과 일본은 「미·일 면직물 장기협정」을 체결하여 1964년과 1965년에 일본의 대 미국 방직물 수출 성장률을 각각 3%와 5%로 규정했다. 1971년 10월 미국과 일본이 「미·일 섬유협정(1972~1974)」을 체결하여 향후 3년 동안, 일본의 합성섬유와 모직제품의 평균 수출 성장률을 5.2%와 1% 이내로 제한하기로 규정하였으며, 상품을 7대류로 분류하여 수출제한 목표를 구체적으로 규정했다. 이로써 미·일

섬유무역전쟁은 완화될 수 있었다.

결론: 섬유무역전쟁은 일본의 산업구조 업그레이드를 가속했다. 1970년대 초 일본은 중화학공업화를 기본적우로 완성하여 경방직공업의 대표산업 중 하나인 방직업이 일본에서 사실상 쇠퇴산업이 되었다. 일본정부는 2,000억 엔을 투입하여 과잉 방직물을 수매하여 수출을 제한하는 한편 방직품의 과잉생산력을 감축하여 산업구조조정을 촉진시켰다.

2. 철강 무역 전쟁(1968~1992년)

1951년부터 일본은 두 개의 "철강 합리화 계획"을 제정하여 철강업에 대한 대규모의 기술개조를 진행하여 대형 연합 철강기업을 적극 건설하는 한편, 외국 선진기술을 적극 도입하고 혁신함으로써 일본 철강산업의 경영효율을 크게 향상시켰다. 1960~1978년까지 일본 철강산업의 총생산액은 연평균 9.7%의 성장률을 기록하여 선진국 중 1위를 차지했다. 내수를 만족시키는 동시에 일본은 철강수출을 대규모로 확대하여 1960~80년대 수출률이 30%이상에 달하였으며, 1963년부터 일본은 세계에서 철강제품 수출량 최대 국가가 되었다. 미국 철강수입에서 일본철강이 차지하는 비중은 1950년의 5%에서 1968년의 50%이상으로 상승했다. 미국 철강산업은 오일쇼크와 국내 노동자 파업의 영향을 받아 국제경쟁력이 떨어지면서 보호주의 붐을 일으켰다.

(1) 「미·일 철강제품 협정」(1968~1974년)에서 일본은 자주적으로 수출을 제한했다.

미국 철강생산업체들은 1963년부터 이미 일본이 미국에 철강을 덤핑 판매한다고 비난해온 상황에서 미국의 수입규제와 무역보복을 막기 위해 일본은 자발적으로 대미 수출을 감축하여 대미 수출 질서를 유지하기로 했다. 1968년 미국 철강생산업체들이 일본 철강업체의 덤핑행위를 재차 비난했다. 미국정부 관리 솔로몬은 무역규제와 무역보복으로 위협하며 일본이 대미 철강제품 수출을 자발적으로 제한할 것을 일본 철강수출연맹에 요구했다. 일본은 하는 수 없이 1968년 7월 철강제품의 대미 수출을 제한하기로 했다. 제한기간은 1969~1971년으로 하고, 1969년에 철강제품 수출을 전년 동기 대비 20% 줄일 것을 요구하였으며, 1970년과 1971년에는 전년 대비 5% 이내의 성장률을 유지하는 것을 허용하고, 1972년에는 미·일 양국이 상기 협의를 1974년까지 연장하기로 합의했다.

(2) 최저가격(1978~1982년)을 설정해 '201조사'를 벌였다.

1976년 이후 일본의 철강제품이 또 미국시장에 대규모로 수입되면서 미국 철강 수입액에서 차지하는 비중이 55.9%에 달했다. 1977년 12월 미국정부는 대미 외국 철강제품 수출 최저제한 가격제도를 제정하여 외국산 철강제품의 미국시장 내 판매 가격이 최저제한 가격보다 낮을 경우 미국 국제무역위원회는 산업계 소송을 거치지 않고 직접 덤핑행위가 미국 산업에 침해를 구성하였는지 여부를 조사할 수 있도록 했다. 즉 「1974년 무역법」 201조항(긴급 수입제한 조항)이 그것이다.

(3) 「미·일특수강무역협정」 (1983~1987년)은 일본이 자율적으로 수출을 제한하게 했다.

1983년 7월, 미국은 얇은 강판, 막대강 등 특수강 수입 관세를 인상하고 수입 수량을 제한했다. 이런 배경에서 일본은 미국과의 자율적 수출제한협정의 체결을 모색했다. 1983년 10월 「미·일특수강무역협정」이 채택되고 그 후 5년 동안 일본은 특수강 자발적 수출 제한을 실행했다.

(4) 외국 철강제품의 미국시장 점유율 상한선을 제한했다.(1984~1992년)

1984년에 미국 철강기업 및 전 미국 철강연맹이 201조항에 따라 구제조치 실시를 신청했다. 레이건 대통령은 철강업 구제조치를 실시키로 결정하고 철강 수출국들에 자율적 수출규제를 요구했다. 1984년 10월 미국은 「철강수입종합안정법」을 채택하여 미국 국내 철강 산업에 대한 침해 여부와 관계없이 외국(일본 포함) 철강제품의 미국시장 점유율을 17%~20.2%로 제한키로 규정지었다. 1984년 12월 미국은 일본 등 국가들과 자율적 수출제한협정을 맺고 시장 점유율을 약정했다. 즉 일본의 미국 철강시장 점유율은 5.8% 이내로 제한하고, 한국은 1.9%로, 브라질은 0.8%로, 스페인은 0.67%로, 남아공은 0.42%로, 멕시코는 0.3%로, 오스트레일리아는 0.18% 이내로 제한했다.

조지 허버트 워커 부시(George H. W. Bush) 대통령이 집권한 후 구제조치를 2년 반 연장해오다가 1992년에 종료시켰다. 미·일 철강무역은 기본상 국가의 관리를 받는 무역이 되었다.

결론: 섬유무역전쟁에 비해 철강무역전쟁에서 미국이 취한 무역수단은 더 풍부하였을 뿐만 아니라 여러 나라를 공격했다. 우선 일본에 자율적 수출제한을 요구했다가 무역 전쟁이 확대되고 심화되면서 미국은 한걸음 더 나아가 국내시장을 보호하기 위한 최저 제한 가격제도와 철강 시장점유율 관련 법안을 실행했다.

3. 컬러텔레비전 무역 전쟁(1968~1980년)

1969년에 일본 최초로 모든 텔레비전제품의 반도체화를 실현한 회사를 설립한데 이어 1970년에는 거의 모든 일본 텔레비전 제조업체가 반도체화를 실현하면서 1970년대 초반에 일본 텔레비전기술이 미국을 전면적으로 앞질렀다. 일본 컬러텔레비전 생산업체들은 활발한 마케팅전략을 펴 수익성이 낮은 소형 텔레비전으로 미국시장에 진출하기 시작하여 점차 대형 텔레비전으로 전향하면서 저가 우세를 앞세워 미국 텔레비전 생산업체들과 정면 승부를 벌였다.

(1) 수출시장 질서를 유지하기 위한 「미·일컬러텔레비전협정」(1968~1980년)을 맺었다.

1968년 3월 미국전자공업협회가 11개 일본 텔레비전 생산업체를 기소하면서, 일본에서 생산한 흑백텔레비전과 컬러텔레비전에 대해 반덤핑관세를 징수할 것을 요구 재판을 거쳐 1971년 3월부터 반덤핑관세를 징수하기로 결정하였다. 그런데 일본정부의 반발로 인해 양국은 1980년 4월 화해를 이루어 미국이 반덤핑관세의 징수를 포기하고 일본이 합의금을 지급하는 방식으로 해결이 되었다.

(2) 「미·일컬러텔레비전협정」을 맺고 자발적으로 수출량을 제한(1977~1980년)하였다.

1976년 미국 건국 200주년과 대통령 선거를 앞두고 관련 프로그램을 더 잘 시청하기 위한 미국 주민들의 컬러텔레비전에 대한 수요가 늘어남에 따라 일본의 대미 컬러텔레비전 수출이 급증하여 그해 성장률이 150%에 달했다. 일본의 대미 컬러텔레비전 수출 금액과 시장점유율이 1976년에 절정에 달하였으며, 미국 텔레비전수입에서 차지하는 비중이 90%이상에 달하고, 미국시장 점유율은 20%에 근접했다. (그래프 2-13 참조) 미국 컬러텔레비전 산업보호위원회는 201조항에 따라 미국 국제무역위원회에 조사를 신청했다. 미국 국제무역위원회는 조사를 거친 뒤 대통령에게 관세인상과 수입규제 조치를 제시하는 한편, 일본 가전업체들이 대미무역에서 가격 덤핑행위와 정부보조금 수령 등 "불공정 무역관행"이 존재하는 문제에 대해서도 조사

그래프 2-13 1967~1981년 미국의 일본 텔레비전 수입 금액 및 시장 점유율

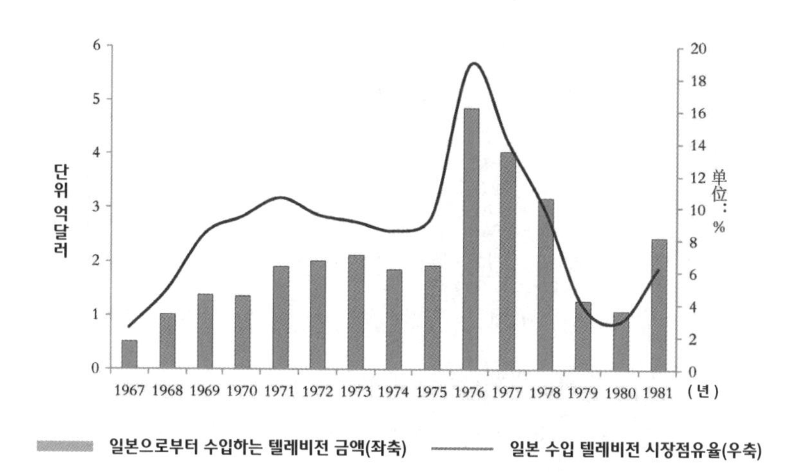

자료출처: Wind, 헝다 연구원.

를 벌였다. 일본은 미국이 일본에 불리한 정책과 법안을 실시할 것을 우려해 스스로 물러섰다. 1977년 5월, 미·일 양국은 수출시장 질서를 유지하기 위한 「미·일 컬러텔레비전협정」을 체결했다. 협정 유효기간은 3년이며 "일본의 대미 컬러텔레비전 수출을 매년 175만 대 이내로 제한하며, 그중 완제품은 156만 대 이내로 제한하고, 반제품은 19만 대 이내로 제한한다."라는 내용이 포함되었다. 일본이 대미 컬러텔레비전 수출에서 자발적 수출 제한을 실시한 후 1979년에 일본의 대미 컬러텔레비전 수출량이 69만 대로 하락하였고, 1980년에는 더욱 하락하여 57만 대로 떨어졌다.

1970년대 초 일본의 컬러텔레비전 생산업체가 미국에 공장을 짓기 시작하였으며, 그 후 미국의 관세 장벽과 반덤핑 조치를 피하기 위하여 미국에 공장을 짓는 추세를 계속 이어갔다. 1978년에 이르러 일본 업체들이 미국에서 생산하는 컬러텔레비전 수량이 미국으로 수출하는 수량을 초과하였으며, 미·일 컬러텔레비전무역전쟁은 80년대 초에 끝나게 되었다.

결론: 미·일 컬러텔레비전무역전쟁은 미국 컬러텔레비전 산업 자체의 문제를 해결하지 못했다. 1968년 미국 국내에 28개 텔레비전 제조업체가 있었는데 1976년에 이르러서는 6개밖에 남지 않았고, 80년대 말에는 제니스(Zenith)라는 업체 하나밖에 남지 않았으며, 90년대에는 그 업체가 멕시코로 공장을 이전했다. 현재 미국 텔레비전업계를 지탱하고 있는 약 20개 외국회사 중 일본 업체의 실력이 가장 강하다.

그래프 2-14 1960~1982년 일본 자동차 수출입 상황 및 대 미국시장 침투 정도

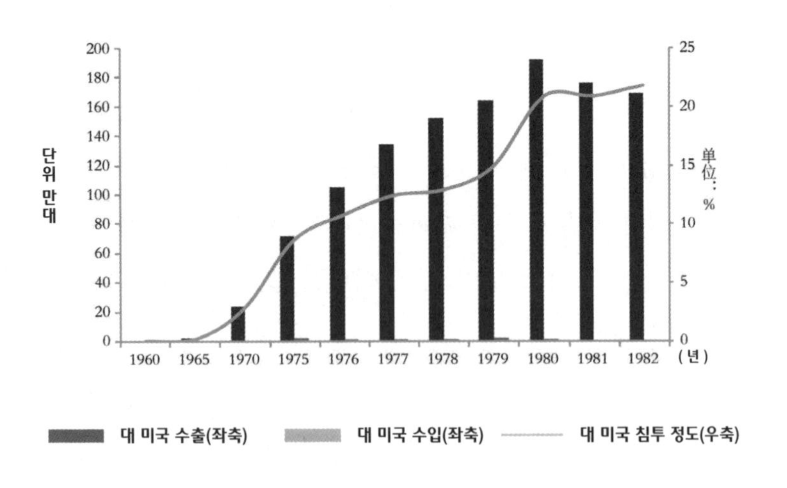

자료출처: Wind, 헝다 연구원.

그래프 2-15 1961~2015년 미국·일본·독일 자동차의 미국시장 점유율

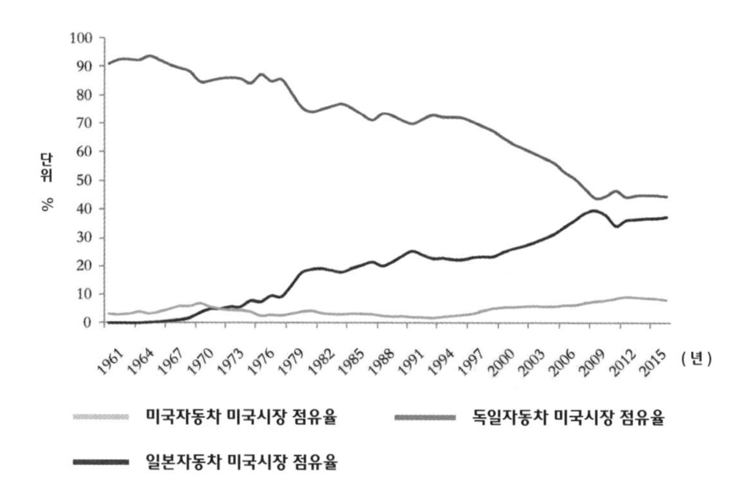

자료출처: Wind, 헝다 연구원.

4. 자동차 무역 전쟁(1981~1995년)

오일쇼크 이후 일본 자동차는 외관이 작고 아름다우며, 가격이 저렴하고, 기름 소모가 적다는 장점 때문에 미국시장을 빠르게 점령했다. 1978년에 일본의 대 미국 자동차 수출 대수는 152만 대였고, 1979년에는 164만 대에 이르렀으며, 1980년에는 더 늘어 192만 대에 달했다. (그래프 2-14 참조) 일본 자동차의 미국시장 점유율이 80%에 달하고 미국 자동차의 미국시장 점유율은 꾸준히 위축되어 마침내 자동차 무역전쟁이 일어났다. (그래프 2-15 참조)

(1) 「미·일 자동차무역협정」(1981~1992년)을 맺고 일본의 수출한도액을 설정했다.

1978년 미국의 크라이슬러가 재무적자에 빠진 것을 시작으로, 1980년 미국 3대 자동차회사는 미국정부가 일본 자동차에 대한 수입제한조치를 실시할 것을 미국 자동차 노조에 요구함과 아울러 로비를 벌여 의회가 수많은 보호주의 법안들을 잇달아 쏟아내도록 했다. 미국국제무역위원회는 긴급 수입규제조치를 출범했다. 1981년 5월에 미국과 일본이 「미·일 자동차무역협정」을 체결, 1981년 4월부터 1년간 일본의 대미 자동차 수출 대수를 168만 대 이내로 제한하도록 규정했다. 같은 해 5월 일본 통산산업상이 「대 미국 승용차 수출조치」를 발표했다. 일본 자동차 제조업체들은 수출이 제한을 받게 되자 미국에 투자하여 공장을 설립하기 시작했다. 토요타는 제너럴 모터스(GM)와, 마쓰다는 포드와, 미쓰비시는 크라이슬러와 연합하여 잇달아 미국에 조립공장을 세웠다. 1983년에 협정을 연기하고 제한 한도를 185만 대로 상향조정하였으며, 앞으로 매년 실제 수출액을 16.5%씩 인상하기로 규정했다. 그러나 일본은 미국의 요구에 완벽히 부응하지 못하였으며 항상 상한선을 넘곤 했다.

(2) 「미·일 자동차 및 자동차부품 협정」(1992~1995년)을 맺고 대 미국 자동차 및 부품 수입을 늘리고 시장을 개방했다.

일본 자동차 업체들이 미국에 투자한 뒤 부품과 반제품을 주로 미국이 아닌 일본에서 구입했다. 따라서 자동차 무역전쟁은 부품 무역전쟁으로 바뀌게 되었다. 1981년 미·일은 자동차부품문제 관련 협의를 달성하고 일본이 1981년 내에 3억 달러 어치의 미국 자동차부품을 구입하도록 규정했다. 그러나 일본 자동차업체들은 미국의 자동차부품은 품질이 떨어진다고 판단해 2억 달러 어치밖에 구입하지 않았다.

미국은 일본의 두 차례 협정 불이행에 대해 못마땅하게 여겨 1984년과 1987년 두 차례에 걸쳐 일본 자동차부품 시장의 개방을 요구하였으나 결국 합의를 이끌어내지 못했다. 1992년 부시 대통령이 일본을 방문, 양국은 자동차부품 문제와 관련해 협의를 달성하여 1994년까지 일본이 미국 국내산 자동차부품 190억 달러 어치를 구매하도록 규정했다. 미국이 일본의 자동차 시장개방을 요구하여 진행한 협상은 1993년에 시작되어 20개월간 결과가 없었다. 1995년 5월 미국은 WTO에 제소하는 한편, 301조항을 가동하고 일본에서 수입하는 자동차에 100% 관세를 부과하겠다고 위협했다. 부품 부분에서 미국은 미·일 양국이 1992년에 체결한 「자동차부품협정」을 연장해줄 것을 요구하면서 한 걸음 더 나아가 미국이 제조한 자동차 부품 수입량을 매년 10~20%씩 늘릴 것을 일본에 요구했다. 일본은 WTO에 제소하는 한편 6월 말 미국에 보복성 반격조치를 취할 예정이었으나 성공하지 못했다. 1995년 6월 양국이 「미·일 자동차·자동차부품 협정」을 체결하고 일본은 미국의 모든 요구를 기본적으로 만족시켜줌에 따라 미국의 대 일본 자동차 및 부품 수출이 늘어나기 시작했다.

결론: 섬유·철강 등 산업과는 달리 자동차는 미국과 일본의 주력

산업이다. 자동차 무역전쟁에서 미국의 요구에는 자국시장 보호 관련 내용이 포함되었을 뿐 아니라 해외시장 개척 관련 내용도 포함되었다. 자국시장을 보호하는 면에서 미국은 201 조항, 다자간협상 등의 방식을 취하여 일본에 자발적 수출 제한과 수출 성장률 설정을 요구하였고 일본의 대응책은 자발적 수출 자제, 미국 내 공장 건설 등으로 대미 수출을 줄이는 것이었다. 해외 자동차시장을 개척하는 면에서 미국은 301조항, 수입관세 인상으로 일본에 위협을 가하여 일본이 미국의 자동차 및 부품 수입 요구에 동의하도록 강요하고 수입성장수치지표를 규정하였으며, 일본은 정부 보조금, WTO 시스템 방식 등을 통해 문제를 해결하려고 하였으나 실패하고 결국 미국의 대다수 요구를 충족시켜주었다.

5. 통신무역 전쟁(1981~1995년)

미·일 양국 간 통신무역 전쟁은 미·일 양국 통신업계 변혁과정에 생겨난 의견차이로 인해 촉발되었다. 통신업은 각국에서 거의 자연스레 독점적 지위에 처해 있지만 제3차 과학기술혁명이 가져다준 마이크로전자·전자정보기술의 활기찬 발전이 전통 통신 산업에 충격을 주었다. 미국은 경쟁이 있는 시장은 필연적으로 개방된 시장을 요구하게 될 것임을 인식하게 되었다. 1984년 미국 전화전신회사(AT&T)가 해체되자 미국은 전 세계적으로 "통신 산업의 독점을 없애고 경쟁적인 경제 질서의 정착"에 주력했다. 일본 통신 산업은 일본 전신전화공사(NTT)가 독점하고 있었다. 미국이 일본에 시장을 개방하라는 요구를 제기하였을 때, 전신전화공사의 거센 반발을 받으면서 통신 무역 전쟁이 폭발했다.

(1) 「기자재 정부조달협정」(1981~1983년)을 맺고 미국 통신장비를 구매했다.

미국은 고품질·저가의 통신장비를 보유하고 있었지만, 일본 전신전화공사는 미국에서 수입하지 않고, 전신전화 패밀리 기업군으로부터 사들이고 있었다. 미국은 일본 전신전화공사의 독점과 정부의 정책이 시장의 폐쇄를 초래했다고 여기고 있었다. 1978년에 미국정부는 기자재구매업체에 대해 문호개방정책을 실시할 것을 요구했다. 그리고 1979년과 1980년 두 차례에 걸쳐 대 일본 「존스보고서」를 발표하여 미·일 양국 통신기기 분야의 불평등문제를 열거하면서 일본에 대미국 기자재 구매정책을 조정할 것을 요구했다. 1980년 말, 미국과 일본은 기자재를 정부가 조달하는 협정을 맺었다. 유효기간은 3년이며 1981년부터 실시키로 했다. 이어 일본의 해외 기자재 구매금액이 대폭 늘어나 1981년의 44억 엔에서 1983년에는 340억 엔으로 늘어났으며, 1982년에는 일본이 미국으로부터 조달한 기자재가 해외 기자재 조달의 83%를 차지했다.

(2) 새로운 「기자재 정부조달협정」(1984~1987년)을 맺고 협정의 실시를 정기적으로 검사했다.

일본이 미국으로부터 조달하는 수량이 다소 늘어났다. 그러나 이는 미국의 예기와는 여전히 상당한 차이가 있었다. 공동개발 면에서 일본이 해외 업체와 공동 개발한 기자재는 오직 1개뿐이었고, 미국은 일본 시장을 여전히 폐쇄적이라고 보고 있었다. 1984년 1월, 미국과 일본은 새로운 「기자재 정부조달협정」을 체결했다. 유효기간은 3년으로 하였으며 협정의 실시 상태를 정기적으로 점검하기로 규정했다.

(3) 「미·일 이동전화협정」(1989~1995년)을 맺고 일본시장을 개방했다.

1985년에 이뤄진 시장분류협상(MOSS)에 따라 미국의 "모토로라 방식"과 모토로라 휴대전화의 일본 진출을 요구했다. 그런데 이 같은 요구가 일본에서 이뤄지지 않자 1989년부터 미·일은 장장 5년에 걸친 휴대전화 협상을 진행했다. 1994년 초에 미·일 정상회담이 결렬되자 미국은 301조항을 회복하는 것으로써 일본에 위협을 가했다. 1994년 3월, 「미·일 이동전화협정」을 체결하여 일본 국내시장을 개방하였으며, 1994년 4월부터 18개월 안에 일본이 도쿄와 나고야 지역에 159개 이동전화센터를 설립하고, 9,900개 통화 채널을 증설하여 모토로라 휴대전화를 판매 보급해야 한다는 규정을 정함으로써 일본 통신시장의 독점 국면을 타파했다.

결론: 통신무역 전쟁에서 미국이 일본에 취한 수단은 시장개방을

주축으로 하여 일본이 미국의 예정한 요구를 충족시키지 못하자 미국은 일본 통신제품의 수입을 제한했다. 일본은 대응책으로 무역장벽을 서서히 걷어내는 방법을 취하여 미국의 예상에 못 미쳤을 때, 미국 업체와 합자로 자회사를 만드는 방식으로 미·일 통신무역 전쟁을 완화했다.

6. 반도체 무역 전쟁(1978~1996년)

1948년부터 미국은 반도체 트랜지스터, 실리콘 트랜지스터, 집적회로 등을 잇달아 발명하면서 미국 반도체산업이 빠른 속도로 성장했다. 1970년대에 이르러 미국이 국가 간 무역장벽을 철폐하는 데 주력하기 시작했다. 이에 크게 우려된 일본은 통산성(通産省)의 주도로 "최대 규모의 집적회로기술 연구조직"을 구성하고, 760억 엔의 자금을 투입하여, 1979년에 미국보다 앞서 집적회로 기억장치 칩 기술을 장악하였으며, 이어 일본은 64K, 1M, 4M, 16M, 64M 집적회로 생산에서 잇달아 성공을 거두면서 국제시장을 선점했다. 1980년대 중반에 일본 반도체의 세계시장 점유율이 1977년의 4.2%에서 34.8%로 상승했다. 그러나 미국 반도체의 시장점유율은 1977년의 66.5%에서 38.4%로 하락했다. (그래프 2-16 참조) 1980년 일본의 대미 반도체 무역에서 처음으로 28억 엔의 흑자가 발생했다. 많은 미국인들이 일본 기술의 업그레이드로 인해 미국에 주는 일본의 위협이 소련을 훨씬 추월한다고 보고 있었다.

그래프 2-16 1977~2017년 미·일 반도체 시장 점유율

자료출처: "Worldwide Market Billings", http://www.semiconductors.org/wp-content/uploads/ 2019/05/GSR1976-March-2019.xls 참고, 헝다 연구원.

이로부터 미·일 간의 반도체 무역 전쟁이 발발하게 되었다.

(1) 「관세삭감협정」(1978~1981년)에 의해 반도체 관세를 삭감하던 데서 시작해 최종 철폐하기에 이르렀다. 1977년 미국 전자기기 제조업자들이 반도체산업협회(SIA)를 결성했다. 국가 간 반도체 무역장벽을 철폐하기 위한 것이 목적 중의 하나였다. 그때 당시 일본 반도체 관세율은 12%였고, 미국은 6%였다. 1978년 6월 도쿄에서 열린 관세무역총협정 관련 다자협상에서 미·일 양국은 「관세삭감협정」을 체결하고 1980년부터 11년에 걸쳐 양국 모두 관세율을 4.2%로 낮추기로 결정했다. 1980년에 일본의 대미 반도체 무역에서 최초로 흑자가 나타나게 되면서 1981년 미·일 정상은 회담을 진행하여 1982년에 미·일 양국 세율

(5.6%와 10.1%)을 모두 4.2%로 낮추기로 약정했다. 1982년 7월 워싱턴에서 미·일 무역회담을 열고 1984년 4월부터 집적회로 관세를 서로 취소하기로 합의했다.

(2) 「미·일 반도체무역협정」(1986~1991년)에 의해 "301조사"를 발동하여 반덤핑관세를 부과하고, 미국 반도체의 일본 시장점유율 지표를 설정했다. 1970~80년대에는 미국과 일본 반도체의 시장점유율에 큰 변화가 일어났다. 일본 시장점유율이 대폭 상승한 반면에 미국 시장점유율은 대폭 하락했다. 게다가 일본 반도체가 더 맹렬한 기세로 바짝 추격하는 추세를 보였다. 1985년 6월, 미국이 "301조사"를 가동했다. 9월에는 미국 반도체업체들이 일본 반도체 수출에서 덤핑문제가 존재한다고 미국 국제무역위원회에 제소했다. 1986년에 미국국제무역위원회는 "일본으로부터 수입하는 반도체의 관세를 인상함과 아울러 반덤핑관세를 징수한다."라고 재결했다. 1986년 7월에는 「미·일 반도체 무역협정」이 체결되었다. 협정에는 주로 다음과 같은 내용이 포함되었다.

① 일본 반도체 제조업체는 미국 상무부가 결정한 가격에 따라 판매하도록 한다.

② 일본은 미국으로부터 반도체 수입을 늘려 미국과 기타 나라 반도체제품의 일본시장 점유율을 8.5%에서 20%이상으로 끌어올리도록 한다.

③ 미국은 일본 반도체 제조업체에 대한 덤핑조사를 중지하도록 한

다. 그러나 일본은 「미·일 반도체무역협정」을 이행하는 과정에서 제3국에 대한 판매를 늘리는 책략을 써 덤핑가격으로 미국의 국제시장 점유율을 빼앗아갔다. 1987년 4월 레이건 정부는 일본의 3억 달러 상당의 반도체 및 관련 제품에 대해 100%라는 징벌성 관세를 부과했다. 같은 해에 일본 도시바회사가 소련에 금지 품목인 선반제품을 판매하는 사건이 발생하면서 미국은 일본 도시바회사 제품의 미국 수출을 3년 동안이나 금지시켰다.

(3) 새로운 「미·일 반도체무역협정」(1991~1996년)으로 외국 회사 반도체의 일본 시장 점유율을 정해놓음에 따라 1993년에 미국 반도체의 세계시장 점유율이 다시 1위로 복귀했다. 1991년 6월, 「미·일 반도체무역협정」의 5년 기한이 만기되었지만 일본 반도체시장에서 외국회사의 점유율은 겨우 14.3%로 협의 요구에 미치지 못했다. 8월 미·일 양국은 또 새로운 협정을 체결했는데, 유효기간은 5년이고 1992년 말까지 외국회사의 일본 반도체시장 점유율이 20%(1993년에는 20.2%에 달하도록 함)에 달할 수 있도록 한다고 규정지었다. 1996년 협정이 만기되었을 때는 미국 반도체 산업이 다시 세계 1위 자리를 되찾는 수준에 이르렀다. 새로운 반도체 협정에는 더 이상 시장 점유율을 설정하지 않았으며, 대신 3개월마다 양국 반도체시장의 판매·시장점유율 및 성장상황에 대해 집계하여 양국이 서로 감독하고 통제할 수 있도록 했다.

결론: 미국의 대 일본 반도체정책은 "무역흑자 축소"를 명분으로 경제적 압박을 가한 것으로서 섬유·철강 무역전쟁과는 달리 자국의 경쟁력 저하에 대한 우려가 더 컸었다. 미국이 취한 수단도 더 다양해졌다. 처음으로 외국 반도체의 일본시장 점유율에 대한 구체적 지표를 제기하였는데, 이는 미국의 대 일본 무역정책과 수단에 중대한 변화가 일어났음을 의미한다. 대 일본 제품수입 제한과 일본의 자원적 수출 제한에서 일본의 자원적 수입 확대 및 수치지표의 관리무역방식으로 발전했다. 그 과정에서 일본은 대 미국 투자 확대와 제3국으로의 수출 확대를 통해 무역전쟁을 완화하고자 하는 등의 반발 움직임도 보였지만 여전히 미국에 순종하였던 때가 더 많았다.

제3절
격화: 1980년대 중후반에 금융전쟁·경제전쟁으로 격화

6대 산업분야에서의 무역전쟁은 일본의 경쟁력을 약화시키지 못했다. 일본은 산업 업그레이드를 점차 실현했다. 반면에 미·일 간 무역적자는 오히려 꾸준히 확대되었다. 미국은 미·일 간 무역의 불균형이 금리·환율의 통제와 금융 억제로 인해 엔화가 저평가되어 있어 일본제품이 전 세계적으로 덤핑되고 있다고 주장했다. 「플라자 합의」 이후 엔화 강세로 일본은 수출 성장률이 대폭 줄어들었으며, 수입은 하락폭이 더욱 컸다. 1986년 상반기에 일본은 흑자가 확대되었다. 그중 대미 흑자가 1986년과 1987년에 지속적으로 늘어나면서 미국의 불만정서는 커져만 갔다. 이와 동시에 미국은 일본 금융시장의 폐쇄로 미국의 금융기관이 일본에 진출할 수 없기 때문에 경쟁이 불공정하다고 주장했다. 이에 따라 미국은 일본에 금융시장을 개방하도록 압박했다. 일본의 성급한 금융 자유화가 투기와 버블이 생길 수 있는 거시적 환경을 마련했다. 엔화의 평가절상이 미·일 무역의 불균형 상황을 바꾸지 못하게 되자 미국은 그 근원이 일본의 경제체제에 있음을 인식하게 되었다. 즉 거래습관·토지제도·저축투자패턴 「대점법」 등 방면의 구조적 장애가 근원임을 인식하게 되었다. 그래서 미국은 일본의 경제정책에 대한 간섭을 강행하면서 거시적 제도적 차원에서 무역 불균형 상황을 바꾸려고 시도했다. 일본은 미국에 대한 경제적·군사적·정치적 의존 때문에 거듭 양보하다보니 거시적 정책의 독립성을 잃어 적절하게 대응하지 못했으며 결국 "잃어버린 20년"에 빠져들고 말았던 것이다.

1. 환율금융전쟁: 엔고에 의한 핍박, 금융자유화

금융자유화는 일반적으로 금리자유화, 금융업무자유화, 국제자본흐름자유화 등 세 부분이 포함된다. 1980년대 일본의 금융자유화는 금리자유화와 국제자본 흐름자유화가 동시에 시작되어 급속하게 전개된 것이 특징이다. 일본의 금융자유화는 미국의 압박에 의해 이뤄졌다. 미국은 두 가지 목적을 갖고 있었다. 첫째, 미국은 일본이 금리·금융업무의 전개, 자본 흐름 등 방면에서 여러 가지 제한을 하고 있어 국제시장에서 엔화의 진정한 가치 실현이 이루어지지 않고 있다고 여기고 있었다. 따라서 미국은 미·일간 무역불균형을 바로잡으려면 미국의 경제정책을 바꿀 것이 아니라 일본의 금융·구조적 경제제도를 바꿔야 한다고 생각했다. 둘째, 80년대 초 유럽 국가들과 미국의 금융기관이 일본에 진출하려면 엄격한 금융통제를 받아야 했기 때문에 세계 제2경제대국 일본에 진출하여 업무를 전개하기 어려웠던 반면에, 미국시장은 일본에 개방되어 있어서 대등한 경쟁을 이룰 수가 없었다. 1983년에 유럽과 미국 은행 도쿄지점의 대출 총액이 일본 대출총액에서 차지하는 비중은 3.5%였고, 예금총액은 일본 예금총액의 1%도 채 안 되었다. 유럽과 미국 투자은행은 모두 도쿄증권거래소 회원 자격을 갖지 못하였으며, 중국 홍콩을 거쳐야만 일본과 거래를 진행할 수 있었다. 그때 당시 미국에서 압박과 협상을 담당하였던 관리는 도널드 리건(Donald T. Regan) 재무장관(1981~1985년 재무장관 담당, 1985~1987년 백악관 비서실장)이었다. 리건은 재무장관직에 취임하기 전에 메릴린치(Merrill Lynch) 회장 겸 CEO였다. 일본이 금융 자유화를 실행한 후 '규제'의 갑문이 열리면서 대량의 자금이 밀물처럼 밀려들었으며, 버블 붕괴 전에 일본 자산을 투매함에 따라 버블의 형성과 붕괴를 조장했다.

(1) "달러화 엔화 위원회"는 금융자본시장의 자유화를 추진하였으나 엔화 평가절상의 목표는 실현하지 못했다.

무역 전쟁이 전개되고 일본의 산업경쟁력이 향상됨에 따라 미국의회 내 보호무역주의 세력이 장대해졌다. 레이건 대통령은 첫 임기 중에 "강세국가 강세통화"를 강조하며 고금리 정책을 펴면서 달러화 강세가 꾸준히 이어졌다. 미국 산업계는 왜곡된 환율이 미국의 경쟁력을 떨어뜨렸다고 여겨 정부에 압박을 가해 달러화 평가절상의 경향을 바로잡을 것을 요구했다. 1983년 9월 리 모건이 「달러화와 엔화의 부조화: 문제의 핵심과 해결방안」이라는 제목의 보고서를 발표했는데, 그 보고서는 앞으로 일본을 압박하는 미국의 협상청구서가 되었다. 그 보고서에는 11가지 구체적인 책략을 제시하였는데, 그중 핵심은 "금융자유화, 엔화의 세계화"로서 "엔화의 수요를 억제하는 인위적인 조치를 철저히 배제하는 것"이었다. 미국은 일본이 금융과 자본시장을 개방하게 되면, 엔화 자산에 대한 시장의 관심도가 높아져 엔화도 따라서 평가절상될 것으로 보고 있었다. 1983년 11월 레이건 미국 대통령이 일본을 방문하여 나카소네 야스히로(中曾根康弘) 일본 총리와 엔화와 달러화의 환율문제를 둘러싸고 논의하였다. 이는 "달러화 엔화 위원회"의 시작이었다. 같은 달 다케시타 노보루(竹下登) 일본 대장대신과 리건 미 재무장관이 미·일 간 "달러화 엔화 위원회"를 설립하고 환율·금융·자본시장 문제를 골자로 삼아 유럽 엔화 채권, 도쿄증권거래소 회원권한 확대, 미국 일부 주의 외국은행 진입 제한 등 문제에 대해 검토할 것이라고 선포했다. 1984년 5월 미국과 일본이 「달러화 엔화 위원회 최종보고서」를 발표했다. 미국은 주로 네 가지 방면의 이익 요구를 실현했다. (1) 금리자유화와 엔화 차관자유화를 포함한 일본 금융자본시장의 자유화를 실현했다. (2) 외국금융기관이 일본 금융자본시장에 자유롭게 접근할 수 있도록 확보했다. 외국증권회사는 도쿄증권거래소의 회원자격을 신청할 수 있게 되었고, 일본의 신탁업을 외국은행에 개방했다. (3) 자유로운 해외 엔화 거래시장을 창설하고 유럽 엔화시장·역외시장을 확대했다. (4) 일본의 금융 및 자본시장의 자유화를 실현하여 외자의 대 일본 투자에서 걸림돌을 제거했다. 일본은 금융 자본시장의 자유화를 자율적이고 점진적으로 추진해 엔화 세계화의 장애를 제거할 것을 약속했다. 그러나 엔화는 미국의 예상처럼 평가절상하지 않고 달러화가 꾸준한 강세를 보이면서 일본의 대미 흑자가 꾸준히 확대되었으며, 그에 따라 미국은 다른 수단을 강구했다. 금융자유화를 가속 추진한 것이다. 구체적인 조치는 다음과 같았다.

1) 금리 자유화 방면에서 새로운 금융파생상품이 대량으로 나타났다. 1985년 금리연동형 양도가능예금(CD)과 시장금리 연동형예금(MMC), 자유금리의 대종 정기예금이 잇따라 나타났다.

2) 금융업무규제 방면에서 시장접근 규제와 통화 자유태환 규제를 완화했다. 1984년에 일본은 해외예금증과 상업수표의 국내 판매를 허용하고, 외환선물거래의 '실수요원칙'을 폐지하여 투기의 자유를 제공하였으며 엔화로 표시되는 대외대출을 자유롭게 발행했다. 1986년부터 단기국채의 공모입찰 발행을 실시하기 시작하여, 외국 투자은행들은 도쿄증권거래소 회원 자격을 따내기 시작하였으며, 생명보험·연금신탁 등 대외 증권 투자 규제를 철폐하고, 금리차를 내기 위한 것에 목적을 둔 개인의 대외 투자를 촉진했다. 1987년에 일본은 국내 상업어음시장을 창설했다.

3) 자본 이동 방면에서 엔화태환 규제를 철폐했다. 1986년에 일본은 도쿄 역외시장을 창설하여 181개 외국외환전문은행의 참여를 허용하였으며, 일본기업이 영국 런던시장에서 달러화 표시 신용채권과 전환가능채권을 발행할 수 있게 되었다.

(2) 「플라자 합의」로 5대국이 손잡고 달러화를 투매하여 엔화가 빠르게 대폭 평가절상 하였지만, 미·일 무역적자는 줄어들지 않았으며 1988년에 이르러서야 적자가 비로소 줄어들었다.

1985년 7월, 미·일 양국 재무부가 파리에서 「플라자 합의」에 대한 협상을 시작했다. 회담의 목적은 미·일 협상메커니즘을 구축하여 양국의 경제문제에 관심을 돌리기 위하는 데 있었다. 9월, 미국·일본·영국·프랑스·독일 5개국의 재무장관과 중앙은행 총재가 뉴욕에서 G5회의를 열고, 「플라자 합의」를 체결하고, 외환시장 공동 개입을 선언함으로써 달러화 환율이 높은 상황을 종결지었다. 5개국은 다음과 같은 공감대를 형성했다.

1) 1980년대 초기에 지속되었던 달러화 강세는 각국 경제의 펀더멘털(기본면)을 반영하지 않았다.
2) 각국이 조율을 거쳐 달러화의 지속적인 평가절상을 막고 세계 대외무역과 투자의 불균형을 조정해야 한다.
3) 미국에서 무역적자로 인해 다시 일어난 무역보호주의 사조를 종식시켜야 한다.
4) 주요 국가 간에 긴밀하고도 구체적인 정책조율을 진행하기 시작하고 외환시장에서 달러화 평가절하의 의도를 명확히 밝혀야 한다. 그 후 엔화 가치가 가파르게 평가절상 하였다. 협의 체결 전 엔화 대비 달러화 환율은 1달러 당 239엔이었는데 1986년 말에 이르러 1달러 당 159엔으로 평가절하되어 달러화가 1년 사이에

30%이상 평가절하되었다. 엔화의 급격한 평가절상은 일본 각계의 강한 불만을 야기했다. 일부 수출기업의 이윤이 영향을 받았으며, 엔화로 가격을 표시하는 수출 증가세가 둔화되었다. 1986년 3월부터 일본은행들은 여러 차례에 걸쳐 엔화를 팔고 달러화를 사들이며 엔화의 평가절상이 일본 경제에 충격을 주는 것을 막으려 하였지만, 이와 같은 조치는 엔화의 지속적인 평가절상의 추세를 막지 못했다. 일본제품의 경쟁력이 여전히 강하였기 때문에 엔화의 강세가 미·일 무역적자를 당장은 줄이지 못하였으며, 1988년이 되어서야 미·일 무역적자가 줄어들었으나 1991년 이후에는 또 계속 상승하였다.

(3)「루브르 합의」는 환율을 안정시켜 달러화의 진일보인 평가절하를 막고 일본은 금리인하를 통한 내수확대를 약속했다.

「플라자 합의」 이후 엔화·마르크화 등 통화가 꾸준히 평가절상하면서 일본·독일의 국제경쟁력에 영향을 끼침으로써 일본은 "엔고 공포"에 빠져들었다. 1986년 9월 일본은 미국이 달러화 환율을 안정시키기를 바랐고, 미국의 조건은 일본이 금리를 인하해 내수를 자극하도록 하는 것이었다. 10월 31일 미·일 양국은 성명을 발표하여 "엔화·달러화 환율 조정이 이미 기존의 경제 기본 상태와 대체로 맞아떨어진다고 양자가 양해를 이루었다"라고 밝혔다. 일본은 다음과 같은 계획을 실시하고자 했다.

1) 개인소득세와 법인세를 인하하여 세제개혁을 실시한다.

2) 의회에 추가예산을 제출하여 3조 6,000만 엔의 종합경제대책을 제출한다.

3) 내수를 확대하고자 일본은행은 법정 금리를 인하한다.

1987년 초에도 엔화 강세가 이어졌다. 2월 2일에 파리에서 열린 G7 재무장관 회의에서 「루브르합의」를 체결하고 환율 안정을 결정했다. 1) 「플라자합의」 이후 각국은 조율을 거쳐 일괄적으로 외환시장에 개입하였으며, 당면의 환율이 각국 경제의 펀더멘털을 기본상 반영했다. 2) 환율의 격렬한 파동은 각국의 경제성장에 손해를 끼쳤다. 3) 각국 통화 간 환율이 목표시세를 초과해 각국의 경제성장에 손해를 끼치게 되자 각국 재무장관과 중앙은행 총재들은 환율을 현 수준으로 안정시키기로 일제히 동의했다. 그런데 1987년 3월에 엔화가 145엔까지 평가절상하고, 12월에는 120엔까지 평가절상하였으며 1988년에는 한때 100엔 선을 돌파하기까지 했다. 엔화 강세가 멈추지 않은 상황에서 대폭적인 경기부양책의 실시로 버블은 갈수록 커져만 갔다.

(4) 1995년 「미·일 금융 서비스 협정」은 금융 서비스 영역의 시장 접근을 더욱 완화시켰다.

1995년 1월, 미·일 양국이 「미·일 금융 서비스 협정」을 체결하고 일본은 주로 다음과 같은 4개 방면에서 양보했다.

1) 연금자산의 운용 면에서 투자고문회사의 후생연금기금 가입을 허용했다.

2) 투자신탁에 있어서는 운용원칙을 근본적으로 완화했다.
3) 회사채와 관련된 제반 규정 및 관례 등을 새로 제정했다.
4) 비주민의 유럽 민간 엔화 채무의 회류에 대한 규제를 철폐하고, 투자자가 외국 채권을 구매할 때 증권회사와 투자자 간의 통화 스와프 금지를 해제한 것 등이다. 이밖에 일본은 금융서비스 영역에서 외자의 시장 진입 규제를 한층 더 완화하고, 연금·신탁·증권시장 등 영역에서 금융자유화를 한층 더 추진했다.

2. 경제전쟁은 일본의 경제구조를 변화시키도록 강행하여 일본의 거시 정책 독립성을 상실케 했다.

무역전쟁과 환율금융전쟁 이후, 미국은 미·일 무역 불균형의 근원이 일본 내에 존재하는 일련의 구조적인 장애들로 인해 미국 제품이 일본으로 들어가지 못하는 것이라고 여기게 되면서 미·일 양국 간 마찰이 제도적 마찰과 거시적 조정으로 바뀌었다. 구조적인 장애를 제거하기 위해 미·일 양국은 또 1990년의 「미·일 구조적 장애문제 협정」, 1993년의 「미·일 새로운 경제파트너십 프레임」, 1997년의 「미·일 규제 완화 협정」 등 3대 합의를 이루었다. 1989년 9월 미·일은 양국 경제구조문제회담을 정식으로 개최했다. 1990년에 양국은 「미·일 구조적 장애문제 협정」을 체결하여 미·일 양국의 상대국에 대한 요구를 포함시켰다. 그 중에는 일본 경제구조에 존재하는 저축 투자 패턴, 토지이용, 유통문제, 가격 메커니즘, 배타적 거래관습, 기업 계열제 등 6가지 문제에 대한 미국의 시정 요구가 포함되었다. 일본은 미국이 저축 투자 패턴, 기업의 투자활동과 생산성, 기업 행위, 정부 규제, 연구개발, 수출 진흥, 노동력 교육 양성 등 7개 분야에서 조치를 취해야 한다고 제기했다. 구체적으로 말하면, 첫째, 미국은 일본에 저축보다 투자가 많은 상황을 개선할 것을 요구하면서 10년 내에 430조 엔의 공공사업 투자를 늘릴 것과 신축성 있는 소비신용제도를 세워 민간소비를 확대할 것을 요구했다. 둘째, 일본에 토지의 효과적인 이용을 요구했다. 미국은 일본이 투자가 너무 적은 주요한 원인이 땅값이 너무 비싼 데 있다고 여겨 토지공급을 늘리고 토지 이용 효율을 높일 것을 요구하였으며, 미국으로부터의 농산물 수입을 통해 농지에 주택과 공장을 지을 것을 요구했다. 셋째, 일본 유통 분야에 존재하는 문제를 개선할 것을 요구하면서 공항과 항구를 개축해 빠른 수입 수속과정을 실현하고 통관 절차를 간소화하여 24시간 내에 수입수속을 완성하며, 「대점법(大店法)」을 개정하여 대형 상가 개설 수속 시간을 1년 반으로 단축시키고, 수입상품의 매장면적을 늘릴 것을 요구했다.

넷째, 국내 상품 책정 가격이 대미 수출가격보다 높은 현상을 전환시킬 것을 요구했다. 다섯째, 배타적 거래 습관을 바꿔 「독점금지법」을 엄격히 집행할 것을 요구했다. 여섯째, 기업 계열제 문제를 개선할 것을 요구했다. 일본 국내기업 간에는 서로 지분을 보유하고 있고 상하층으로 분류되어 서로 협력하는 수백 개 회사로 이루어진 상업체계를 형성하고 있으면서 대외 구매를 기본적으로 배척하고 있는 상황이었다. 이에 미국은 이런 상황을 변화시킬 것을 요구했다. (구체적인 것은 표 2-3 참조) 미·일 양국은 모두 저축 투자의 불균형문제를 변화시킬 것을 제기하였으나 미국의 요구가 일본보다 훨씬 높았으며 일본 기존의 경제구조를 바꾸려고 시도했다. 일본이 미국에 제기한 요구는 연구개발, 인력 교육, 생산력 향상 등과 같이 미국제품의 경쟁력을 높이고, 더 나아가 미국의 대외 수출을 확대하는데 역점을 두었다. 1993년에 미·일 양국은「미·일 새로운 경제 파트너십 프레임」을 채택하고 주로 글로벌 경제, 거시적 경제, 개별 분야 세 측면에서 정책 조정에 착수하여 일본의 시장접근 개혁, 내수형 경제체제 개혁 및 미국의 경쟁력 향상 차원에서 양국관계를 조정했다. 1) 글로벌 경제 방면에서 세계적 범위에서의 미·일 경제기술협력을 강화할 것을 요구했다. 2) 거시적 경제 방면에서 일본이 경상수지 흑자를 축소하고 지속가능한 내수형 경제를 발전시키며, 외국 제품과 서비스의 시장진출을 개방하고 미국으로부터의 수입을 확대할 것을 요구했다. 3) 개별 분야에서는 정부조달·보험·자동차부품의 협상을 우선적으로 진행하고, 금융·보험·「반독점법」·유통제도의 규제개혁을 실행해 미국산업의 경쟁력을 높이고 수출을 확대할 것을 요구했다. 1997년에 미·일은「미·일 규제 완화 협정」을 체결했다. 협정에는 두 개 부분의 내용이 포함되었는데, 일본의 규제 완화와 경쟁 정책의 기본 프레임을 확정했다. 첫 번째 부분은 일본이 취해야 할 조치들인데, 주택·통신·의료·금융서비스·상품유통·경쟁정책·법률서비스·규제완화기구 구성 등이 포함되었다. 두 번째 부분은 일본정부가 미국에 개선을 희망하는 문제들인데 경제구조·투명성·정부관례·주택·통신·의료기기 및 의약·금융서비스 등의 분야가 포함되었다. 상기 세 협정의 내용을 보면 1990년대 후반에 세계화와 정보화의 발전과 미·일 양국의 경제적 연계가 강화됨에 따라 양국 무역마찰이 개별적 제품에서 금융 투자 영역으로 바뀌고, 나아가 제도적 조정으로 바뀌었으며, 해결방식은 「미·일 구조적 장애 문제 협정」의 저축 투자문제에서 「미·일 새로운 경제파트너십 프레임」의 거시적 경제정책의 조정 및 시장접근문제로 바뀌고 나아가 「미·일 규제완화 협정」의 서비스무역 분야의 제도적 조정 문제로 바뀌었다. 즉 일반적 의미에서의 수출입 확대 무역방식에서 규제완화와 규제를 대표로 하는 제도적 조정으로 바뀐 것이다. (그래프 2-17 참조)

그래프 2-17 미·일 무역전쟁 과정

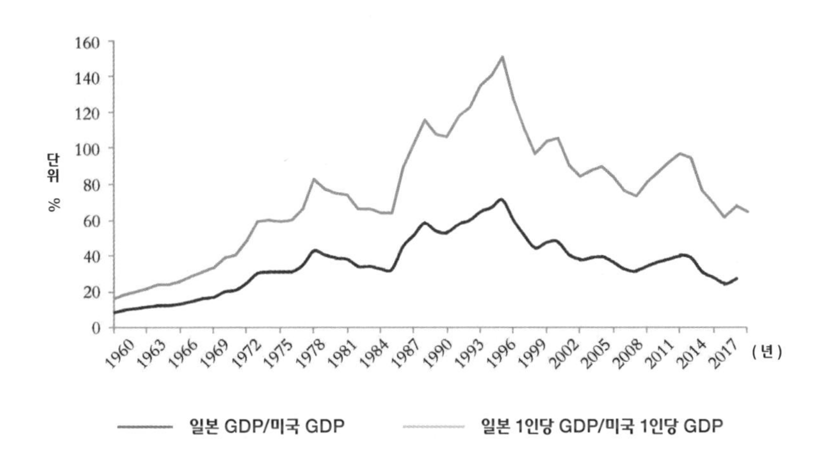

표 2-3 「미·일 구조적 장애 문제 협정」의 주요 내용

미국이 일본에 제기한 요구	
저축 투자 방식	· 저축 및 투자 불균형문제를 변화시키고 국내 공공자본 투자를 확대할 것.
	· 사회자본 건설계획을 수정하여 기존의 투자규모를 확대할 것.
	· 신축성 있는 소비신용제도를 제정하여 민간소비를 확대할 것.
	· 토지가격이 너무 비싼 것과 관련해 대도시 주택공급을 늘리고 토지이용 효율을 개선할 것.
	· 토지세 제도의 종합적인 개혁.
유통문제	· 「대점법」 중 불공정한 조치를 수정할 것.
	· 유통환경을 정돈하여 유통 수속이 번거롭고 경로가 너무 많은 문제를 해결할 것.
가격 메커니즘	· 내외 가격 격차를 조정할 것.
	· 정부 규제를 완화할 것.
배타적 거래관습	·「독점금지법」을 엄격히 이행할 것.
	· 정부의 행정적 지도의 투명성과 공정성을 확보할 것.
	· 민간기업에 대한 투명한 내외에서의 무차별 구매활동을 실행할 것.
	· 특허 심사시간을 단축시킬 것.
기업 계열제문제	· 기업 간 내부거래 관습의 지속성을 확정하고, 배타적 방면에서 「독점금지법」을 적용할 것.
	· 개방적인 대 일본 직접투자정책의 추진 관련 성명을 발표할 것.
일본이 미국에 제기한 요구	
저축 투자 문제	· 거액의 재정적자를 삭감해줄 것.
	· 국내 저축 및 투자 불균형을 바로잡아 경상수지의 불균형을 바로잡을 것.
기업의 투자활동과 생산력	· 조속한 입법을 통해 「트러스트금지법(공정거래법)」을 완화할 것.
	· 제품제조 책임제를 개선할 것.
기업 행위	· 기업의 장기적 전략을 제정할 것.
	· 기술개발을 실행할 것.
정부규제	· 수출제한을 철폐하고 수입자유화를 추진할 것.
연구개발	· 세제 조치를 통해 산업계의 연구개발능력을 향상시킬 것.
수출 진흥	· 민간 수출을 지지할 것.
인력 교육양성	· 학교 교육과 직업훈련을 강화할 것.

자료출처: 일본 통상성 1991년판 「통상백서」, 헝다 연구원.

제4절
결말: 일본의 통화 발행과 금융전쟁에서의 실패, "잃어버린 20년"에 빠져들다

미국의 잇따른 압박과 일본 국내의 지나치게 느슨한 재정·금융정책 실시 후 일본의 주가와 땅값이 계속 치솟았으며, 긴급 금리인상과 땅값 억제 조치를 취하면서 거품이 급속히 붕괴되었다. 1990년대부터 일본경제가 장기간 침체기에 빠져들었고 산업경쟁력이 떨어졌다. 추격 단계가 끝난 후, 일본의 고속성장을 이끌었던 거시적 조정과 "일본식 경영"의 미시적 관리가 일본의 발전에 걸림돌이 되었다. 일본과 미국의 GDP 비례는 1985년의 32%(1978년과 1986년에는 40% 돌파)에서 2017년에는 25%로 하락하였으며, 일본의 1인당 GDP는 1987년에 미국을 앞질렀으나 2017년에는 미국 1인당 GDP의 64.6%로 떨어졌다. 미국이 일본의 굴기를 억제하는 데 성공한 것이다. (그래프 2-18 참조)

1. 무역전쟁이 미국의 무역적자를 단계적으로 개선하였지만, 미국 무역적자의 장기적 확대 추세는 더욱 심각해졌다.

무역적자의 규모는 근본적으로 국내외 산업 우위와 구조에 따라 결정된다. 무역전쟁 기간에 미국의 무역차액이 GDP에서 차지하는 비중이 세 차례 뚜렷이 개선되었었다. "철강무역전쟁" "컬러텔레비전

그래프 2-18 1960~2016년 미·일 무역 전쟁이 미국 전반 무역적자에 대한 영향

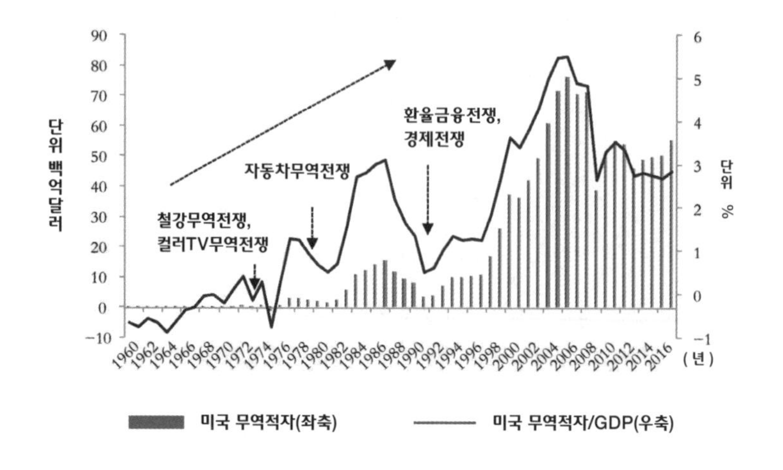

자료출처: Wind, 헝다 연구원.

무역전쟁"으로 인한 1972~1975년 미·일 무역적자와 미국 무역적자 총액의 개선, "자동차무역전쟁"으로 인한 1978~1980년 미·일 무역적자와 미국의 무역적자총액의 개선이었다. 그러나 "환율금융전쟁"은 1986~1987년 미·일 간 무역적자 및 미국 무역적자 총액을 축소시키지 못했으며, 1988~1990년에 이르러서야 비로소 효력을 발휘했다. (그래프 2-19 참조) 그래서 무역전쟁은 미국의 무역적자를 단기간은 개선할 수 있었다. 매번 개선 지속 시간은 3~4년이었다. 그러나 국제분업, 산업 우위, 미국 자체의 저축투자구조, 미국 달러화의 기축통화지위 등 근본적인 문제가 해결되지 않고 무역적자 확대 추세가 바뀌지 않았기 때문에, 1960~90년대 미국의 무역적자는 여전히 전반적으로 확대되었다.

그래프 2-19 1960~2016년 미·일 무역 전쟁이 미국 전반 무역적자에 대한 영향

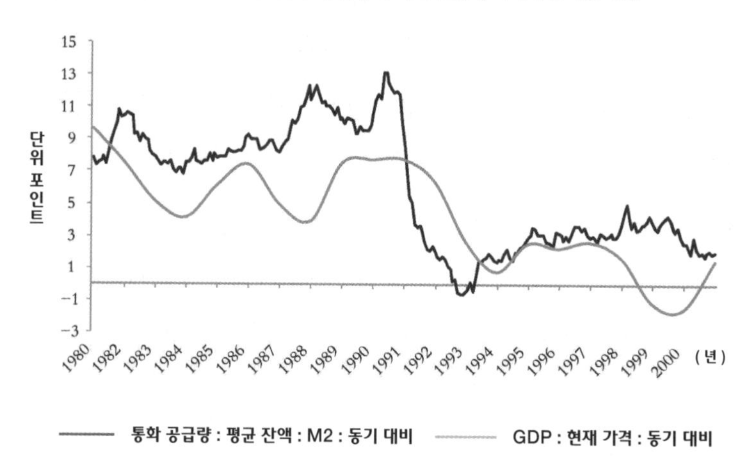

자료출처: Wind, 헝다 연구원.

2. 엔화가 대폭 평가절상하고, 부동산시장과 주식시장의 거품이 붕괴되었으며 경제성장이 대폭 하락하면서 일본은 "잃어버린 20년"에 빠져 들었다.

1985년 「플라자 합의」 이후 달러화 대비 엔화의 환율이 1985년의 238.47에서 1988년의 128.17로 떨어지면서 엔화가 약 2배 평가절상 되었다. 엔화의 절상 속도가 너무 빠르고 절상 폭이 너무 커지자 수출 성장률이 대폭 하락해 마이너스 성장을 기록했다. 1986~1988년 수출 성장률이 각각 −15.9%, −5.6%, 1.9%를 기록했다. 또한 GDP 성장률은 1985년의 6.3%에서 1986년의 2.8%로 하락했다. 그러나 1987~1988년 소비와 설비투자가 대폭 상승하면서 GDP 가 1987~1990년 비교적 높은 성장률을 회복하며 경제가 번영하는 모습을 보이기도 했다.

1980년대에 일본은 지나치게 느슨한 통화정책을 폈다. 1980년 3월 이래 중앙은행이 지속적인 금리 인하조치를 실시했는데, 그중 1986년 1월부터 1987년 2월까지 단시일 내에 연속 다섯 차례에 걸쳐 금리를 2.5%까지 낮추었다. 통화 공급량 M2의 평균 잔액은 1987~1989년 10% 이상이던 것이 1992년 9월에 마이너스 성장으로 돌아섰다. (그래프 2-20 참조) 통화완화정책의 실시로 대량의 유동성을 방출하였으며 게다가 엔화 강세로 대량의 핫머니가 일본으로 대거 유입되어 주가와 집값 상승을 초래하면서 자산 가격 거품이 형성되고, 투기가 성행하였으며, 제조업체들은 저비용 융자로 주식과 부동산에 투자했다. 일본 제조업계에서 대기업들의 주식시장 투자가 1985년 전의 연평균 0.9조 엔에서 1989년의 연평균 2.7조 엔으로 폭등했다. 미국이 무역적자를 줄이고자 일본을 압박하여 내수를 확대하도록 한 것과 일본의 재정확장정책의 실행이 일본 경제 버블의 형성에 토대를 마련했다. 미국이 일본에 무역흑자를 줄일 것을 독촉하자 나카소네(中曽根) 정부는 마에카와 하루오(前川春雄) 전 중앙은행 총재에게 위임하여 「마에카와 보고서」(1986년 4월 발표)를 작성했다. 보고서에는 내수 확대, 산업구조 전환, 수입시장 확대, 시장진출환경 개선, 금융자유화 가속, 엔화 국제화 가속을 제기했다. 일본은 재정확장정책을 펴기 시작하면서 "엔고, 고투자율, 저금리"가 병존하는 국면이 나타났다.

일본 중앙은행은 금리인상으로 달러화 가치가 떨어질 것을 우려하였으며, 게다가 그때 당시 "일본 제일"이라는 외부의 인식과 일본 국민들 가운데서는 자신감이 팽창하는 분위기가 지속되면서 거품이 이

미 형성되기 시작했다는 사실이 믿어질 리가 없었다. 일본정부는 경제 상황을 비교적 낙관적으로 판단하여 "일본에는 거품이 생기지 않았고 가격이 오르는 것은 경제회복의 반영"이라고 생각해 통화긴축을 계속 미뤘다. 그러다가 1989년 6월부터 1990년 8월까지 일본 중앙은행이 갑작스런 금리 인상조치를 출범하여 연속 다섯 차례나 금리를 인상했다. 이에 따라 주식시장이 무너져 도쿄 닛케이 225지수가 수직으로 하락하기 시작하여 1989년 말의 34,068에서 2003년의 9,311까지 하락했다. (그래프 2-21 참조) 이와 동시에 일본정부가 땅값 억제조치를 취하면서 1991년 하반기에 토지·부동산 가격 거품이 급격히 붕괴되었다. 2017년 전국 평균 땅값이 1973년 수준까지 떨어졌으며, 1991년 최고점에 비해 겨우 3분의 1 수준에 불과하기에 이르렀다. (그래프 2-22 참조) 땅값 억제조치에는 주로 다음과 같은 내용이 포함되었다.

1) 토지거래를 직접 관제키로 했다. 토지를 매매할 때에는 반드시 현지 정부 관련당국에 보고하도록 하여 토지의 부당한 고가 매매를 막고자 했다.
2) 금융기관의 대출을 관제키로 했다. 대장성(大藏省)은 전국의 은행·신용금고·생명보험회사 및 손해보험회사에 "부동산 융자 총량 관제" 조치를 실시할 것을 요구하여 부동산대출의 증가율이 대출총량의 증가율을 초과하지 못하도록 했다.
3) 토지세제도를 보완키로 했다. 토지보유과세·토지양도이익과세

그래프 2-20 1980~2000년 일본 총통화 M2 증가폭과 GDP 성장률

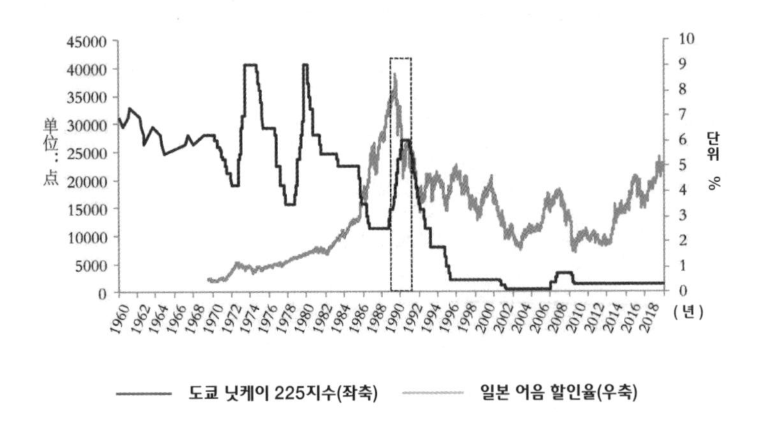

자료출처: Wind, 헝다 연구원.

및 토지취득과세를 강화하고 「토지기본법」을 실시하여 토지거래와 금융기관 및 부동산업체에 대한 감독 관리를 강화하도록 했다.

4) 도시 토지용지에 대한 관제를 강화키로 했다.

주식·부동산 거품이 붕괴되면서 과잉 생산능력, 부실 채권, 과잉 노동력이 대거 나타났고, 은행 등 금융기관과 기업이 도산하여 실업률이 상승하였으며, 정국의 혼란과 잘못된 대응으로 일본경제는 저조기에 빠져들었다. 일본은 장장 40년간의 "추격 단계"와 1980년대 중반의 번영시기에 정부가 개입한 산업정책, 미시적인 일본식 기업경영이 거대한 역할을 발휘하였었다. 그러나 정보기술혁명, 추격목표를 실현하기 위한 새로운 환경은 결국 일본 산업과 경제의 진일보적인

그래프 2-21 1960~2018년 도쿄 닛케이 225지수와 일본 어음 할인율

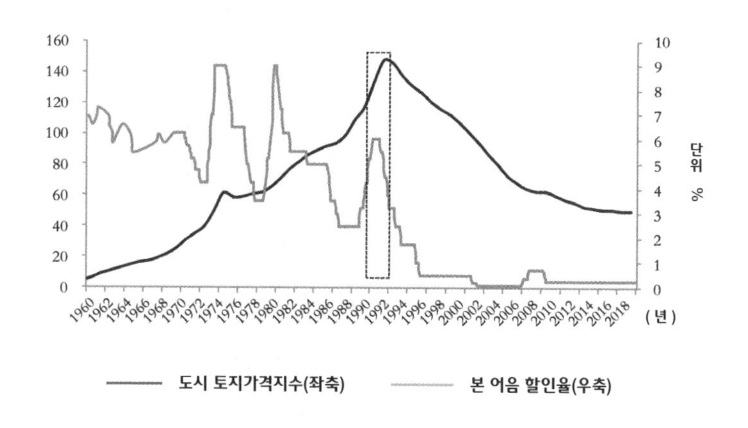

자료출처: Wind, 헝다 연구원.

발전방식 전환과 업그레이드 과정에 걸림돌이 되게 되었으며, 쇼와(昭和) 시대의 번영이 헤이세이(平成) 시대에는 위기로 바뀌었다. 구체적으로 말하자면 거시적으로 장기적인 저금리와 재정 확장이 거품을 부풀렸고, 지나치게 급격한 억제책이 또 거품의 급격한 붕괴를 초래했던 것이다. 경기 호황기의 맹목적인 생산능력 확장이 거품 붕괴 후에 대량의 과잉 생산능력, 과다 부실채권, 과잉 노동력 등의 형성으로 재정정책·통화정책이 효력을 상실하게 되었으며, 이에 따라 구조적 개혁이 불가피하게 되었다. 미시적인 "일본식 기업경영"에는 주로 종신 고용제, 연공서열제, 기업 노조, 주거래은행제, 기업 간 지분 상호 보유 등이 포함된다. 내외수가 왕성한 추격 단계에는 종신고용제, 연공서열제, 기업 노조가 직원의 충성심을 이끌어내 고용자와 피고용자의 의견 충돌이 적었기 때문에 생산원가가 빠르게 상승하는 것을

늦추는 데 유리하였으나 수요가 줄고 세계화 경쟁이 치열한 시기에는 노동력시장의 과잉노동력 해소에 불리했다. 일본 기업들은 90년대 중후반에야 직원에 대한 대규모 해고를 진행했다.(표 2-4 참조) 주거래은행제(간접융자제도 하에서는 주주의 권리가 작음), 기업 간 상호 지분 보유(대·중·소 기업 간 분업 협력), 정부와 기업 간 수호함대식 관계(기업의 발전 촉진)는 더욱 장기적인 기업경영 목표를 세울 수 있게 했다. 예를 들면 단기적 주가 변동과 투자 수익률을 쫓기보다는 규모와 시장 점유율을 추구하는 것과 같은 것이었다. 따라서 추격단계에는 기업을 이끌어 빠르게 성장하고 국제 시장을 선점할 수 있었으나 이런 제도에도 회사관리구조가 취약하고 정부와 기업이 분리되지 않은 문제점이 존재했기 때문에, 기업 경영자에 대한 시장의 감독을 약화시켰으며, 시장점유율과 규모를 일방적으로 추구하다 보니 과잉 생산능력과 과잉 부채를 초래하게 되었다. 추격 목표가 실현되고, 노동력 우위와 인구에 따른 이익이 사라지자 기존의 비시장화 경영체제는 혁신의 걸림돌이 되었다.

이밖에 일본 정국의 불안정과 정세에 대한 정부의 그릇된 판단 및 대응 정책의 실패 등으로 일본 경제는 침체기를 맞게 되었다.

1) 위기에 대처할 수 있는 안정된 정치 환경이 결여되어 있었다. 1990년대의 일본은 10년 동안 총 9기의 내각, 7명의 총리를 교체했다. 장기간 집권해 온 자유민주당은 당내 투쟁으로 한때는 야당으로 물러나기까지 했다. 정부 부처 간 다툼으로 무역전쟁에 대응하는 과정에서 여러 차례나 미국에 이용당하면서 일본은 협상에서 피동적인 지위에 몰리게 되었다. 혼란스러운 정국 때문에 일본은 거시적 경제

관리 환경과 효과적인 대안 마련이 결여되어 있었다. 임기가 가장 짧았던 우노 소스케(宇野宗佑)(1989년 6월 3일부터 8월 10일까지 재직)와 하타 쓰토무(羽田孜)(1994년 4월 28일부터 6월 30일까지 재직)는 모두 2개월 정도밖에 안 되었다.(표 2-5 참조)

표 2-4 거품이 붕괴된 후 일본 유명 대 기업의 인원 삭감행동

	대대적 인원 삭감을 실시한 기업	삭감 인원수(만 명)
1	일본전신전화회사(NTT)	11
2	닛산자동차	3.5
3	히타치	2
4	도시바	1.8
5	폭스콘	1.6
6	미쓰비시	1.4
7	미쓰비시 전자	0.8
8	마쓰시다 전기(현 파나소닉)	0.5
9	마쯔다	0.65
10	NEC	0.4
11	토요타	0.2
12	혼다 자동차	0.1

자료출처: Wind, 헝다 연구원.

표 2-5 1989~2000년 일본 총리 임기

임기	이름	시간	당파
76대	가이후 도시키(海部俊)	1989년 8월 10일~1990년 2월 28일	자유민주당
77대	가이후 도시키	1990년 2월 28일~1991년 11월 5일	자유민주당
78대	미야자와 키이치(宮澤喜一)	1991년 11월 5일~1993년 8월 9일	자유민주당
79대	호소가와 모리히로(細川護熙)	1993년 8월 9일~1994년 4월 28일	일본신당
80대	하타 쓰토무	1994년 4월 28일~1994년 6월 30일	자유민주당
81대	무라야마 도미이치(村山富市)	1994년 6월 30일~1996년 1월 11일	일본사회당
82대	하시모토 류타로(橋本龍太)	1996년 1월 11일~1996년 11월 7일	자유민주당
83대	하시모토 류타로	1996년 11월 7일~1998년 7월 30일	자유민주당
84대	오부치 게이조(小淵惠三)	1998년 7월 30일~2000년 4월 5일	자유민주당

자료출처: 헝다 연구원.

2) 거시적 정세에 대한 정부의 잘못된 판단. 심지어 버블이 붕괴된 후인 1991년까지도 「경제백서」에는 여전히 "일본 경제가 50개월 이상의 장기적인 성장과정을 유지할 것이다."라고 쓰여 졌다. 대장성 관원은 "경제가 곧 회복될 것이므로 지금 우리가 해야 할 일은 참고 견디는 것, 부실채권이 자연스럽게 사라질 때까지 참고 견디는 것이다. 오일쇼크 때 우리는 국민들에게 절약하면서 참고 견딜 것을 호소했다. 결국 우리는 견뎌냈다. 그러니 지금 부실채권 때문에 대경실색할 것까진 없다."라고 말했다. 1992년에 일본 산업계는 여전히 대장성·경제기획청 등 경제 주관 당국과 거시적 경제 형세를 두고 옥신각신하고 있었다.

3) 대응 정책의 실패. 총량정책으로 구조적 문제를 해결하려고 한 것은 필연적으로 실패하게 마련이다. 지속되는 재정완화정책이 정부채무의 급증을 초래하게 되면서 진정한 부실채권문제가 해결을 보지 못하고 있었다. 마땅히 거시적인 측면에서 구조적 개혁을 추진하여 채무 과다문제를 해결하고, 부실채권 채무를 처리하며, 직접 융자 자본시장을 발전시키고, 정부와 기업 간 "수호합대식" 관계를 개혁하며, 시장화한 인재경쟁 메커니즘을 구축하고, 연공서열제를 타파해야 했다. 그러나 일본은 방대한 규모의 "종합경제대책"만 꾸준히 출범시켰는데, 1992년에는 8조 6000억 엔의 공공사업 투자를 늘리고, 약 1조 엔의 민간 설비투자를 촉진하였으며, 1993년 4월에는 미야자와 내각이 공공사업투자를 13조 엔으로 늘렸고, 1993년 9월에 호소가와 내각이 또 9조 엔을 늘린 데 이어 1994년, 1995년, 1998년에는 공공사업 투자를 또 확대하고 국채 발행 규모를 늘렸다. 공공사업 투자는 고용을 늘려 실업문제를 해결할 수 있는 한편 건축 등 공공사업 분야에 의회의원, 정부 관원 및 토목건축 사업가의 이익이 집중되었기 때문에, 비록 일부 투자가 효율도 없고 공평하지도 않았을 뿐 아니라 또 산업구조의 업그레이드와 정보기술혁명의 추진도 저애하였음에도 불구하고 여전히 대규모의 공공사업투자가 진행되었다. 정부는 "주가유지정책"을 내놓아 직접 돈을 써가며 시장을 무마해 주가가 더 하락하는 것을 막으려 했다. 1991년 하반기부터 일본 중앙은행은 지속적인 금리인하를 단행하기 시작하여 1995년에 0.5%까지 낮추었지만, 부실채권 규모는 꾸준히 늘어났으며 경제의 성장을 이끌어내지

못했다. "버블 경제"시기에 일본 은행권은 중·소기업과 부동산에 거액의 대출을 풀었는데 "버블 경제" 붕괴 후, 일본 은행권 부실채권 규모가 폭증했다. 1998년 1월 12일 일본 대장성이 발표한 데이터에 따르면, 일본은 전국적으로 146개 은행이 자체 사출한 부실채권이 76조 708억 엔에 달하였으며 대출총액의 약 12%를 차지했다. 그런데 대량의 부실채권이 발생하여서부터 처리에 착수하기까지 적어도 8년이나 지연되었으며 장기신용은행·일본채권신용은행·홋카이도 다쿠쇼쿠(拓殖) 은행이 잇달아 파산에 이르면서 헤이세이 금융위기는 헤이세이 금융공황으로 번졌다. 1991~2003년, 181개 금융기관이 잇달아 도산하면서 일본경제는 1975~1990년 평균 성장률 4.5%에서 1990~2010년 평균 성장률 1%로 떨어졌다.

3. 21세기 초의 구조적 개혁이 일부 효과를 거두어 경제성장이 완만하게 반등하기 시작하였으나 호황기 수준으로는 줄곧 돌아갈 수 없었다.

2001년 4월 고이즈미 준이치로(小泉純一郎) 총리가 "무 개혁 무 성장"이라는 선거 주장을 펴며 높은 지지율로 집권해 "경기 우선"이라는 노선을 주장하는 자들의 압력을 이겨내고 대대적인 "구조개혁"을 단행했다. 그중 공급측 개혁조치에는 주로 다음과 같은 내용들이 포함되었다.

1) 규제를 풀고 민영화 개혁을 실시한다는 것이다. 고이즈미 내각은

일본을 "작은 정부, 큰 경제"의 나라로 건설할 것이라며 정부 산하 여러 경영기관에 대한 민영화개혁을 실시할 것을 줄곧 강조했다. 고이즈미 내각은 "구조개혁"의 강령적인 문건인 「향후 경제 재정 운영 및 경제사회의 구조개혁 기본 방침」에서 민영화·규제개혁계획을 제기했다. 즉 "민간에서 할 수 있는 일은 민간에서 하도록"하는 원칙 아래 경제 제반 분야 특히 공공개입이 많고 규제가 엄한 분야에 대한 규제를 완화하여 시장메커니즘의 자원배치 역할을 더욱 발휘하도록 한다는 것이었다. 그 구체적인 개혁조치에는 특수법인개혁 혹은 민영화, 특수법인에 대한 보조금 삭감, 우정업무 민영화 실현 추진, 공공금융기능에 대한 철저한 개혁, 의료·간호·복지·교육 분야 경쟁체제 도입 등이 포함되었다. 그중 우정업무 민영화개혁은 일본에서 전형적인 의의가 있었다. 개혁 전에 일본 우정업무는 정부가 경영하였는데 기구가 방대한 반면에 효율은 낮았다. 개혁 목적은 시장접근 제한을 풀어 새로운 경쟁자를 끌어들임으로써 우정업무의 고효율 경영을 이끌려는 것이었다. 2005년 10월 일본 참의원이 「우정민영화법안」을 채택함에 따라 고이즈미 내각의 우정업무 민영화개혁은 성공을 거두었다.

2) 세율을 낮추어 경제사회의 활력을 활성화한다는 것이었다. 공급학파 경제학이 감세 주장을 펴면서부터 세율 인하는 이미 공급측 개혁의 중요한 내용으로 간주되어 왔으며, 고이즈미 내각의 "구조개혁"에도 감세 내용이 포함되었다. 「향후 경제 재정 운영 및 경제사회의 구조개혁 기본방침」에는 세수정책이 진정으로 경제목표의 실현에 도

움이 되는 수단이 되어야 하며, 앞으로는 마땅히 조세객체를 확대하고 세율을 낮추는 방향으로 노력해야 한다고 지적했다. 2003년 1월 고이즈미 내각은 2003년도 세제개혁요강을 채택하고 감세계획을 실시하기 시작했다. 그 주요 내용에는 법인세 실질 세율 인하, 연구개발 및 IT 투자에 대한 감세 실시, 상속세와 증여세 세율 인하 등이 포함되었다.

3) "금융재생계획"을 세워 산업구조 조정을 촉진한다는 것이었다. "버블 경제"가 무너진 후, 부실채권은 줄곧 일본 은행권과 기업계, 나아가 전체 경제발전에 혼란을 조성하는 키워드였다. 결손을 보거나 도산하는 기업의 수효가 늘어나면서 은행의 부실채권도 따라서 늘어났다. 이를 겨냥해 고이즈미 내각은 금융개혁과 산업재편을 병행하는 일련의 개혁조치를 취해 은행 부실채권문제를 해결함과 동시에 산업구조 조정도 추진할 계획이었다. 2002년 고이즈미 내각은 "금융재생계획"을 세웠다. 그 구체적인 개혁조치에는 중·소기업 대출기관의 설립과 새로운 공공자금제도의 마련 등 수단을 통해 중·소기업의 융자 경로 및 수단을 확충하는 것, 전문기관 (예를 들면 "정리회수기관", 영문 약칭은 RCC)을 통해 중·소기업의 채무를 감면해주고 부실채권을 활성화하여 산업재편과 기업의 부흥을 촉진케 하는 것, 은행의 부실채권 충당금을 늘려 자본충족률의 제약역할을 강화하며, 은행에 대해 명확한 불량률 삭감목표를 제정하고 엄격히 검사하여 은행의 부실채권 비율을 확실하게 낮추는 등이 포함되었다.

4) 양로보험개혁을 추진하여 사회보장제도의 지속가능성을 높인다는 것이었다. 일본은 인구의 고령화가 계속되면서 양로보험 가입자가 계속 줄어들고 수령자는 점점 늘어나는 어려움을 겪고 있었다. 2003년도 고이즈미 내각 "경제재정자문회의"에서는 「경제 재정 운영과 구조개혁 기본방침 2003」을 제정하여 지속가능한 사회보장제도를 구축함으로써 젊은이들이 미래에 대한 자신감을 갖고 노년층이 편안한 노후생활을 누릴 수 있는 사회를 건설할 것을 제기했다. 2004년 일본은 연금제도에 대한 젊은이들의 불신을 해소하고자 앞으로 10여 년간 해마다 보험료를 인상하여 연금 지급 수준과 현직 인원의 부담 간의 균형을 더 잘 유지시켜 더욱 강한 지속가능성을 갖춘 연금제도를 수립한다는 내용을 골자로 하는 「연금제도 개혁 관련 법안」을 채택했다. 또 인구 고령화의 준엄한 형세에 대비해 2004년에 채택한 「노인노동법 개정안」에는 향후 10년간 단계적·강제적으로 정년을 늘릴 것을 제안했다. "버블 경제"의 붕괴로 시작된 장기간의 불황을 겪은 후 고이즈미 내각의 "구조개혁"은 일본 민중들의 큰 지지를 받았다. 고이즈미 내각은 1990년대 이후 일본에서 보기 드문 장기 정권이었다. 고이즈미 본인도 직위에서 물러난 뒤 일본 민중들이 가장 그리워하는 총리 중 한 명으로 꼽혔다. 개혁을 통해 일본기업의 경영상황이 어느 정도 호전되었고 부실채권문제가 기본적으로 해결되었다. 2002년 2월부터 2008년 2월까지 장장 73개월에 거쳐 일본 경제가 경기회복을 실현하였으며 제2차 세계대전 이후 가장 오래 지속된 경기 호황기를 맞이했다. 이번 호황기 내 실제 성장률은 그리 높지 않아 평균 성장률

이 2%미만이고, 성장률이 가장 높았던 2004년에도 고작 2.4%에 불과하였으나 1990년대 연평균 1%대의 성장률에 비하면 다소 개선된 것이었다. 경기가 회복되면서 다년간 줄곧 약세를 이어오던 일본 증시도 하락세를 멈추고 반등하는 모습을 보였다. 2003년 4월부터 2007년 6월까지 도쿄 닛케이 225지수는 8,000미만이던 데서 18,000선을 넘어 2001년 이래의 최고 수준에 달하게 되었다.

제5절
계발: 무역전쟁의 배후에는 경제 패권 다툼과 개혁전쟁이다.

역사적으로 볼 때 당면한 중·미 관계는 1980년대의 미·일 관계와 19세기 말 19세기 초의 영·미관계와 비슷하며, 궐기하는 신흥 대국에 대한 기성 대국의 억제하는 태도에 속한다. 현재 중국은 80년대의 일본과 비교해볼 때 직면한 환경이 비슷한 부분도 있고, 다른 부분도 있다. 정확하고 이성적으로 대처하기만 하면 미·일 무역전쟁 결말의 전철을 밟는 걸 얼마든지 피할 수 있다.

중국이 80년대의 일본과 비교해볼 때, 서로 비슷한 부분이 다음과 같은 몇 가지이다. 첫째, 중국의 금융업과 부동산업이 GDP에서 차지하는 비중이 80년대의 일본과 비슷한 수준이다. 2018년 중국 금융업과 부동산업을 합친 비중이 14.4%로서 80년대 일본의 16.8%보다 조금 낮은 수준이다. 그러나 중국 부동산 시세가 그때 당시 일본과 마찬가지로 모두 절대가격이 높은 수준에 머물러 있다. 둘째, 빠른 경제성장이 자신감의 팽창을 불러와 "중국 모델"을 모색하고 있는 것이 그때 당시 일본이 "일본 모델"을 모색하던 것과 서로 다를 바가 없다. 2018년 중국과 미국의 GDP 비율이 66%로 1985년 「플라자합의」 이전 일본과 미국의 GDP의 비율보다 높다. 1986년 미국의 수출액이 세계

시장에서 차지하는 비중은 10.6%로서 일본보다 고작 0.8%포인트 높은 상황이었다. 2018년 미국의 수출액이 전 세계시장에서 차지하는 비중은 8.5%로 중국의 12.8%보다 낮다. 이런 변화는 일부 인사들이 중·미 양국 격차를 객관적이고, 명확하고 냉철하게 보지 못하는 결과를 초래했다. 셋째, 중국이 제기한 '일대일로(一帶一路)' 창의는 1980년대에 일본이 제안한 "날아가는 기러기 편대(雁行發展)" 발전모델과 비슷한 점이 있다. 그러나 중국의 창의는 일본의 "도쿄의 긴밀한 조율을 통한 지역 분업을 구축하는 것"과 "아시아·태평양지역을 일본의 영도 아래 통일시키는 것"과는 달리 국제협력을 더욱 많이 창도하고 있다. 넷째, 중국의 현재 하이 레버리지, 디폴트를 유발할 수 있는 부실채권이 그때 당시 일본의 하이 레버리지[6], 대량의 부실채권과 비슷한 점이 있다. 다섯째, 마찰의 원인은 모두 자국의 궐기가 미국의 경제패권 및 제도에 도발하였기 때문이다. 미·일 마찰은 자본주의 내부의 서로 다른 길 간의 충돌에 속하고 중·미 마찰은 사회주의 시장경제와 자본주의경제 간의 충돌에 속한다. 중국이 80년대 일본과 비교해 서로 다른 부분과 중국의 장점은 다음과 같다. 첫째, 중국은 시장이 일본보다 크기 때문에 미국에 대한 제약이 더 강하다. 둘째, 중·미 양국 경제는 미·일 무역전쟁 시기 산업 간의 직접적인 경쟁과는 달리 여전히 매우 강한 상호 보완성을 가지고 있다. 셋째, 중국은 독립적인 주권과 거시적 조정 정책을 갖추고 있으며, 중·미 양국

---

6) 레버리지 : 한국에서는 주로 적은 힘으로 큰 힘을 낼 수 있게 해주는 지렛대의 원리를 투자와 운영에 접목시켜 더 높은 효율을 추구하는 행위를 뜻하는 용어로 주로 사용되고 있다.

은 두 개의 독립대국으로서 일·미 간의 정치적 종속의존 관계가 아니다. 넷째, 지금은 1980년대에 비해 더 효과적인 다자간 조율메커니즘이 형성되었으며, 중국은 1980년대의 일본에 비해 더욱 많은 국제협상 경험을 갖추고 있다. WTO 가입 협상에서부터 최근 몇 년간의 무역 분쟁에 이르기까지 중국은 무역 분쟁 해결 경험이 점차 풍부해지고 있다. 다섯째, 일본은 과잉 생산력과 부실채권 문제를 오래 동안 해결하지 못하고 지지부진하였으나 중국은 이미 공급측 구조개혁을 진행 중이다. 현재 중국과 80년대 일본의 비슷한 점과 다른 점을 비교해보면 미·일 무역전쟁은 다음과 같이 시사하는 바가 있다.

1. 무역전쟁의 본질은 대국의 경제 패권 다툼과 개혁전쟁이다.

그때 당시 일본은 미국에 무원칙적으로 순종했다. 그 결과 미·일 무역전쟁은 꾸준히 격화되어 결국 일본이 부적절한 대응으로 인해 붕괴되어 미국의 패권에 도전할 실력을 잃어서야 미·일 무역전쟁은 비로소 종결되었다. 중·미 무역마찰의 본질은 신흥 대국에 대한 패권대국의 전략적인 억제이다. 문명의 충돌, 냉전 사유의 이데올로기 대결은 모두 구실에 불과하다. 중·미 무역마찰은 오직 두 가지 가능한 결말밖에 있을 수 없다. 그것은 중국이 억제당하거나 또는 위대한 궐기를 이루거나 둘 중 하나이다.

2. 환상을 버리고 중·미 무역마찰의 장기성과 날로 준엄해질 상황에 대비해야 한다.

미국이 일본을 상대로 일으킨 무역 전쟁이 한편으로는 미국의 무역 불균형을 개선하기 위한 것이었고, 다른 한편으로는 일본의 경제 굴기에 대한 억제였다. 중·미 경제실력의 상대적 변화에 따라 산업 상호보완에서 경쟁으로 바뀌면서 형세가 날로 심각해질 것이다. 과거 여러 차례 세계 지도권 교체 과정에서 모두 전형적인 사례가 있었다. 만약 양자가 관리 통제를 적절히 하지 못할 경우 무역 마찰에서 환율금융 마찰, 경제 마찰, 이데올로기 마찰, 지연마찰, 군사 마찰로 격화될 수 있으며 그러면 이른바 "투키디데스의 함정"에 빠져들게 된다. 미·일 무역전쟁은 30여 년에 걸쳐 결국 일본이 금융전쟁에서 최종 패배하는 것으로 결말을 지었다.

3. 중·미 무역마찰이 환율금융마찰과 경제마찰로 격화될 경우에 대비해야 한다.

미국은 대 일본 무역전쟁에서 분명한 경로를 보여주었다. 경쟁과 마찰이 존재하는 산업 무역전쟁에서부터 점차 환율금융전쟁과 경제전쟁으로 격화시켰으며, 게다가 국내 301조항, 201조항 등을 충분히 활용하여 위협했다. 미국은 일방주의, 패권주의, 미국 이익 우선주의의 본질을 여실히 드러냈다.

4. 통화완화정책을 취해 통화로써 경제활동을 자극하는 낡은 수법으로 대응하는 것을 방지해야 한다. 이는 일본이 금융전쟁에서 실패한 주요 교훈이다.

무역마찰은 필연적으로 외수(外需)에 충격을 주게 된다. 그렇다고 만약 내수(內需) 확대를 위해 통화완화정책으로 경기를 부양하려 한다면 금융 거품을 부풀릴 우려가 있다. 금융의 디레버리지와 중·미 무역마찰로 인해 또 통화완화정책으로 경기를 부양하자는 목소리와 토론이 나오고 있는데, 이는 대단히 근시안적이고 나라에 해를 끼치는 주장이다. 만약 중·미 무역마찰의 외부충격에 직면하여 또 다시 통화수단으로 경제를 자극하는 낡은 수법으로 돌아간다면 미·일 무역전쟁 실패의 교훈을 되풀이하게 될 것이다.

5. 외부 패권은 내부 실력의 연장이다. 중국이 중·미 무역마찰에 대응하는 최선의 방법은 더욱 큰 결심과 더욱 큰 용기로 새 라운드의 개혁개방을 추진하는 것이다.

최고의 대응은 정세에 따라 더욱 큰 결심과 더욱 큰 용기로 새 라운드의 개혁개방을 추진하는 것이다.(일본이 1985~1989년 통화완화정책에 의해 경기부양을 자극하였던 대응 모델이 아니라 1960~1990년 독일의 산업 업그레이드 대응 모델과 비슷한 것이다.) 공급측 구조개혁을 추진하고, 국내 업종에 대한 관제를 풀어놓으며, 제조업과 일부 서비스업 관세 장벽을 낮추고, 지적재산권 보호 관련 입법과 법의 이행을 강화하며, 결심을 내리고 국유기업 개혁을 실시하고, 주택제도를 개혁하며, 부동산 장기효과 메커니즘을 구축하고, 기업과 개인의 세수 부담을 대폭 낮추며, 경영환경을 개선하고, 기초 과학기술이라는 대국의 보물을 발전시키는 것 등이다. 미국의 진정한 문제는 중국이 아니라 자신이다. 예를 들면 포퓰리즘, 과소비, 엄청난 빈부격차, 트리핀 딜레마[7] 등을 어떻게 해결할 것이냐 하는 것이다. 1980년대에 미국이 일본의 궐기를 성공적으로 억제한 것은 미·일 무역전쟁 때문이 아니라 레이건 정부의 공급측 개혁이 성공하였기 때문이다.

중국의 진정한 문제는 또 미국이 아니라 자신이다. 예를 들면 "진일보적인 개방 확대, 국유기업의 개혁, 관리의 적극성 동원, 기업가의 믿음과 활력의 자극, 감세·행정비용 절감 등의 문제를 어떻게 해결할 것이냐?" 히는 것이다.

---

7) 로버트 트리핀(Robert Triffin : 1993년 81세를 일기로 사망) 예일대 교수는 미국의 무역수지 적자가 심각해진 1960년, 기축통화의 구조적 모순을 트리핀 딜레마라는 용어로 설명했다. 그는 1944년 출범한 브레튼우즈(Bretton Woods) 체제가 기축통화(key currency)라는 내적 모순을 안고 있다고 진단했다. 브레튼우즈 체제는 기존의 금 대신 미국 달러화를 국제결제에 사용하도록 한 것으로, 금 1온스의 가격을 35달러로 고정해 태환할 수 있도록 하고, 다른 국가의 통화는 조정 가능한 환율로 달러 교환이 가능하도록 해 달러를 기축통화로 만든 것이다. 한편, 달러화가 기축통화의 역할을 하기 위해서는 대외거래에서의 적자를 발생시켜 국외에 끊임없이 유동성을 공급해야 한다. 그러나 미국의 적자상태가 장기간 지속될 경우에는 유동성이 과잉돼 달러화의 가치는 흔들릴 수밖에 없다. 반면 미국이 대외거래에서 장기간 흑자상태를 지속하게 되면, 달러화의 가치는 안정시킬 수 있으나 국제무역과 자본거래를 제약할 수 있다. 적자와 흑자의 상황에도 연출될 수밖에 없는 달러화의 이럴 수도 저럴 수도 없는 모순을 가리켜 트리핀 딜레마라고 한다.

6. 더 높은 수준, 더 높은 질의 시장경제와 개방체제를 건설하고 자신의 일을 잘해야 한다. 미국의 보호무역주의에 끌려 다니지 말아야 한다.

중국은 세계화를 적극 포용해야 한다. 중국은 세계화의 수혜자이다. 한편으로, 중국은 일본·한국·유럽연합(EU)·동남아와 높은 수준의 자유무역지대를 만들어 “제로 관세, 제로 장벽, 제로 보조금”을 실시할 수 있고, 다른 한편으로는 국내에서 개혁개방을 꾸준히 추진하면서 자신의 일을 잘해나가야 한다. 이로써 중국은 대국의 개방적인 자세를 보여줄 수 있을 뿐만 아니라 더욱이 중국의 개혁개방사업을 한걸음 크게 추진시킬 수 있다.

7. 대외개방을 견지해야 한다. 특히 무역자유화와 투자자유화를 확대해야 한다. 단, 자본계정 아래 금융자유화의 발걸음을 통제해야 한다.

일본은 자본 계정을 1980년대에 너무 빨리 개방하여 핫머니의 대규모 유입과 유출을 초래하면서 자산 가격 거품 형성 및 붕괴의 중요한 추동력이 되었다. 내부 전환이 채 이루어지지 않은 상황에서 너무 일찍 단기자금의 진출에 편리한 자본 계정을 대외에 개방하게 되면 금융 채무 위험을 유발할 수 있다. 1980년대 라틴아메리카의 채무 위기, 90년대 일본의 금융위기, 1998년 아시아의 금융 위기 등은 모두 이와 관련이 있다. 무역자유화, 투자자유화, 네거티브리스트 관리 등은 총체적으로 중국의 외자유치, 무역촉진에 유리하지만, 자본 계정 아래의 개방을 추진함에 있어서는 규칙적, 점진적으로 진행되어야지 단시일 내에 빠르게 위안화 환율에 충격을 주거나 자본의 대규모 유입과 유출로 경제금융시스템에 충격을 주는 것은 피해야 한다.

8. 산업정책을 더욱 효과적으로 실시하여 산업정책이 시장을 파괴하는 것을 피해야 한다.

과학적인 산업정책이 추격형 산업에 대해 코너에서 앞 차량을 추월할 수 있도록 추진하는 효과를 발휘하였던 적이 있다. 그러나 산업정책이 시장경쟁의 발목을 잡아서는 안 된다. 산업정책의 중점은 교육·융자·연구개발 등 기초 분야를 지원하는 데 있는 것이지 구체적인 업종을 보조하는 것이 아니며, 특히 생산력이 낙후한 업종을 보조해서는 안 된다.

9. 국민 심리의 지나친 팽창을 피하고, 포퓰리즘, 민족주의 정서 여론의 선도를 피해야 한다.

1980년대 중후반, "일본 제일"이라는 지나친 팽창으로 일본은 정세에 대해 정확하게 인식하지 못하고 잘못된 판단만 거듭하면서 기회를 놓치고 말았다. 이번 중·미 무역마찰이 격화되기 전에는 중국 국내에는 일부 과도 팽창하는 사조가 나타났다. 중·미 무역마찰은 최고의 각성제이다. 중국이 과학기술혁신·첨단제조·금융서비스·대학교육·군사실력 등 분야에서 미국과 거대한 격차가 존재하고, 중국의 새로운 경제 번영이 대부분 과학기술의 응용을 바탕으로 하고 있지만, 기초기술의 연구개발이 두드러지게 부족하다는 사실을 명확하게 인식해야 하며, 반드시 계속하여 겸손하게 배우고 개혁개방을 견지해야 한다. 위기를 기회로 전환시키고, 압력을 동력으로 전환시켜야 한다. 역사의 법칙에 따르면 무릇 외부의 문명 성과를 꾸준히 받아들이고, 꾸준히 배우고 진보하는 나라는 끊임없이 강대해질 것이고, 낡은 틀에 얽매여 제자리걸음하면서 시대의 흐름을 거스르는 국가는 제아무리 강대해도 결국에는 쇠락의 길을 걷게 될 것이다.

10. 안정된 정치 환경과 민중·기업·정부 부서 간의 일심협력은 외부 무역전쟁에 대처하고, 내부 경제발전 방식 전환과 업그레이드를 추동하는데 있어서 극히 중요하다.

일본의 경우 1980년대 정부 부처 간 갈등과 90년대 정국의 불안으로 대응이 부실했다. 무역전쟁의 배후에는 더 깊은 차원의 개혁전쟁이 있다. '말싸움'이나 하고 민족주의·포퓰리즘 정서를 자극하기보다는 실사구시 적으로 개혁개방과 구조전환을 잘하게 되면 역사와 국민이 최종적으로 가장 공평한 대답을 해줄 것이다.

그래프 2-17 미·일 무역전쟁 과정

상품무역전쟁	섬유 무역전쟁 (1957~1974년)	·「미·일 섬유협정」「미·일 면방직품 단기협정」「미·일 면방직품 장기협정」「미·일 섬유무역협정」 체결 · 일본의 자발적 수출제한
	철강 무역전쟁 (1968~1992년)	·「미·일 철강제품협정」「미·일 특수강 무역협정」 체결 · 일본의 자발적 수출제한
	컬러TV 무역전쟁 (1968~1980년)	·「미·일 컬러텔레비전협정」 체결 · 미국이 반덤핑 반 보조 조사 등 수단으로 일본을 압박해 자발적 수출제한 조치를 취하도록 함
	자동차 무역전쟁 (1981~1995년)	·「미·일 자동차·자동차부품협정」 체결 · 일본의 자발적 수출제한
	통신 무역전쟁 (1981~1995년)	·「정부 조달 기자재협정」「미·일 이동전화협정」 체결 · 일본의 자발적 수출제한
	반도체 무역전쟁 (1978~1996년)	·「관세삭감협정」「미·일 반도체무역협정」 체결 · 일본의 자원적 수출제한, 자원적 수입확대, 수치지표관리식 무역수단

▼

환율금융전쟁	달러화 엔화 위원회 (1983~1984년)	· 금융자본시장자유화 추진: 금리자유화에서 새로운 금융파생제품이 대거 나타남. 금융업무규제에서 시장 접근 규제 완화 및 통화의 자유 태환 허용. 자본이동에서 엔화태환규제 철폐, 도쿄 역외시장 개설.
	「플라자 합의」 (1985년)	· 5대국이 연합해 달러화를 투매하여 엔화가 급격히 대폭 절상함. 그러나 미·일 무역적자 국면은 바뀌지 않음.
	「루브르 합의」 (1987년)	· 금융확장정책을 위주로 하는 내수확대정책 · 일본의 단기금리 인하, 공공사업 상반기에 집중, 5조 엔 재무부양책
	「미·일 금융서비스협정」 (1995년)	· 외자의 시장접근규제를 한층 더 완화함. · 연금·신탁·증권 등 영역에서 금융자유화를 한층 더 추진함.

▼

경제전쟁	「미·일 구조적 장애문제 협정」(1990년)	· 일본에 대한 개선 요구사항: 저축투자패턴, 토지이용문제, 유통문제, 가격메커니즘, 배타적 거래관습, 기업계열의 제 문제 · 미국에 대한 개선 요구사항: 저축투자문제, 기업의 투자활동과 생산력, 기업행위, 정부규제, 연구개발, 수출 진흥, 노동력교육양성
	「미·일 새로운 경제파트너십 프레임」(1993년)	· 글로벌 경제기술협력 강화, 일본의 경상수지흑자 감소, 양호한 자유무역환경 마련(금융·보험·「반독점법」·유통제도개혁)
	「미·일 규제완화협정」(1997년)	· 일본에 대한 개선 요구사항: 주택·통신·의료·금융서비스·상품유통·경쟁정책·법률서비스·규제완화기구 설립 · 미국에 대한 개선 요구사항: 경제구조·투명성 및 정부관례·주택·통신·의료기기 및 의약·금융서비스

자료출처: 헝다 연구원.

제3장

미·일 무역전쟁:
미국은 어떻게 경제 패권을 이루었을까?

제3장
미·일 무역전쟁:
미국은 어떻게 경제 패권을 이루었을까?[8]

1970~80년대, 미국의 세계 패권 다툼은 미·소 군사 패권 다툼, 미·일 경제 패권 다툼, 국내 경제침체, 노동연령층 인구 성장률 하락, 달러화 신뢰 위기 등 중대한 시련에 직면했다. 미국은 소련을 무력화시키려는 취지를 둔 "스타워즈 계획"과 일본을 억누르기 위한 취지의 미·일 무역전쟁, 금융전쟁, 경제전쟁, 과학기술전쟁을 각각 일으켰다. 그러나 미국이 진정으로 미·일 무역전쟁과, 미·소 세계 패권 다툼에서 승리를 거둘 수 있었던 것은 주로 레이건 행정부의 공급측 개혁과 폴 볼커(Paul Adolph Volcker, Jr)의 인플레이션 통제정책에 힘입은 것이다. 그로 인해 미국경제가 활력을 되찾았고, 훗날 빛을 발한 인터넷 정보기술 "새 경제"를 육성하여 세계 지도권을 되찾았으며 경제적·군사적 패권을 계속 유지할 수 있었고, 미국 증시가 슈퍼 강세장에서 빠져나올 수 있었다. 이에 비해 호전적이었던 소련은 경제 토대의 발전을 경시하였으며, 일본은 구조적 개혁이 아닌 통화 방출에 의한 경제자극에 지나치게 의존했다.

결국 소련은 해체되고 일본은 "잃어버린 20년"에 빠져들어 미국에 도전할 수 있는 자격을 잃어버리게 되었던 것이다. 현재 중·미 무역

8) 이 글을 쓴 사람들: 런쩌핑(任澤平) 장칭창(張慶昌), 이외 쉬스치(許詩淇)가 본 문에 공헌함.

마찰이 계속 격화되고 있고, 중국경제는 내부적으로 성장률 변속과 구조 업그레이드의 중대한 도전에 직면해 있으며, 중국의 공급측 구조개혁은 오르막길을 오르는 관건적 고비에 처해 있다. 미국·일본·소련이 1980년대를 전후하여 직면한 도전과 대응은 중국에 시사하는 바와 참고할 바가 크다고 하겠다.

제1절
1970~80년대 미국이 직면한 도전:
미·소 패권 다툼, 일본의 궐기, 국내의 경제 침체

1970~80년대 미국은 미·소 패권 다툼, 일본과 서유럽의 궐기, 브레튼우즈 체제의 붕괴, 두 차례의 오일쇼크, 국내경제의 침체라는 심각한 도전에 직면했다.

1. 미·소 패권 다툼, 한국전쟁과 베트남전쟁에 빠져들었다.

제2차 세계대전 후 소련은 경제실력과 군사실력이 꾸준히 향상되어 미국에 중대한 위협을 조성했다. 소련과 미국의 경제총량 비례는 1945년의 20%에서 1960년의 41%로 상승하였고, 소련의 철강·석탄·석유 등 중요한 공업품 생산량은 이미 미국을 앞질렀다. 소련의 군사력은 더욱 급격히 팽창하여 재래식 무기와 핵무기가 이미 미국을 따라잡았거나 심지어 일부 면에서는 미국을 추월했다. 한국전쟁과 베트남전쟁으로 미국정부의 지출과 적자가 늘어났다. 1950년과 1955년, 미국은 각각 한국전쟁과 베트남전쟁을 겪으면서 대량의 재력과 인력을 소모하여 막심한 재정 부담을 초래하였으며, 게다가 전쟁에서 최종적으로 실패했다. 1950년 6월 25일 한국전쟁이 폭발하여 3년간 지속되었다. 미국은 육군의 3분의 1, 해군의 2분의 1, 공군의 5분의 1

의 병력을 동원했지만 전쟁의 승리를 거두지는 못했다. 1955년 11월 베트남전쟁이 폭발하여 20년간 지속되었다. 미국은 전쟁의 수렁에 빠져 대량의 재정지출을 소모했다.

2. 일본·서유럽 국가 경제의 급부상, 달러화 중심의 브레튼우즈 체제의 붕괴.

제2장에서 제2차 세계대전 종전 후, 일본은 빠른 경제회복과 고속성장을 이루면서 일본 경제가 급부상하자 미국 시장에 강력한 충격을 주었으며 그로 인해 무역전쟁이 일어났다는 내용에 대해서는 이미 앞에서 소개했다. 1970년대 이후 일본은 산업 업그레이드가 순조롭게 진행되고 에너지 절약형 자동차·전자·기계제품이 세계로 판매되었으며, 국제적으로 산업 경쟁력이 전례 없이 향상되면서 수출이 대폭 늘었다. 서유럽은 "마셜플랜"(Marshall plan)의 지원 아래 회복을 하면서 경제총량 규모가 점차 확대되어 미국과 맞먹는 수준에 이르렀다. 제2차 세계대전 후, 미국의 대대적인 지원과 적절한 경제발전 정책에 힘입어 서유럽 국가들은 경제의 빠른 회복과 발전을 이루었으며 경제실력이 미국을 따라잡고 점차 미국을 추월했다. 1970년 서유럽 GDP가 세계에서 차지하는 비중은 28.1%였고, 같은 시기 미국은 그 비중이 36.3%였다. 1980년에 서유럽의 GDP 비중은 이미 34.7%에 달하여 미국(25.5%)을 추월했다. (그래프 3-1 참조) 이에 따라 미국의 국제적 영향력이 대폭 하락했다. 1950~1980년 국제 무역영역에서

그래프 3-1 1970~1980년 미국 GDP와 서유럽 GDP가 세계에서 차지하는 비중의 변화

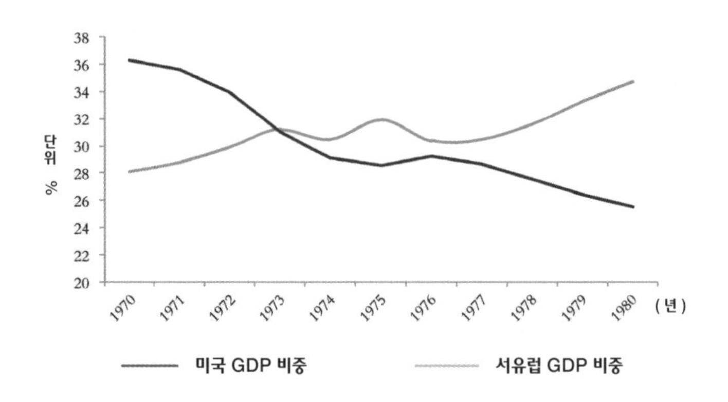

자료출처: Wind, 헝다 연구원.

미국의 수출금액이 세계에서 차지하는 비중은 16.1%에서 11.1%로 줄어들었고, 미국 금융영역에서 미국의 금 비축량이 세계에서 차지하는 비중은 65.2%에서 22.9%로 줄어들었다. (그래프 3-2 참조) 달러화 중심의 국제통화 체제인 브레튼우즈 체세가 무너졌나. 1944년 7월 서방의 주요 국가 대표들이 유엔 국제금융회의에서 이 체제를 확립했다. 서유럽·일본의 부상으로 미국은 경상 계정 적자가 나타나고, 게다가 인플레율이 치솟으면서 달러화가 약세를 보였다. 그러다가 1973년에 달러화의 금 탈퇴에 따라 브레튼우즈 체제가 붕괴되었다.

3. 두 차례 오일 쇼크.

두 차례 오일 쇼크로 석유가격이 폭등하면서 미국 경제에 충격을 주었다. 제1차 오일 쇼크는 1973년 10월에 일어난 중동전쟁에서 비

그래프 3-2 1950~1980년 미국 수출과 황금 비축이 세계에서 차지하는 비중의 변화

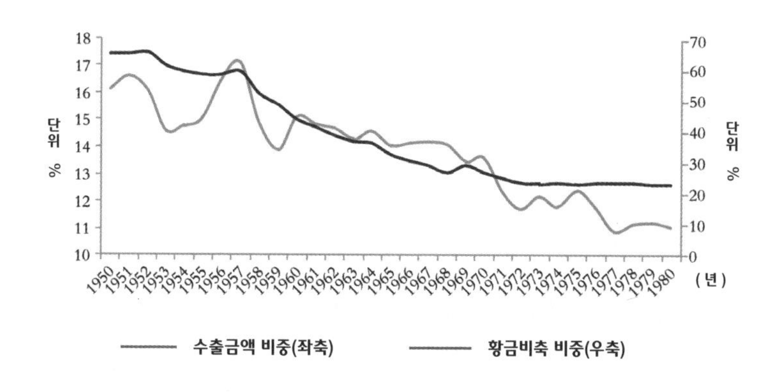

자료출처: Wind, 헝다 연구원.

롯되었다. 이스라엘과 그 동맹국에 타격을 주기 위하여 아랍 석유수출국기구가 석유 수송금지령을 발표하고 수출을 잠정 중단하면서 원유 가격이 폭등하여 1973년의 배럴당 3달러 미만이던 것이 1977년에는 배럴당 13달러로 올라갔다. 그러다가 1979~1980년에는 제2차 오일 쇼크가 발생했다. 이란 정국의 격렬한 변동으로 석유 생산량이 1일 580만 배럴이던 것이 100만 배럴로 급감하면서 원유가격이 1978년의 1배럴당 14달러이던 것이 1980년에는 1배럴당 37달러로 폭등했다. (그래프 3-3 참조)

4. 국내 노동연령층 인구의 급감과 생산능력의 과잉.

1970년대, 미국 노동연령층 인구가 급감하면서 경제 성장의 발목을 잡았다. 1971년 미국은 14~64세 노동연령층 인구성장률이 1.9%였는

그래프 3-3 1968~1990년 원유 가격

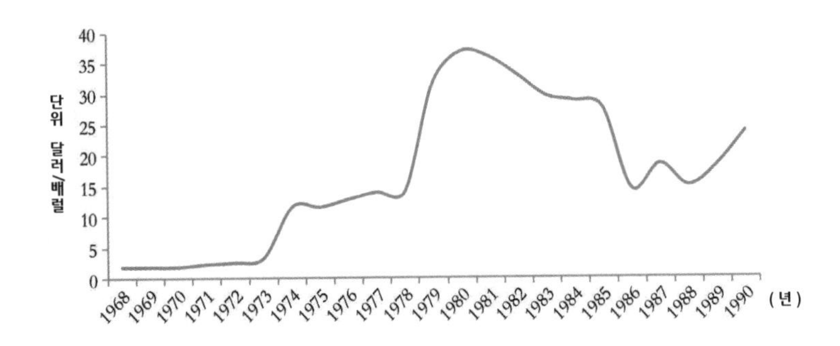

자료출처: Wind, 헝다 연구원.

데 그 후 계속 하락하여 1980년에 이르러서는 0.7%로 떨어졌다. 이와 동시에 국제경쟁에서 국내상품의 경쟁력이 떨어지고 내구용품 제조업 생산능력 이용률이 대폭 하락하면서 생산능력의 상대적 과잉현상이 나타났다. (그래프 3-4 참조) 그 중 1차 금속·기계·자동차 및 부품·항공우주 및 기타 교통 업종 생산능력 이용률 하락이 가장 심각했다.

5. 케인즈주의의 실패, 미국 국내경제 스태그플레이션, 쌍둥이 적자의 곤경에 직면.

제2차 세계대전 후, 미국정부는 사회복지 지출을 꾸준히 늘렸고, 경제에 대한 관제를 강화함으로써 독점·부정적 외부성 등 여러 가지 시장의 실패를 억제했다. 미국정부는 케인즈주의가 창도하는 재정통화 부양책을 채택하면 완전 고용과 경제성장의 실현이 가능하고 1930

그래프 3-4 1968~1989년 미국 생산능력 이용률

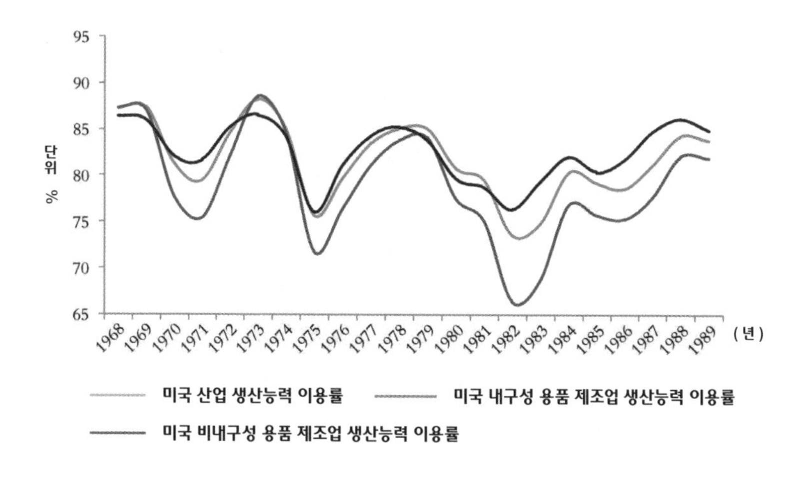

자료출처: Wind, 헝다 연구원.

년대 대공황의 비극이 재연되는 것을 근본적으로 막을 수 있을 줄로 믿었다. 케인즈주의의 지도하에 미국정부는 자극정책에 지나치게 의존하면서 인플레율이 1960년대 중후반부터 점차 상승하기 시작하여 70년대에 스태그플레이션으로 변화되었다. 1980년 CPI는 동기대비 13.5% 상승하였고, GDP는 동기대비 -0.3%수준으로 떨어졌다. (그래프 3-5 참조) 지나친 재정확장정책으로 정부의 채무규모가 빠른 속도로 늘어났다. 70년대 말 연방정부의 총지출이 GDP에서 차지하는 비중은 약 25%에 달하여 제2차 세계대전이 끝난 직후에 비해 배로 늘어났다. 동시에 제조업 경쟁력의 하락으로 미국은 수입에 크게 의존하게 되면서 무역적자 규모가 꾸준히 늘어나 쌍둥이 적자의 딜레마가 두드러졌다. 1983년 미국의 재정흑자와 경상 계정 차액이 GDP에서 차지하는 비중은 각각 -5.9%와 -1.1%였다. (그래프 3-6 참조)

그래프 3-5 1969~1989년 미국 CPI와 GDP 동기비 변화

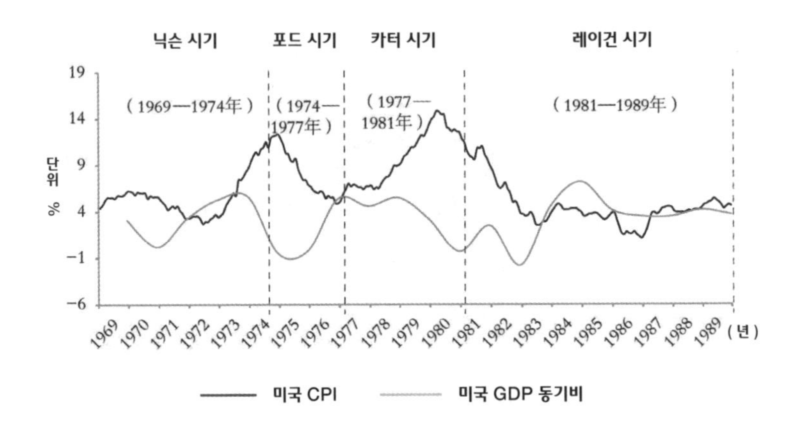

자료출처: Wind, 헝다 연구원.

그래프 3-6 1960~2016년 미국 연방재정흑자와 경상계정차액이 GDP에서 차지하는 비중

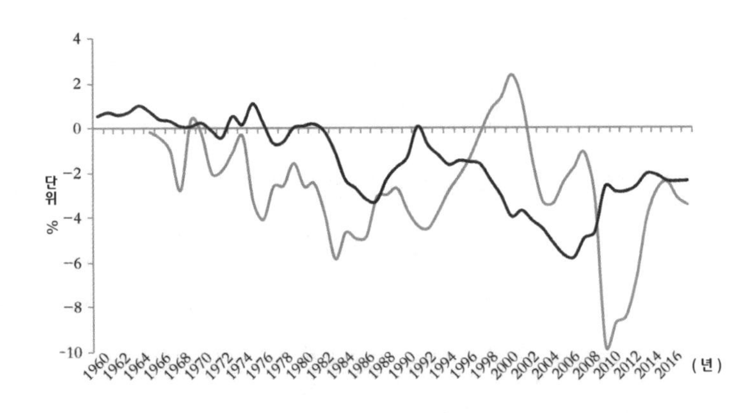

자료출처: Wind, 헝다 연구원.

제2절
레이거노믹스:
감세, 규제완화, 금리 시장화 개혁

1. 레이거노믹스의 정수 및 이론 토대

레이건 미국 대통령이 추진한 공급측 구조적 개혁의 정수는 세금 감면과 규제 완화, 통화 긴축이었다. 1980년 공화당 대통령 후보로 나선 레이건이 절대적 우위로 미국의 제40대 대통령에 당선되었다. 경제난국에 직면한 레이건 대통령은 강도 높은 개혁을 대대적으로 실시했다. 개혁의 주요 내용에는 감세, 사회복지 감축, 일부 업종에 대한 규제 완화, 금리시장화 개혁 추진 등이 포함되었다. 그중에서도 감세와 규제완화, 통화긴축은 레이거노믹스의 정수라 할 수 있었다.

공급측 구조개혁의 이론 토대는 공급경제학인데 1970~80년대에 생겨났고, 고전주의 유파에 속하며 주요 사상은 시장경쟁을 권장하고 행정적 간섭과 독점을 줄이는 것이다. 공급학파는 생산의 성장이 노동력과 자본 등 생산요소의 공급 및 효과적인 이용에 달렸다고 주장한다. 개인과 기업이 생산요소를 제공하고 경영활동에 종사하는 것은 보수를 얻기 위한 것으로서 보수에 대한 자극은 사람들의 경제행위에 영향을 줄 수 있다. 자유 시장은 생산요소의 공급과 수요를 자율적으로 조절하므로 시장조절을 저해하는 요소는 마땅히 제거해야 한다. 래퍼곡선(Laffer curve)은 세율과 세수의 관계에 대해 분석했다. 세율이 임계점 이하일 때 세율을 인상하면 정부의 세수 수입을 늘릴 수가 있다. 그러나 세율이 임계점을 넘었을 경우 세율의 인상은 오히려 정부 세수수입의 하락을 초래하게 된다. 높은 세율이 경제성장을 억제하여 과세객체가 줄어들고, 세수수입이 떨어지게 되기 때문이다. 이때 세수를 감면하면 경제성장을 자극하여 과세객체를 확대하여 세수수입을 늘릴 수 있다. 프리드먼 통화이론에 따르면 명목국민소득이 변화하는 주된 원인은 통화 공급량의 변화이다. 통화 공급량이 단시일 내에는 주로 생산량에 영향을 주고 물가에도 어느 정도 영향을 준다. 그러나 장기적인 통화 공급량은 물가에만 영향을 줄 뿐, 생산량에는 영향을 주지 않는다. 생산량은 전적으로 노동과 자본의 수량, 자원과 기술 상황 등과 같은 비통화적 요소에 의해 결정된다. 그래서 경제시스템이 장기적으로 볼 때 안정적이 될 수 있는 것이다. 시장메커니즘이 조절작용을 충분히 발휘할 수 있게만 한다면 경제가 수용 가능한 실업수준의 조건에서 안정적인 발전을 이어갈 수 있다.

2. 두 차례 세법 법안 개정, 대규모 감세.

1981년 8월 레이건 행정부가 「1981년 경제회생세수법안」을 통과시켰다. 그 법안에는 주로 다음과 같은 주요 내용이 포함된다. 첫째, 개인소득세 면에서 단계별 감세를 전면 실시하여 1981년 10월에 세율을

5% 인하하고, 1982년과 1983년 7월 두 차례에 걸쳐 10%를 삭감하며, 1985년부터 개인소득세와 인플레지수를 연결시킨다. 둘째, 기업소득세 세율을 낮추어 17%대는 15%로 낮추고, 20%대는 18%로 낮춘다. 셋째, 기업의 부담을 한층 더 경감해준다. 고정자산을 4개 부류로 나누어, 감가상각 기간을 각각 3년, 5년, 10년, 15년으로 단축시키며, 초기 원가를 초과하는 "대체원가"로 감가상각비를 산정할 수 있도록 허용한다. 넷째, 자본 이득세의 최저 세율을 28%에서 20%로 낮춘다. 다섯째, 유산세와 증여세의 면세액수를 높인다.

1986년 레이건 행정부는 「1986년 세제개혁법안」을 반포했다. 그 법안은 세율을 낮추고, 과세객체를 확대하며, 세수허점을 막고, 세수의 공정성을 실현하기 위하는 데 취지를 두었다. 주요 내용은 다음과 같다. 첫째, 개인소득세 세율을 전면 인하한다. 납세 등급을 14급에서 3급으로 간소화하고, 최고 세율을 50%에서 28%로 낮춰 전체 개인소득세 세율을 약 7% 낮춘다. 둘째, 회사 소득세를 간소화하고 개혁한다. 기업소득세 세율을 46%에서 34%로 낮춘다. 셋째, 회사가 지급하는 주식 배당금 절반의 면세를 허용하고, 은행의 악성부채에 대한 특별세수의 감면을 폐지하며, 자본이득세 최저 세율을 20%에서 17%로 낮춘다. 넷째, 과거에 일부 개인과 회사에 대한 세금감면우대정책을 제한하거나 폐지한다. 여기에는 판매세 공제, 부동산세 공제, 자선 기부 공제, 자본 수익 면세 공제, 중노년 특별 면세 공제 등 60여 가지의 특혜 대우가 포함되었다. (표 3-1 참조)

표 3-1 레이건 행정부 시기 두 차례 세제 개혁

	「1981년 경제회생세수법안」	「1986년 세제개혁법안」
개인 소득세	단계별 개인소득세 세율 인하. 최고 임계 세율을 70%에서 50%로 낮추고 최저 임계 세율을 14%에서 11%로 낮춤.	개인소득세를 한층 더 간소화함. 최고 50%, 최저 11%의 14등급 누진제 세율을 최고 28%, 최저 15%의 3등급 누진제 세율로 개혁.
	인플레지수와 연결시켜 개인소득세에 대한 지수화 조정을 진행, 직원 지분 보유계획을 확대, 맞벌이부부 가정 소득 공제액 늘림.	가정 제2 수입자의 세수 공제 폐지, 더욱 엄격한 대체성 최저세 실행, 내구성 소비품 대출 이자 공제 등 세수 우대 폐지, 세수객체 확대.
기업 소득세	소형기업에 대한 두 등급 기업 소득세 세율 인하, 17%대는 15%로 낮추고 20%대는 18%로 낮춤.	기업 소득세 최고 임계 세율 46%, 최저 15%의 5등급 누진제 세율을 최고 34%, 최저 15%의 4등급 누진제 세율로 개혁.
	고정자산 분류별 감가상각 가속 실행, 기업 소득세 공제를 늘림, 자선기부형태의 회사수입 공제 비율을 5%에서 10%로 인상함.	투자 세수 공제면제 폐지, 고정자산 감가상각기한 연장, 해외 수입 면세 한도 인하, 연구 및 실험 지출 공제율 인하.
자본 이득세	자본 이득세 최고 세율을 70%에서 50%로 낮춤, 최저 세율을 28%에서 20%로 낮춤.	자본 이득세 최저 세율을 20%에서 17%로 낮춤, 장기 자본 이득세 기존의 적용 기준 28%이던 대시 개혁 후 혜택 취소하고 일반 소득세에 따라 세금 징수.

자료출처: Economic Recovery Tax Act of 1981, https://www.govinfo.gov/content/pkg/STAT- UTE-95/pdf/STATUTE-95-Pg172.pdf 참고. 조회시간: 2019년 5월 26일, 위원제(于雯杰), 「미국 3차례 감세에 대한 비교 연구」, 『공공재정연구』 2016년 제5호에 게재됨.

3. 시장규제 완화, 경제효율 향상

레이건 행정부는 항공·철도·자동차운송·통신·케이블TV방송·중개업·천연가스 등 업종에 대한 개입과 규제를 풀어놓았다. 경쟁 도입을 통해 제품과 서비스의 질이 뚜렷하게 향상되고 가격이 뚜렷이 낮아졌으며 사회복지가 증진되면서 경제 활력이 효과적으로 증강되었다. 1981년 3월 레이건 대통령은 조지 허버트 워커 부시(George H. W. Bush) 부통령을 팀장으로 하는 특별팀을 비준 설립하여 일부 규정제도와 조례를 집행하는 구체 업무에 대한 지도와 감독을 맡도록 해 시장경쟁 수준을 실질적으로 향상시킬 수 있도록 보장했다. 특별팀은 1981년 한 해에만 91개 조항의 규제조례를 심사하였는데 그중에는 「공기청정법」「연방수질오염통제법」「광부안전법」「자동차교통안전법」「소음방지법」 등을 포함하여 61개 조항의 규제를 철폐하였거나 완화했다. 레이건 행정부는 주로 아래와 같은 방면에서 시장규제를 완화했다.

첫째, 대기업에 대한 간섭을 줄이고 반독점법(반트러스트법, 공정거래법)사건에 대해 재심을 진행하고 판결과 조사를 완화하여 기업의 합리적인 경쟁을 권장했다. 정부가 새로운 회사 합병 지도 문건을 반포하였는데, 그 취지는 경제 효율의 향상에 도움이 되는 합병을 추진하고, 경쟁을 약화시키는 합병을 막기 위하는데 있다. 미국 법무부는 과거 1200여 건의 판례에 대해 재심사를 진행하여 그중 일부 판례에 대한 판결을 뒤집었거나 철회했다. 예를 들면 1982년에 법무부 반독점당국이 IBM에 대한 장기소송을 철회했다. 같은 해 미국 법무부는 미국 전화 전신 회사에 대한 장장 10년에 걸친 수억 달러를 들인 소송을 마무리하고 그 회사의 다양한 업종 경영을 허용함에 따라 회사는 컴퓨터 제조와 정보처리 분야에 진출할 수 있게 되었다. 이로써 기업들이 새로운 방식으로 연합해 기존의 경쟁자들과 전략적 협력관계를 맺을 수 있도록 독려했다.

둘째, 석유가격에 대한 규제를 완화했다. 1981년에 정부가 행정명령을 발표하여 석유와 휘발유의 가격에 대한 통제를 취소했다. 규제가 취소된 후 최초 2개월간 기름 가격이 1리터 당 3.17센트 올랐으나 이후 가격이 떨어져 규제 철폐 전보다 낮은 수준까지 떨어졌다. 같은 해, 미국 본토 새로 판 유정의 수량이 1980년에 비해 33% 늘어났다.

셋째, 자동차업종에 대한 규제를 완화했다. 레이건 행정부는 미국 자동차 산업을 제한하는 규정제도와 조례에 대해 전면적으로 검토하기 시작하였으며, 환경보호당국과 운송당국이 관련 규정제도 34개 조항에 대해 재검토할 것이라고 발표했다. 이러한 개혁을 통해 자동차산업 원가를 낮춤으로써 소비자들은 매년 약 15억 달러씩 절약하게 되었다.

넷째, 노동력 가격에 대한 규제를 완화했다. 1982년 레이건 행정부는 「데이비스-베이컨 법(Davis-Bacon Act)」을 개정하여 노동력 시장가격에 대한 간섭을 줄였다. 변화에는 주로 "통행임금"을 시장가격의 실제 수준에 부합하도록 새롭게 정의하고, 기업의 비정규직 직원 고용을 허용하였으며 최저임금 제한을 받지 않도록 한 것이다.

다섯째, 중·소기업에 대한 지원을 확대했다. 정부는 입법을 통해 중·소기업의 발전을 위한 제도적 장벽을 제거했다. 예를 들어 1982년과 1983년에 「소기업 혁신발전법」과 「소기업 수출확대법」을 각각 출범시킨 것이다. 또 중·소기업의 발전을 위해 세수, 자금 등 지원을 해주었다.

여섯째, 기업의 혁신을 독려하여 산업구조의 전환을 성공적으로 촉진했다. 레이건 행정부는 입법을 통해 기업혁신을 독려하고 기업혁신의 성과를 보장해주었다. 「소기업 혁신발전법」(1982년), 「국가협력연구법」(1984년), 「연방 기술이전법」(1986년), 「종합무역 및 경쟁법」(1988년) 등 일련의 법률문건을 출범시켜 기술이전·보급 및 응용을 촉진케했다. 그중 1984년에 반포한 「국가협력연구법」은 경쟁기업이 합작하여 연구개발을 진행할 수 있도록 허용하였으며, 또 합작연구개발에 대한 반독점법의 3배 징벌을 면제한다고 법적으로 명확히 규정했다. 「반도체 칩 보호법」(1984년), 「컴퓨터보안법」(1987년) 등 법률은 막 등장한 정보기술을 보호하고 연구개발자의 합법적 권리를 확보했다.

4. 금리 시장화 개혁을 추진.

금융시장이 발전함에 따라 예금금리를 제한하는 Q조례를 비롯한 일련의 금융규제조치가 금융기관이탈, 은행업 경영난 등 문제를 촉발하면서 미국 금리시장화가 시작되었다. 미국의 금리시장화 행정은 1970년대에 시작되어 1986년에 끝났으며, 장기예금과 고액예금으로부터 단기예금과 소액예금 종류에 이르기까지 추진되었다. 1970~1980년 미국은 고액양도성예금증서와 정기예금에 대한 금리규제를 점차 풀기 시작하였으며, 통화시장기금을 개방하고 신형의 계좌를 개설했다. 1970년 미국의회가 미국 연방준비제도이사회에 권한을 부여하여 10만 달러 이상의 만기일 90일 이내의 양도성예금증서의 금리 상한선을 취소시켰다. 또 1978년 11월에 상업은행의 자동이체서비스계좌 개설을 허용하였고, 같은 달 뉴욕 주에서 양도성지급명령계좌를 개설했다. 이밖에 메릴린치 등은 또 머니마켓 뮤추얼펀드(Money Market Mutual Funds, MMMFs)를 개발했다. 1980~1986년 관련 법령을 보완하고 새로운 금융상품을 개설함으로써 금리시장화 개혁의 진척을 더욱 촉진케 했다. 1980년 3월 미국의회가 「예금기구 규제완화 및 통화통제법」을 통과시키고, 6년 안에 Q조례 중 정기예금과 저축예금에 대한 금리규제를 점차 취소한다고 선포했다. 금융자유화정책 효과를 진일보 적으로 살리기 위하여 1982년에 미국의회가 「예금기구법」을 반포하여 구체적인 실시 절차를 명확히 하였으며, 예금기구의 자금 원천과 사용범위를 계속 확대시켰다. 그 후 각종 금리규제를 빠르게 철폐함과 동시에 새로운 금융상품이 꾸준히 생겨났다. 1982년에 예금기구의 2,500달러 이상의 통화시장 예금계좌 개설을 허용했다. 1983년에 슈퍼양도성지급명령계좌를 도입하여 만기일 31일 이상의 정기예금과 최소 잔고 2,500달러 이상의 최단기 예금의 금리 상한선을 취소하는 등 양도성지급명령계좌의 금리 상한선을 취소했다. 1984년에 저축계좌와 양도성지급명령계좌를 제외한 금리 상한선을 취소했다. 1985년에는 슈퍼양도성지급명령계좌와 통화시장 저축계좌의 최소 한도액을 줄였다. 1986년 1월에는 모든 예금형태의 최소 한도액에 대한 제한을 취소했다. 마지막으로 1986년 4월 저금통장계좌의 금리 상한선이 취소됨에 따라 금리 시장화 개혁이 일단락 마무리되었다.

5. 사회복지를 줄이다.

사회복지를 줄여 개인의 사업 의욕을 키워주었다. 1981년 12월 미국사회보험개혁위원회가 설립되어 1983년에 개혁방안을 제기하였는데, 그 주요 내용에는 사회보장세를 인상하고, 보험연금수입이 많은 자에 대해서는 소득세를 징수하며, 퇴직 연령을 연장하는 등이 포함되었다.

제3절
볼커의 인플레이션 통제

1. 인플레이션의 악화, 볼커 이중 압박 감당.

레이건 대통령은 취임 후 TV방송 연설에서 1960년의 1달러가 1981년의 0.36달러에 불과하다면서 이 때문에 개인 저축률이 크게 떨어졌다고 언급했다. 인플레이션과 함께 임금이 늘어났지만 개인소득세는 실질구매력이 아닌 명목소득에 대해 세금을 징수하는 것이므로 임금 인상으로 인해 적용 세율을 더 높은 등급으로 끌어올림으로써 인플레이션과 임계세율의 인상으로 주민생활수준이 심각한 영향을 받았다. 사회 분배의 심각한 불균형으로 특히 젊은이와 고정 수입으로 살아가는 노인들이 곤경에 처했다. 이런 환경은 시장의 예기에 매우 큰 영향을 끼쳤고 스스로 강화된 기대인플레이션 때문에 통화정책의 왜곡 전달을 초래했다. 심각한 인플레이션으로 기업 투자 리스크와 운영비용이 늘어나면서 대출완화정책으로 방출된 자금이 대부분 가치 보유나 투기로 돌아서고, 민간 부문은 생산·투자·연구개발 확대를 위한 레버리징(차입금)[9] 동력이 부족하며, 노동자들이 태업하고 실업률이 치솟았다. 지속적인 인플레이션이 부정적인 영향을 끼치고 있었

---

9) 레버리징(Leveraging) : 부채를 통한 자금조달. 더 정확하게 말하자면 외부로 부터의 자금조달을 말함.

지만, 그러나 긴축정책을 취하면 경제가 더 큰 충격을 받게 된다. 당국은 정책 결정에서 어려운 난국에 처했다. 볼커는 자서전에 이렇게 썼다. "만약 1979년 이전에 누군가 나에게 미국 연방준비제도이사회 의장에 당선될 것이며, 그래서 금리를 20%까지 인상할 것이라고 말했다면, 나는 쥐구멍이라도 찾아 들어가 대성통곡하였을 것이다." 지속적인 인플레이션이 주민생활수준과 기업투자에 영향을 끼쳐 사회복지를 떨어뜨렸다. 그러나 통화긴축정책을 편다면 부동산시장에 충격을 주어 채권자의 채무부담을 가중시킬 것이다. 볼커는 "부동산회사 사장들이 매일 나를 찾아와서는 이 모든 것이 언제면 끝날 수 있을지에 대해 질문하곤 했다." "대출금을 갚을 수 없는 농부들은 트럭을 몰고 워싱턴으로 쳐들어가 미국 연방준비제도이사회 본부 대문을 막아서곤 했다."라고 회고했다.

2. 통화긴축, 예기관리 및 금융자유화 추진.

볼커의 정책은 이성적 예기학파의 예기관리를 어느 정도 채용했다. 첫째, 통화 공급량의 성장을 고정시킴으로써 미국 연방준비제도이사회 자체와 정부에 굴레를 씌워놓아 그들이 주동적으로 통화를 완화할 수 없게 했다. 둘째, 투자자들에게 안정적 기대감을 안겨주었다. 고정된 통화 공급량의 성장을 통해 경제 불안정 시기에 투자자들을 위한 물가안정의 닻을 내려주었다. 정부는 통화긴축을 추진함과 동시에 금융 자유화를 추진함으로써 자금의 사용 효율을 높였다. 한편으로는, 통화 긴축으로 생산능력 과잉 업종의 무효 융자수요를 막을 수 있어 생산능력청산에 도움이 되었고, 다른 한편으로는 금융 자유화를 가속화하여 신흥 업종의 융자에 도움을 주었다. 볼커는 여러 방면에서 오는 압력을 극복하고 취업과 경제성장을 희생시키는 대신 금리인상을 고집했다. 볼커가 취임할 때(1979년 7월) 연방기금금리가 10.5%였으나 1981년 6월에 이르러서는 19.1%에 달했다. (그래프 3-7 참조) 1982년의 심각한 쇠퇴와 1986년 중기의 통화긴축현상에 직면하였을 때도 볼커는 오직 미세한 금리 조정만 거쳤을 뿐 금리를 여전히 6% 이상의 수준을 유지하도록 하여 인플레이션 억제 성과를 공고히 했다.

그래프 3-7 1956~2000년 미국 연방기금금리와 핵심 CPI

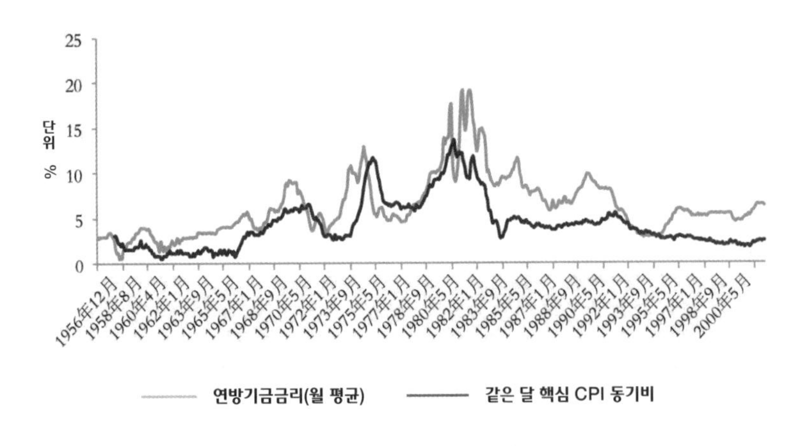

자료출처: Wind, 헝다 연구원.

3. 통화중개목표가 통화 공급량 조절로 전환.

통화중개목표를 연방기금금리에서 통화총량으로 전환시켜 인플레이션을 효과적으로 통제했다. 1970년부터 1979년 10월까지 통화정책의 중개목표는 연방기금금리였다. 그러나 정치적 압력에 의한 통화발행 과다로 인해 통화정책의 실질 억제 효과가 미미했다. 케인즈주의 사고방식에 따라 정부는 경기부양과 일자리 창출을 방향으로 잡았다. 1968년에 본원통화의 금준비금 요구를 포기하였기 때문에 본원통화 공급의 구속력이 크게 약화되었다. 재정부와 백악관은 보통 미 연방준비제도이사회를 압박해 통화정책을 완화하여 재정적자를 화폐 화하곤 했다. 이런 현상이 미국 대선이 있는 해에 특히 두드러졌다. 예를 들면 1972년과 1976년 모두 아서 번스(Arthur Burns) 미 연방준비제도이사회 의장은 백악관으로부터 정치적 압박을 받았었다. 인플레이션을 통제하기 위하여 1979년 10월부터 1982년 10월까지 통화정책은 비차입지급준비금 수량을 주요 조종 목표로 전환하고, 통화총량의 효과적인 통제를 중간목표로 전환하여 비교적 큰 범위 내에서의 연방기금금리 변동을 허용했다. 연방준비제도이사회가 1981년에 정한 통화 공급량 M1 성장지표는 3%~6%였으나 실제로는 2.1%에 불과했다. 이 기간, 연방기준금리가 최고 22%에 달했다.

1983년부터 1987년 10월까지 통화정책은 차입준비금을 미 연방준비제도이사회가 은행권의 자금결핍상황을 판단하는 주요 지표 및 조종 목표로 삼았다. 인플레이션이 점차 둔화함에 따라, 미 연방준비제도이사회는 M1 통제의 중요성을 더 이상 강조하지 않고, 은행권의 지급준비금 수요의 단기적 변동을 '무마'하여 연방기금금리를 더욱 안정시키는 데 힘썼다. 비차입지급준비금이 부족할 때 공개시장거래실은 할인창구를 통해 자금을 보충하며 나아가 할인창구의 금리로써 연방기금금리에 영향을 주는 목적을 실현하는 것이다.

4. 미국 국내 인플레이션 효과적 통제에 성공.

볼커는 통화 공급량 성장률을 낮추고 할인율을 높여 금리가 높은 수준을 유지하도록 함으로써 인플레율을 낮추었다. 1980년부터 미국 실질금리가 6~8%의 높은 수준을 유지하였고, 고금리는 인플레율을 억제하는 작용을 했다. CPI는 1980년의 13.5%에서 1982년의 6.2%로 하락하였으며, 그 후 기본상 5% 이하를 유지했다. 1986년에는 1.9%까지 떨어졌었다. 미국 생산자물가지수(PPI)는 1980년의 14.1%에서 1982년의 2%로 하락하였으며 그 후 기본상 6% 이하를 유지했다.

제4절
미국이 경제패권다툼에서 승리하면서
또 다시 세계 지도권 획득

미국은 레이건 행정부의 공급측 구조개혁과 볼커의 인플레이션 통제에 힘입어 경제회복과 신경제의 궐기를 실현하면서 미국증시가 장기간의 슈퍼 강세장에서 벗어날 수 있었다. 한편 소련은 경직된 체제의 제약을 받아 군비지출을 지나치게 확대함에 따라 경제발전에서 적자를 초래하였으며, 결국 경제가 무너지고 말았다. 미국이 대 일본 금융전쟁을 일으킨 후 엔화가 대폭 평가절상 하여 수출이 하락하였으며 일본은 구조적 개혁 대신 통화완화정책에 의한 경기부양에 지나치게 의존하면서 증시·부동산시장에 거품이 형성되기 시작하였고, 이어 거품이 붕괴되면서 “잃어버린 20년”에 빠져들게 된 것이다.

1. 경제 활력을 되찾고 경제 회생을 실현.

레이건 행정부는 세율 인하를 통해 저축과 투자 및 생산을 늘리려 하였지만 고금리가 투자를 억제하여 감세가 투자에 대한 자극을 상쇄했다. 그래서 개혁 초기에는 인플레율이 다소 하락하고 달러화지수가 올라갔을 뿐 미국은 여전히 위기와 쇠퇴 속에 빠져 있었다. 미국

공업생산지수는 1981년 10월부터 1982년 4분기까지 꾸준히 하락하여 최고점에 비해 10%나 떨어졌다. 1982년 말 실업률 10.8%로서 1981년 초에 비해 3.3%포인트 상승했다. 1982년 말부터 미국 경제가 회생하기 시작했다. 1983년에 GDP 성장률이 4.6%에 달하였는데 레이건 대통령의 임기가 끝날 때까지 GDP 성장률이 줄곧 3.5% 이상을 유지했다. 실업률은 1983년 7월부터 점차 하락하기 시작하여 1989년 말까지 줄곧 6%를 밑돌았다. 공업생산지수는 1983년 2월부터 안정적으로 상승하기 시작하여 1989년 12월에 61.3에 이르렀으며 이는 1983년 초에 비해 28.3% 상승한 수치이다. (그래프 3-8 참조) 레이건 행정부가 취한 산업구조조정정책의 효과가 점차 나타나기 시작했다. 주로 제조업 내부의 분업이 강화되어 전통 산업이 개조 과정에서 생기를 띠기 시작하였고, 신흥 서비스업 발전이 빨라 하이테크 서비스업이 새로운

그래프 3-8 1981년 레이건 집권 후 미국 경제 점차 회생

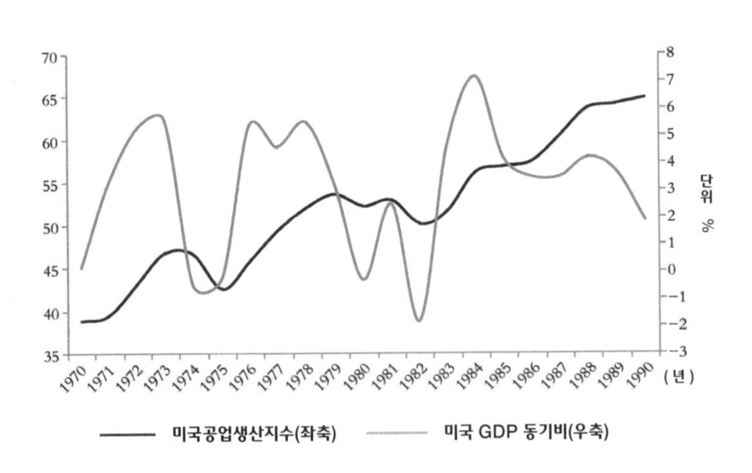

자료출처: Wind, 헝다 연구원.

경제성장점으로 떠올랐으며, 취업 인구가 서비스 분야로 빠르게 이동하는 것 등으로 나타났다. 이는 미국 소비구조의 변화와 경제 중심의 이동을 반영한 것이었다. 1980~1984년 공업의 연평균 성장률이 2.9%였던 것과 대조적으로 하이테크 산업의 연평균 성장률은 14%로 높은 수준에 달했다. 하이테크 업종에는 주로 전자산업·바이오테크놀로지산업 '자동화 생산시스템'산업·항공산업·원자력산업 등이 포함되었다.

2. 1990년대 신경제의 궐기를 부추기다.

레이건 행정부시기의 경제 회생과 금융 자유화는 군대기술의 민수로의 전환을 위한 기반을 닦아놓았다. 한편으로 경제 회복이 군비지출을 위한 토대를 마련하였고, 군사수요는 또 기술의 연구개발을 이끌었다. 냉전시기 미국의 군비지출이 GNP에서 차지하는 비중은 7.4%로 제1차 세계대전 발발 이전 국가안보비용 지출이 차지하던 비중의 9배에 달했다. 군수공업제품에 대한 수요와 군대의 급격한 확장은 경제성장의 새로운 추동력이 되었다. 미국의 금융 자유화는 기술 상업화의 초기 발전을 위한 기반을 닦아놓았다. 다른 한편으로 정부 지원으로 미국의 벤처투자가 빠르게 발전했다. 1979년 겨우 25억 달러에 불과하던 벤처 투자액이 1997년에는 6,000억 달러에 이르렀으,며 18년 사이에 239배나 늘어났다. 그 투자금은 주로 정보기술·생명과학 등 하이테크산업에 집중되면서 인텔(Intel)·마이크로소프트(Micorsoft)·애플(Apple)·야후(Yahoo) 등 일련의 기술신흥기업들을 탄생시켰다. 1993년 9월 클린턴 대통령은 취임하기 바쁘게 "전국정보 인프라시설"(즉 정보고속도로) 발전방안을 제정했다. 강력한 정책지원과 자금투입에 힘입어 미국 정보기술 산업은 그 후 몇 년 동안 경제성장의 두 배가 넘는 성장속도로 빠르게 궐기하여 미국의 으뜸 기둥산업으로 일약 부상했다. 1997년에 미국 마이크로소프트회사의 생산액이 90억 달러에 달하여 미국 3대 자동차회사 생산액을 합산한 규모를 초과했다. 2000년에 이르러 미국의 정보기술 산업은 이미 GDP의 10%이상을 차지하면서 경제성장에 대한 기여도가 제조업을 훨씬 초과했다.

3. 레이건 행정부시기에 s&p500지수가 2.3배 상승, 단기조정을 거쳐 13년 슈퍼 강세장에서 벗어나 레이건 행정부시기에 s&p500지수가 105에서 353으로 뛰어올랐다. 1987년 10월 미국증시가 조정을 거쳐 13년간 이어온 슈퍼 강세장에서 벗어났다. 나스닥지수가 1987년 10월의 291에서 2000년 3월의 5,048까지 폭등했다.

제5절
계발: 공급측 개혁은 대내 대외 충격에 대처하는 가장 중요한 경험이 되었다.

미국·일본·소련이 1980년대를 전후하여 직면한 도전과 그에 대한 대응은 중대한 계발과 참고적 의의가 있다. 미국이 진정으로 미·일 무역전쟁과 미·소 세계 패권 다툼에서 승리할 수 있었던 것은 레이건 행정부의 공급측 개혁과 볼커의 인플레이션 억제에 힘입은 것이었다.

공급측 구조개혁은 세계적으로 성공한 사례가 매우 많다. 가장 대표적인 사례가 1980년대 미국의 로널드 레이건, 영국의 마거릿 대처, 독일의 헬무트 콜 시대이다. 내우외환에 직면하여 레이건, 마거릿 대처, 콜은 모두 공급측 개혁의 성공적인 실시를 통해 경제 전환과 재도약을 실현하였으며, 경제전환과 혁신추진, 기업 활력 부여, 신경제 부상, 주식시장 번영 등을 위한 튼튼한 기반을 마련했다. 미국·영국·독일 등의 공급측 개혁의 성공 경험을 종합해보면 아래와 같은 정책 건의를 얻어낼 수 있다.

1. 대규모 감세조치로 기업원가를 낮춰야 한다.
2. 산업 규제와 개입을 대폭 완화하여 독점을 타파하고 경쟁을 촉진하며 효율을 높여야 한다.
3. 국유기업 재산권개혁을 추진하여 미시적 주체의 시장 활력을 증

강시켜야 한다.

4. 통화 공급과 인플레이션 및 자산가격의 거품을 엄격히 통제하고 통화자극 조치로 장기적으로 구조 문제를 해결할 수 있다는 희망을 버려야 한다.
5. 노동력시장의 임금가격의 탄력을 높여야 한다.
6. 중·소기업과 혁신기업에 대한 지원강도를 높여야 한다.
7. 사회복지 지출과 재정 적자를 줄이고, 공공재 시장화 공급을 확대해야 하며, 재정 부담을 가중시키는 불필요한 인력을 줄이고, 재정 지출은 주로 중대한 기초산업 혁신과 군사기술 혁신에 쓰이도록 해야 한다.
8. 금리 시장화, 금융 자유화 및 실물경제를 위해 서비스를 제공하는 다차원적인 자본시장의 발전을 추진해야 한다.

제4장

미·소 무역전쟁:
냉전과 세계 패권 다툼

제4장

미·소 무역전쟁: 냉전과 세계 패권 다툼[10]

미·소 양국 간 냉전은 40여 년간 지속되었으며 자본주의와 사회주의 2대 진영이 치열하게 대립하면서 20세기 하반기 세계역사의 주요 맥락을 구성했다. 냉전은 최종적으로 동유럽의 격변과 소련의 해체로 끝났다. 현재 중·미 관계에는 중대한 변화가 발생하였으며 장기적으로 볼 때 불확정성이 여전히 존재하고 있다. 중·미 양국이 투키디데스 함정에 빠져들 것인지? '신 냉전'으로 향할 것인지? 미·소 세계 패권 다툼에서 소련의 실패가 중국에 어떤 계발(啓發)을 주고 있는가? 본 문에서는 미·소 냉전 과정에 대해 회고하면서 미·소 무역전쟁에 대해 분석하고 교훈과 계발을 종합하고자 한다.

10) 이 글을 쓴 사람들: 런쩌핑(任澤平), 뤄즈헝(羅志恒), 마투난(馬圖南), 자오닝(趙寧), 류젠한(劉建涵).

제1절
미·소 냉전 과정

냉전의 배경 아래에서 미·소 양국의 경제관계는 양국의 정치·군사 및 이데올로기의 영향을 크게 받아 미·소 무역관계가 곡선식으로 발전하는 추세를 보였다. 냉전은 미·소 양국의 정치·군사세력의 대립으로 반영되었지만, 근본적으로는 경제실력과 체제의 겨룸이며, 무역관계는 미·소 양국 관계의 '바로미터'이다. 미·소 양국 간 패권 다툼의 과정은 3개 단계로 나눌 수 있다. 제1단계는 제2차 세계대전이 끝난 후 냉전이 시작된 시기로부터 1961년의 쿠바 미사일 위기까지인데, 억제와 반 억제 단계라고 할 수 있다. 이 기간 소련은 미국과 함께 세계를 지배하려고 시도하였지만 미국이 우세를 차지했다. 이 단계에서는 미·소 양국 간의 무역교류가 적었고 미국은 소련에 대하여 무역차별정책과 수출입 금지정책을 취했다. 제2단계는 1962년부터 1970년대 말까지인데 미·소 관계의 완화단계이다. 소련은 공세에 단계에 있었고, 미국은 전략적 수축단계여서 미·소 양국은 각자의 경제수요로 인해 무역활동이 늘어났다. 이 단계에 중·소 양국의 관계가 악화되면서 중·미 관계가 점차 정상화되기 시작했다. 제3단계는 1980년대부터 1991년 말까지인데, 미·소 양국이 다시 대치 및 평화적 이행에 접어든 단계이다. 이 단계에서 소련은 전면적으로 수축되었으며 군비경쟁으로 결국 소련경제가 무너졌다. 지나치게 급격한 정치개혁이 소련의 정권을 흔들었으며, 미·소 양국의 패권 다툼은 결국 소련의 해체로 결말을 고했다. 세계는 하나의 초강대국과 여러 강국의 구도로 접어들었다.

1. 억제와 반 억제 단계.

(1) 냉전의 기원: '철의 장막' 연설, 캐넌의 전보, 트루먼주의 및 마셜플랜.

제2차 세계대전이 끝나기 전에 열린 얄타회의는 미·소 양국 간 협력이라는 명분을 내세웠지만, 실질적으로는 미·소 양국의 세력권 확정으로 종전 후 양국 '분열'의 기조를 마련했다. 1945년 제2차 세계대전이 끝난 후, 미국과 소련은 실력이 빠르게 증강되었으며, 소련은 유일하게 미국에 대항할 수 있는 나라가 되었다. 전시 동맹관계의 종식 및 양국 간의 이익 충돌과 이데올로기 충돌에 따라 미·소 정치·경제·군사·문화·외교·이데올로기 등 전면적인 대립 국면이 점차 형성되었다. 미국은 제2차 세계대전 이후 국제통화기금(IMF), 세계은행 및 관세 무역 등 3대 국제 경제조직 구축을 주도하는 한편 브레튼우즈체제를 통해 달러화의 기축통화 지위를 확립하였으며, 경제 자유화의 기치 아래 미국에 유리한 국제통화·금융 및 무역질서를 수립했다. 소련은 군사력이 크게 증강되고, 국민경제가 회복되면서 국제적 위망이 전례 없이 향상되었다. 소련은 전쟁과정에 약 3만 2,000개의 광공업기업이 파괴되었고, 국민경제손실이 5,000억 달러에 달할 정도로 국민경제가 심각하게 파괴되긴 하였지만, 그러나 군사력의 급속한 발전에 따라 소련은 세계 초일류의 군사대국으로 부상했다. 제2차 세계대전 후 소련은 독일에서 수백억 달러가 넘는 배상금과 200여만 명의 전쟁포로를 얻어냄으로써 소련의 경제회복을 위한 유리한 조건을 마련했다. 1948년 소련의 전국 공업생산능력은 이미 전쟁 전의 수준으로 회복되었다. 제2차 세계대전이 끝난 후 소련과 수교한 나라는 52개국에 달했다. 1946년 소련 주재 미국 대리 대사 조지 캐넌(George F. Kennan)이 국무원에 8,000자에 이르는 긴 전보문을 발송하여 소련의 대 미국 정책 배후의 근원에 대해 분석했다. 그 전보문은 미국정부가 대 소련 억제정책을 제정하는 중요한 이론적 토대가 되었다. 캐넌은 "소련에서 '뿌리 깊은 불안전감'과 '공산주의 이데올로기'로 인해 끊임없이 확장하려는 동기가 존재한다"면서 "이에 따라 미국은 마땅히 눈앞의 성공과 이익에만 급급한 단기적인 수단을 포기하고, '장기적 인내와 확고함, 그리고 경계심을 늦추지 않는 정책'을 채택해야만 한다."고 지적했다. 1946년 3월 5일 처칠 영국 총리가 미국 풀턴에서 "철의 장막" 연설을 발표하여 "발트 해의 슈테틴에서 아드리아 해변의 트리에스테까지 유럽대륙을 가로지르는 철의 장막이 드리워졌다."면서 "소련이 '철의 장막' 동쪽의 중유럽·동유럽 국가들에 대해 갈수록 강력한 고압적인 통제를 진행하고 있다"라고 공언했다. 따라서 "소련의 확장에 대해 '유화정책'을 취해서는 안 된다"고 지적했다. 1947년 3월 12일 미국 '트루먼주의'가 출범했는데, 이는 냉전의 시작을 의미한다. 트루먼 대통령은 의회에서 국정연설을 발표하여 "미국은 위기에 처한 국가를 마땅히 지원해야 하며, 각국 인민들을 도와 독재체제의 통제에서 벗어나도록 하여 그들의 자유제도와 국가의 완정을 보장해야 한다."라고 강조했다. "어디서든, 또 직접적인 침략으로든 간접적인 침략으로든 간에 그 어느것이나를 막론하고 평화를 위협한다면, 모두 미국의 안보와 관련된다."라는 것이 바로 유명한 '트루먼주의'이다. '트루먼주의'가 미국과 소련의 대립을 한층 더 부추겼으며, 이는 냉전이 형성된 중요한 원인이다.

1947년 6월 유럽에서 미국의 세력을 더욱 공고히 하여 자본주의 진영의 구심력을 강화하기 위하여 마셜 미 국무장관이 유럽의 경제를 대규모로 지원한다는 계획 즉 '마셜플랜'을 내놓았다. 그 계획 중의 하나는 경제적 지원을 통해 달러화를 유럽에 깊이 투입시켜 유럽경제의 발전을 통제하는 것이었다. 다른 하나는 서유럽경제를 부추겨 서유럽 각국의 연합을 추진하는 토대 위에서 그들이 소련 집단을 억제하는 역량으로 되게 한다는 것이었다. 약 1년간의 변론을 거쳐 1948년 4월 미국의회가 「1948년 대외 원조법」을 통과시키면서 마셜플랜이 정식으로 실시되었다. 1948~1952년 미국은 영국·프랑스·이탈리아 등 국가에 총 131억 5,000만 달러 규모의 원조를 제공했다. 그중 90%가 증여였고 10%가 대출이었다. 마셜플랜은 서유럽 국가들을 도와 전후 경제적 어려움에서 벗어나도록 함으로써 유럽 발전의 '황금 20년'을 열었다. 소련의 동맹국들은 대부분 소련의 오해를 받을까봐 마셜플랜에 참가하지 않았기 때문에 마셜플랜은 미·소 2대 진영 간의 분열을 격화시켰다. 이로써 미국은 전시에 소련과의 결맹정책을 완전히 포기하였으며 대 소련 억제정책이 기본상 완성되었다. 마셜플랜을 배척하고 반격하기 위해 소련은 동유럽에서 숙청운동을 벌여 소련에 대한 동유럽 국가들의 구심력을 강화함과 동시에 불가리아·체코슬로바키아·헝가리·폴란드 등 동유럽 국가들과 무역협정을 서둘러 체결했다. 이 일련의 협정을 '몰로토프플랜(Molotov Plan)'이라고 부른다. 그 계획은 소련과 동유럽 국가들 간의 경제적 연계를 강화하고 동유럽국가와 서방국가의 경제거래를 약화시켰다. 1949년 소련은 폴란드·헝가리·루마니아·불가리아·체코슬로바키아와 연합하여 경제상호원조회의를 설립하였으며, "코메콘(COMECON)"이라고 약칭했다. 이에 따라 생산과 무역 분야에서 회원국 간의 관계를 강화하고 국제 분업과 생산 전문화를 강조하였으며, 여러 나라 경제를 조율하여 양자무역을 다자무역으로 발전시켰다. 1952년 스탈린이 「소련 사회주의 경제문제」에 대한 의견을 제기하면서 "두 개의 평행시장" 이론을 제기하려, 사회주의 국가와의 경제 무역관계를 발전시키고, 사회주의 국가와의 협력을 강화하는데 주력함으로써 함께 서방국가에 대항할 것을 제시했다. 미국과 소련이 패권을 다투는 기간, 소련과 코메콘 국가들 간의 무역액이 소련의 대외무역총액에서 차지하는 비중은 약 50%를 유지했다. (그래프 4-1 참조)

(2) 베를린위기는 미·소 대립의 격화를 의미한다.

1948년에 발생한 베를린위기란 제2차 세계대전 종전 후 미국과 소련 2대 진영이 처음으로 정면 접전을 벌인 것을 말한다. 비록 위기가 평화적으로 해결되었지만 그 대결은 미국과 소련의 대립을 격화시켰다. 제2차 세계대전이 끝난 후, 미국·영국·프랑스·소련 4개국이 공동으로 「독일 점령구역에 관한 성명」과 「독일 관제 기구에 관한 성명」을 발표하여 4개국이 공동으로 독일을 관리하는 제도적 틀을 확정했다. 성명의 약정에 따라 미국·영국·프랑스·소련은 각각 점령구역을 분할했다. 그중 대 베를린지역은 서방국가들이 점령한 서(西)베를린과 소련이 점령한 동(東)베를린으로 나뉘었지만, 전체 대 베를린지역은 소련 점령구 범위 안에 위치해 있었다. 미국·영국·프랑스 3개국은 점령구역을 합병하여 점령구역 내에서 마셜플랜을 추진할 계획이었다. 그 행동은 소련의 강렬한 불만을 야기시켰다. 소련은 그러한 "일방적인 행동"이 두 성명의 정신에 크게 어긋난다고 주장했다. 그러나

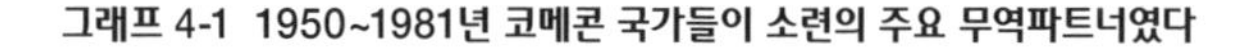
그래프 4-1 1950~1981년 코메콘 국가들이 소련의 주요 무역파트너였다

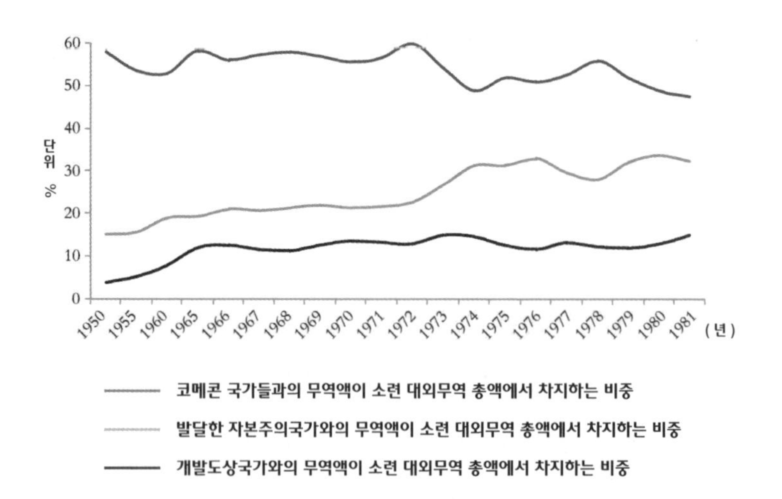

자료출처: 저우룽쿤(周榮坤) 등 편찬, 『소련 기본 숫자 수첩(蘇聯基本數字手冊)』, 시사(時事)출판사 1982년판, 323쪽, 헝다 연구원.

미국은 계속 그 계획을 추진하면서 영국·프랑스 등과 연방독일을 건립하는 데에 관한 사항을 의논하기 시작했다. 1948년 6월 30일 미국에 항의하고 압박을 가하기 위하여 소련은 "기술적 어려움"을 이유로 베를린과 서방 점령구역 사이의 모든 육로 통행을 차단했다. 그때 당시 심각한 물자결핍에 직면하였던 베를린은 소련군의 베를린 봉쇄조치로 순식간에 위기에 빠지고 말았다. 소련의 도발에 맞서 미국은 베를린지역에 공중투하 방식으로 물자를 수송하기로 했다. 장기간의 강도 높은 수송계획으로 소련의 봉쇄행동은 외교적 주도력을 얻기는커녕 오히려 서베를린 독일인들에게 미국 원조의 중요성을 더욱 절감시켰으며, 도의적으로 미국에 감사하는 역효과를 얻게 되었다. 더 중요한 것은 소련이 점령한 동베를린은 경제구조가 소련과 비슷해 중공업 비중이 크고, 경공업 비중이 적은 문제가 존재했다. 베를린 봉쇄로 동베를린의 생활물자 결핍을 가중시켜 동베를린 사람들이 서베를린으로 도주하는 현상이 이따금씩 발생했다. 그래서 스탈린은 베를린문제의 평화적 해결을 고려하지 않을 수 없었다. 1949년 소련·미국·영국·프랑스 4개국이 논의를 거쳐 「독일 및 베를린 문제에 관한 공동성명」을 발표하고, 베를린지역의 통행관제를 해제한다고 선언함으로써 베를린위기를 평화적으로 해결했다. 베를린위기는 평화적인 방식으로 해결되었지만 미·소 양국 간 심층 차원의 문제는 해결되지 않았다. 반대로 베를린위기는 미국과 소련의 의견 차이와 긴장정세를 격화시켜 쌍방의 억제정책은 한층 더 격화되었다.

(3) 양극 구도가 형성되어 미·소 양자 간 총체적으로 치열한 대립 양상이 나타났다. 그러나 단계적 국부적 완화 양상도 보였다.

1949년에 나토(NATO, 북대서양조약기구)가 발족되어 미국과 서유럽 국가들이 북대서양연맹을 결성했다. 1955년에 소련을 위수로 하는 바르샤바조약기구가 설립되면서 양극 구도가 확립되었다. 미·소 양자 간 총체적으로 치열한 대립 양상이 보였다. 그러나 단계적, 국부적 완화 양상도 나타났다. 1950년 한국전쟁이 발발했다. 미국과 소련은 각기 전쟁의 직접적 발기자와 간접적 참여자가 되어 양자 간 대립이 격화되면서 국제정세에 긴장 국면이 나타났다. 1953년에 스탈린이 서거하고 흐루시초프가 정권을 잡으면서 소련의 대외정책이 다소 완화되었다. 1956년 2월 흐루시초프가 소련 공산당 제20차 전국대표대회에서 "서방 국가들과의 평화적 공존, 평화적 경쟁에서 미국 추월, 발달한 자본주의국가 노동자계급의 의회를 통한 평화적 정권 탈취"의 '3평화노선'을 제기하면서 국제정세 완화의 필요성과 가능성을 강조하고 '완화' 조치를 통해 미국과 대등한 지위를 차지할 것을 주장했다. 1955년 미국·소련·영국·프랑스 4개국이 제네바에서 최고위급 회담을 갖고 소련과 연방독일이 정식으로 외교관계를 수립하면서 미·소 양국 관계가 단계적으로 완화되었다. 그러나 1956년에 소련이 헝가리로 진군하는 등 일련의 충돌이 발생하면서 미·소 양국 관계는 또 다시 긴장되어 졌다. 1961년 소련이 '베를린장벽'을 구축하여 동·서 베를린 경계를 봉쇄함에 따라 미·소 양국 관계가 한층 더 악화되었다.

(4) 미·소 경제 냉전구도의 형성.

미·소 양국 간 대치국면이 형성됨에 따라 경제 분야의 대립도 점차 깊어져갔으며 미·소 양국의 경제무역관계는 정치투쟁의 수요에 따르게 되었다. 미·소 양국 간의 최혜국대우문제와 첨단과학기술 수출입 금지문제는 미국이 금후 소련과 무역협상을 전개하는 중요한 카드로 되었다.

1) 무역차별. 미국은 대 소련 수출입상품무역을 엄격히 통제하였으며 최혜국대우를 취소했다. 1951년 6월, 미국은 「1951년 무역협정의 추가법령」을 채택하여 1930년 관세조례 제350조의 적용범위를 소련 그리고 외국정부 또는 세계 공산주의 운동기구의 통치와 통제를 받는 국가와 지역에까지 확대하였으며 이들 국가에 대한 최혜국대우를 취소했다. 그리고 소련으로부터의 수입을 제한하고 소련으로부터 수입하는 상품에 대해 관세를 추가 부과하며 미국의 대 소련 수출을 엄격히 제한하고 또 소련에 대한 수출신용대부 담보도 제공하지 않기로 했다.

2) 수출금지정책. 미국은 소련에 대해 전략물자, 첨단과학기술의 수출을 엄격히 금지하는 정책을 실행하여 소련 군사력이 빠르게 발전하는 것을 억제했다. 1948년 미국의 주도로 영국·프랑스·이탈리아 등 7개국이 연합하여 "파리포괄위원회"["파통(巴統)"으로 약칭]를 세웠다. 그 후 "파통"은 17개 연합국으로 확대되었다. 1950년에 "파통"협상단체 집행기구는 "대공산권국가수출통제위원회(Coordinating Committee for Export to Communist

Countries)"(CoCom)로 공식 명명되었으며, 구체적으로 소련과 동유럽권 국가에 대한 수출금지 업무를 담당했다. 미국이 냉전 전략을 추진하는 새로운 수단으로서의(CoCom)은 군사전략과 관련된 무기·기술·물자의 동방으로의 수출을 억제하여 동방의 진영을 공격하는 데 취지를 두었다. 미국은 서유럽 권 등을 비롯한 동맹국들을 연합하여 소련 및 기타 사회주의국가에 대한 포위망을 형성했다. 냉전 초기에 미국은 제703호 공법(대통령이 군사 장비·군수·기계 등 관련 자재·기술 등의 상품성 수출을 금지 또는 감축할 수 있도록 규정한 것)에 대한 약간의 개정을 거치고 또 관제 대상을 소련으로 설정하였으며, 수출규제목록을 만들었다. 목록에는 두 부류의 규제 물자가 포함되었다. 한 부류는 전면적인 수출 금지 목록으로서 '1A'물자라고 불리며, 주로 무기 등의 제조에 쓰이는 원료와 설비, 선진기술을 응용한 견본 기계와 하이테크 제품, 소련과 동유럽권 국가들이 전쟁 잠재력을 확대하는데 필수이거나 결핍된 자재 및 설비 167종이 포함되었다. 다른 한 부류는 수출 수량 규제 목록으로 '1B'물자로 불리며, 공업용 원료(연·동·아연 등)와 인프라시설(트럭·기차 등) 총 288종이 포함되었다. 1949년 2월, 미국은 「수출규제법」을 출범시켜 캐나다를 제외한 국가들을 수출 규제 엄격 정도에 따라 7개 조로 나누고 모두 수출비준제도를 실시했다. 일련의 조치는 소련의 군사·경제발전에 도움이 되는 자원이 소련과 동유럽지역으로 흘러드는 것을 막기 위한 것이 근본적인 목적이었다.

2. 미·소 양국관계의 완화단계.

1960~70년대, 미국과 소련의 국내환경에는 모두 뚜렷한 변화가 나타났다. 경제형세가 악화되고 국내 지도자의 교체를 겪었다. 동시에 국제환경면에서는 자본주의 진영과 사회주의 진영 모두 양자관계가 완화되기를 바랐다. 국내적으로 볼 때 경제적으로, 미국은 "스태그플레이션"에 빠져들었고, 소련은 기형적인 경제구조와 경직된 경제체제의 제약을 받아 갈수록 힘에 부치는 상황이었다. 군사적으로, 미·소 양국의 핵 균형이 이루어져 미국의 전략적 우위가 유지되기 어려워졌다. 국제적으로 볼 때, 자본주의 진영에서는 일본과 서유럽 국가들은 경제적·정치적 독립성이 강화되었고, 대 소련 무역왕래가 갈수록 밀접해지고 있었다. 사회주의 진영에서는 중·소 양국 관계가 급격히 악화되어 국경의 형세가 일촉즉발의 상황이었다. 1970년대에 중·미관계는 점차 정상화되기 시작했다. 그런 배경에서 미·소 양국 무역관계가 점차 완화되어 미국의 대 소련 무역규제가 완화되고, 보상무역을 통해 쌍방의 이익 요구가 실현되었으며, 과학기술 교류와 협력이 강화되고, 식량과 석유 무역이 날로 빈번해졌다.

(1) 세계를 핵전쟁의 벼랑 끝까지 몰아갔던 쿠바 미사일위기.

1959년 피델 카스트로(Fidel Castro)가 이끄는 쿠바 혁명군이 독재 군정부의 통치를 무너뜨리고 혁명정권을 수립했다. 날로 높아가고 있는 쿠바의 반미 정서를 알게 된 후, 흐루시초프는 이때야말로 소련이 미국을 억제할 수 있는 중요한 기회라고 생각했다. 얼마 뒤 소련은 일부 재래식 무기를 쿠바로 수송하기 시작했다. 1962년 흐루시초프는 쿠바에 미사일기지를 건설할 것을 제의, 이는 미국에 중요한 전략적 위협을 형성할 수 있을 뿐만 아니라 또한 미국이 터키에다 미사일기지를 건설하여 소련의 안전을 위협하고 있는데 대한 대응이기도 하다고 생각했다. 1962년 9월 초 소련은 중거리 미사일과 순항 미사일 등 공격성 무기를 쿠바로 운송하기 시작했다. 이에 케네디는 미국 대통령은 공개 텔레비전 연설을 발표하여 "소련의 이와 같은 거동은 미국의 국가 안보와 아메리카주의 평화에 대한 심각한 위협으로 미국은 전적으로 받아들일 수 없다."면서 쿠바에 대해 군사적 봉쇄를 실시할 것을 명령했다. 이에 따라 대량의 미국함대가 카리브해역에 집결되었으며, 미국과 소련은 핵전쟁의 변두리에 이르렀다. 그때 미·소 양국의 세력 비교와 미국의 강경한 태도 및 핵전쟁의 훼멸성 후과에 대한 예측을 고려해 소련은 담판의 방식으로 위기를 평화적으로 해결하기를 바랐다. 소련은 쿠바에서 철군할 용의가 있다고 밝히면서 미국이 쿠바의 내정을 간섭하지 않고, 쿠바를 침략하지 않으며, 동시에 터키에서 미국의 미사일기지를 철거시키는 것을 조건으로 제시했다. 케네디 대통령은 이런 국면에서 핵전쟁을 저지하는 것이 터키의 미사일기지보다 훨씬 더 중요하다고 여겨 재빨리 소련과 합의를 이루면서 쿠바 미사일위기는 결국 평화적으로 결속되었다. 쿠바의 미사일위기를 거치면서 미·소 양국은 모두 핵시대 전쟁의 큰 위험성과 양자 관계의 안정 유지가 필요하다고 인식하게 되었으며, 이로써 1960~70년대에 양자관계를 완화할 수 있는 기반을 마련할 수 있었다. 1963년 미국·영국·소련 3국이 「일부 핵실험 금지조약」을 체결했다. 그 조약은 미·소 양국 관계의 단계적 완화의 중요한 상징이 되었다.

(2) 미·소 양국 국내문제가 심각해지면서 완화에 대한 의향이 커지다.

1970년대에 소련은 국내 경제문제가 심각해져 70년대 중후반에 소련 경제성장 속도가 하락했다.(그래프 4-2 참조) 소련은 경제구조에서 장기간 중공업이 과중하고 경공업이 너무 취약한 국면에 처해 있었다. 제2차 세계대전 종전 후, 소련 경제가 상당히 크게 발전하였지만, 경제구조와 기술수준의 제약으로 인해 여전히 많은 어려움에 직면해 있었다. 농업 방면에서 소련은 "제9차 5개년 계획" 기간 동안 식

그래프 4-2 1950~1990년 미·소 경제실력 비교

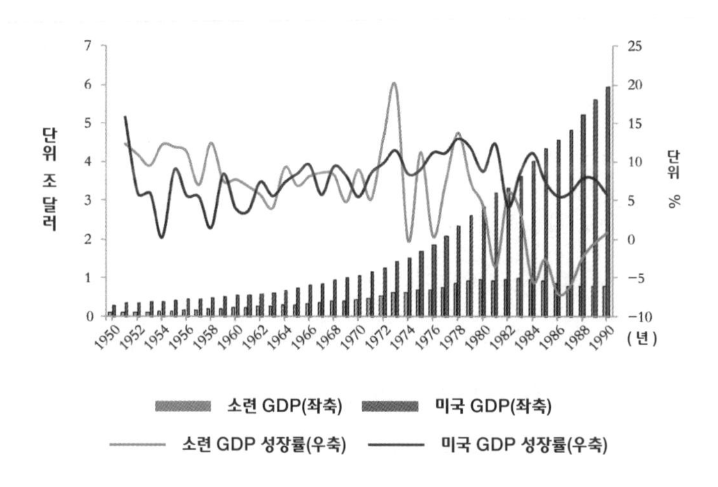

자료출처: Wind, 러시아 통계서, 소련 장관회의 중앙통계국 편찬, 『소련 국민경제 60년: 기념통계연감』, 루난취안(陸南泉) 등 역, 생활·독서·신지식 싼롄서점(生活·讀書·新知三聯書店) 1979년판, 6~10쪽, 헝다 연구원.

량생산이 4년 연속 감산한데다가 사료용 양곡과 전략적 비축의 수요까지 겹쳐 식량 부족문제가 심각했다. 기술방면에서 소련은 군사기술과 우주항공기술 영역에서 앞섰으나 응용기술은 뒤처진 편이었다. 소련 경제를 글로벌경제로부터 고립시키는 방법은 갈수록 유지되기 어려웠으며, 소련은 외부 자금과 기술이 절실히 필요했다. 유엔 통계서와 러시아 통계서의 통계 수치에 따르면, 1978년에 소련 경제총량이 일본에 뒤처지기 시작하여 미국의 겨우 35.7%에 불과한 수준이었으며, 1인당 GDP는 더욱 미국에 훨씬 뒤처진 상황이었다. 미국은 전통적 경제성장 패턴이 도전을 받고 있었다. 베트남 전쟁과 오일쇼크의 영향을 받아 미국은 재정적자가 확대되었으며, 경제가 "스태그플레이션"에 빠져들었다. 외부환경을 볼 때 1950~70년대에 일본과 독일이 빠르게 궐기하면서 미국 제품시장을 선점함에 따라 미국의 무역흑자가 점차 줄어들고 있었으며, 심지어 적자 국면이 나타났다. 한편으로 종전 후 해외 저가의 에너지를 이용한 고속발전 패턴이 끝나가면서 철강·자동차 산업의 성장속도가 느려지고, 산업경제 구조의 변혁이 시급해졌다. 다른 한편으로는 새로운 과학기술 혁신에 따른 추진력이 단기간 내에 생산력으로 전환될 수는 없었다. 마이크로 전자기술과 바이오공학은 아직 탐색단계에 처해 있고, 컴퓨터·텔레비전·민용항공 산업이 주도하는 새 시대는 아직 열리지 않아 경제성장 속도가 점차 더뎌지고 있었다. 1970년 미국의 실질적인 GDP 성장률은 0.2%로 둔화되었다. 전통적인 케인즈주의의 지도하에 닉슨 행정부는 느슨한 통화정책과 재정정책을 취했다. 1971년 초 미국 연방준비제도이사회가 연속으로 다섯 차례나 금리를 인하하면서 연방기금 목표금리가 6%에서 4.75%까지 하락하였으며, 실질적인 연방기금 금리는 3%~4%까지 떨어졌다.(그래프 4-3 참조) 동시에 닉슨 행정부가 창도한 '신경제정책'은 실질상에서 재정적자의 확대조치와 경기부양책이었다. 임금과 가격 통제를 실시하였음에도 불구하고 물가는 여전히 빠른 속도로 오르고 있었다. 그 외에도 1971년 브레튼우즈체제가 붕괴되고, 달러화 약세에 1973년 말에 발발한 제1차 오일쇼크까지 겹쳐 에너지가격이 빠르게 오르는 상황이 초래되었다. 이는 물가의 폭등을 더 한층 자극하여 경제생산에 영향을 주었다. 1974년에 CPI가 동기에 비해 12%나 올랐다. 1974~1975년 그리고 1980~1982년 미국제는 스태그플레이션에 빠졌다. 이러한 배경에서 대 소련 무역을 발전시키면 미국의

그래프 4-3 1969~1971년 미국 통화 완화

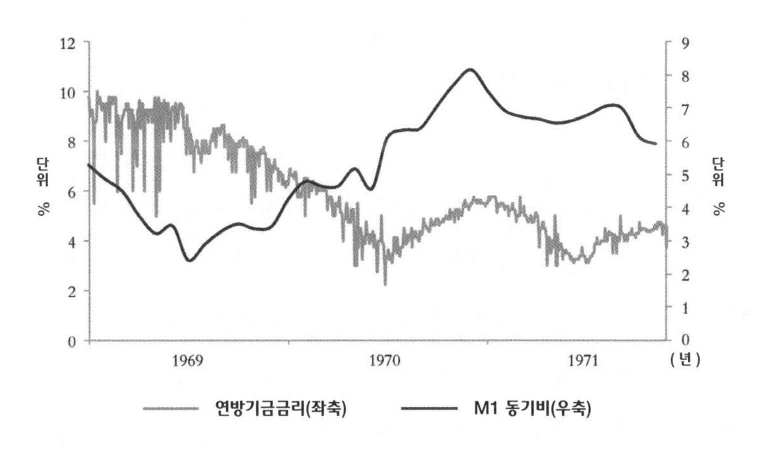

자료출처: Wind, 헝다연구원.

무역적자와 재정적자 상황을 완화시킬 수 있었으며, 국내 취업 성장을 이끌 수 있었다. 미국과 소련 간 핵 균형 국면이 형성되면서 미국의 전략적 우위를 유지하기 어려워져 장기적인 군비경쟁으로 양국 재정 부담만 가중시켰다. 1962년 미·소 양국의 대륙간 탄도미사일의 비례가 294 대 75였는데, 쿠바 미사일위기 이후 소련은 핵 군비 건설 강도를 꾸준히 강화하여 미국과 핵 균형을 이룰 수 있는 길을 모색했다. 1960년대 말 70년대 초 소련은 차세대 지상 기반 대륙간 탄도미사일의 배치를 완성하였으며, 핵무기 수량에서 미국과의 균형을 이루었다. 핵 균형은 미·소 양국 간 군사실력의 대비를 변화시켰으며, 미국은 더 이상 우세가 아니었다. 양국은 핵 군비분야에서 일련의 중요한 합의를 이루었다. 1968년의 「핵 비확산조약」, 1972년의 「미·소 제1단계 전략무기제한조약」으로 양국관계의 완화를 추진했다. 그러나 후속 핵 협상의 실패로 1970년대 말 양국관계는 급격히 악화되었다.

(3) 2대 진영 내부의 분화.

일본은 "경제에 의한 부흥" "무역에 의한 부흥" 등의 전략적 지도 아래 경제가 빠르게 성장하여 1968년에 이르러서는 서방 국가 중 두 번째로 큰 경제국이 되었다. 마셜플랜의 추진 하에 서유럽은 경제 영역에서 거족적인 발전을 이루어 1950년대에 국내총생산이 미국의 57.2%에 달하던 데서 1969년에는 72.5%로 상승했다. 정치적으로 서유럽은 연합을 더욱 추진하면서 미국의 영향으로부터 벗어나려는 경향이 더 커졌다. 소련과의 관계에서 프랑스와 독일 두 나라는 소련과의 외교관계 완화를 적극 추진했다. 중·소 양국은 한때 밀접한 관계를 유지하였으나 1960년대에 이데올로기 면에서 의견차이가 생기면서 관계가 빠르게 악화되어 설전을 벌이던 데서부터 공개적인 무력대항으로 발전했다. 1969년 3월 중·소 양국은 전바오다오(珍寶島)에서 무장충돌이 발생하여 양측 모두 사상자를 내면서 중·소 동맹이 철저히 파열되었다. 중·소 양국관계의 파열은 사회주의진영의 발전에 매우 부정적인 영향을 미쳤을 뿐만 아니라 국제사회에서 줄곧 성행해오던 이데올로기로 경계선을 가르던 관계 구도를 바꿔놓았다. 그 후 1972년에 닉슨이 중국을 방문하면서 중·미 관계가 정상화된 것과 1979년에 중·미 수교가 이루어진 것은 모두 중·소 관계의 악화와 내적 연계가 있었다.

(4) 미·소 양국 무역이 다소 늘어나고 완화추세가 뚜렷해지다.

미·소 양국 지도자가 경제·외교 정책을 절대적 고립에서 완화로 바꾸면서 냉전은 상대적 완화기에 들어섰다. 닉슨 집권 시기에 미국은 미·소 경제관계 발전을 주요 내용으로 하는 유화정책을 폈으며, 소련에 대해 "유도식 경제외교"정책을 실시했다. 1964년 브레즈네프(Brezhnev)가 집권한 뒤 서방과의 관계 처리에 있어서 '평화공존' 방침을 견지해오다가 그의 집권 후반, 특히 1970년대 중후반에야 적극적인 공세로 돌아섰다. 양국 간 무역관계가 강화되었는데 주로 무역규제 완화, 보상무역 증가, 과학 협력 및 교류 증진, 식량 및 석유 무역의 빈번 화 등으로 반영되었다. 1973년에 미·소 양국 수출입무역액은 11억 6,000만 루블에 달해 1972년에 비해 116% 늘어났다. 1960년대에 미·소 양국 무역액 합계가 9억 3,000만 루블이었는데 70년대에는 128억 2,000만 루블로 늘어났다.(그래프 4-4 참조)

1) 무역규제 완화. 미·소 양국 관계 완화의 방침 아래 1969년에 미국이 내놓은 「수출관리법」은 첨단기술 양도 제한으로 전반적인 전략물자 수출규제를 대체하고 일반 기술과 상품에 대한 제한을 완화하였으며, CoCom의 예외 조항을 이용하여 수출입금지 물자와 수출입제한 물자의 수출을 확대했다. 그 기간에 미·소 양국 간 식량·에너지 무역도 다소 완화되었다. 소련은 미국으로부터 대량의 농산물을 수입하는 것으로 식량의 전략적 비축을 증가하려고 하였고 미국은 소련의 석유 수입을 통해 에너지 수입경로를 넓히려고 했다.

그래프 4-4 19 70년대 미·소 양국 무역왕래 빠르게 늘어

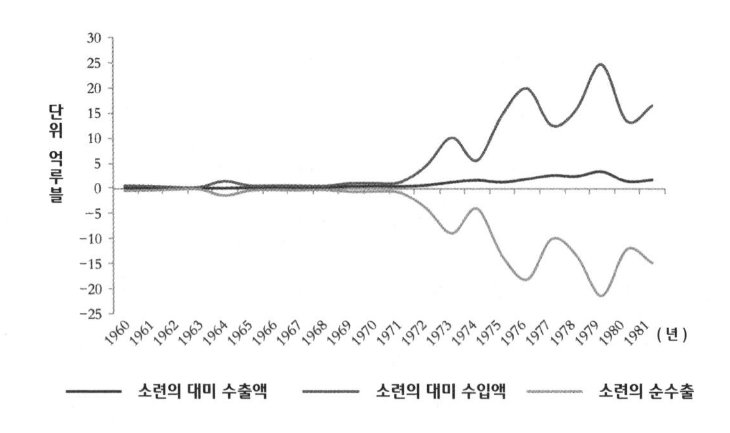

자료출처: 저우롱쿤(周榮坤) 등 편찬, 『소련 기본 숫자 수첩』, 시사출판사 1982년판, 329쪽, 헝다 연구원.

2) 보상무역. 소련과 미국 간 보상무역은 주로 화학공업·자동차제조 등 생산 분야에 집중되었으며 주요 형태는 제품으로 설비를 교환하는 것이었다. 소련은 미국의 선진 기술설비를 이용하고 미국은 소련의 저가 자원을 이용하여 생산을 진행했다.

3) 과학 협력과 교류. 1972~1974년 미·소 4차례 정상회담 기간에 원자력의 평화적 이용·우주항공·해양탐사·의료보건 등 영역을 포함한 여러 가지 과학기술 협력 협정이 체결되었다. 공식 합작을 제외하고 소련은 미국회사와 1974~1975년 사이에 약 40가지 과학기술협력협정을 체결하였는데 우주항공·컴퓨터 등 여러 분야와 관련되며 소련의 경제발전을 크게 이끌었다.

3. 미국과 소련의 재 대치 및 평화적 이행단계.

1979년에 소련이 아프가니스탄을 침략한 것이 전환점이 되어 중·미 공식 수교와 함께 미·소 양국은 또 다시 대치 국면이 나타났다. 1980년대 중후반에 미국은 소련에 대한 평화적 이행 정책을 실시함과 동시에 소련은 아프가니스탄 전쟁의 수렁에 빠져들면서 종합국력이 대폭 약화되었으며 결국 해체되고 말았다.

(1) 소련은 아프가니스탄 전쟁에 빠져들고 미국은 "스타워즈계획"을 세우다.

1978년 아프가니스탄 인민민주당이 정변을 일으켰다. 인민민주당은 역사적으로 카게베와 밀접한 연계가 있었기 때문에 새 정부는 소련의 환영을 받았다. 그러나 인민민주당 내부는 얼마 안가 두 파로 분열되었고, 각지에서 반정부 무장세력이 여기저기서 일어났다. 아프가니스탄의 정세를 안정시키기 위해 1979년에 소련군이 아프가니스탄에 출병하여 무력간섭을 진행하면서 아프가니스탄 국내 정세는 더욱 복잡해졌다. 국내적으로 보면 반정부무장은 민족주의정서가 바탕이 되었기 때문에, 소련군의 진주를 침입으로 간주하여 경내에서 무장반란이 더욱 활발했다. 국제적으로 보면 미국이 소련군의 아프가니스탄 진주를 아프가니스탄 내정에 대한 난폭한 간섭이라고 규탄하였으며, 소련을 제재하기 위한 일련의 조치를 취했다. 동시에 미국은 또 아프가니스탄의 반정부 무장을 대대적으로 원조했다. 아프가니스탄전쟁은 미·소 양국의 대립을 또 다시 격화시켰고, 소련의 군비지출을 크게 증가시켜 소련의 취약한 국내경제에 더욱 큰 압력을 가져다주었으며, 결국 아프가니스탄전쟁은 소련 해체의 중요한 원인이 되었다. 1970년대 말 소련은 핵무기 보유 수량이 미국을 앞질렀다. (그래프 4-5 참조) 소련을 계속 억제하기 위하여 레이건 미국 대통령은 반탄도미사일방어체계의 전략적 방어계획, 즉 유명한 "스타워즈계획"을 세웠다. 미국은 8,000억~1조 달러를 들여 정찰위성·반미사일위성, 지향성 에너지 무기 등으로 구성된 미사일 무기 방어시스템을 우주에 구축하고, 우주에서 소련의 핵미사일과 우주선을 차단함으로써 소련의 핵 우위에 맞설 계획이었다. 만일 소련이 방비하지 않는다면 일단 미국이 계획을 진정으로 완수하게 될 경우 소련이 직면하게 될

그래프 4-5 1945~2009년 미국-소련(러시아) 핵무기 수량 비교

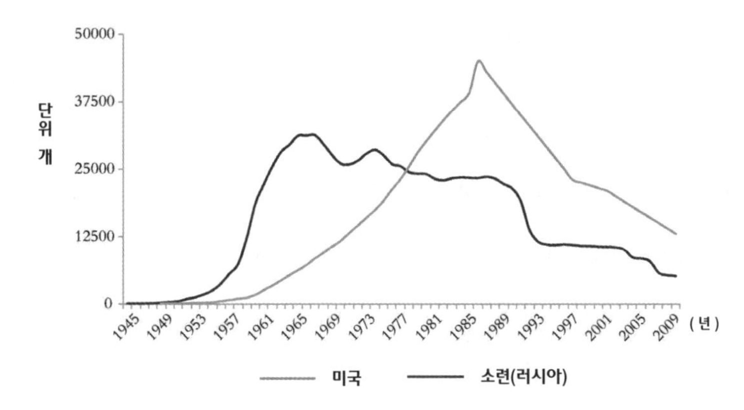

자료출처: Robert S. Norris, Hans M. Kristensen, "Global Nuclear Weapons Inventories, 1945-2010", Bulletin of the Atomic Scientists, Vol.66, No.4(July/August 2010), pp.77-83.

위협은 치명적일 것이었다. 냉전사유의 추진 하에 소련 지도자는 군사력에 대한 투입을 진일보 확대하여 소련의 우세 지위를 수호하기로 결정했다. 그러나 군비 증대와 중공업 투자의 지속적인 증가, 경제구조의 지속적인 악화, 게다가 대외 무역의 급감으로 소련 경제가 심각한 타격을 입었으며, 결국 동유럽 급변과 소련 해체의 씨앗이 되었다.

(2) 소련에 대한 미국의 "평화적 이행" 실시, 소련의 급격한 해체.

1980년대에 미국 경제는 스태그플레이션에서 점차 벗어나고 있었지만 소련경제는 계속 침체상태에 처해있었다. 레이건 대통령이 집권한 후 공급학파의 관점을 도입하여 통화긴축정책과 적극적인 재정정책을 취하면서 경제 스태그플레이션에서 벗어났다. 경제력과 군사력이 회복된 후 미국은 무기 통제에서 돌파구를 모색하고자 소련 지도

자들과 접촉하는 경향을 보였다. 그러나 고르바초프가 집권할 때, 소련 경제는 이미 "위기의 변두리"에 이르러 경제 성장률이 70년대 중반 이래 계속 하락하였고, 80년대에 들어서 하락 속도가 더 빨라졌다. 그리고 노동 생산성이 떨어지고, 재정적자가 심각한 상황에 이르렀으며, 인플레이션이 악화되고 루블화 가치가 급격히 하락했다. 소련이 미국에 대항할 실력을 점차 잃어가고 있는 배경에서 1985년 레이건과 고르바초프가 회담을 진행하여 양국 간 대립상태를 점차 끝내게 되었다. 미국 언론의 공세 하에 소련은 전국적으로 자체 체제에 대한 믿음이 점차 무너졌다. 정부의 정책 오류로 빠른 사유화, 급격한 외자유입 현상이 나타났다. 1988년 5월 「합영법」이 실시되면서 처음으로 제조업·서비스업·대외무역 부문에서 개체 경영 요소의 등장이 허용되었다. 이어 소련은 외국자본에 대한 제한을 기본상 취소했다. 1990년 8월 고르바초프가 비국유화를 가장 중요한 임무로 삼을 것을 제시하여 사유화를 통해 국유기업의 효율을 향상시키고, 과학기술 수준을 향상시키고자 했다. 비국유화를 추진하기 위해 소련정부는 국유기업 자산을 유가증권으로 환산하여 소련 국민에게 발행하였으며, 또 거래시장을 만들어 유가증권의 자유 유통을 실현함으로써 소련은 일거에 시장화 단계로 넘어갈 수 있었다. 소련의 사유화 개혁으로 미국은 소련 재산을 갈취할 수 있는 계기를 마련할 수 있었다. 미국은 독자와 합자의 방식을 통해 소련에 대량의 '유령은행'을 설립한 뒤 서방체제에 대한 소련 국민들의 맹목적인 숭배 심리와 불분명한 수단을 이용하여 이자비용을 높여 소련 주민, 기업 및 금융기관으로부터 대량의 루블화를 대차하여서는 주민의 유가증권을 구입하는 수법으로 소련의 대다수 국유 자산을 장악 통제했다. 루블화의 폭락으로 미국은 소련의 70여 년 발전성과를 적은 비용을 들여 획득하게 되었다. 미국은 소련의 자산을 확보한 뒤에도 여전히 거액의 원리금 상환 압박에 시달려야 했다. 소련은 환율을 엄격히 통제하는 것으로 거액의 원리금을 상환하도록 압박함으로써 미국에 반격을 가해 제압할 수 있었다. 그러나 1989년에 소련 국가 은행은 소련이 고정환율제를 포기하고 이중 변동환율제로 전환한다고 공식 선포하면서 외환시장에 대한 감독 관리를 거의 포기했다. 이에 따라 민중들의 대량 예금인출 사태를 초래하여 공포 정서가 급속히 확산되면서 루블화 가치가 폭락했다. 소련 국민이 유가증권 판매로 얻은 루블화 가치는 급격히 떨어지고, 유가증권으로 대표되는 국유자산은 이미 미국의 소유가 되어버렸다. 소련의 금융체제가 완전히 붕괴되어 통화주권을 상실하면서 국력이 쇠퇴되고 사회 불안정을 초래했다. 미국의 '유령은행'이 대차한 거액의 채무는 대폭 하락하여 소량의 달러화로도 태환이 가능해졌다.

(3) 미·소 무역이 수축되고, 미국의 대 소련 무역제재가 강화되다.

미·소 무역관계는 줄곧 양국 정치·군사 관계의 지배를 받았다. 미·소 양국 간 무역발전의 선결조건은 정치적 협력과 군사적 수축이었다. 이 단계에 아시아·아프리카·라틴아메리카에 대한 소련의 확장이 미국의 패권 이익과 국제 전략에 준엄한 도전이 되었다. 그리하여 미국은 무역 분야에서 소련에 대한 전 방위 수출 규제를 실시하였고 식량과 석유 분야를 겨냥해 공격하였으며, 포위 식 공격을 가하기 시작했다.

1) 전 방위 수출 규제. 첫째, 미국은 소련에 대해 식량 및 천연가스 수송관 설비 수출입금지를 실행하였으며, 소련에 대해 예외 없는 정책, 즉 미국이 소련에 대해 CoCom 제한품목을 수출하지 않는다는 정책을 실행했다. 그 정책은 1989년에야 철폐되었다. 둘째, 미국은 CoCom을 이용하여 소련에 대한 전략물자와 첨단기술 규제를 강화했다. 1982년 미국과 CoCom 회원국은 소련집단과의 여러 가지 무역협정의 이행을 종료하였으며, 또 58개 품목을 CoCom 제한목록에 포함시켰다. 그 품목에는 우주선·로봇·부양식 도크·해상 오일 가스 채굴 기술 등의 물자와 기술이 포함되었다. 1984년 CoCom은 통신기술 설비에 대한 규제를 더욱 강화하였으며, 또 수출입금지 물자와 관련된 개발소프트웨어를 중점적으로 제한했다.
2) 중점 분야를 겨냥한 공격. 소련에서 식량은 희귀물품이자 사회의 안정을 유지하는 중요한 물자로서 미·소 무역관계가 악화된 후 식량 분야가 첫 번째 공격대상이 되었다. 석유는 소련의 수출을 통한 외화 창출의 중요한 물품으로 미국의 중점적인 공격대상이 되었다.

3) 포위 식 제재. 미국은 서유럽과 일본 및 기타 CoCom 회원국, 유(類) CoCom 회원국들을 연합하여 소련에 대한 포위 식 공격을 실행하여 소련과 여러 나라들 간의 무역거래를 차단했다.

제2절
미·소 무역전쟁의 중점 분야

미·소 무역전쟁의 주요 분야는 식량과 에너지이며 주로 정치적 목적에서 출발하여 미·소 양국의 세계 패권 다툼의 필요에 순응했다.

1. 식량무역

독특한 자연환경과 비교적 안정된 정치정세, 선진적인 과학기술연구개발, 그리고 완벽한 부대시설과 농업설비는 미국의 농업 기적을 창조했다. 반면 소련의 상대적으로 열악한 자연환경은 식량 생산량의 불안정을 초래하였으며, 농업생산이 장기적으로 중공업발전에 순응하고 봉사하면서 농업 생산 적극성이 떨어져 발전이 더디고 정체되었다. 따라서 다년간 미국의 식량 생산량은 소련을 능가했다. 1961년에 미국의 식량 생산량은 소련의 1.4배였고 1981년에는 2.3배에 달했다.(그래프 4-6 참조) 1972년 이후, 소련은 식량 순수입국으로 되었다.(그래프 4-7 참조) 미국과 소련의 경제구조가 양자 간의 식량 무역에 대한 수요를 결정지었으며, 동시에 식량은 또 국민경제에서 중요한 지위를 차지하므로 양국 무역관계의 관건적 분야이며, 미국은 식량의 높은 생산량에 힘입어 주도적 지위를 차지하고 있었다. 양국의 식량 무역 발전수준은 경제실력과 대외무역정책의 영향을 받았을 뿐 아니

그래프 4-6 1961~1991년 미·소 식량 생산량 비교

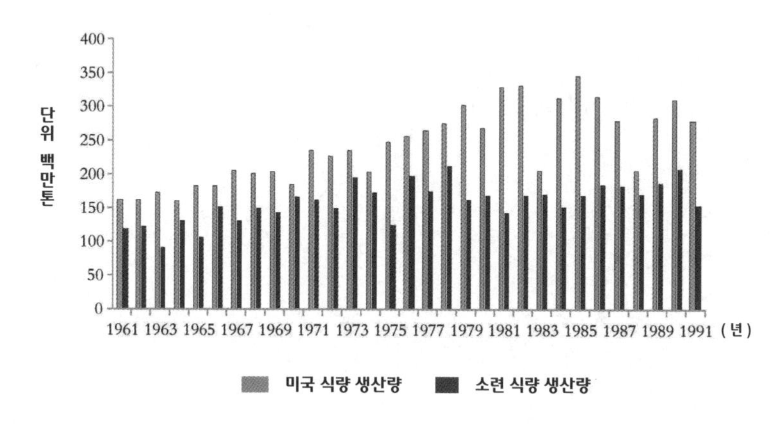

자료출처: 유엔식량농업기구, 헝다 연구원.

라 양국 정치형세의 제약도 받았다. 미국은 억제시기에는 소련에 대한 식량 수출을 거의 차단했다가 완화시기에는 양국 무역 왕래를 재개하곤 했다. 미국은 식량무역을 이용하여 중동문제 등 분야에서 소련이 양보하도록 압박할 수 있기를 바랐다. 그러나 패권 다툼의 배경에서 소련이 쉽게 양보하기를 거부하였으므로 양국의 무역왕래는 한동안 중단되었다. 또 다시 양국 관계가 긴장시기에 들어서자 미국은 또 다시 수출입을 금지하였으며, 미·소 식량무역의 대문이 거의 닫혀 버렸다.

(1) 냉전 초기에는 미·소 양국 간에 식량무역이 거의 없었다.

제2차 세계대전 종전 후 미국에 심각한 식량 과잉현상이 나타났다. 미국정부가 일련의 조치를 취하여 농산물 수출을 확대함에 따라 미

그래프 4-7 1970년대 소련이 식량 순수입국으로 전환

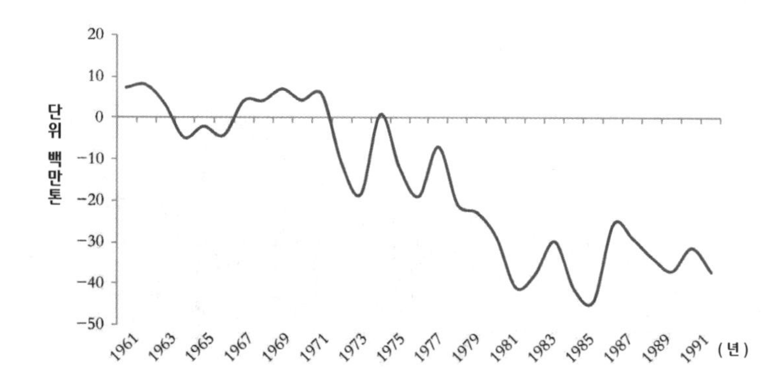

자료출처: 유엔식량농업기구, 헝다 연구원.

국은 종전 후 세계 식량의 최대 생산자와 공급자가 되었다. 식량 수출은 미국의 식량 과잉 문제를 완화시킴과 동시에 세력 범위를 공고히 하고 확장하는 중요한 방식이기도 했다. 제2차 세계대전 후 소련은 농업발전이 더뎠지만, 여전히 식량 순수출국이었으므로 미·소 양국 간에는 식량 무역이 거의 없었다. 1951년 미국이 '공동안전법'을 실행하여 식량 등 농산물로 군사 '원조'에 협조했다. 1954년 미국의회가 제480호 공법을 통과시켜 개발도상국에 대한 식량 등 원조를 실행함으로써 그들 국가들이 식량 분야에서 미국에 의존하도록 하여 국내외 정책 제정에서 미국의 통제를 받도록 하고 또 그들을 미국의 세력 범위에 포함시키려고 했다.

(2) 1960~70년대에 미·소 양국 식량무역이 다소 완화되었다.

미·소 양국관계가 완화된 배경에서 양국 식량무역은 호전 세를 보이다가 양국관계가 긴장됨에 따라 미국은 소련에 대한 잠정적 수출입금지조치를 여러 차례 실시했다. 미국은 식량을 이용하여 중동문제에서 소련이 양보하도록 압박하였고, 소련은 석유자원을 이용하여 미국이 소련에 식량을 수출하도록 협박함으로써 자국의 전략적 비축을 강화했다. 1963년 10월 미국정부가 대 소련 400만 톤의 밀과 밀가루 수출을 허용했다. 이는 미국이 처음으로 소련에 식량무역의 문을 열어준 것이다. 닉슨 대통령이 정권을 잡은 후 미·소 관계를 완화시키는 동시에 잉여 식량을 판매하기 위하여 1971년부터 대 소련 대종상품 수출을 발전시키기 위한 조치를 취하기 시작했다. 1972년 소련에 흉작이 들어 식량 생산량이 7% 내려가 소련은 미국으로부터 식량 1,795만 톤을 구매하였는데, 이는 미국의 그해 식량 보유량의 거의 3분의 1을 차지하는 수량이었다. 1974년 미국은 「잭슨 바닉 수정안」을 통과시켜 소련에 유태인의 소련 출국 규정을 완화시킬 것을 요구하면서 이를 대출 제공의 조건으로 삼았다. 사실상 식량 등의 공급을 삭감하겠다고 위협하면서 소련이 중동문제에서 미국에 양보할 것을 요구한 것이다. 1975년 미국과 소련은 5년 기한의 식량협정을 체결하여 소련이 매년 600만~800만 톤의 밀을 구매할 수 있도록 허용했다. 소련이 미국에 특혜가격으로 석유를 공급하는 것을 거부하면서 포드 행정부가 7월 24일 대 소련 식량 수출을 금지한다고 선포하는 바람에 소련은 아르헨티나·오스트레일리아 등 국가로부터 고가로 식량을 구입하는 한편 국내 가축을 대대적으로 도살 처분하는 수밖에 없었다. 미·소 양자 타협을 거쳐 상기 협정은 1976년부터 발효했다. 카터 대통령 집권 초기에 대 소련 식량 수출 촉진정책을 취하여 소련의 식량 구매 한도액을 자발적으로 수정했다. 1977~1979년 미국은 대 소련 식량수출한도액을 꾸준히 늘려 800만 톤에서 2,500만 톤으로 늘렸다.

(3) 1980년대 미·소 양국 식량무역의 굴곡적인 발전.

소련의 패권행위가 미국의 불만을 야기하면서 미국은 소련에 대한 식량수출금지를 실시했다. 카터 대통령은 더 이상 소련에 식량을 수출하지 않을 것이라고 선언하였으며, 또 어느 국가든지 소련에 식량을 수출하려면 먼저 미국의 허락을 받을 것을 요구했다. 레이건 대통령이 집권한 뒤 유화정책과 압박을 결부시키는 정책의 실시 및 소련이 갈수록 미국에 대항할 실력을 상실함에 따라 미·소 양국 식량무역이 새로운 협정을 이루었다. 1979년에 소련은 또 흉년이 들어 식량이 전해보다 24%나 대폭 감산했다. 같은 해 말, 소련이 아프가니스탄을 무력 침입했다. 카터 미국 대통령은 1980년 1월 초에 소련에 대해 일부 식량수출금지 등 일련의 조치를 취한다고 선포했다. 1981년 3월 24일 레이건 대통령이 15개월간 지속되어오던 대 소련 식량 수출금지를 일부 철폐했다. 3개월 후에는 소련에 대한 대대적 식량 수출을 회복했다. 1983년 7월 미·소 5년 기한의 새로운 식량협정을 체결하고, 소련이 최고로 1,200만 톤의 식량을 구매할 수 있도록 허용했다. 주목할 점은 식량무역이 비록 국가 이익과 패권 다툼의 지배를 받고 있었지만 미국 정치무대에서 이익단체들 간 경쟁의 영향도 받았다는 사실이다. 1975년 미·소 양국이 석유가격문제에서 합의를 보지 못하자 미국은 재차 식량 수출을 금지하는 것으로 위협했다. 그러나 소련의 고가 식량 수매로 미국 농장주들이 대량의 이득을 볼 수 있었기 때문에 수출금지는 바로 자국 이익집단의 반대를 받았다. 그래서 1970년대 이후 미·소 식량무역의 총체적 추세는 미국의 식량수출량이 꾸준히 늘어남과 동시에 대 소련 구매 한도액도 갈수록 높아졌다. 1975년과 1980년 두 차례의 수출금지조치는 그 추세를 변화시키지 못하였으며, 식량으로 소련을 협박하고자 하였던 미국의 전략은 실패로 돌아갔다.

2. 에너지 분야.

에너지 분야에 대한 억제가 소련에 대한 미국의 억압체계에서 중요한 지위를 차지한다. 냉전 초기 미국은 소련에 석유 관련 설비 수출을 금지하는 것으로써 소련의 경제회복을 억제시키려고 했다. 1960년대 말 70년대 초에 소련은 에너지산업의 발전을 회복했다. 미국은 에너지 위기로 석유가 부족하였으므로 식량무역, 최혜국대우 등을 이용하여 소련으로부터 에너지 자원을 얻고자 했다. 1979년 소련이 아프가니스탄을 침범한 후 레이건 행정부는 천연가스관 수출 금지와 국제석유가격 조종을 통해 소련의 수출을 제한함으로써 외부로부터 소련의 국민경제질서를 교란했다. 이에 따라 소련 경제는 에너지 영역에서부터 점차 붕괴되기 시작했다. 소련의 풍부한 석유, 천연가스 자원은 냉전시대 경제·정치·군사력의 중요한 물질적 토대가 되었다. 냉전

사유의 영향을 받아 미·소 양국은 에너지 무역을 진행할 때 경제적 이익보다는 정치적 요소를 주로 고려했다. 미국과 소련은 석유무역을 진행할 때, 한편으로는 그 기회를 틈타 석유공급의 다원화를 실현함으로써 자국의 석유안전을 보장할 수 있기를 바랐고, 다른 한편으로는 소련의 대 미국 무역의존도를 높여 "연결 전략"을 관철시킴으로써 중동 정세, 제한적 전략무기 협상에서 소련을 압박해 양보를 얻어낼 수 있기를 바랐다. 소련은 미국과의 석유무역을 통해 외화를 벌어들여 경제건설과 군사력 확장에 자금을 투입하는 동시에 보상무역을 통해 경제건설에 필요한 기술을 얻고자 했다. 미·소 양국 간 에너지 분야의 무역에서는 미국이 주도적 위치를 차지했다. 주요 원인은 미국이 첨단기술과 충족한 자금을 보유한 반면에 소련은 비록 풍부한 석유, 천연가스 자원을 보유하고 있으나 채굴기술이 낙후하고 자금이 부족하여, 채굴 비용이 석유수출국기구(OPEC) 회원국들에 비해 높았으므로 미국과 서유럽 국가의 자금과 기술을 빌려야만 했다. 그렇기 때문에 소련은 비록 에너지 시장에서 판매자 우위에 있었지만, 많은 주도권을 얻지 못하였으며 오히려 미국의 지배를 받아야 했다.

(1) 냉전 초기에 미국은 소련에 대해 엄격한 수출입 금지조치를 실시했다.

제2차 세계대전 종전 후, 소련의 대부분 유전 및 관련 설비들이 전쟁에서 손상을 입어 원유의 생산량이 매우 낮았으므로 수입에 의존하여 국내 경제와 군사건설을 지탱하는 수밖에 없었다. 소련 석유산업의 회복을 막기 위하여 미국은 소련을 비롯한 사회주의국가들에 대해 엄격한 전략 물자 수출입 금지조치를 실시하였는데 그중에 에너지산업 관련 설비도 포함되었다. 한편 동맹국들이 수출입 금지정책을 저지하는 것을 막기 위해 미국의회는 1951년 「공동방위원조통제법」을 통과시켜 "어느 국가든지 사회주의국가에 전략물자 수출을 허용한 것이 발견되었을 경우 대통령이 그 국가에 대한 군사적·경제적·재정적 원조를 삭감할 수 있는 권한"을 부여했다. 종전 후 초기에 서유럽과 일본이 미국의 원조에 지나치게 의존하였기 때문에 상기의 법안은 그들이 미국에 굴복할 수밖에 없도록 했다. 상기 법안은 1952년에 발효되어 A·B 목록에 총 285종의 수출입 금지물자가 포함되었다. 그 중 금지목록 B에는 석유와 천연가스의 탐사·생산·정제 등에 필요한 여러 가지 특수 설비들이 포함되었다. 소련은 에너지산업을 우선적 발전의 위치에 놓고 제4차, 제5차 5개년계획(1946~1955년) 기간의 건설을 거쳐 소련 석유공업이 빠른 회복과 발전을 이루어 또 다시 석유 순수출국으로 부상했다. 1955년에 소련의 석유생산량 및 석유제품 수출량은 각각 7,079만 톤과 800만 톤에 이르렀고, 1960년에는 각각 1억 5,000만 톤과 3,320만 톤에 달했다. (그래프 4-8 참조) 1950년대 중반에 소련은 천연가스 공업부를 설립하고 흐루시초프가 "7년 계획"(1959~1965년)을 추진하면서 소련 천연가스 공업의 발전을 이끌었다. 같은 기간 서유럽국가들은 공업 난국에서 벗어나고 국제시장을 개척하기 위한 수요에서 출발하여 흐루시초프의 "평화공존"정책에 적극 호응하여 소련과 에너지 분야와의 연계를 밀접히 하였으며, 미국과 투쟁하고 타협하는 과정에서 1954년과 1958년 두 차례에 걸쳐 소련에

그래프 4-8 1940~1975년 소련 석유 및 석유제품 생산량과 수출량

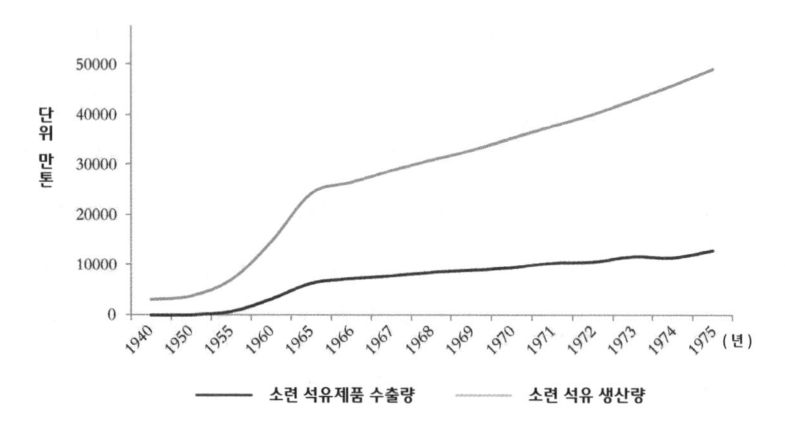

자료출처: 저우룽쿤(周榮坤) 등 편찬, 『소련 기본 숫자 수첩』, 시사출판사 1982년판, 321쪽, 헝다 연구원.
일일 산량: 원유: 사우디(좌축) 원유가격: 아라비아지역: 명의(우축)

대한 수출입금지 목록을 삭감하였으며, 또(CoCom) 예외 절차를 이용하여(CoCom) 규제 목록 중 전략적 가치가 비교적 작은 물자의 수출 여부를 자체로 결정할 수 있게 되었다. 서유럽국가와 소련 간의 에너지 무역이 잦은 상황에 대응하고자 미국은 「수출통제법」을 개정하고 비밀 결의를 통과시켜 제지시켰다.

미국은 서유럽국가와 소련 간 에너지무역의 빠른 발전이 서유럽 국가들의 경제 및 군사의 빠른 발전에 도움이 될 것이라고 생각하면서도 그러나 소련에 대한 억제정책을 파괴할 것이라고 여겼다. 1962년 미국의회가 「1949년 수출관제법」 개정안을 통과시켜 소련집단의 전쟁과 경제 잠재력을 향상시킬 수 있는 중요한 물자에 대한 관리 통제를 진행했다. 1962년 11월 21일 나토조직이 비밀 결의를 통과시켜 소련에 대한 대(大) 구경(口徑) 파이프 수출을 중단할 것과 새로운 수출계약

체결을 금지할 것을 회원국들에게 요구했다.

(2) 1970년대에 미·소 양국의 에너지무역이 점차 완화되었다.

1960년대 말 70년대 초에 미국은 석유 순수출국에서부터 순수입국으로 전환되면서 에너지자원의 수입 경로를 넓히는 것이 급선무가 되었다. 1973년 오일쇼크가 발생하였을 때 석유수출국기구가 석유 수출을 금지하는 바람에 소련과 에너지무역을 진행하려는 미국의 의향이 강화되었다. 동시에 다용도 기술이 광범위하게 발전함에 따라 미국의 경제 억제 중점은 전략물자에서 첨단기술로 점차 바뀌었으며, 에너지 분야의 기술 제품은 첨단기술에 비해 상대적으로 지위가 떨어졌다. 닉슨 대통령이 집권한 후, 소련에 대한 "연결 전략"을 펴기 시작하였으며, 주로 경제적 양보를 통해 소련의 정치적 양보를 얻어내려고 했다. 미국은 소련과의 에너지 무역을 통해 소련이 국내외 정책을 바꾸도록 압박하여 에너지 무역을 전략적 무기 제한, 베트남 문제, 인권 문제, 유태인 이민자 문제 및 소련 국내 반체제 인사 문제 등과 연결시키게 했다. 1972년 10월 18일 「미·소 무역협정」이 체결되어 미국정부는 소련에 최혜국 대우 지위를 부여하도록 의회에 요구할 것을 약속하였으며, 또 미국 수출입은행이 정기적으로 소련에 차관을 제공하도록 규정했다. 1973년 6월 미·소 제2차 정상회담에서 닉슨과 브레즈네프가 공동성명을 체결하여 한 걸음 더 발전한, 더 장기적인 경제협력을 지원하면서 시베리아 천연가스의 미국 수송을 하나의 특수한 사업으로 추진키로 했다. 그러나 유태계 이민자에 대한 소련의 규제로 인해 1973년 12월 미국의회가 「잭슨 바닉 개정안」을 통과시켰다. 개정안은 "공산권국가가 자유로운 이민을 허용하지 않는 한 미국 대통령은 공산권 국가나 비 시장경제 국가에 최혜국대우를 줄 수 없다"라고 규정지었다. 이에 따라 미국이 소련에 주었던 천연가스 분야에서의 최혜국대우가 철폐되었다. 1974년 미국의회는 또 "소련에서 에너지 개발 활동을 진행하는 미국기업에 대한 수출입은행의 자금 지원을 금지한다"는 내용을 담은 「스티븐슨 개정안」을 출범시켰다.

「잭슨 바닉 개정안」과 「스티븐슨 개정안」은 미·소 양국 간 에너지무역의 진척을 크게 저애했다. 그러나 미국 에너지안전을 보장하기 위해 미·소 양국은 모스크바에서 잇달아 두 차례의 협상을 가졌다. 미국은 최혜국대우와 대출이라는 카드를 잃고 식량과 첨단기술 분야에서 양보했다. 1974년 미·소 양국은 「미·소 석유무역협정 의향서」를 체결하여 소련이 매년 100억 톤에 달하는 석유와 정제유제품을 미국에 판매하도록 규정했다. 1975년 미·소 양국은 「미·소 석유무역협정(1976~1980년)」을 체결했다. 최혜국대우와 미국수출입은행의 신용대출의 지원이 결여되면서 소련의 석유와 천연가스 개발진도가 더뎌졌으며 따라서 미·소 양국 에너지무역도 점차 식어갔다. 1979년에 제2차 오일쇼크가 터지면서 미·소 양국 간 에너지무역 확대 가능성이 생겼다. 그러나 1979년 소련의 아프가니스탄 침공과 함께 미·소 양국의 에너지 무역이 급감했다.

(3) 1980년대에 미국은 석유가격을 조작하여 소련을 공격했다.

레이건 대통령이 집권한 후 소련에 대해 강경한 입장을 취하였으며 '신 냉전시기'에 들어선 후에는 소련에 대해 치밀하게 기획한 경제전쟁, 즉 경제수단을 통해 적대국가의 경제력을 약화시켜 결과적으로 그 나라의 군사적 잠재력을 약화시키는 책략을 실시했다. 소련경제가 침체상태에 처해 있는데다가 에너지수출에 의존하여 벌어들인 외화수입으로 현대화건설에 필요한 기술과 설비를 수입하고 있는 준엄한 현실에 비추어 레이건 행정부는 에너지를 이용하여 소련을 억제하여 소련 경제의 안정을 흔들었다. 한편으로 레이건 행정부는 시베리아 천연가스 수송관에 대한 수입을 금지시켰다. 1970년대 말 소련과 서유럽 국가들은 새로운 천연가스 수송간선 건설에 대한 협상을 시작하였는데 미국은 줄곧 이에 반대해 왔다. 1981년 레이건 행정부는 소련에 대해 경제제재를 실시함과 동시에 소련에 천연가스 수송관 건설에 필요한 설비와 기술을 수출하는 것을 금지한다고 선포했다. 1982년 미국은 「수출통제법」에 따라 제재범위를 확대키로 하고 미국의 해외 자회사와 미국회사의 허가증을 소지한 외국회사에까지 수출금지범위를 확대키로 결정했다. 1982년 서방국가와 미국은 대 소련 제재에 대한 공동 인식을 달성하고, 쌍방 모두 여러 가지 무역협정, 특히 천연가스, 석유기술과 관련된 협정의 이행을 중지키로 하고, 소련에 경제를 군사화 할 수 있는 우대적 원조를 제공하지 않기로 하였으며, 모스크바와 천연가스 관련 그 어떤 새로운 협정도 체결하지 않기로 하였고, 또(CoCom) 규제를 강화키로 합의했다.

다른 한편으로 레이건 행정부는 국제시장 유가 급락을 조작하는 것으로써 소련의 에너지 수출에 타격을 주었다. 1980년대 사우디아라비아는 국제 유가에 영향을 줄 수 있는 중요한 산유국이었으며, 그 생산량은 석유수출국기구 전체 산유량의 40%를 차지했다. 미국이 사우디아라비아에 안보와 첨단무기 판매를 조건으로 제시하였기 때문에 사우디는 생산량 증대에 동의함으로써 국제유가를 떨어뜨렸다. 1985년 8월에 사우디아라비아가 석유 생산량을 늘리기 시작하여 공급이 급증하면서 석유가격이 폭락하게 되었다. (그래프 4-9 참조) 한편 미국은 또 자발적으로 자국의 수요와 전략적 비축을 줄여 국제 유가에 타격을 가했다. 이밖에도 미국은 또 동맹국들인 서유럽국가 및 일본에 유가가 상승할 경우 전략적으로 비축하였던 석유를 투매하여 유가를 안정시킬 준비를 해둘 것을 요구했다. 중동의 저렴한 석유의 대체 효과로 인해 소련의 천연가스 수출이 대폭 줄었고, 이에 따라 소련의 에너지무역에 의존하는 외화창출능력에 심각한 타격을 입혔다. 거기에 달러화 평가절하까지 겹쳐 소련은 외화가 대폭 수축되어 경제가 심각한 타격을 입었다.

그래프 4-9 1980~1991년 사우디아라비아 일일 원유 생산량과 원유 가격

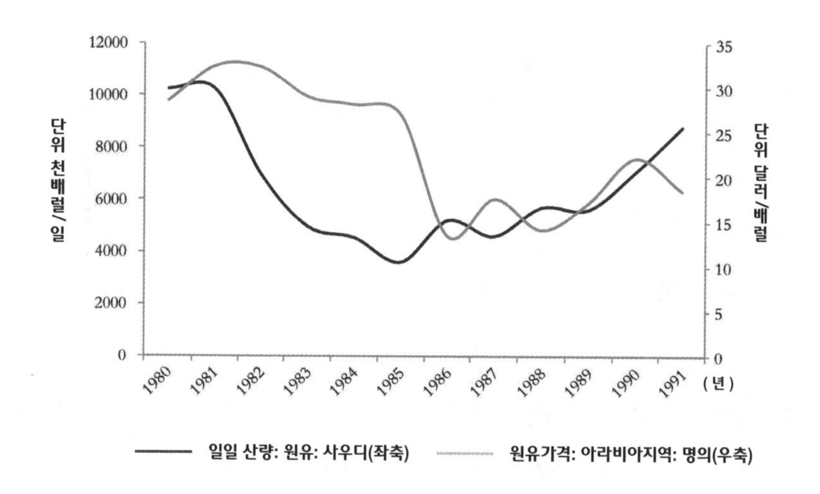

자료출처: Wind, 헝다 연구원.

제3절
계발: 소련 실패의 교훈, 중·미는 '신(新)냉전'으로 가나?

1. 소련 실패의 교훈이 중국에 주는 계발.

(1) 자본계정하의 금융 자유화 등 제반 개혁을 점진적으로 추진해야 한다. 감독관리가 없이 한걸음에 실현하고자 해서는 안 된다. 그래야만 금융전쟁의 충격을 막을 수 있다. 미국은 식량·석유·하이테크기술 등의 분야에서 서유럽·일본 등과 연합하여 소련에 대한 수출금지 등 억제정책을 실행했다. 비록 소련의 경제발전을 억제하긴 하였지만 소련 경제를 완전히 무너뜨리기엔 역부족이었다. 소련의 급격한 시장화개혁과 미국이 일으킨 금융전쟁이야말로 소련 경제의 붕괴와 소련의 해체를 초래한 직접적인 원인이었다. 금융 개방은 중국이 반드시 거쳐야 하는 과정이다. 그러나 자본계정 하에 점진적으로 개혁을 추진함으로써 단시일 내에 대규모의 자본 흐름으로 경제 금융시스템에 충격을 주게 되는 것을 피해야 한다.

(2) 미·소 양국의 패권 다툼은 주로 군사 분야에서 반영되지만, 사실상 종합 국력의 싸움이다. 중공업이 과중한 경제구조와 경직된 계획경제체제는 경제 쇠퇴와 민생의 쇠퇴를 부르게 된다. 따라서 반드

시 미시적 주체의 활력을 불러일으키고 산업구조의 다양화를 실현하여 농업 식량안전과 석유 등 중요한 전략 물자의 안전을 확보해야 한다. 방대한 군비 지출은 강력한 경제가 뒷받침되어야 한다. 소련은 경제총량이 미국에 뒤처지기 때문에 군비경쟁으로 그 종합 국력을 계속 약화시켰다. 소련은 제때에 경제구조조정을 거치지 못하여 농업 식량안전은 수입에 의존해야 하였고, 풍부한 석유자원은 전략적 무기가 될 수 있었음에도 불구하고, 미국이 무역전쟁을 일으켜 공격할 수 있는 표적이 되었다.

(3) 과학기술혁신의 추진으로 기술 감제고지를 장악하여 무역협상에서 더욱 많은 주도권을 장악해야 한다. 미·소 무역전쟁에서는 미국이 주도권을 거의 다 장악하였고 소련이 우위인 석유·천연가스 에너지 무역에서도 소련은 별로 많은 우위를 점하지 못했다. 이는 소련의 석유·천연가스 지하자원은 매장 위치가 깊어 소련의 자체 기술설비만으로는 채굴이 어렵고 비용이 높아 미국의 자금과 기술적 원조에 의지해야 했기 때문이다. 그렇기 때문에 중국은 과학기술혁신을 확고하게 추진하여 기술면에서 다른 나라의 제약을 받지 않도록 자체적인 우위를 살려 더 많은 협상 카드를 확보해야 한다.

(4) 이데올로기가 아닌 국가 이익에서 출발하여 국제관계를 처리해야 한다. 미·소 양국 간 경제무역관계는 총체적으로 정치·경제형세 변화의 수요에 따르긴 하였지만, 장기적으로 이데올로기로써 적아를 구분해왔기 때문에, 국제관계 처리에서 경직되고 오판을 하게 된 것이다. 중국은 미국 및 그 동맹국인 일본·한국·유럽연합 국가들과 자

유무역지대를 구축할 수 있다.

2. 중·미 양국은 단시일 내에 냉전으로 가지 않을 것이다. 그러나 중·미 무역 마찰은 장기성과 갈수록 준엄해지는 특성을 띤다.

40년 남짓이 이어진 미·소 양국의 냉전은 제2차 세계대전 종전 후 세계 역사발전의 주요 맥락이었다. 양국은 정치·경제·군사 등 중요한 분야에서 패권 다툼을 벌이는 과정에서 1970년대와 같은 완화시기도 있었고, 또 쿠바 미사일위기와 같은 일촉즉발의 긴장시기도 있었다. 양국은 "상호확증파괴(mutual assured destruction, MAD)의 핵 능력을 보유하고 있으면서도 경쟁은 직접 대항하는 무력전쟁까지는 발전하지 않았으며, 대신 몇 차례의 대리 전쟁(예를 들면 베트남전쟁·아프가니스탄전쟁 등)이 발생했다. 이밖에 양국의 대항은 경제제재, 군비경쟁, 평화적 이행 등 형식을 취했다. 결국 장기간 고강도의 군비경쟁으로 소련은 공업과 농업 비례, 경공업과 중공업 비례가 기형적으로 발전하는 심각한 결과를 초래하였고, 정부의 막심한 재정압력, 고도로 집중된 계획경제체제의 저효율 및 경제구조의 단일화가 결국 소련 경제를 몰락시켰다. 소련이 해체된 후 러시아 경제가 장기간 난국을 겪어오고 있으며 지금까지도 지속되고 있다. 2018년에 러시아 GDP는 1조 6,500억 달러로 세계 GDP에서 차지하는 비중이 겨우 1.9%에 불과하였으며 중국 광동(廣東)성과 비슷한 수준이었다.

냉전은 미·소 두 대국 및 그 동맹국 간의 전면적인 대항이었다. 그렇다면 당면한 중·미 양국 간 무역마찰은 대체 어디로 가고 있는 것일까? 냉전의 방향으로 발전하지는 않을까? 중·미 양국 사이에 단기간에는 냉전이 발생하지 않을 것이라고 우리는 보고 있다. 그러나 장기적으로 볼 때, 미국이 대항조치를 꾸준히 격화하여 무역에서 경제·금융 등의 분야에 이르기까지 중국의 궐기를 전면적으로 억제할 가능성은 여전히 존재한다. 이에 대해 중국은 마땅히 대비해야 한다. 중·미 양국 사이에 단기간 내에 냉전이 발생하지 않을 것이라고 판단하는 주요 원인은 다음과 같다.

첫째, 중·미 양국의 경제는 서로 의존성과 융합성이 강하다. 냉전이 시작되었을 때 미·소 양국 간 경제무역 협력 수준이 매우 낮았다. 스탈린이 "두 개의 평행시장"이론을 제기한 후, 소련과 미국경제는 각각 두 개의 서로 다른 체제 속에서 독립적으로 발전했다. 미국과 소련의 비교적 독립적인 경제구조는 양국이 장기적인 대항을 이어올 수 있었던 경제적 토대이다. 그러나 현재 중·미 양국 경제는 상호 의존성이 매우 강하다. 중국에 대한 미국의 보호무역주의행위는 필연적으로 미국 자체에 손해를 끼치게 되며 국내 일부 이익집단의 반대도 받게 된다. 따라서 중·미 양국은 단기간에는 냉전이 일어날 수 있는 경제적 토대가 결여되어 있다. 중국이 미국으로부터의 콩 수입을 줄이자 미국 농장주와 농업회사가 제일 먼저 직격탄을 맞았다.

둘째, 미국을 비교 참고 계수로 삼았을 때, 현재 중국경제는 상대적 실력이 소련보다 높다. 소련은 장기간 계획경제체제를 유지하였고, 산업구조가 기형적으로 중공업이 과중하고 경공업이 부족하며, 식량 부족이 장기화되고 있는 등의 문제가 존재한다. 따라서 국민의 생활 수준이 장기간 낮은 수준에 머물러 있었다. 그래서 미국은 소련이 아프가니스탄전쟁의 수렁에 빠진 기회를 틈타 계속 소련에 제재를 가함으로써 소련 경제를 공격할 수 있었으며, "스타워즈계획"을 이용해 계속 소련에 군사적 위협을 가하여 결국 소련을 무너뜨릴 수 있었다. 현재 중국의 경제는 소련의 경우와 전혀 다르다. 한편 중국은 2018년 GDP 총량이 이미 미국의 66%에 달하여 중국은 경제총량에서 미국에 대한 상대적 실력이 소련보다 우월하다. 다른 한편으로 중국은 세계 최대 규모의 방대한 제조업산업사슬을 구축하였고, 서비스업이 GDP에서 차지하는 비중이 해마다 상승하고 있으며, 신경제와 하이테크 산업의 기여도가 높아지고 있어 중국은 소련보다 훨씬 우월한 경제구조를 가지고 있다. 단기간 내에 미국은 냉전의 방식으로 중국 경제를 무너뜨리기는 어려울 것이다.

셋째, 이데올로기 영역에서 중·미 양국 간의 다툼은 미·소 양국에 비해 상대적으로 약하다. 냉전시기 첨예한 이데올로기 대립으로 미·소 양국은 평화적 담판의 방식으로 분쟁을 해결하기 어려웠다. 냉전시기에 미·소 양국은 핵전쟁을 피해야 한다는 공감대를 제외하고 국가의 거의 모든 역량을 동원해 대항했다. 1970년대의 짧은 완화단계는 미·소 양국, 특히 미국이 비교적 심각한 국내문제에 직면하였기 때문이었다. 최근 몇 년간 라이트하이저 미국 무역협상대표, 배넌 미국 전 수석전략가 등 일부 미국 관료들이 중국의 발전모델을 비난하고 있지만, 전반적으로 보면 현재 중·미 간 이데올로기 영역 투쟁은 미·소 냉전시대보다 약하다. 이와 동시에 미국은 비록 단기간 내에는 중국을 상대로 냉전을 일으키지 않겠지만, 새롭게 궐기하는 신흥대국과 기성대국 간의 이익 충돌은 객관적으로 존재하는 것이다. 중·미 양국 간 경제적 경쟁은 약화되지 않을 것이며 점점 더 강화될 뿐이다. 역사와 문화 분야의 거대한 차이가 충돌을 확대시킬 수 있으며, 따라서 문제가 장기간 더욱 복잡해질 것이다. 중·미 양국 간 경제적 경쟁은 장기간 더욱 치열해질 것이다. 중국은 제조업대국으로서 당면의 세계경제구도에서 여전히 미국과 일정한 상호보완성을 가지고 있다. 그러나 최근 몇 년간 중국이 5G 첨단제조 신에너지자동차 등 분야에서 꾸준히 발전하고 있고, 산업사슬이 점차 업그레이드되면서 글로벌시장에서 미국회사와의 직접적인 경쟁도 갈수록 치열해지고 있다. 또 중국의 인건비가 점점 높아지면서 일부 제조업의 산업사슬이 동남아·인도 등지로 점차 옮겨가고 있다. 이런 추세가 지속되면 중·미 경제 간 협력 요소가 줄어들고 경쟁 요소가 늘어날 수 있다. 미국은 첨단산업사슬에서 자국의 우위를 보호하기 위해 중국에 더욱 강력한 제재조치를 취할 수 있다. 중·미 문화 간의 충돌과 경쟁이 무역마찰을 확대시킬 수 있다. 그레이엄 앨리슨(Graham Tillett Allison, Jr.)은 『예정된 전쟁: 중국과 미국은 투키디데스의 함정의 재연을 막을 수 있을까?』 라는 저서에서 근대 이후 신흥대국과 기성대국 간의 대항이 총 16차례 일어났는데, 그 중 4차례만 전쟁을 면할 수 있었고 나머지 12차례는 모두 전쟁을 거쳐 승부가 갈렸다고 썼다. 그 4차례 가운데서 두 차례는 세계 지도권 쟁탈이 아니었으며,

각각 15세기의 포르투갈과 스페인 간 해상무역주도권 쟁탈과 1990년대부터 지금까지 이어져온 영국·프랑스와 독일 간 유럽 지도권 쟁탈이었다. 그 외 두 차례는 각각 20세기 중반 영국이 세계 주도권을 미국에 내준 것과 미·소 간 냉전시기 패권 다툼이었다. 그중에서 영·미 양국의 권력 교체는 비교적 순탄하였지만, 미·소 양국은 장기적인 투쟁을 전개했다. 영·미 양국의 세계 주도권 교체가 순탄하였던 원인 중 하나는 영국과 미국은 같은 언어·문화를 갖고 있고, 이데올로기 면에서도 서로 비슷하기 때문이다. 영국은 지도권이 바뀌더라도 생활양식은 바꿀 필요가 없다고 생각했다. 그러나 미국과 소련은 문화와 이데올로기 면에서 뚜렷한 대립관계를 갖고 있었기에 정치적 경제적 분쟁이 어느 정도 확대되었으며, 따라서 미·소 냉전 투쟁의 의미가 짙어졌다. 그러므로 역사적으로 볼 때 문화 차이는 대국 투쟁의 강도에 중요한 영향을 미칠 수 있다. 중·미 간에는 비교적 뚜렷한 문화 차이가 존재한다. 중·미 양국은 역사적·현실적 여건이 다름에 따라 가치관, 정부에 대한 태도, 대외정책 등의 측면에서 확연한 차이를 보이고 있다. 앨리슨 교수는 "오랜 문화전통이 보여주다시피, 국제질서는 자연적으로 형성된다고 중국인들은 생각하고 있으며 중국은 자신의 이념을 수출하려고 하기보다는 자체 문화의 우수성으로 하여 다른 사람들이 자발적으로 찾아와 얻고자 할 것이라고 굳게 믿고 있다"라고 지적했다. 그는 또 "정부에 대한 태도에서 중국의 역사가 보여주다시피 강대한 중심[베이징(北京) 혹은 난징(南京)]이 존재한다면 그 나라는 평화롭고 번영 발전할 수 있지만 반대일 경우 여러 성(省)

및 그 산하의 현(縣), 시(市)가 군벌들의 혼전에 빠지기 쉽다"면서 "그렇기 때문에 중국은 강력한 정부를 국내질서의 중요한 구성부분으로 본다."라고 지적했다. 그러나 미국의 경우를 보면, 미국은 일종의 국제법치를 갈망하고 있다. 그런 법치는 실질적으로 국내정치의 확대판이다. 한편 미국은 국제정치의 현실에서 '어린 양'보다는 '사자'가 되는 것이 더 낫다고 인식하고 있다. 그래서 미국은 국제사무를 처리하는데서 입법자·경찰·법관이 되어 세계질서를 조종하고자 한다. 미국은 정부가 최상의 상태에서도 기껏해야 '필요악(necessaryevil)'일수밖에 없으며, 최악의 상황에서는 더욱 참을 수 없는 악이라고 주장한다. 중·미 양국 간의 현저한 문화차이로 인해 중·미 양국은 구조적인 문제를 처리함에 있어서 많은 불확정성에 직면하게 되어 문제가 더욱 복잡해지는 것이다. 총체적으로 보면 현재 중·미 양국 간의 분쟁은 미·소 냉전시기처럼 타협할 수 없는 상황은 아니다. 그러나 철저히 해결하려면 역시 엄청난 어려움이 존재한다. 중·미관계는 이미 새로운 단계에 들어서서 협력을 위주로 하던 데로부터 협력과 경쟁이 공존하는 데로 나아가고 있다. 그러므로 분쟁을 관리 통제하면서 싸우되 파괴하지는 않으며, 동시에 개혁개방 추진의 강도를 높여 자체 실력을 향상시키는 것만이 중국의 최선의 전략적 선택인 것이다.

제5장

미국 양당 및 내각 구성원들의 대 중국 사상 전경도

제5장
미국 양당 및 내각 구성원들의 대 중국 사상 전경도[11]

1979년에 중·미 양국이 정식으로 수교하고부터 오늘에 이르기까지 미국 양당의 대 중국 태도에는 중대한 변화가 일어났다. 즉 중국을 우호적으로 대하자는 공감대를 이루었던 것에서부터 의견차이가 생겼다가 또 중국을 전략적으로 억제하자는 공감대를 이루기에 이르렀던 것이다. 미국 양당 및 내각 구성원들의 대 중국 태도는 어떻게 한 걸음씩 강경화로 나아간 것일까? 현재 트럼프 정부의 주요 내각 구성원들의 사상은 무엇일까? 이 글은 미국 권력의 주요 구조를 분석하고, 미국 양당 및 내각 구성원들의 대 중국 사상과 입장을 종합하며, 미국의 태도가 바뀐 배후의 관심사에 대해 분석하여 미국의 진정한 의도를 파악하는데 취지를 두었다.

---

11) 이 글을 쓴 사람들: 런쩌핑(任澤平)·뤄즈헝(羅志恒)·허천(賀晨)·화옌쉐(華炎雪)

제1절
미국 권력의 주요 구조

1. 대통령·의회·대법원: 삼권분립, 상호 견제.

미국「헌법」은 권력을 삼분법 구도를 이루도록 규정짓고 있다. 즉 "모든 입법권은 미국의회에 있고", "행정권은 미국 대통령에게 있으며", "사법권은 미국 최고 법원 및 의회의 명령에 따라 수시로 설립 가능한 일부 차등 법원에 있다."라고 규정짓고 있다. 그 실질은 권력의 상호 견제로서 권력이 집중되는 것과 권력을 남용하는 것을 막기 위한 것이다. 미국의회는 국가의 최고 입법기관으로서 상원과 하원으로 구성되었으며, 양원은 서로 견제한다. 미국「헌법」은 의회가 입법·유권자를 대표한 발언·감독·대중교육·분쟁조정 등의 기능을 갖는다고 규정지었으며, 그중에서 입법권과 대표권은 가장 중요한 두 가지 법적 기능이다. 정책 제정에서 의회가 가진 권력은 주로 징세 및 재정적자·국방·법원시스템 구축·연방정부 규범화 등 네 가지 방면에서 반영된다. 권력 견제 차원에서 상원과 하원은 기능이 서로 다르다. 그중 하원은 법안을 제출하고 발의할 수 있는 권력을 누릴 수 있고, 상원은 "건의 및 동의권"을 단독 행사할 수 있다. 즉 하원이 발의한 여러 가지 법안을 비준하거나 혹은 부결시킬 수 있다. 미국 대통령은 국가 정상과 무장부대의 총사령관 직을 맡는 외에도 또 행정의사 결정권을 갖고, 의회에서 통과된 법안의 집행을 책임지고 이행하며, 내각을 포함한 연방기구의 책임자를 임명하는 등 권력을 행사하고, 내각 및 관련 부서는 대통령을 보좌하여 행정의사 결정권을 행사한다. 이밖에 대통령은 의회가 채택한 모든 법안에 대한 부결권을 갖고 있다. 그러나 대통령에 의해 부결된 법안이 다시 의회 양원의 표결을 거쳐 3분의 2 찬성을 얻게되어 통과될 경우에는 대통령의 부결권이 없어지게 된다. 대법원은 사건에 대한 재판과 사법 논쟁에 대해 판결하는 사법권을 갖고 있으며, 법관의 정치사상 신앙은 그의 사법판결에 영향을 미치게 된다. 1789년 미국「헌법」제3조에는 "대법원은 그 관할범위 내에서 연방 법률에 대한 최종 해석자"라고 규정지었다. 대법원은 일반적으로 수석대법관 한 명과 대법관 8명으로 구성되는데, 법관은 모두 미국 대통령이 지명하며 또 상원의 투표를 거쳐 통과된 후에야 임명할 수 있다. 일단 상원의 확인을 거쳐 임명되면 법관은 임기가 종신이며, 그들의 직위는 사망하거나 사직하거나 혹은 탄핵 당할 때까지 유지된다. 모든 법관은 사법 재판 시 한 표의 투표권을 갖고 있으므로 법관 자신의 정치사상 신앙이 그들의 투표 판결에 영향을 주게 된다. 미국은 장기간 삼권분립을 유지해 왔지만, 실제로는 부서 간에 서로 영향을 주고 서로 간섭하며 견제하고 있다. (그래프 5-1 참조) 게다가 의회·대통령 및 내각·대법원 사이에 당파 간 정치투쟁이 분명하다. 예를 들면 미국 대법원 대법관은 대통령이 지명하고, 상원의원회의 동의를 거쳐 임명하게 되는데, 지명과정에서 정치

그래프 5-1 미국의 입법·행정·사법 삼권분립, 상호 견제

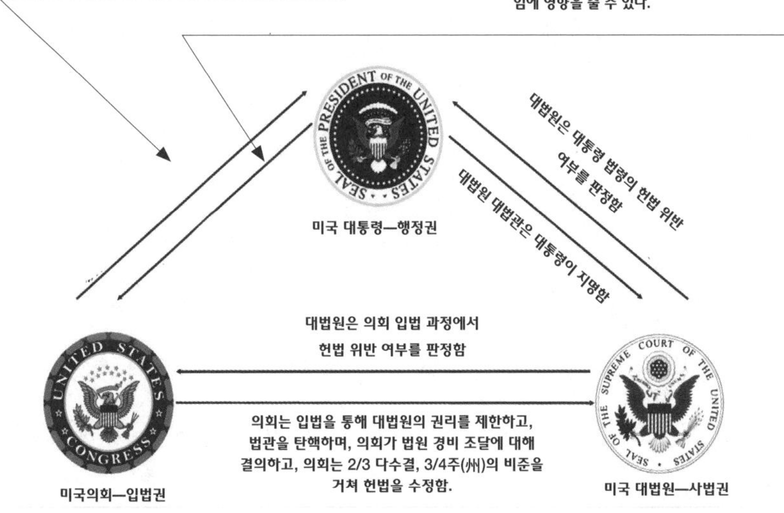

자료출처: 헝다 연구원.

적 색채가 다분하다. 일반적으로 지명 당하는 자는 대통령 당파의 이념에 부합하는 사람이 된다. 일단 임명되면 앞으로 몇 십 년간 미국의 사법 판결에 영향을 주게 된다. 때문에 상원의 투표는 일반적으로 공화당과 민주당 표결로 분명히 갈리는 상황이 나타난다. 예를 들면 2018년 10월 트럼프 대통령이 브렛 캐버노(Brett Kavanaugh)를 대법관으로 지명하였는데, 보수당 법관인 그가 일단 상원의 투표를 거쳐 통과되면 앞으로 수십 년간 미국 사법계는 낙태·동성애·양성애자와 성전환자의 권리·대통령 권력 범위 및 사회에서 종교의 역할 등 가장 논란이 되는 문제에 영향을 미치게 된다. 그렇기 때문에 최종적으로 50대 48이라는 투표 결과가 나왔다. 그중 공화당 상원의원 51명 중 거의 모두가 찬성표를 던졌고, 기권 1명(여성), 불참 1명(사정이 있어 투표에 참가하지 못함)이었다. 민주당 의원 49명 중에서도 거의 모두가 반대표를 던졌고, 찬성표를 던진 의원은 오직 1명(연임을 위한 정치적 타협)이었다.

2. 미국 행정부서 조직구도.

미국의 행정의사결정권은 주로 대통령에게 집중되어 있고, 의회는 대통령에 대해 일정한 제한 권력을 가지고 있으며, 내각 및 동급 기

그래프 5-2 미국 행정부서 조직구도

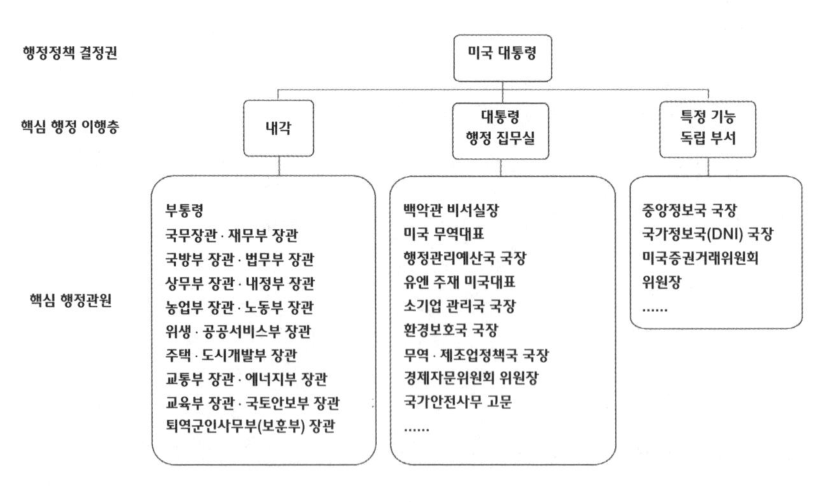

자료출처: 헝다 연구원.

관은 대표자로 대통령의 지령 또는 관련 정책을 실행한다. 현재 미국 대통령 직속의 중요한 행정기관은 주로 3개의 부류로 나뉜다. 첫 번째는 내각인데 주로 미국 부통령과 15개 행정부서로 구성되고, 두 번째는 대통령 행정집무실로서 내각과 분리되어 독립적으로 존재하며, 미국 대통령의 측근 막료, 대통령에게 직접 책임을 지는 각급 보좌진 및 기관의 총칭이다. 세 번째는 미국 대통령의 직접적인 지휘·관리·통제를 받아 특정 기능을 수행하는 독립 부서로 중앙정보국 등이 포함된다. 그중 내각 장관급 핵심 멤버가 24명이다. (그래프 5-2 참조)

(1) 내각.

미국 대통령은 미국 연방정부 행정 부서의 지도자와 책임자이고, 내각은 대통령 산하 보좌기구로서 「헌법」상의 독립적 지위에 있지 않다. 내각 구성원에는 주로 부통령·국무장관·재무부 장관·국방부 장관·법무부 장관·상무부 장관·국토안보부 장관 등이 포함된다. 부통령을 제외한 15명의 각료는 대통령이 지명하며 의회 상원을 통과해야 한다. 특히 대통령은 부통령을 제외한 다른 각료들의 직무를 자유롭게 해임할 수 있다는 점에 주목해야 한다. 미국 부통령은 선거를 통해 탄생되고 행정의사 결정권이 없으며, 미국 대통령의 첫 번째 후임자이다. 현재 미국연방정부 행정기관 중 대통령과 부통령 2개 직위만 선거에 의해 탄생되며 임기는 4년이다. 미국 대통령과 마찬가지로 미국 「헌법」은 부통령의 임직에 대해서도 세 가지 요구를 제기했다. 첫째, 만 35세인 자여야 한다. 둘째, 미국에서 14년 이상 거주한 자여야

야 한다. 셋째, "미국 공민으로 태어난 자여야 한다." 비록 미국 부통령의 행정 직위가 대통령 버금가지만, 행정의사 결정권은 없으며 오직 대통령의 대표자로서 관련 권력을 행사할 뿐이다. "대통령 당선 및 대통령 직무 행사는 두 번의 임기를 넘어설 수 없다"라는 규정과는 달리, 미국「헌법」제22조 개정안에는 부통령의 연임 횟수를 제한하지 않고 있다. 이와 동시에 미국「헌법」제1조 제3항 제4절 규정에 따라 부통령은 "미국 상원의장"직을 겸임한다. 이밖에 부통령은 대통령의 첫 번째 후임자로서 현직 미국 대통령 자리가 공석이 될 경우(임기 중에 사망하였거나, 혹은 사임하였거나, 탄핵되었을 경우) 부통령이 대통령직을 이어 신임 미국 대통령이 된다. 역사적으로 총 9명의 부통령이 임기 중 미국 대통령 직무를 이어받았다. 예를 들면 앤드루 존슨(Andrew Johnson)은 링컨 대통령이 암살당한 후 대통령 직무를 이어받았고(1865년), 트루먼은 루스벨트 대통령이 서거한 후 대통령 직무를 이어받았으며(1945년), 포드는 리처드 닉슨 대통령이 사임한 뒤 대통령 직무를 이어받았다(1974년). 국무장관, 재무부 장관, 국방부 장관 및 법무부 장관은 그 부서의 중요성으로 말미암아 일반적으로 내각에서 가장 중요한 네 명의 각료로 간주되고 있으며, 대통령의 영향력과 정책 집행력에 대해 중요한 영향을 미친다. 그중 대통령이 지명하는 국무장관의 정치권력과 영향력은 대통령에 버금간다. 미국 국무장관은 미국 국무부의 수장으로서 미국 외교 사무를 주관하는데, 기능적으로는 중국 외교부 부장과 맞먹는다. 그러나 미국연방정부의 권력체계에서 국무장관의 정치권력과 영향력은 부통령보다 크며, 대통령에 버금간다. 그밖에 국무장관은 부통령·하원의장·상원 임시의장(부통령이 사정이 있어서 불참할 경우 다수당 최고위원이 임시의장직을 맡음)에 이어 대통령의 네 번째 후임자 이다. 재무부 장관은 미국 대통령의 주요 경제 고문이자 정부의 경제 및 재정 정책을 담당하는 제정의 핵심인물로서 주로 연방 수입 예산을 작성하고, 국내와 국제 금융·경제 및 재정 정책을 제정하며 공공 채무 관리, 통화 생산의 감독, 세수 및 연방정부 운영에 필요한 자금 관리, 재무부 집법기관의 집법행위 감독 등 사무를 담당하며, 또 미국정부의 재무 대리인으로 대통령의 다섯 번째 후임자이다. 국방부 장관은 주로 군사 관련 사무를 담당하고 있으며, 미국 대통령의 주요 국방 정책 자문으로서 일반적인 국방 정책 및 국방부와 관련된 기타 정책의 기획과 집행을 담당하는 대통령의 여섯 번째 후임자이다. 「1947년 국가 안보 법안」에 따라 국방부 장관은 반드시 최소 7년 내에 어떠한 현역 무장부대에도 가입하지 않은 서민이어야 한다. 그러나 미국의회는 이에 대한 면제권이 있다. 예를 들면 2017년에 제임스 마티스(James Mattis)는 트럼프 대통령이 지명한 뒤 상원의 면제를 받았다. 그는 두 번째로 그렇게 면제 받아 퇴역한 지 7년이 채 안 된 신분으로 미국 국방부 장관에 임명된 퇴역 장군이다. 법무부 장관은 미국 대통령의 수석 법률자문으로 간주되고 있으며, 그 직책은 미국 대통령을 대신해 법률사무를 처리하고 미국 행정부서를 감독하는 것이며, 대통령의 일곱 번째 후임자이다. 백악관 공식 홈페이지에는 법무부의 주요 직책에 대해 "법에 따라 법을 집행하여 미국의 이익을 수호하는 것, 공공안전을 확보하여 국내외의 위협을 받지 않도록 하는 것, 불법행위를 저지른 자에 대해 공정한 징벌을 내리는 것"이라고 열거했다.

(2) 대통령 행정 집무실.

대통령 행정 집무실은 대통령에 대해 책임지는 행정 기구로서 미국 대통령 측근 참모인원과 대통령을 직접 책임지는 각급 보좌 인원 및 기관의 총칭이며 주로 백악관 비서실, 무역대표부, 경제자문위원회, 미국 행정관리예산국 등 부처가 포함되며, 일부 내각 장관급 직위(예를 들면 미국 행정관리예산국장, 미국 무역대표)를 제외한 백악관 비서실장 및 핵심 업무인원에 대한 임명은 상원의 동의를 거칠 필요 없이 대통령이 직접 임명한다. 현재 대통령 행정 집무실은 백악관 비서실장이 총괄 담당한다. 현재 대외 사무 방면에서 미국 대통령에게 영향력이 큰 행정인원들로는 백악관 비서실장, 미국 무역대표, 무역·제조업 정책국장이 포함되고, 대내 재정정책예산 면에서는 행정관리예산국장이다. 백악관 비서실장은 미국 대통령 사무기구의 최고위급 관원으로서 각료급에 속하며, 그 산하의 모든 백악관 참모진의 업무에 대한 감독 관리, 대통령의 일정 배치, 대통령 회담 행사 배치, 대통령의 정책 결정에 대한 참모의견 제공, 백악관 비서실 회의 소집 등 업무를 담당한다. 백악관 비서실은 대통령 개인을 위해 서비스를 제공하는 행정부서로서 일반적으로 미국 대통령 선거팀 구성원 즉 대통령의 가까운 친구와 측근들로 구성되는데 대통령에 대한 영향력이 비교적 크다. 그 기구의 임원은 대통령이 임명하며 상원의 비준을 거칠 필요가 없기 때문에 의회의 감시와 구속을 받지 않는다. 무역·제조업 정책국장은 미국 제45대 대통령 도널드 트럼프 대통령의 신설기구 책임자이다. 그는 비록 내각 장관급 관료는 아니지만 트럼프 대통령에게 상대적으로 큰 영향을 끼치는 인물이다. 그의 주요 직책은 대통령에게 무역협상의 책략과 건의를 제공하는 것이다. 무역·제조업 정책국은 미국의 다른 정부 부처들과 조율해 국방공업 및 제조업 능력을 평가하고 제조업 실업근로자들에게 일자리를 제공한다. 미국 행정관리예산국장은 내각 장관급 관료로서 대통령을 협조하여 재정예산에 대한 조율·제정·관리를 진행하며, 미국 대통령이 정부의 재정계획에 대한 통제를 유지하는 중요한 집행자이다.

과거에는 행정관리예산국이 재무부 소속이었지만, 부처 인원이 확장되면서 1939년부터 대통령에게 귀속되어 대통령 직속기관이 되었다. 현재는 대통령을 협조하여 재정예산을 관리하는 외에 행정관리예산국장은 또 정부 여러 부서와 의회 여러 위원회 위원장들과 접촉하고 영향력을 행사하여 재정예산이 통과될 수 있도록 추진한다.

주목할 점은 행정관리예산국과 재무부의 구별은 전자가 연방지출예산의 작성을 책임지고 있고, 후자는 연방수입예산의 작성과 집행사업을 담당한다는 것이다.

제2절
미국 무역정책 결정체제

미국 「헌법」의 규정에 따라 무역정책 제정 권력은 대통령과 의회가 나눠 갖는 것으로 권력 분립의 원칙을 구현한다. 일반적으로 의회 의원은 소속 지역, 일부 이익집단의 이익을 대변하면서 선거구 유권자들로부터 압력을 받으며, 구체적 집행은 책임지지 않고, 후과를 직접적으로 책임지지 않으며, 국부적 이익과 보호주의에 치우친다. 대통령은 대외적으로 아메리카합중국을 대표하고, 전국 유권자들을 마주하고 있기 때문에 정치적·경제적·안보적 차원에서 국익을 생각해야 하고, 자유무역 및 전반적 복지향상의 방향으로 기울 필요가 있다. 그러나 최종적으로 나타나는 무역정책 성향은 시대적 배경과 지도자 개인의 성격 및 이념과도 관련된다.

1. 미국 무역정책 결정체제의 변화.

의회와 행정기구의 주도적 역할 변화에 따라 미국의 무역정책 결정체제의 변화를 3개의 단계로 나눌 수 있다.

(1) 제1단계는 1789~1933년으로, 장장 100여 년간 의회가 대외경제정책을 주도해왔으며, 장기적인 보호무역주의정책을 실행해온 것은

관세 부과를 통해 국내의 “유치산업”을 보호하려는 취지에서다.

(2) 제2단계는 1934부터 1960~70년대까지인데 이 시기 미국은 대통령 주도의 “1934년체제”에 들어섰다. 보호무역주의가 경제 쇠퇴를 가져다준 교훈에 비추어 미국은 무역정책을 자유주의로 전환했다. 「1934년 호혜무역법안」이 채택되어 의회는 대통령에게 “대외협상을 책임지고 관세율 조정 관련 무역협정을 체결하며 의회의 비준을 거치지 않고 관세를 최대 50%까지 인하할 수 있는 결정을 직접 내릴 수 있는 권한”을 부여했다.

(3) 제3단계는 1970년대부터 현재까지로서 미국이 의회의 주도적 지위를 회복한 단계이다. 유럽과 일본의 궐기로 1970년대 미국은 무역적자가 나타났으며, 적자규모가 꾸준히 확대되면서 미국 농산물·섬유·철강·가전·자동차·반도체 등 업종이 충격을 받았다. 이에 따라 미국은 관세·수입 한도액·수입 허가·환율 등 다양한 수단을 이용하여 유럽과 일본을 압박하기 시작했다. 이와 함께 백악관이 장기간 산업 이익을 경시해온 데 대한 의회의 불만이 터지면서 보호무역주의가 대두했다. 그때 미국은 베트남전쟁에 깊이 빠지고 닉슨 대통령이 위헌으로 인해 탄핵을 당하게 되면서 의회가 대외무역정책 제정에서의 자체 지위를 재확립했다. 현재 미국의 대외무역은 여전히 1970년대 이래 의회가 무역정책 결정을 주도하던 단계에 처해 있지만, 대통령이 여전히 비교적 큰 의사결정권을 갖고 있으며 양자는 서로 제약하고 있다. (대통령은 의회법안을 부결할 수 있고, 의회는 재부결할 수 있어 최종적으로 양자 균형을 이룬다.)

2. 대통령의 권력.

(1) 조약 체결 (모든 조약은 상원 출석 의원의 3분의 2 다수표 찬성을 거쳐야만 발효되지만, 대통령은 이익집단에 대한 로비를 통해 의원의 지지를 얻을 수 있다.)
(2) 행정협정 체결 (상원의 비준을 거치지 않고 직접 발효할 수 있다.)
(3) 입법 부결권 (의회는 3분의 2이상의 찬서으로 대통령의 부결을 뒤집을 수 있다.)
(4) 의회가 부여한 무역협상권 등, 예를 들면 관세협상권과 무역촉진권이다.

관세협상권은 대통령에게 부여된 일정한 수량범위 내에서 의회의 비준을 거치지 않고도 관세율을 인상 또는 인하할 수 있는 권한이다. 예를 들어, 미국 무역대표는 무역이 '비합리적·불공정적'이라고 판단될 경우, 일방적으로 '301조사'를 발기하고 대통령에게 관세 추가 부과를 건의할 수 있다. 무역촉진권은 주로 비관세장벽 (정부조달·보조금·기술기준)에 치중하며, 협정은 의회 비준을 거쳐야 한다. 단, 의회가 협정에 대해 끝없이 변론하고 개정할 수 없도록 제약하기 위해 의회는 찬성과 반대 둘 중에서 한 가지를 선택해야만 한다. 여기서 짚고 넘어가야 할 점은, 무역촉진권은 반드시 정기적으로 의회의 비준을 받아야 하고 의회는 또 이를 취소할 권한이 있다는 점이다. 대통령은 무역정책에 있어서 막강한 권력을 갖고 있지만 더 큰 권력은 권한 부여와 입법에 의해 얻는다. 현재 반(反)글로벌화, 포퓰리즘이 성행하고 있고, 트럼프 미국 대통령 자신이 보호무역주의를 신봉하고 있는데 이는 의회 및 그 배후의 이익집단의 요구에 부합하므로 보호무역주의를 가중시키고 있다. 그러나 정치적 표현에서 트럼프 대통령의 불확실성은 의회의 우려를 극도로 증폭시켰다. 예를 들면 트럼프 대통령은 중국을 겨냥하여 관세를 추가 부과할 뿐만 아니라 G7 전통 동맹국 알루미늄에 대해서도 관세를 부과할 계획이었다. 2018년 6월 6일 여러 명의 상원 의원은 트럼프가 "232조사"를 남용한다고 주장하면서 대통령이 의회의 비준을 거친 후에야 국가안보를 이유로 수입품에 대해 관세를 징수할 수 있도록 요구하는 의안을 제기했다. 이는 트럼프의 무역정책 관련 권한을 약화시키기 위한 의도에서였다.

3. 의회의 권력.

(1) 무역 입법권, 무역 입법을 통하여 대통령과 의회의 권력 분포를 조정한다.
(2) 국제 조약 비준 독점권, 대통령이 체결한 양자 또는 다자 조약은 반드시 3분의 2이상의 상원 의원의 비준을 거쳐야만 통과될 수 있다.
(3) 인사임명 부결권, 대통령의 인사임명을 부결할 수 있다.
(4) 조사권과 감독권.

(5) 관세 부과 권한.

(6) 관세협상 권한 부여 등.

4. 미국 무역대표부(USTR).

미국 무역대표부는 흩어져 있는 무역정책 결정권을 집중시키고 대통령과 의회를 연결시켜 무역정책의 제정과 이행에서 중요한 역할을 발휘하게 된다. USTR는 특별한 지위에 처해 있다. 한편으로는 대통령 소속으로서 행정기구에 속하며, 대통령의 무역고문과 협상대표 및 관련 분야 대변인으로서 협상과정에 재무부 등 행정부서의 참여를 성사시키기 위해 노력한다. 다른 한편으로는 의회에 의해 설립되어 또 의회가 청문회 방식으로 감독하며 의회에 협상진행과정의 동향을 보고하고, 주요 이익기구와 접촉하며 의회 의원과 소통한다. USTR는 미국 무역정책의 제정과 미국 무역수출정책의 이행, 무역 분쟁의 해결 및 연방정부 기타 부서 무역활동의 조율을 주로 담당한다.

5. 기타 중요한 부서.

(1) 미국 국제무역위원회(USITC)는 행정과 입법부서 사이에 처해 있으면서 독립적인 조사와 감독을 진행하는 준사법기구로서 주로 수입정책을 이행하고 상무부와 협력해 반덤핑 반보조금 사건을 처리하는 업무를 담당한다.

(2) 내각 부서: 재무부는 주로 무역정책이 국내경제에 미치는 영향을 고려하고 환율 등 중요한 수단을 장악함으로써 무역정책의 제정에서 큰 영향력을 행사한다. 상무부는 미국에서 단지 구체적인 정책 실행 부서로서 반덤핑, 반보조금 사건을 처리하고 수입쿼터를 관리하며 외국 정부와 자원적인 수출규제에 대해 협상하고 수출 통제를 실행한다. 농업부·에너지부·노동부 등은 각각 해당 산업과 집단을 대표하여 무역문제에서 관련 이익을 다툰다. 미국 상공회의소, 전미제조업협회, 노동자연합회-산업노조연합회 등 이익집단은 광범위한 네트워크와 풍부한 자원으로 의회와 행정부를 압박하여 무역정책에 영향을 줌으로써 자신들의 이익을 도모하려고 애쓴다.

제3절
트럼프 행정부 내각의
주요 구성원과 그 사상

미국의 요구와 정치 주장을 객관적으로 파악할 수 있는 가장 좋은 방법은 현재 트럼프 행정부 내각 고위급 관원 및 트럼프 대통령 측근의 주요 정견에 대해 연구하는 것이다. 그래서 앞으로 닥치게 될 중·미 협상에 미리 대비하는 것이다.

1. 트럼프 내각 구성원 빈번히 조정, 매파관료 점차 집결.

트럼프 대통령은 취임 이후 내각 및 백악관 고위급 관료들을 빈번히 교체하면서 자신과 주요 정견이 일치하는 인물을 지명하고 임명함으로써 백악관 및 제반 부서에 대한 자신의 절대적 지도력을 강화하고자 했다. 최근 2년 동안 트럼프 대통령과 중대한 정책적 의견차이가 있거나 그의 명령에 따르지 않은 참모나 장관의 대다수가 사퇴하였거나 교체되었다. 통계에 따르면 2017년 1월 트럼프 대통령이 취임하여서부터 2019년 1월까지 내각, 백악관 고위급 이직 인원이 42명에 이르며, 2017년과 2018년 백악관 고위급 관원 변동률은 각각 34%, 31%에 달하였으며, 역대 대통령의 같은 시기 비례에 비해 현저히 높은 수준이었다. 그중 버락 오바마, 조지 W. 부시, 클린턴의 임기 첫해 변동률은 각각 9%, 6%, 11%였다. (그래프 5-3 참조) 현재 트럼프 행정부의 이직한 고위 관료들로는 제임스 매티스(James Norman Mattis) 전 국방부 장관, 라이언 징키(Ryan Zinke) 전 내무부 장관, 제프 세션스(Jeff Sessions) 전 법무부 장관, 렉스 틸러슨(Rex Wayne Tillerson) 전 국무부 장관, 니키 헤일리(Nikki Haley) 전 유엔 주재 미국대표부 대사 등이 포함된다. (표 5-1 참조) 구체적으로 매티스 미국 전 국방부 장관은 트럼프 대통령과 정견이 달라 자진 사퇴했다. 매티스는 국제 협력 및 동맹국과의 필요한 접촉을 유지하는 것을 강조하였으며 보수적인 것으로 유명하다. 그는 미국과 중국·러시아 간의 관계를 개선하려고 시도하였으며 트럼프 행정부 내 "엘리트파"주장의 대변인이다.

그래프 5-3 역대 대통령 취임 첫해 백악관 고위급 관원 변동률

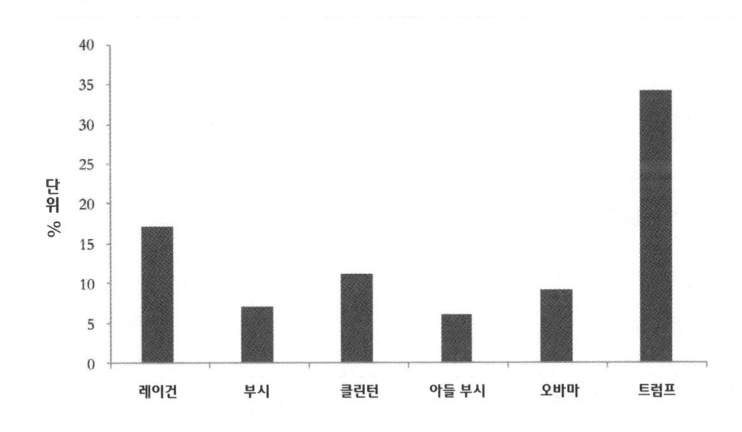

자료출처: 브루킹스 연구소(Brookings Institution), "Tracking turnover in the Trump administration", https://www.brookings.edu/research/tracking-turnover-in-the-trump-administration/ 참고, 조회시간: 2019년 4월 23일.

매티스는 미군의 시리아 철군 관련 트럼프의 결정 및 미국의 동맹국을 대하는 방식 등에 반대하는 것을 포함한 일련의 정책문제에서 트럼프와 의견차이로 마찰을 빚었으며 그에 따라 그는 국방부 장관직을 자진 사퇴했다. 제프 세션스(Jeff Sessions) 전 미국 법무부 장관은 "러시아 내통 스캔들" 사건 수사에서 수사의 추진을 방임하여 사퇴를 당했다. 세션스는 2016년 트럼프 대선 캠프와 "러시아 내통 스캔들"사건에 대한 감독을 자진 회피한 탓에 트럼프의 강렬한 불만을 자아냈다. 트럼프 대통령은 세션스가 맡은바 소임을 다하지 않았다고 여러 차례 불만을 표하면서 세션스를 경질하기로 하고 세션스의 비서실장이었던 매튜 휘태커(Matthew Whitaker)를 법무부 장관 대행에 임명했다. 휘태커는 일찍 뮬러의 "러시아 내통 스캔들" 사건 수사를 제한해야 한다면서 그렇지 않으면 수사가 "정치적 목적을 위한 정보 수집"으로 바뀔 것이라고 밝힌 바 있다. 뮬러는 특검 수사관으로서 2001년부터 2013년까지 미연방수사국(FBI) 국장직을 역임하였으며 양당 모두 미국에서 가장 신뢰할 수 있는 법집행 관료 중 한 사람으로 꼽고 있었다.

2. 현재 내각 구성원들의 주요 관점.

트럼프의 잦은 백악관 고위급 관리 교체를 거쳐 현재 대외무역 및 경제와 직결된 주요 고위급 관리들, 예를 들어 무역대표부 대표, 무역·제조업 정책국장, 상무부 장관, 수석 경제고문 등이 모두 매파로 교체되어 트럼프의 정치 주장에 부합한다. 또한 내정·외교 등과 관련된 핵심 고위층인 부통령·국무장관·국방부장관·법무부장관·백악관 비서실장 등도 점차 강경파인 매파 인사들로 교체되었거나 혹은 트럼프의 지시에 따르는 쪽으로 바뀌었다. 백악관 내부의 이성주의와 국제주의의 목소리는 갈수록 사라져갔고, 대신 포퓰리즘이 자리를 차지하면서 중국에 대한 전면적인 강경정책을 실시해 나갔다.

표 5-1 트럼프 취임 이래 이직한 백악관 일부 고위급 관원(2019년 3월까지)

직위	이직 관원	현임 관원	이직 시간 및 원인
법무장관 대행	샐리 예이츠 (Sally Yates)	매튜 휘태커	2017년 1월, 여행 금지령 집행을 거부한 뒤 트럼프에 의해 해고당함.
국가안보회의 보좌관	마이클 플린 (Michael Flynn)	존 볼튼 (John Bolton)	2017년 2월, 플린이 주미 러시아대사와의 통화사건에서 정부를 호도한 혐의를 받아 사퇴를 강요당함.
백악관 비서실장 참모부장	케이티 월쉬 (Katie Walsh)	잭 푸엔테스	2017년 3월, 파벌 내부 투쟁으로 사직함.
연방수사국 국장	제임스 코미 (James Comey)	크리스토퍼 레이 (Christopher Wray)	2017년 5월, "러시아 내통 스캔들" 사건 수사를 고집한 탓에 트럼프에 의해 해고당함.
백악관 비서실장	레인스 프리버스 (Reince Priebus)	존 F. 켈리 (John F. Kelly) (2018년 연말 이직)	2017년 7월 정견의 차이 및 트럼프 내각에서 배척당해 정상 직무 수행이 어려워져 하는 수 없이 사직함.
백악관 대변인	숀 스파이서 (Sean Spicer)	세라 허커비 샌더스 (Sarah Huckabee Sanders)	2017년 7월, 신임 백악관 보좌관에게 불만을 느껴 사직함.
부국가전략고문	디나 파월 (Dina Powell)	-	2017년 12월, 개인 사정으로 스스로 사직함.
국무장관	렉스 틸러슨 (Rex Wayne Tillerson)	마이크 폼페이오 (Mike Pompeo	2018년 3월, 정견의 차이로 해고당함.
연방수사국 부국장	앤드류 맥케이브 (Andrew Mc-Cabe)	데이비드 바우디치 (David Bowditch)	2018년 3월, 트럼프 "러시아 내통 스캔들" 사건에 대한 수사를 추진할 것을 주장하다가 퇴직을 이틀 앞두고 해고당함.

국무차관	스티브 골드스타인 (Steve Goldstein)	헤더 나우트 (Heather Nauert)	2018년 3월, 틸러슨에 대한 백악관의 설명을 반박한 탓에 해고당함.
퇴역군인사무부 (보훈부) 장관	데이비드 슐킨 (David Shulkin)	로버트 윌키 (Robert Wilkie)	2018년 3월, 트럼프에 의해 해고당함.
수석경제고문	게리 콘 (Gary Cohn)	래리 커들로 (Larry Kudlow)	2018년 7월, 트럼프 행정부 관세정책에 반대하여 자진 이직함.
법무부 장관	제프 세션스	매튜 휘태커 (직무대행)	2018년 11월, "러시아 내통 스캔들" 사건 수사를 회피한 탓에 사퇴를 강요당함.
백악관 비서실장	존 F. 켈리 (John F. Kelly)	믹 멀베이니 (Mick Mulvaney)(직무대행)	2018년 12월, 트럼프와의 정견 차이로 사퇴 당함.
내무부 장관	라이언 징키 (Ryan Zinke)	데이비드 베른하르트 (David Bernhardt) (직무대행)	2018년 12월, 악의적 뉴스에 연루되어 자진 사퇴함.
국방부 장관	제임스 매티스 (James Norman Mattis)	패트릭 M. 섀너핸 (Patrick Shanahan) (직무대행)	2018년 12월, 트럼프와의 정견 차이로 자진 사퇴함.

자료출처: Denise Lu, Karen Yourish, "The Turnover at the Top of the Trump Administration", New York Times, Updated April 29, 2019.

(1) 경제무역 분야 핵심 관원들의 주요 관점: 전면 매파.

1) 로버트 라이트하이저(Robert Lighthizer): 미국 무역부 대표

라이트하이저는 대 중국 매파인물로서, 무역에서 대 중국 강경자세를 유지할 것을 주장하면서 중국을 세계무역체계의 가장 큰 파괴자라고 생각한다. 그는 일찍 중국정부가 대량의 보조금을 이용하여 세계에 과잉생산능력을 수출하는 것으로 세계시장을 점유하고 있다며 세계무역체계를 파괴한다고 말했었다. 그는 또 중국이 미국의 기술기밀을 갈취하여 부당한 비교 우위를 얻고 있다면서 관세와 같은 수단을 이용하여 중국 제품과 투자를 통한 미국시장 진출을 제한해야

한다고 주장했다. 라이트하이저는 다년간 미국 법률계와 무역계에 몸담고 있으면서 미국과 국제 무역 법률에 대해 훤히 꿰뚫고 있는데다가 무역 역사에 대한 깊은 이해와 풍부한 실천경험으로 트럼프 행정부에서 비교적 높은 발언권을 갖고 있었다. 수많은 구체적인 무역정책의 출범이 모두 그와 직접 관련되어 있다. 그렇기 때문에 그의 움직임을 예의주시해야 한다.

2) 피터 나바로 (Peter Navarro): 무역·제조업정책국 국장(전 국가무역위원회 위원장).

나바로는 트럼프 행정부 최강 매파인물 중 한 사람으로, 미국이 무역적자를 줄여야 한다고 강력하게 호소했다. 그는 환율문제에서 강경한 입장을 보이면서 중국과 독일 모두 환율조작국이라고 주장했다. 그는 보호무역주의를 지지하면서 미국의 제조업을 보호하기 위해서는 높은 관세를 부과해야 한다고 주장하였으며, 미국이 「북미자유무역협정」(NAFTA)과 「환태평양경제동반자협정」(TPP)에 가입하는 것에 반대했다. 그동안 나바로는 경제면에서 줄곧 강렬한 반중 입장을 보여 왔다. 나바로는 2011년 출판한 『치명적 중국』이라는 자신의 저서에서 중국이 무역보조금과 환율조작을 이용하여 미국에 제품을 덤핑판매하고 있다면서 중국 제조업의 낮은 원가는 미국에 대한 지적재산권 침해와 환경 파괴 및 노동자에 대한 필요한 보호의 결여 등에서 온 것이라고 주장했다. 중국에 대한 나바로의 강경한 입장은 트럼프의 보호무역주의 이념에 영합하고 있지만, 그의 강경한 스타일은 트럼프 행정부 내부에서도 자주 논란이 되곤 했다. 나바로와 스티븐 므누신(Steven Mnuchin) 재무부 장관은 수많은 정책문제에서 뚜렷한 의견 차이를 보였으며 일부 의견 차이는 이미 공개적으로 드러날 정도에 이르렀다. 이 또한 미국 내부에서도 트럼프 행정부에서 나바로의 역할에 대해 의혹을 품게 했다.

3) 래리 커들로 (Larry Kudlow): 백악관 수석경제고문.

커들로는 대 중국 태도에서 비둘기파에서 이미 매파로 돌아섰다. 2016년 선거기간에 트럼프의 무역정책을 비판했던 그가 2018년에 수석경제고문이 되고나서 태도가 매파로 바뀌었다. 그는 비록 자유무역을 지지하고 있지만 여전히 대 중국 철강·알루미늄 관세를 면제하지 말아야 한다고 주장했다. 동시에 그는 "301조사"의 핵심이 과학기술 문제라면서 중국이 미국의 미래를 파괴하게 해서는 안 된다고 주장했다. 동시에 커들로는 공개 연설에서 중국에 불공정무역행위가 존재한다고 비난하면서 중국이 미국의 협상요구에 응할 성의가 없다고 주장했다. 그는 "그들(중국)은 불공정거래자이고 불법상인으로서 우리의 지식재산권을 갈취했다"라고 말했다. 그는 또 트럼프 대통령이 관세 수단을 포기하지 않을 것이라고 암시하면서 미국과 중국의 분쟁은 무역 균형에만 존재하는 것이 아니며, 관세를 통해 대 중국 무역적자를 줄일 수 있기를 바란다고 밝혔다. 그리고 또 중국이 지적재산권 침해, 비관세장벽, 보편적으로 존재하는 비시장메커니즘, 그리고 대량의 정부 보조금 등을 포함한 불공정무역행위를 바꾸도록 압박해야 한다고 주장했다.

4) 윌버 로스 (Wilbur Ross): 상무부 장관.

로스도 무역분야에서 보수주의 관점을 갖고 있다. 그는 CNBC와의 인터뷰에서 상무부 장관의 최우선 임무는 미국의 무역적자를 줄이는 것이라며 불공정무역정책을 펴고 있는 국가에 반격을 가할 것을 주장했다. 그러나 그는 또 자신이 글로벌무역을 반대하는 것은 아니라면서 무역을 지지하지만, 오직 합리적인 무역만을 지지한다고 밝히기도 했다. 미국 상무부는 무역정책 결정체계에서 줄곧 다만 정책 실행 부서에 불과할 뿐이었지만 로스가 장관으로 있었던 기간 상무부는 내각에서의 발언권이 다소 강화되었었다. 바로 상무부의 제안에 따라 트럼프 행정부가 2018년 3월 23일부터 철강과 알루미늄 제품에 각각 25%, 10%의 관세를 추가 부과키로 결정하였으며 이는 이번 중·미 무역마찰의 도화선이 되었다.

(2) 내정 및 외교 분야 핵심 관원들의 주요 관점: 기본상 매파.

1) 마이크 펜스(Mike Pence): 미국 부통령.

펜스는 트럼프 행정부 내 매파 중의 매파이다. 중국에 대한 그의 비난은 단순히 중·미 무역 차원에만 그치지 않고 이데올로기 문제로까지 치닫고 있다. 그는 지난 몇 기의 미국 행정부가 중국의 행동을 경시했고, 심지어는 중국의 행동을 '조장'했다고 비난하면서 "그런 날은 이제 끝났다"라고 명확하게 밝혔다. 2018년 11월 13일 펜스는 싱가포르에서 열린 아세안정상회의에 참석했을 때, 외국매체와의 인터뷰에서 중국은 자신의 행위를 철저히 변화해야 한다고 말했다. 그는 중국이 중·미 양국 간 무역적자에서 양보해야 하는 것 외에도 또 지적재산권 보호, 기술 이전 금지, 중국시장 진출 제한 철폐, 국제 규칙과 규범 존중, 국제수역 항해 자유보장 등 여러 의제에서도 실질적인 양보를 해야 한다고 주장했다.

2) 마이크 폼페이오 (Mike Pompeo): 국무장관.

폼페이오는 내각 2인자로서 역시 중국에 대한 매파 인물이다. 폼페이오는 2018년 3월 틸러슨의 후임으로 국무장관직에 오르기 이전에 여러 차례나 공식석상에서 중국이야말로 미국의 진정한 위협이라고 밝힌 바 있다. 해고당한 틸러슨과 비해볼 때 폼페이오는 관점과 스타일이 트럼프와 더 비슷하다. 중국에 대한 폼페이오의 비난은 무역 분야에만 그치지 않았으며, 비난의 수위를 군사·정치 분야에까지 끌어올렸다. 2018년 연초에 BBC와의 공식 인터뷰에서 폼페이오는 미국에 대한 침투 정도를 보면 중국이 러시아보다 훨씬 크다고 분명하게 밝혔으며, 또 "중국이 늘 미국 기구로부터 상업 기밀을 빼내려고 하고 있으며" "중장기적으로 보면 중국은 미국의 최대 상대가 될 수 있는 능력이 있고, 중국이 군사력을 꾸준히 강화하고 있는 것은 세계적 범위에서 미국에 대항하기 위한 데 목적이 있다"라고 말했다. 중국에 대한 폼페이오의 강경파 태도로 인해 초기 여러 차례 중·미 외교회

동에서 의견차이가 끊이지 않았으며 공감대를 이루기 어려웠다.

3) 스티븐 므누신(Steven Mnuchin): 재무부 장관.

므누신은 트럼프 행정부 고위급 관리 중 소수의 비둘기파 경향의 관리 중 한 사람으로서 무역의 호혜를 강조하면서 중국을 포함한 세계 각국과 양호한 무역관계를 유지할 것을 희망했다. 므누신은 현재 중국과는 무역 전쟁이 아니라 무역마찰이라면서 미국이 조치를 취하는 목적은 미국의 공정한 무역환경을 확보하기 위하는 데 있다고 공개적으로 밝힌 바 있다. 므누신은 트럼프 행정부에서 중요한 역할을 담당하고 있다. 그는 대화와 협상을 강조하면서 각국과 의견 차이를 관리 통제한다는 조건하에서 미국 이익의 최대화를 추구할 것을 희망하고 있다. 그는 트럼프 행정부 내의 중재자로서 중·미 접촉을 추진하기 위해 노력했다. 매번 트럼프가 놀라운 조치를 출범시킬 때마다 므누신이 나서서 정세를 완화시키곤 하여 사태가 지나치게 극으로 치닫는 것을 방지했다.

4) 패트릭 M. 섀너핸 (Patrick Shanahan): 국방부 장관 대행.

매티스의 직무 대행 후임인 섀너핸은 "중·미 양국 간 관계 긴장을 이성적으로 완화시키고 대화를 통한 분쟁 해결을 강조한" 전임 국방부 장관의 주장을 이어받지 않았다. 섀너핸은 미국 군부측이 중국에 대해 더욱 강경한 입장을 취한 배후 추진 세력 중의 한 사람으로서 트럼프 행정부의 2018년 「국방전략보고서」 편찬에 참여하여 중국·러시아 등 '대국'이 미국에 도발하고 있다고 소리쳤으며, 그러한 도발을 거의 테러리즘의 수준으로 부각시켰다. 그는 취임한 후 국방전략에 역점을 둘 것이라며 중국과 러시아를 전략적 경쟁상대로 삼을 것이라고 공언한 바 있다.

5) 매튜 휘태커(Matthew Whitaker): 법무부 장관 대행

휘태커는 대외문제에서는 아직 뚜렷한 성향을 보이지 않고 있으나 법무부 장관 대행으로서 그는 뮬러가 이끄는 대 러시아 수사를 공개적으로 비난한 바 있으며, "러시아 내통 스캔들" 사건에 대한 뮬러 특검 수사에 대한 감독 관리를 회피하지 않겠다는 뜻을 분명히 밝힌 바 있다. 휘태커가 "러시아 내통 스캔들" 사건 수사를 방해한 수법에는 주로 뮬러에게 관련 자료 제공을 거부하고, 뮬러가 핵심부서 인물에 대한 수사·자문·취재를 진행하는 것을 방해하였으며, 법무부 직업윤리 담당 관원을 파견해 뮬러를 역조사하고, 뮬러의 예산을 삭감해 수사를 중단시킨 등이 포함된다.

6) 존 볼튼 (John Bolton): 국가안보보좌관

볼튼은 외교 문제에서 매파 중의 매파로서, 오바마 행정부 시절 자주 글을 발표하여 오바마 행정부의 외교적 '유약'과 이란 핵 합의를 비난하였으며, 쿠바와의 국교 정상화 그리고 외교적으로 중국에 대해 지나치게 유연하다고 비난하곤 했다.

제4절
미국정부와 양당의
대 중국 태도의 변화

미국 양당 대통령 후보가 4년마다 대통령 선거 때 대외에 발표하는 정치 강령은 양당의 대 중국 태도의 변화에 대해 연구하는 중요한 참고 문헌으로 양당 주류 정치 주장을 종합적으로 반영하고 있다. 1979년 중·미 공식 수교 이후부터 현재까지 중·미 양국 관계는 2000년, 2008년 두 시점을 경계로 협력상생단계(1979~2000년), 경쟁협력단계(2001~2008년), 전면억제단계(2008년~현재)의 세 단계로 나뉜다. 양당의 대 중국 태도는 우호적이어야 한다는 공동 인식에서 의견 차이가 생겼다가 다시 중국을 억제해야 한다는 공감대를 형성하기에 이르렀다. 그중 제1단계는 또 1989년을 경계로 전반기와 후반기로 나눌 수 있다. 본 장절에서는 세 단계로 나누어 분석한다. 양당의 대 중국 태도에서 보면 다음과 같은 특점이 있다.

(1) 국가 이익이 당파 이익과 의견 차이보다 중요하며 양당의 대 중국 태도는 총체적으로 중·미관계와 세계구도의 변화에 의해 결정된다. 국가 전략의 필요성으로 인해 중국에 우호적이어야 할 경우, 예를 들어 1979~2000년 기간에 양당은 이데올로기의 충돌을 내려놓을 수 있었다.

(2) 양당의 대 중국 태도가 우호적이어야 한다는 공동인식에서 의견이 분화되기 시작했다. 즉 공화당은 중국에 강경한 태도를 취하고, 민주당은 중국과의 접촉을 계속 유지하자는 태도를 취하다가 2008년 이후 양당은 다시 중국을 억제해야 한다는 데에 대한 공감대를 형성했다. 그러나 전반적으로 볼 때, 공화당은 중국에 더욱 강경하였고, 민주당은 상대적으로 온화했다.

(3) 공화당은 실리를 추구하는 현실주의에 속하였고 민주당은 이데올로기에 집착하며 인권을 강조했다.

1. 서로 이익과 혜택을 얻고 협력을 통해 상생을 도모하는 단계(1979~2000년): 중·미 관계는 우여곡절 속에서 전진하고 양당의 대 중국 접촉에서 공감대를 형성했다.

1980년대는 중·미 양국 관계의 '허니문'시기였다. 1980년대에 미·소 패권 다툼이 계속되면서 미국은 중국과 관계를 완화시킬 동력을 갖게 되었다. 미국은 중국이 소련의 확장을 억제하는 면에서 중요한 역할을 할 수 있을 것으로 여겼으며, 민주당과 공화당은 중·미 협력 발전에 대한 공감대를 형성하게 되었다. 1979년 1월 1일 중·미 양국은 공식 수교했다. 덩샤오핑(鄧小平)이 미국을 방문하여 영사·무역·과학기술·문화교류 관련 협정을 맺었다. 양국 정부는 3년 기한의 「중·미 무역관계협정」을 맺고 서로 최혜국 관세 대우를 부여하면서 중·미 무역 정상화를 실현했다. 양당의 태도로 보면 공화당은 상대적으로 보수적이어서 중국과 신중을 기하면서 상호 존중·호혜를 바탕으로 무역협력관계를 수립할 수 있기를 바라면서도 철학·정책·인권 등 방면에서 중국의 주장에는 공감하지 않았으며 중국의 민주개혁에 대해서는 더욱이 강경한 태도를 보였다. 1980년 공화당 정치 강령에서는 이렇게 강조했다. "중·미 평화적 관계를 추진하기 위한 조건을 애써 창조할 것이다. 우리는 자신의 중대한 이익에 대하여, 특히 잠재적 공격성을 띤 군용 첨단기술의 양도를 포함한 무역 확대 영역에서 적절하고 신중한 태도를 취할 것이다. 양국 관계는 반드시 서로 존중하고 서로 이익을 얻을 수 있는 토대 위에 수립되어야 하며 동시에 아시아의 평화와 안정을 수호해야 하는 필요성도 적절히 고려해야 한다." 1992년 이후 공화당은 중국의 자유시장 개방을 더욱 중시하였으며 중국에 민주화·자유화 개혁을 요구하면서 급증하는 미국의 무역적자에 경계하기 시작했다. 이밖에 공화당은 1996년부터 미국의 무역적자에 주목해 왔으며, 정치 요강에 이렇게 언급했다. "1995년에 우리나라 상품무역적자가 1,750억 달러로 급증하였으며, 1996년에는 사상 최고치를 기록할 수도 있다. 중국에서만 지난 3년 반 동안 적자가 한 배 이상 늘었다." 상대적으로 개방적·포용적인 민주당은 중국과 정상적인 외교·경제관계를 수립하는 것을 역사적인 외교정책 성과로 보고 있었다. 1980년 민주당은 정치 강령에서 중·미 양국 관계의 미래 발전에 대한 견해를 다음과 같이 밝혔다. "민주당은 중국과의 관계를 확대하고 심화시키는 데 주력하여 우리 국민과 세계 평화 안전에 이롭도록 할 것이다. 우리는 미국과 중국이 협력할 수 있는 새로운 영역을 계속 모색하여 공동 이익을 지원할 것이다. 우리는 '중국카드' 혹은 기타 위험한 게임을 하지 않았으며 또 앞으로도 하지 않을 것이다. 우리는 또 다른 나라와의 관계로 인해 중국과의 관계 정상화를 추진하기 위한 우리의 꾸준한 노력을 저애하는 것을 용납하지 않을 것이다." 1980년대 말의 정치 풍파가 중·미관계에 위기를 가져다주어 양국 간 양자무역의 발전이 다소 영향을 받았지만 전체적으로 볼 때, 공화당과 민주당 모두 민주화 자유화 개혁 조건을 바탕으로 하는 중국의 무역개방으로 양국 모두 이익을 볼 수 있을 것이라고 여기고 있었다. 그들은 중국이 시장경제와 국제무역에 융합되는 과정에서 서방의 자유경제와 민주정치를 향해 점차 나갈 것이라고 여기고 있었다. 클린턴 정부 및 그때 당시 미국 주류의 인식은 (1) 중국이 WTO에 가입한 후 미국은 드넓은 중국시장을 얻을 수 있게 되어 미국의 회사와 노동자들에게 새로운 기회를 마련해줄 수 있다는 것, (2) 중국이 더욱 투명한 법률제도를 수립하고 법률규칙을 준수하도록 권장해야 한다는 것, (3) 미국은 사실상 이를 위해 양보할 필요가 없다는 것이었다. 미국의 정책결정자들은 중국이 WTO에 가입한 후 반드시 그 의무를 이행해야 한다고 여기고 있었으며, 그래서 중국은 서양식 자유 민주와 시장경제의 길로 나아가게 될 것이라고 여기고 있었다. 그 전형적인 대표의 일례로 프랜시스 후쿠야마(Francis Fukuyama)가 쓴 「역사의 종말」이라는 제목의 유명한 글이 널리 전해지고 있다. "서양 자유주의의 실현 가능한 체계적인 대용품이 철저히 무너졌다", "역사는 그렇게 끝났다. 그것은 인류 이데올로기 진화의 종착점이고,

서양 자유의 세계화가 인류 정부의 최종 형태가 되는 것이다." 또 예를 들어 2001년 12월 톰 딜레이(Tom Delay, 공화당 하원 의원)는 "미국의 민주와 자본주의의 지속적인 승리는 국제무역의 확장에 의존해야 하며, 그 행동의 혜택이 공민 개인에게 돌아갈 때까지 계속되어야 한다."라고 공언했다. 그렇기 때문에 양당의 대 중국 태도는 국가 이익과 고도로 일치한다. 중국과의 전면적 접촉을 통해 중국을 끌어들여 소련에 대항하면서 또 중국이 자유 민주 서방의 방식으로 나아가기를 바라고 있었다. 이 단계에서는 중·미 무역규모가 꾸준히 확대되어 2000년에 중국은 미국의 4위 수입무역 파트너로 부상하였고, 중·미 양자 무역규모가 1,215억 달러에 달하였으며, 중국의 대미 무역흑자는 838억 달러에 이르러 처음으로 일본을 제치고 미국의 무역적자 최대 원천국이 되었다.

2. 경쟁과 협력이 공존하는 과도단계(2001–2008년): 무역협력 분야가 더 넓어졌으나 마찰도 늘어났으며, 양당의 대 중국 태도가 분화되었다.

2001~2008년 중·미 양국 관계가 경쟁과 협력이 공존하는 시기에 들어섰다. 미국은 '접촉'과 '억제'를 병행하는 전략을 실시했다. 2001년 '9·11 테러사건'이 있은 뒤 미국정부는 중국과 협력해 함께 "테러에 대응"하는 방법을 모색했다. 2001년 12월 11일 중국이 정식으로 WTO에 가입하면서 중·미 무역관계는 WTO 다자무역체제의 틀 속에

포함되었다. 이 단계에 조지 W 부시 행정부는 한편으로는 '접촉'수단으로 중국을 끌어들이면서 중국이 세계무역기구 가입 초기 과도기에 점차적으로 시장을 개방하도록 허용하고, 다른 한편으로는 중국이 세계무역기구 가입 승낙을 이행할 것을 요구했다. 양국 간 무역협력 분야가 더욱 넓어졌다. 2008년 중·미 양자 무역액은 4,075억 달러에 이르렀으며, 미국의 대 중국 무역적자는 2,680억 달러에 달하여 미국 전체 화물무역적자의 32.2%를 차지했다. 그러나 중국이 궐기함에 따라 중·미 무역마찰이 갈수록 늘어났으며, 미국의 대 중국 반덤핑·반보조금 사건이 눈에 띄게 늘어나고, 위안화 환율 절상을 꾸준히 강요하였으며, 또 이를 계기로 중국 금융업의 대외 개방을 강요했다. 공화당의 대 중국 설정이 바뀌고 중국에 대한 태도에서 강경과 포섭이 교차되었다. 공화당은 반테러전쟁과 한반도의 안정을 촉진케 하는 면에서 중·미 양국의 협력을 긍정적으로 평가하면서도 중국을 미국의 전략적 경쟁상대로 여겼다. 공화당은 2000년의 정치 강령에서 "중국은 미국의 전략적 경쟁 상대이지 전략적 협력 파트너는 아니다. 우리는 악의 없이 중국을 상대할 것이다. 새로운 공화당 정부는 중국의 중요성을 이해하지만 중국을 자국의 아시아정책의 중심 위치에 두지는 않을 것이다."라고 지적했다. 그러나 2004년의 정치강령에는 "미국과 중국의 관계는 우리의 아시아·태평양 지역의 안정·평화·번영 촉진전략의 중요한 구성부분이다."라고 명시했다. 민주당은 계속 중국과 접촉할 것을 주장하면서 중·미 관계의 악화가 미국의 국가 안보 이익을 손상시킬 것이라고 여겼으며, 중국의 WTO 가입 약속 이행과 환율 및 시장진입 등 방면의 진전에 더욱 관심을 가졌다. 예를 들어 2004년 민주당 정치 강령에서는 "집권 즉시 중국의 노동자 권리 남용 및 위안화 환율조작 문제에 대한 조사를 진행할 것"이며, 또 "중국의 하이테크제품 시장과 같은 일부 중요한 수출시장의 무역 장벽의 해소에 나서겠다."라고 언급했다. 2008년 민주당 정치 강령에는 "중국이 꾸준히 성장하는 대국으로서의 책임을 다하면서 21세기 공통의 문제 해결을 지도할 수 있도록 도와주는 것을 격려할 것"이라고 언급했다.

3. 점점 다가오는 전략적 억제단계(2008년부터 지금까지): 중·미 관계에 대해 재 정의하고 미국 양당은 중국을 억제시키는 데 대한 새로운 공감대를 형성했다.

2008년 미국의 경제가 경제위기로 심각한 충격을 받았다. 2008~2009년 경제가 마이너스성장을 기록하고, 실업률 고공행진이 이어졌으며, 경제형세의 악화와 빈부격차에 따른 반세계화, 포퓰리즘 및 보호무역주의가 대두했다. 이와 동시에 중국은 2010년에 일본을 제치고 세계 제2위 경제국(지역)으로 부상했다.(그래프 5-4 참조) 중·미 무역흑자가 꾸준히 확대되고, 미국의 대 중국 무역적자가 미국의 전체 화물무역적자에서 차지하는 비중이 1980년대 일본의 비중을 초과하면서 미국의 경제패권 지위에 충격을 주었다. 이러한 배경 하에서 미국은 2010년과 2012년에 잇달아 "아시아·태평양으로의 복귀" "아태지역의 재 균형"전략을 내놓고 「환태평양경제동반자협정(TPP)」의 체결

그래프 5-4 1968~2018년 중국·미국·일본 GDP 규모

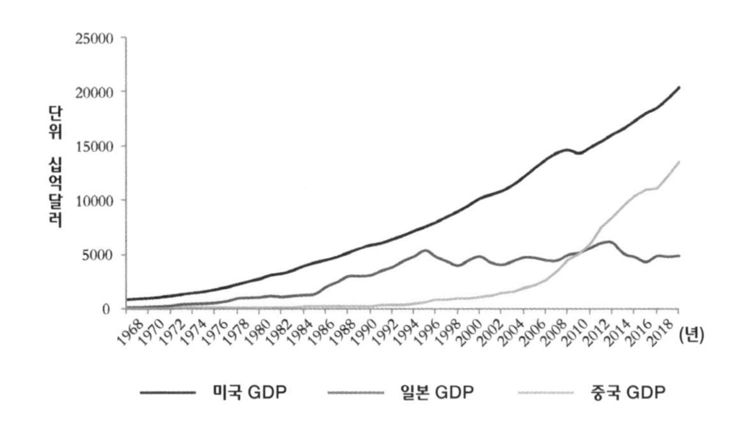

자료출처: Wind, 헝다 연구원.

로 중국을 고립시키는 것을 주도했다. 2012년에 남중국해 분쟁이 격화되면서 중국은 싼사(三沙)시를 설치하였고, 2013년에는 중국이 '일대일로(一帶一路, 실크로드 경제벨트와 21세기 해상실크로드를 가리킴)'의 창의를 내놓았다. 2018년 미국의 「국방전략보고서」에서 처음으로 중국을 "전략적 경쟁상대"로 정의했다. 미국의 여당과 야당 및 양당의 대 중국 태도가 의견 차이를 보이던 데서 다시 중국 억제라는 공감대를 이루는 방향으로 나아갔다. 중국의 실력이 향상됨에 따라 2008년부터 지금까지 공화당의 대 중국 태도가 더욱 강경해졌다. 이는 특히 중·미 무역 분야에서 반영되는데, 중국에 개방 강화, 법치 및 지적재산권 보호 향상, 보조금 철폐, 수입규제 철폐 등을 요구함과 동시에 중국이 환율조작을 통해 불공정 무역 수익을 얻고 있다고 비난하고, 2016년에는 이데올로기 분야로까지 끌어올렸다. 2008년 공화당 정치 강령에는 이렇게 지적하고 있다. "우리는 중국이 WTO 의무를 이행하도록 확보해야 한다. 특히 지적재산권 보호, 보조금 철폐, 수입규제 철폐와 관련된 의무를 이행하도록 해야 한다. 중국이 글로벌 경제에 완전히 융합되려면 유연한 환율정책을 취해야 하며, 자유로운 자본 이동을 허용해야 한다. 중국의 경제성장에는 자국민을 위해서건, 국제사회를 위해서건 환경개선의 책임이 뒤따라야 한다." 2012년에 공화당은 또 다음과 같이 재차 지적했다. "중국이 자국 통화를 조종하여 미국제품을 정부 조달 목록에서 제외시키고 중국회사에 보조금을 제공하여 경제를 진작시키고 있다." "만약 중국이 통화정책을 수정하지 않으면 공화당은 중국과 완전 평등한 무역원칙을 견지할 것이며, 또 언제든지 반보조금관세(상계관세)를 부과하고, 가짜 상품을 배제할 준비가 되어 있으며, 피해를 입은 사영업체들이 미국법원과 WTO에 배상청구를 하도록 권장할 것이다. 미국의 기술과 지적재산권을 침해한 외국회사에 대해서는 징벌조치를 취할 것이다. 중국이 WTO 정부조달 합의를 이행할 때까지 미국정부는 중국 상품과 서비스구매를 중단할 것이다." 2016년에 이르러 중국에 대한 공화당의 태도는 더욱 부정적으로 변했다. 공화당 정치 강령에서는 중국의 인터넷 절도 등의 문제를 큰 폭으로 다루면서 중국에 대해 더욱 강경한 태도를 취할 것을 제기하였으며, 중국을 환율조작국으로 지목했다. 퓨 리서치 센터(Pew Research Center)의 조사에 따르면 대 중국경제무역문제에서 공화당은 민주당보다 더 큰 우려를 나타냈다. 게다가 전반적으로 중국에 대한 부정적인 평가는 공화당이

민주당보다 더 많았다. 특히 2011년 이후 중국에 대한 공화당의 부정적인 평가가 빠르게 늘어나 2016년에 이르러 당내에서 부정적인 평가 비중이 63%를 차지했다. (그래프 5-5 참조) (그래프 5-6 참조) 민주당은 온건에서 강경으로 바뀌는 과정을 겪었다. 오바마 대통령 집권 초기(2009~2012년)에 민주당은 무역공평문제에 점차 주의를 기울이기 시작하였지만, 중국에 대해서는 여전히 온화한 태도를 취하면서 더욱이 글로벌문제에서 중국과 효과적으로 협력하기를 희망했다. 그러나 오바마 대통령 집권 후기에 들어서면서 중국에 대한 민주당의 태도에 점차 변화가 생기기 시작했다. 원래부터 주목해오던 중국의 민주문제를 제외하고도 그들은 중국의 환율조작과 불공정 무역행위에 대한 책임을 추궁했으며, 중국의 불공정 무역에 대해 조치를 취

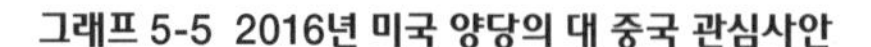
그래프 5-5 2016년 미국 양당의 대 중국 관심사안

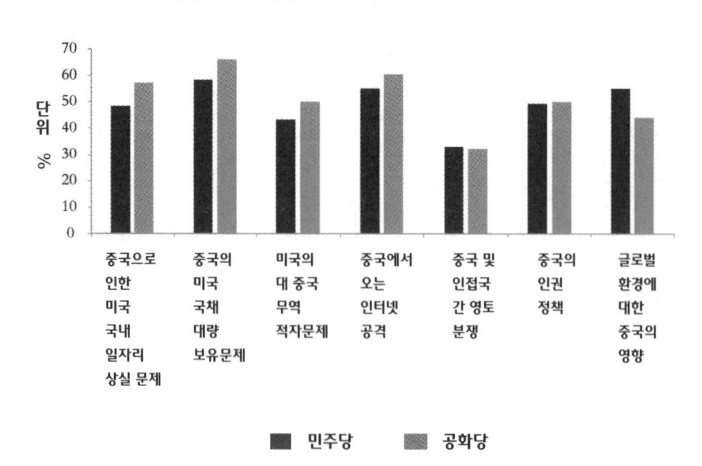

자료출처: Richard Wike, Kat Devlin, "As Trade Tensions Rise, Fewer Americans See China Fa-vorably", 2018년 8월 28일, https://www.pewglobal.org/2018/08/28/as-trade- tensions-rise-fewer-americans-see-china-favorably/ 참고, 조회시간: 2019년 4월 23일.

하겠다는 강경한 태도를 보였다. 2008년 민주당 정치 강령에는 "중국이 꾸준히 성장하고 있는 대국으로서의 책임을 다하면서 21세기 공통의 문제해결을 이끄는 것을 돕도록 격려할 것"이라고 밝혔다. 그러나 2012년에 이르러 정치 강령 중 중국에 대한 태도에 미묘한 변화가 나타나기 시작했다. "대통령은 중국이 통화 평가절상 조치를 대 미국이 공정한 환경에서 경쟁할 수 있도록 해야 한다고 중국정부에 분명히 밝혔다. 대통령은 미국 생산자와 노동자에게 불리한 불공정 무역 행위를 단속하는데 계속 주력해야 한다. 여기에는 불법 보조금 및 환경표준 남용이 포함된다." 그러나 한편, 강령에는 또 중국과 협력할 수 있는 기회를 계속 모색할 것이라고도 언급했다. 그러나 2016년 민주당 정치 강령에는 중국에 대한 태도가 이미 전반적으로 매파로 기

그래프 5-6 2005~2016년 미국 양당의 대 중국 부정적 평가 당내 비중

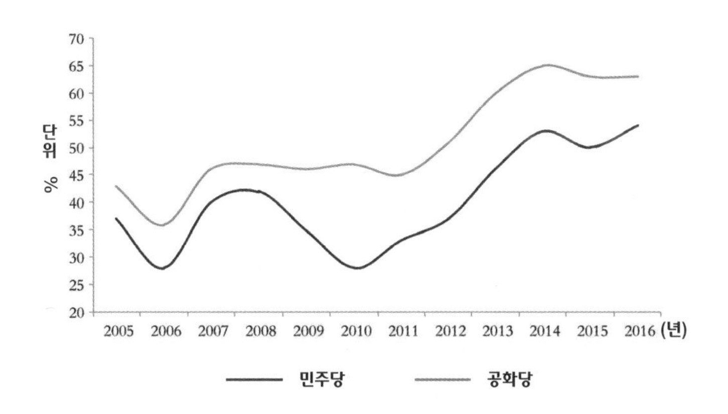

자료출처: Richard Wike, Kat Devlin, "As Trade Tensions Rise, Fewer Americans See China Fa-vorably", 2018년 8월 28일, https://www.pewglobal.org/2018/08/28/as-trade- tensions-rise-fewer-americans-see-china-favorably/ 참고, 조회시간: 2019년 4월 23일.

울어 "중국의 잘못된 경쟁 환경으로 인해 미국 노동자와 기업들이 불리한 지위에 처했다. 그들이 우리 시장에 들어와 값싼 제품을 덤핑판매하면서 공기업에 보조금을 대주고, 통화 가치를 떨어뜨리고, 미국 회사를 차별하는 과정에서 우리 중산층이 대가를 치렀다. 이런 상황은 반드시 멈춰야 한다." "규칙을 지킬 것을 중국에 촉구한다. 우리는 불공정 무역행위, 환율조작, 해적판 및 사이버 공격 등에 맞서 베이징과 싸울 것"이라고 밝혔다. 전반적으로 중·미 관계 정상화 이후 역대 미국 대통령의 대 중국 무역정책은 표 5-2와 같다.

표 5-2 중·미 관계 정상화 이후 미국 역대 대통령의 대 중국 무역정책

역대 미국 대통령	대 중국 태도 및 무역정책
리처드 닉슨 (Richard Milhous Nixon) (1969~1974)	미중 양국 외교관계 정상화 추진, 대 중국 무역규제정책 완화,「중·미 상하이 공동성명」 체결, 미중 직접 무역관계 확립하기 시작.
제럴드 포드 (Gerald R. Ford) (1974~1977년)	미중 관계 발전 지속 추진, 양국관계 정상화 실현 위해 노력, 집권 후기에 중국 대만문제와 국내 반대파세력의 영향을 받아 우왕좌왕함.
지미 카터(Jimmy Carter) (1977~1981년)	미중 관계 정상화를 주요 목표로 삼고 최종적으로 미·중 양국의 공식 수교를 성사시킴.
로널드 레이건 (Ronald Reagan) (1981~1989년)	신보수주의, 실무적 태도로 대 중국 정책 주도, 섬유무역협정 해운협정 및 위성발사 양해각서 체결, 미·중 무역관계 발전을 촉진시킴.
조지 H. W. 부시 (George Bush) (1989~1993년)	보호무역주의, 대 중국 전면적 제재조치 취함, 규제, 제재로 전향, 심지어 보복까지 단행.
빌 클린턴 (William J. Clinton) (1993~2001년)	집권 초기, 무역촉진의 명분하에 '공평무역' 이라는 대 중국 정책을 출범, 강렬한 이데올로기 색채를 띠었으며, 양자의 무역관계가 빠르게 악화됨. 1994년 후 대 중국 태도가 점차 완화됨, "전면 접촉 정책" 을 관철시키 위해 실시, 중국과 정상적 무역관계 유지 견지.
조지 W. 부시 (George W. Bush Jr.) (2001~2009년)	'접촉' 과 '억제' 의 병행, '9.11테러사건' 후 '접촉' 을 주요 수단으로 중국을 포섭, 중국의 WTO 가입을 적극 지지함, 중국 WTO 가입 초기 과도기에 중국의 국내시장 점진적 개방을 허용함. 대 중국 무역정책의 중심이 이전, 중국에 대한 요구가 중국에 무역규칙 준수를 촉구하던 데로부터 중국이 WTO 가입 승낙을 이행하는 것을 감독하는 데로 바뀜, 중국에 진일보 적으로 시장 확대를 요구함.
버락 오바마 (Barack Hussein Obama) (2009~2017년)	초기에 미중 무역관계를 크게 중시함, 그의 무역정책과 이데올로기에는 모두 자유무역과 실용주의를 겸용하는 특성을 띠며 "안정적 이성적 실무적" 이 주를 이룸. 글로벌 금융위기의 발발로 인해 오바마 행정부는 하는 수 없이 대 중국무역에서 진일보 적으로 보호주의 조치를 취함.
도널드 트럼프 (Donald John Trump) (2017년~현재)	미국 우선주의, 대 중국 강경 태도, 대 중국 무역적자의 국면 전환, 무역마찰 일으킴, 중국의 굴기를 억제함.

자료출처: 헝다 연구원.

제5절
미국의 대 중국 태도 전환
배후에 대한 관심사

라이트하이저·나바로·배넌의 연설 자료, 미국 무역대표 집무실 문서, 그리고 『트럼프 자서전』 등 대량의 자료들을 통해 알 수 있다시피 미국 국내에서 중·미 무역문제에 대한 관심은 이미 오랜 역사가 있다. 2010년 라이트하이저의 의회증언과 2011년에 출판된 나바로의 『치명적인 중국』에서는 모두 중·미 무역 현황에 대한 불만을 드러냈다.(작자 주: 아래 인용한 관련 관점과 데이터는 모두 미국 측 문서 기록에 따른 것으로서 본 도서의 관점을 대표하지 않는다.) 미국의 주요 관심사는 다음과 같다.

(1) 미국의 대 중국 무역적자가 너무 커서 미국 국내 취업과 금융안정에 충격을 준다고 주장했다.
(2) 미국은 중국이 WTO 가입 시의 약속을 이행하지 않아 장기간 미국기업의 지적재산권을 침해했다고 주장했다.
(3) 미국은 중국이 여러 가지 산업정책을 실시하는 바람에 미국경제에 치명적인 영향을 미쳤다고 주장했다. 예를 들면 일부 전략적 업종에 대한 정부 보조금, 일부 자원 제품(희토류)의 수출

제한 등이 국제무역 환경을 파괴한다고 주장했다.

(4) 중국은 결국 미국이 생각한 것처럼 서양식 민주의 길을 걷지 않았다. 중국경제 및 하이테크 산업이 꾸준히 발전함에 따라 미국은 중국이 이미 미국에 위협이 되고 있다고 여겼으며, 그래서 반드시 억제해야 한다고 주장했다.

1. 미국은 대 중국 무역적자가 막대하여 미국의 취업 및 제조업에 충격을 주고 있다고 주장했다.

미국 무역협상 대표 라이트하이저는 2010년에 의회증언에서 "미국이 중국과 영구적 정상 무역관계(PNTR)를 수립한 가장 주요한 원인 중의 하나는 중국과의 정상적인 무역관계가 중국시장을 미국에 개방하도록 함으로써 미국 상품과 서비스시장을 넓혀 미국에 더 많은 취업기회를 마련할 수 있다고 생각했기 때문이다."라고 밝혔다. 그러나 중·미 무역흑자가 계속 늘어남에 따라 미국은 중·미 무역이 서로가 이익을 얻는 관계가 되지 못하였고, 중국만 일방적으로 이익을 얻었을 뿐 미국의 이익은 손해를 보았다는 인식을 점차 갖게 되었다. 미국은 중국이 WTO에 가입한 후, 미국의 대 중국 무역적자가 계속 늘어났다고 주장했다. 미국 관련 업종의 취업 수량이 대폭 줄어들어 중부지역에는 제조업이 몰락하고 실업률이 상승하였으며 지방재정이 무너진 "녹슨 지대(러스트벨트, rust belt)가 형성되면서 미국사회는 상실감을 느끼게 되었다. 취업 측면에서 볼 때 미국은 대 중국 무역적자로 인해 자국 제조업이 심각한 충격을 받았으며 일자리가 대폭 줄었다고 생각했다. (그래프 5-7 참조) 미국 경제정책연구소(Economic Policy Institute) 데이터에 따르면, 2001~2015년 미국의 대 중국 무역적자로 인해 미국은 340만 개의 일자리를 잃었으며, 그중 75%가 제조업이 차지한 것으로 나타났다. 컴퓨터와 다른 전자제품 제조가 받은 충격이 가장 컸다. 2001년~2015년 미국은 관련 산업 일자리 총 123만 8,000개를 잃었고, 미국 서부·중서부·북부의 여러 주가 포함되었다. 동시에 미국은 중국의 인건비가 상대적으로 낮아 미국은 중국 등 개발도상국과 경쟁할 때 어쩔 수 없이 노동자의 임금수준을 낮춰야만 하였는데, 그 때문에 미국 노동자들의 복지가 손해를 보게 되었다고 주장했다. 미국의 추산에 따르면 상기의 문제로 인해 민간부문 노동력의 약 70%를 차지하는 1억 명의 생산직 근로자가 영향을 받은 것으로 알려졌다. 나바루 백악관 무역·제조업 정책실장은 실업

그래프 5-7 1983~2018년 미국 제조업 취업 인수

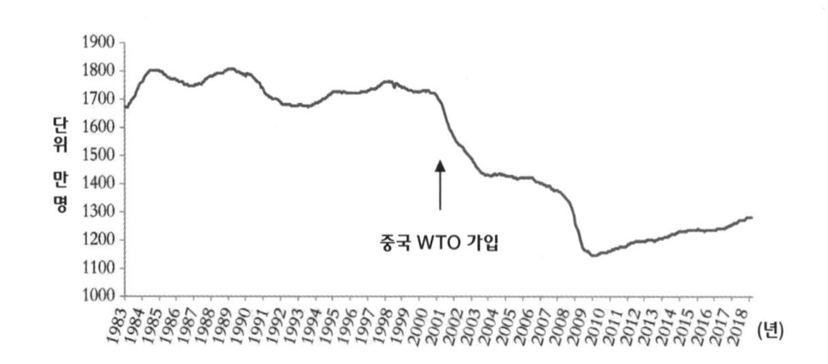

자료출처: Wind, 헝다 연구원.

문제에서 더욱 공격적인 관점을 갖고 있었다. 나바로는 중·미 무역으로 인해 미국의 제조업 일자리가 대량으로 유실되어 미국의 국가경쟁력을 약화시켰다고 주장했다. 그는 그런 국면이 형성된 것은 중국이 수출보조금, 환율조작, 지적재산권 침해, 노동자에게 필요한 생산보호 축소 등 일련의 공정무역 위반과 같은 WTO 무역규칙에 어긋나는 행위를 취하는 바람에 미국의 제조업에 심각한 손해를 끼치게 된 것이라고 주장했다. 금융 측면에서 보면, 미국은 무역적자가 2008년 금융위기의 주요 원인 중 하나로 보고 있다. 미국의 막대한 대중 무역적자로 인해 중국의 외환보유고가 크게 늘어나고, 중국이 미국의 국채를 사들이면서 가격이 올라 미국 국채 수익률이 적정 수준을 밑돌고 있는 것이라고 주장했다. 또한 장기 금리 인하로 인해 미국 가계 소비수준이 높아지고 저축과 투자 간의 격차가 커졌다. 게다가 외국인 저축이 주로 정부(또는 중앙은행)를 통해 국채와 같은 안전자산으로 몰렸기 때문에 개인투자자들이 높은 수익을 찾아 다른 곳으로 눈을 돌리게 된 것이다. 이로써 금융 엔지니어들이 모기지 부채와 같은 새로운 금융상품을 개발하도록 자극하여 금융시스템의 위험수위가 올라간 것이다. 그래서 미국은 2018년 5월 3~4일 협상을 거친 조건부 리스트 중에서 무역적자 삭감을 최우선 협상목표로 삼고, 중국이 2년 내에 무역적자 2,000억 달러를 줄일 것을 바랐다.

2. 미국은 중국이 미국기업의 지적재산권을 침해했다고 비난했다.

(1) 미국은 중국이 부당한 방식으로 미국 회사의 기술양도를 취득했다고 주장했다.

미국은 중국이 WTO에 가입한 이후 지적재산권 보호 및 이행 분야에서 한 약속을 이행하지 못하고 있다고 보고 있다. 현재 관련 분야의 일부 소행은 미국기업의 기술을 강제로 중국에 양도하도록 하여 미국기업의 지적재산권을 침해하고 있다고 주장했다.

1) 미국은 중국정부가 공식적 또는 비공식적인 합자요구 및 기타 형식의 외국인 투자제한을 포함한 외자 지분 비율 제한을 통해 미국기업이 중국에 기술을 이전하도록 압박하고 있다고 주장했다.
2) 미국은 중국정부가 심사비준절차를 이용하여 미국기업이 중국기업에 기술을 양도하도록 압박하고 있다고 주장했다. 미국기업들은 중국에 와서 업무를 확장하는데 여러 가지 심사비준절차를 거쳐야 한다고 불평하였는데, 그중 일부 규정은 실행당국에 자유 재량권을 부여하여 그들이 심사비준을 통제하는 것을 통해 미국기업에 기술양도를 강요하는 목적을 달성한다는 것이다. 미국정부는 기업설립 신청 외에도 중국의 안전 평가, 환경평가, 에너지 절감 평가 등과 같은 다른 일부 절차도 미국 기업의 지적재산권 이익에 손해를 끼칠 수 있다고 밝혔다. 예를 들어 환경평가에서 미국기업에 예상 원가와 수입, 예상 생산량과

제품·설비 정보, 에너지 소모 등의 정보를 공개할 것을 요구하고 있는데 그 정보들을 공개하게 되면 상업 비밀 유출을 초래할 수 있다는 것이다.

(2) 미국이 주장하는 중국의 기타 지적재산권 침해 행위

악의적인 상표등록, 인터넷 해적판, 모조품, 영업 비밀 절취 등이 포함된다.

(3) 미국은 중국이 지적재산권 법률 이행이 무력하다고 주장했다.

라이트하이저는 중국과의 무역접촉에서 미국과 중국이 지적재산권 보호에 대해 몇 가지 협의를 달성했다고 밝힌 적이 있다. 그는 중국이 지적재산권 보호 관련 협정과 법률 이행에서 큰 문제가 존재한다면서 이로써 지적재산권 침해문제가 억제되지 않는 결과를 초래한다고 주장했다.

3. 미국은 중국이 대량의 산업정책을 실시하여 미국의 해당 영역의 이익을 침해하고 있다고 주장했다.

(1) "중국제조(메이드 인 차이나) 2025"

미국정부는 중국이 여러 분야에서 산업정책을 실행하여 중국기업에 정부차원의 지도, 자원, 감독 관리 등 면에서 지원하여 외국 제조업체와 외국 서비스 공급업체의 시장 접근을 제한하고 있다고 주

장했다. 그중에서도 가장 관심을 끄는 것은 중국정부의 "중국제조 2025"계획이다. "비록 '중국제조 2025'가 겉보기에는 더욱 선진적이고 역동적인 제조기술을 통해 산업 생산성을 높이기 위한 것처럼 보이지만, 중국이 '자주적 혁신'에서 꾸준히 발전하고 점진적으로 성숙하는 방법을 취하고 있음을 상징한다. 이는 수많은 관련 산업 기획에서 반영되었다. 그들의 일치한, 그리고 압도적인 목표는 바로 가능한 모든 수단을 통해 중국시장에서 중국의 기술·제품·서비스로 외국의 기술·제품·서비스를 대체함으로써 중국회사들이 국제시장을 주도할 수 있도록 만단의 준비를 해두려는 것이다." 미국은 중국이 WTO 무역규칙을 위반하는 다양한 수단으로 "중국제조 2025" 관련 업종을 지원하고 있다고 밝혔다. 여기에는 다음과 같은 수단이 포함된다.

1) 국유기업과 국유은행이 해당 국내기술의 연구개발, 해외 인수합병(M&A)을 대대적으로 지원하고 빠르게 추진하는 것.
2) 중국이 대량의 해당 산업기금을 설립하여 관련 업종의 발전을 지원하는 것, 예를 들면 국가 신흥 산업에 대한 창업투자 지도기금, 선진 제조 산업 투자기금, "중국제조 2025"전략적 협력 협의 등이다.
3) 중국정부가 자금과 정책 방면의 지원을 통해 정부와 밀접한 연계가 있는 일부 민영기업이 관련 산업을 발전시키도록 도와주는 것이다. 미국은 "중국제조 2025"를 첨단기술 분야에서 미국을 뛰어넘을 수 있는 중국의 매우 구체적이고 대담한 행동계획으로 여기고 있으며 미국의 핵심 우위에 대한 중대한 도발로 간주

하면서 크게 우려하고 꺼렸다. 미국이 2018년 4월 4일 발표한 대중국 관세 추가 목록은 주로 "중국제조 2025" 영역을 겨냥한 것이었다. (그래프 5-8 참조)

그래프 5-8 2018년 4월 중국과 미국의 관세 추가 부과 해당 영역

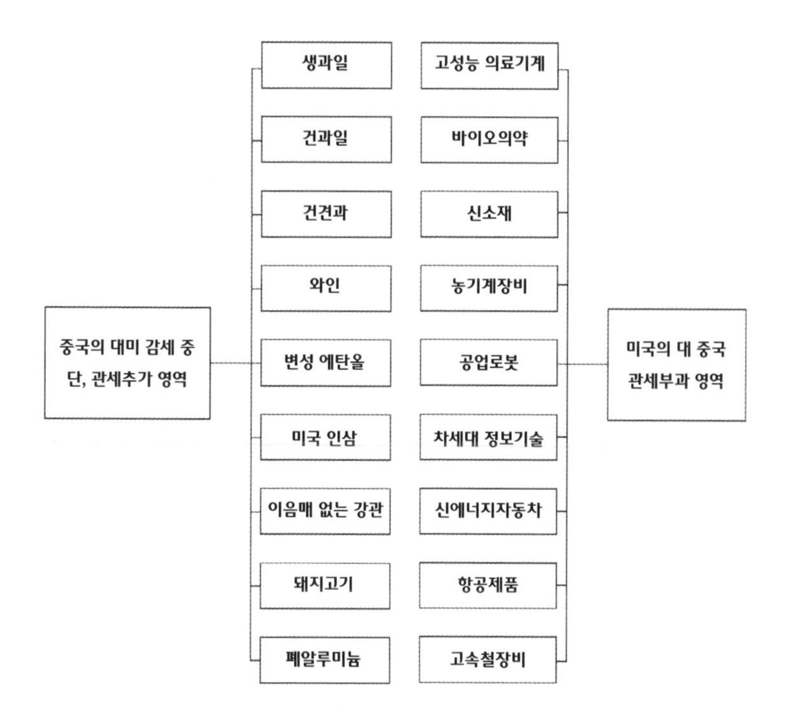

자료출처: 헝다 연구원.

(2) 수출보조금과 수출제한.

미국은 중국이 일부 수출품에 보조금을 지급함으로 인해 대량의 상품이 낮은 가격으로 미국에 수입되고 있다고 여겼다. 그중 일부 보조금은 WTO에 의해 금지되었으며, 그 부분의 보조금은 미국의 제조업에 손해를 입혔는데 그로 인해 미국 제조업의 업무가 중국으로 이전되었다. 2017년 4월 중국이 WTO에 첫 지방정부 보조금 통보를 제출했다. 그러나 미국은 중국이 제출한 지방정부 보조금 통보에는 철강·알루미늄·어업 등의 지방보조금 내용이 누락되어 완전하지 않다면서 WTO에 의혹을 제기했다.

(3) 과잉생산능력.

미국은 중국의 국유경제 주도 방식으로 인해 최근 몇 년간 중국 여러 업종에서 생산능력 과잉현상이 뚜렷하게 나타났다고 밝혔다.

4. 무역문제는 중국의 체계성 문제의 일부이다.

(1) 중국의 무역정책체계는 미국의 구상과 큰 차이가 있다.

중국이 WTO에 가입할 때 당시 미국은 미국이 주도하는 세계무역체제에 중국을 포함시켜 중국을 갈수록 서구화할 수 있을 것이라고 믿었다. 그러나 미국은 중국이 미국의 구상대로 서구식 시장경제와 민주의 길을 걷는 것이 아니라 자신의 길을 따라 점점 더 멀어져가고 있다는 것을 점차 깨닫게 되었다. 이는 미국의 구상과 큰 차이가 났다. 미국은 중국의 시장경제 지위를 인정하지 않고, 중국이 국가 주도의 경제라고 주장하면서 중국에 기존의 체제를 바꿀 것을 요구하는 목소리가 그친 적이 없다. 미국은 중·미 양국 간 무역마찰이 단순한 경제적 원인만이 아니라 심층 차원의 체제적 및 문화적 원인이 있다고 주장했다. 라이트하이저는 그 문제에 대한 분석을 거쳐 "중국의 역사 환경과 정치적 전통은 미국과 크게 다르다"면서 "중국은 국정운영에서 특히 지방 차원에서 줄곧 정부가 주체가 되어 왔다"고 말했다. 그는 "중국정부와 행정기구는 매우 높은 권위를 갖고 있고 개인이나 사회는 정부의 의사결정에 대해 숙지하고 의문을 제기할 수 있는 권리를 갖고 있지 않다. 그래서 이런 체제에서 중국이 미국 주도의 WTO 규칙체계와 완전히 맞물리도록 하는 것은 난제가 아닐 수 없다. 본질적으로 말하자면 중국이 WTO에 가입한 후 모든 규정을 따를 것이라고 생각하는 것은 기실 중국을 또 다른 캐나다로 착각하는 것이다. 그것은 한참 잘못된 것이다."라고 주장했다. 라이트하이저는 다년간의 발전과정에서 중국은 일련의 독특한 방식을 형성했다고 주장했다. 그는 "그 방식은 '국가 자본주의'로 불리며 한층 더 진화하여 무역상의 중상주의가 되었다. 예를 들면 자동차·화학공업·건축·전자정보·장비제조·철강·비철금속 등의 분야에서 특수한 대형 국유기업은 대량의 현금을 보유하고 있고, 또 국유은행으로부터 돈을 쉽게 빌려 해외 인수합병(M&A) 및 '세계로'라는 정부의 지령을 수행할 수 있다."라고 주장했다.

(2) 미국은 중국의 궐기가 미국에 위협이 되므로 반드시 억제해야 한다고 주장하고 있다.

미국은 갈수록 중국의 궐기가 미국의 세계패권 지위에 대한 도발이라고 여겨 반드시 억제해야 한다고 주장하는 경향을 보이고 있다. 2017년 12월 17일 배넌 미국 전 수석 전략고문이 일본에서 연설하면서 트럼프 행정부의 이념과 중국에 대한 태도에 대해 명확하게 전달했다. 그는 다음과 같이 말했다. 최근 몇 년래 전 세계 포퓰리즘의 흥기가 하나의 독특한 세계적 단계에서 발생하였는데 바로 중국의 궐기이다. 영국의 EU탈퇴(브랙시트)와 트럼프 대통령의 당선은 모두 이런 배경에서 나온 산물이다. 미국의 엘리트들은 중국이 자유시장 경제가 될 것이라고 오랫동안 잘못된 기대를 안고 있다가 지금 유가의 중상주의 모델을 보게 된 것이다. 배넌은 지난 10년간 중국의 수출 과잉으로 인해 영국 중부와 미국 중서부의 공업지역이 공동화되었다고 주장했다. 미국의 노동계층과 하층민의 생활은 지난 수십 년간 퇴보했다. 배넌은 "트럼프 행정부의 중심 목표는 미국의 부활이며, 그중 중요한 전략은 중국의 환율조작과 무역 불공정에 대한 반격과 제압"이라고 말했다. 그래서 미국이 '301조사'를 실시하는 것은 바로 중국정부가 어떻게 기술로써 시장을 바꿀 것인지를 강요하는 것이고, 미국은 그런 행위를 어떻게 바로잡아야 하는지에 대해 연구하는 것이며, 232조항을 적용하는 것은 철강과 기타 가능한 영역에서 중국회사의 미국시장 진출을 제한하기 위한 것이다.

제6장

역대 중·미 무역마찰 및 무역 불균형의 근원

제6장
역대 중·미 무역마찰 및 무역 불균형의 근원[12]

개혁개방 40년간 시대가 변하고 상전벽해를 거치면서 중·미 경제무역 관계가 풍운변화를 겪었다. 해빙기를 겪고 협력과정을 거쳐 다시 억제시기에 접어들었으며 무역자유화에서 보호무역주의에 이르는 역사의 격변기를 겪었다. 미국은 수차례 중국에 대한 무역마찰을 일으켜 지적재산권 분쟁, 시장접근 분쟁, 반덤핑 반보조금 조사를 행했으며, 중국의 시장경제 지위 문제를 이용하여 중국을 견제하고, 중국에 대한 수출제한을 실시하였으며, 위안화 환율이 저평가되고 있다고 비난했다. 그러나 중국은 압력을 동력으로 바꿔 더욱 개방적인 방향으로 나아가고 있다. 현재 포퓰리즘·보호무역주의·중상주의의 가라앉았던 앙금이 다시 살아나며 양국은 물론 전 세계 인민의 복지에 영향을 미치고 있다. 중·미의 무역마찰의 직접적인 원인은 중·미 양국간 거대한 무역흑자 때문이다. 트럼프 행정부는 무역마찰을 격화시키고, 관세를 추가 부과함으로써 중국시장을 열고, 중국수출을 줄여 "미국을 다시 강대해지게 하고자" 시도하였다. 그러나 중·미 간 무역 불균형이 초래된 7대 심층 원인은 장기적이고 근본적인 속성을 띠고

12) 이 글을 쓴 사람들: 런쩌핑(任澤平), 뤄즈헝(羅志恒), 자오닝(趙寧).

있다. 근본적인 원인을 변화시키기 전에는 미국이 일방적으로 중국에 대한 무역적자를 줄일지라도 미국의 대외 무역적자는 여전히 지속될 것이다. 다만 그 적자가 중국에서 인도나 베트남 등 국가로 옮겨갈 뿐이다. 1980년대 미·일 무역전쟁처럼 미국의 대일 무역적자는 줄었지만 미국의 무역 불균형 문제는 해결되지 않고 중국과 독일로 이전된 것과 마찬가지이다. 전 세계적으로 겪었던 역대 무역전쟁을 보면 영국-네덜란드, 영국-독일, 미국-유럽, 미국-일본 간에 모두 무역 불균형 문제가 장기적으로 존재하였으며, 중·미 무역 불균형은 결코 특유의 현상이 아니었다. 역사적으로 볼 때 무역 전쟁이 문제를 해결하기는커녕 적절하게 관리하지 못하면 오히려 금융전쟁, 경제전쟁, 지연전쟁, 군사전쟁으로 번질 위험이 있다. 우리는 중·미의 무역마찰이 과거와 달리 장기성과 준엄성의 특성을 띠고 있다는 것을 깊이 인식해야 한다. 이에 대해 우리가 취해야 할 최선의 대응책은 더욱 큰 결심과 더욱 큰 용기로 새로운 라운드의 개혁개방을 확고부동하게 추진하는 것이다. 촛불을 밝히고 더욱 개방적이고 개명한 태도로 양국 인민과 전 세계에 복되게 해야 한다. 본 문에서는 역대 중·미 무역마찰의 배경과 원인 및 대응조치에 대해 돌이켜보면서 중·미 무역마찰 배후의 무역 불균형의 근원에 대해 분석하고 근본적인 해결책을 모색하고자 한다.

제1절
역대 중·미 무역마찰에 대한 회고와 종합

1. 역대 중·미 무역마찰에 대한 회고

역대 중·미 양국 간 무역마찰은 주로 미국이 주도적으로 일으켰으며 (그래프 6-1 참조) 그것은 다섯 가지 방면에 집중되었다.

1) 미국이 국내법을 이용하여 일방적으로 중국에 대한 무역제재를 실시했다. 주로 '201조항' '301조항' '특수 301조항' '232조항' 및 '337조항'이 있으며, 주로 지적재산권, 시장접근, 청정에너지 보조금 등의 문제와 관련이 있다. 미국으로부터 일방적 제재를 받은 국가들은 WTO에 제소하고 협상할 수 있다.
2) 2003년 이래 환율문제와 관련하여 위안화 평가절상을 강요하면서 중국을 환율조작국으로 지목할 것이라고 위협했다. 그 목적은 중국의 금융시장을 개척하려는데 있다.
3) 중국에 대하여 엄격한 첨단과학기술에 대한 수출규제를 실시했다.
4) WTO의 3대 구제조치를 통해 중국에 대한 반덤핑, 반보조금 및 특별보장조치 관련 조사를 전개했다. 주로 섬유의류·철강·완구·자동차 등 분야와 관련된다.

5) 중국의 WTO가입 협의 중 “비 시장경제지위”와 “특별보장” 문제를 반복적으로 이용하여 중국을 견제했다.

그중 ‘201조항’은 미국의 「1974년 무역법」 201~204절에 따라 미국 국제무역위원회가 수입제품의 국내산업 충격 여부를 결정할 수 있는 권한을 말한다. ‘301조항’은 미국의 「1974년 무역법」 제301조 및 「1988년 종합무역경쟁법」 제301조에 따라 미국 무역대표부 (USTR) 대표가 타국의 “불합리하거나 또는 불공정한 무역행위”에 대한 조사를 전개할 수 있고, 또 조사가 끝난 뒤에는 미국 대통령에게 무역 특혜 철폐 및 보복성 관세 부과 등을 포함한 일방적 제재를 실시할 것을 건의할 수 있는 것을 가리킨다. 그중 ‘301조항’에는 ‘일반 301 조항’, ‘슈퍼 301 조항’, ‘특수 301조항’이 포함되며 ‘특수 301조항’은 지적재산권 분야

그림 6-1 중·미 역사상 일부 대형 무역마찰

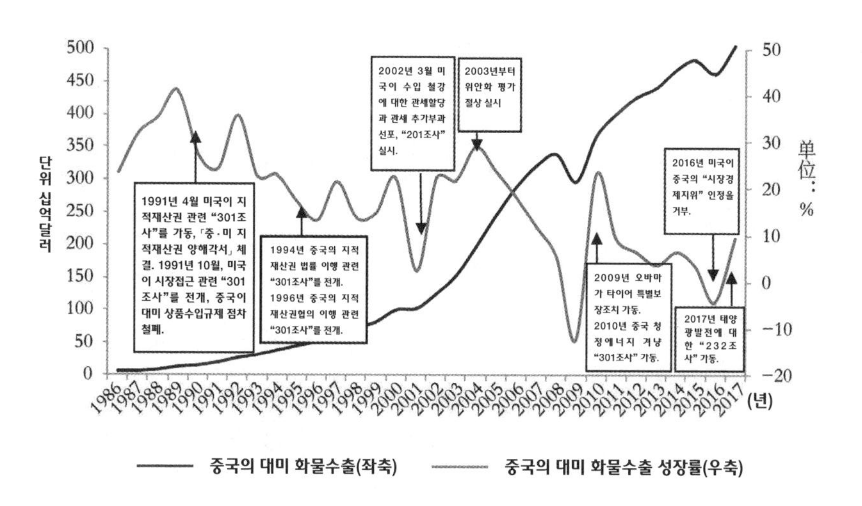

자료출처: Wind, 헝다 연구원.

에 주로 응용된다. '232조항'은 「1962년 무역확장법」에 따라 특정 제품의 수입이 미국의 국가 안보에 위협이 되는지 여부에 대해 조사하는 조항으로 미국 상무부가 입건한 후 270일 안에 대통령에게 보고서를 제출하고, 대통령은 90일 이내에 해당 제품의 수입에 대한 최종 조치를 취할지의 여부를 결정한다. '337조항'은 미국 국제무역위원회가 상품 수입 과정에서 발생할 수 있는 불공정 행위에 대해 조사할 수 있는 권한을 가리키며, 조사가 성립될 경우, 관련 제품에 대해 조치를 취함으로써 미국의 관련 산업에 대한 피해를 줄이는 것이다.

(1) 지적재산권 문제를 핵심으로 하는 '301조사', '337조사', '201조사' 및 '232조사'

지적재산권 업종은 미국의 우위 업종으로서 거대한 적자를 내고 있는 상품무역과 비교하였을 때, 지적재산권 무역은 미국의 대외무역 흑자의 주요 원천이며, 미국의 경제적 이익에 직접적인 영향을 주고 있다. 그래서 미국은 지적재산권에 대한 보호를 특히 중시하고 있다. 2017년에 미국 지적재산권 수출이 1,284억 달러(대 중국 수출은 88억 달러, 겨우 6.9%밖에 안 됨)였고, 수입은 513억 달러로 흑자가 771억 달러에 달했다.

그중 대 중국 지적재산권 흑자가 78억 달러로 10.1%를 차지했다. 중국은 개혁개방 초기에 지적재산권 법률시스템이 건전하지 못하고 법률 집행 강도가 부족하여 중·미 지적재산권 분야에서 무역마찰이 끊이지 않은 결과를 초래했다. 미국의 대 중국 지적재산권 분쟁은 주로 '특수 301조항'과 '337조항' 두 가지 조항과 관련이 있다. '특수 301조항'과 '337조항'의 구별은 표 6-1에서 표시된 바와 같다.

표 6-1 '특수 301조항'과 '337조항'의 구별

	'특수 301조항'	'337조항'
실시 주체	미국 무역대표부(USTR)	미국 국제무역위원회(USITC)
적용 대상	다른 나라 시장에 진출한 미국 제품을 보호함. 미국시장과 경제 제재를 무기로 삼아 다른 나라에 미국 지적재산권 기준을 받아들이도록 압박하며, 이를 기준으로 다른 나라 시장에 진출한 미국 제품을 보호함.	미국시장에 진출하는 다른 나라 제품을 저지함. 다른 나라 제품이 미국시장 진출 시 불공정 경쟁 방법과 행위를 취할 경우, 미국 국내 산업을 파괴하거나 혹은 실질적 피해를 끼치는 경우.
가동방식	USTR가 주도적으로 조사를 전개하거나 혹은 이해관계가 있는 자가 소송을 제기하여 조사가 전개됨.	주로 미국 혹은 외국 피해자의 제소로 가동됨.
제재형식	양자 무역 특혜조건을 중단하고, 수입제한 및 관세 부과 조치를 취함.	일반 수입배척지령, 제한성 수입배척지령 혹은 금지령을 내림.

자료출처: 미국의회, "TRADE ACT IF 1974", http:/legcounsel. house. gov/Comps/93-618. pdf; USITC, "About Section 337", https://www. usitc. gov/intellectual property/about section 337. htm, 조회시간: 2019년 6월 23일, 헝다 연구원.

1) 첫 번째 싸움: 1988년 11월 중·미 양국은 「중·미 과학기술협력협정」 지식재산권 첨부파일에 대한 협상을 진행했다.

1988년 11월 중·미 양국은 제1라운드 협상을 진행하였는데, 국민대우원칙과 최소보호원칙 기준이 서로 달라 협상이 파열되었다. 중국은 지적재산권 기준이 여러 나라 경제발전 수준의 실제상황에서 출발해야지 다른 나라에 기준을 강요해서는 안 된다고 주장했다. 미국 협상대표는 「관세 및 무역에 관한 일반협정(GATT)」의 지적재산권협정에 회원국 지적재산권 보호의 최저기준에 대한 규정이 있기 때문에, 중국이 GATT 회원국의 지위 회복을 신청하면 반드시 최저 기준을 충족시켜야 한다고 주장했다. 1989년 1월 양국은 제2라운드 협상을 진행하였는데, 미국이 제시한 조건이 중국이 받아들일 수 있는 한계를 넘어섰기 때문에 협상이 결렬되었다. 미국 무역대표부 조셉 메시 보좌관은 중국에 저작권법이 없어 컴퓨터 소프트웨어·의약품·화학물질제품의 특허에 대한 보호가 부족하다고 비난했다. 중국은 지적재산권 입법은 일정한 과정이 필요하다고 주장했다. 1989년 5월 미국은 '특수301조항'에 따라 중국을 "우선감시대상국"으로 지목했다.

1991년 3월 양국은 제3라운드 협상을 진행하였는데, 과학기술협력과정에서 관련되는 지적재산권에 대해 양국 기여도의 크기에 따라 협의과정에서 조치하기로 합의했다. 그러나 "평등 조항"의 의견 차이는 여전히 해결하지 못했다. 중국은 "평등 조항"에 찬성하지 않고 국내 행정조치를 통해 재산권을 보호할 것을 희망하였으나 미국은 이를 거부했다. 1991년 4월 양국은 워싱턴에서 제4라운드 협상을 진행하였는데, 중국이 "평등 조항"방안에 대해 일부 개정했다. 양국은 5월 「중·미 과학기술협력협정」을 체결하면서 중·미 제1차 무역마찰에 종지부를 찍었다.

2) 1990년 미국이 중국을 재차 "우선감시대상국"으로 지목하였으며, 1991년 4월에는 중국 지식재산권 입법문제를 겨냥한 특수 301조사를 전개했다.

1991년 6월부터 11월까지 중·미 양국은 4차례의 협상을 진행하였으나 협의를 달성하지 못했다. 12월 3일 미국이 15억 달러 상당의 예비 보복 목록을 발표하여 중국이 미국으로 수출하는 의류·운동화·완구·전자제품 등에 대해 100%에 달하는 징벌성 관세를 부과키로 하고, 1992년 1월 16일 협상을 종료할 것이라고 발표했다. 1991년 12월 3일 중국은 12억 달러 상당의 보복 관세 목록을 공개했다. 1992년 1월 중·미 양국정부가 「무역 관련 지적재산권협정(TRIPS) 초안」을 토대로 「중·미 지적재산권 양해각서」를 체결하여 양국은 국내외 지적재산권 침해를 방지하기 위한 효과적인 조치를 취할 것을 약속하고, 중국정부는 「특허법」을 개정하여 특허 보호범위를 화학약품에까지 확대하고, 특허 보호 기한을 20년으로 연장키로 하는 등을 승낙했다. 동시에 「베른조약」에 가입키로 승낙했다.

3) 1991년 10월 미국은 자국 제품의 중국시장 진출에서 불공정규제문제에 대해 '일반301조사'를 전개했다.

1992년 8월 미국 무역대표부가 중국에 대한 징벌성 관세보복 상품 목록을 공개하였는데, 신발·실크 의류·공업장비·전자제품 등 분야가 포함되었으며, 총 가치가 약 39억 달러에 달했다.

1992년 10월 마지막 라운드 시장접근 관련 협상에서 중·미 양국이 합의를 이루어 「중·미 시장접근 관련 양해각서」를 체결했다. 중국은 1992년 말부터 1997년 말까지 미국상품에 대한 수입규제를 점차 철폐할 것을 약속했다. 1999년에 중·미 양국은 중국의 세계무역기구

(WTO) 가입 관련 협의를 달성하고, 구체적인 제품에 대한 관세율과 관리조치를 명확히 규정하였으며 주요한 서비스업종에 대한 시장 개방 조건과 과도기를 정했다.

4) 1994년 6월 미국이 중국의 지적재산권 법률 집행문제를 겨냥하여 중국을 '특수 301조사'의 유일한 "우선감시대상국"으로 지목했다.

1차 겨룸: 1994년 6월부터 12월까지 중·미 양국은 총 7차례의 협상을 진행하였는데, 협상은 모두 결렬되었다. 1994년 말 미국이 중국을 상대로 28억 달러 상당의 무역제재목록을 공개하였는데 전자·완구·플라스틱 등 분야와 관련이 있었다. 제재가 발효되면 상기 상품에 대해 100%에 달하는 징벌성 관세를 부과하게 된다. 중국정부는 신속히 반격하여 미국의 게임카드·녹음테이프 등 수입제품에 100% 관세를 부과하고, 미국 음반제품의 수입을 중단했으며, 미국회사의 중국 내 투자사 설립 신청 수리 중단 등의 조치를 취했다.

2차 겨룸: 1995년 1월 18일 양국이 협상을 진행하여 특허·상표·지적재산권 문제에 대해 탐구하였으나 2월 4일 협상이 결렬되었다. 2월 4일 미국은 중국의 전자·가구·자전거 등 수출제품에 대해 10억 8천만 달러 가치의 관세를 추가 부과한다고 선포했다. 같은 날 중국은 즉각 미국으로부터 수입하는 제품에 대한 관세를 인상하고 영화와 텔레비전 프로그램 제품의 수입을 잠정 중단하는 등의 보복성 조치를 취할 것이라고 발표했다.

협상: 제재를 선포한 그날, 미국 무역대표부가 당시 중국 대외무역경제협력부 우이(吳儀) 부장에게 서한을 보내 2월 13일 워싱턴에서 협상을 재개할 것을 건의하였으며 우이 부장은 북경에서 협상할 것을 요구하는 내용을 담은 서한을 보냈다. 그 후 미국 에너지부 부장이 대표단을 거느리고 중국을 방문했다. 1995년 2월 23일부터 26일까지 중·미 양국이 협상을 거쳐 「중·미 지적재산권협상협정」을 체결하고 「지적재산권의 효과적인 보호 및 실시에 관한 행동계획」을 첨부했다. 중국은 권리침해행위에 대한 단속을 더 한층 강화하는데 찬성하고 1995년 3월부터 6개월 내에 권리침해활동을 집중적으로 단속하기로 했다. 그리고 중국은 중국 사법제도가 지적재산권 권리자에게 충분한 보호를 제공하는 것을 확인하고, 미국기업이 합자방식으로 음반과 영상물 생산 및 복제기업을 설립하는 것을 허용하였으며, 음반과 영상물 제품의 무제한 수입과 허가증제도를 설립하고 중국이 내용에 대하여 기준 공개 하에 무차별 검사 제도를 실시할 수 있도록 합의했다.

5) 1996년 4월 지식재산권 협정 이행 문제에서 중국은 '301조사'의 유일한 "우선감시대상국"으로 지목되었다.

비록 지난 한차례의 지적재산권분쟁에서 초보적인 협상합의를 달성하였지만, 분쟁은 여전히 해결되지 않았다. 1996년 4월 미국은 중국정부가 협의를 제대로 이행하지 않았다고 주장하고 조사를 재개한다고 선포했다. 5월 15일 미국은 중국 방직물, 전자제품 등에 대해 약 30억 달러의 징벌성 관세를 부과하고 중국 방직물에 대해 임시 수입 제한 조치를 실시한다고 선포했다. 같은 날 중국정부는 미국에 수출하는 농목제품·식물기름·자동차·통신 설비 등에 대해 100%의 추가 관세를 부과하고, 미국 음반과 영상물 제품 수입을 일시 중단하며, 미국의 재중 상업관광 무역업체 설립 신청에 대한 접수·허가를 잠정 중단하는 등의 반발 조치를 내놓았다. 비록 중국의 개입 금액이 20억 달러 미만이지만 반발조치는 중국문화시장에 진입하려는 미국의 의도에 충격을 주었다. 여러 라운드의 협상을 거쳐 1996년 6월 17일 중국과 미국은 세 번째 지식재산권 협의를 달성했다. 내용은 주로 권리침해관리, 법 집행 강화, 국경 조치 및 시장 접근 등이 포함되었으며 1999년 3월에 「중·미 지적재산권협정」이 공식 체결되었다. 이는 중·미 지적재산권의 중대한 협상과 분쟁이 이로써 일단락되었음을 의미한다. 분쟁이 이데올로기와 선전 영역에 관련되었기 때문에 중국은 미국이 중국에서 음반 영상 문화제품을 발행 출판하는 것을 거부했다. 중·미 지적재산권 분야에서의 무역마찰과 더불어 중국 지적재산권보호가 꾸준히 추진되었다.

6) 2010년에 미국은 청정에너지 보조금에 대해 '일반 301조사'를 발동했다. 2010년 10월 15일 미국 무역대표부가 청정에너지 보조금문제에 대해 '일반 301조사'를 전개했다. 중국 풍력·태양광·고효율 전지 및 신에너지 자동차 업종을 포함한 154개 업체에 대한 조사를 전개하였으며, 늦어도 90일을 넘기지 않고 WTO를 통해 중국정부에 협상요청을 제기하기로 결정지었다. 11월 15일 중국정부와 중국 기계전기제품 수출입상회 등이 미국 무역대표부에 각각 평가의견을 제출하여 사실에 어긋나는 고소에 대해 반박했다. 2010년 12월 22일 미국이 조사 결과를 발표하여 중국의 「풍력발전설비 산업화 전용 자금 관리 잠정방법」이 WTO 「보조금 및 반보조금조치에 관한 협정」 규정을 어긴 혐의가 있다고 주장하면서 WTO에 협상청구를 제기하여 WTO 분쟁해결체제의 조정 하에 양자 간 협의를 달성했다. 중국은 「풍력발전 설비 산업화 특별자금관리 잠정방법」 중 금지성 보조금 관련 내용을 수정하는 것에 동의했다.

7) '337조사'가 갈수록 빈번해졌다.

1990년대 초기에서 중반까지 미국은 주로 '특수 301조사'를 통해 중국에 무역제재를 가했다. 중·미 무역이 끊임없이 발전함에 따라 특히 중국이 WTO에 가입한 뒤 중국의 지적재산권 보호가 날로 보완되고 국제와 맞물려지고 있으며' 이에 따라 지적재산권 마찰 형태에도 변화가 일고 있다. 미국은 갈수록 시효가 빠르고 제재 효과가 뚜렷하며 제소 문턱이 낮은 '337조사'를 많이 이용하여 중국 관련 제품과 기

그래프 6-2 1996~2018년 미국의 "337조항"에 따른 대 중국 조사 입건 수량

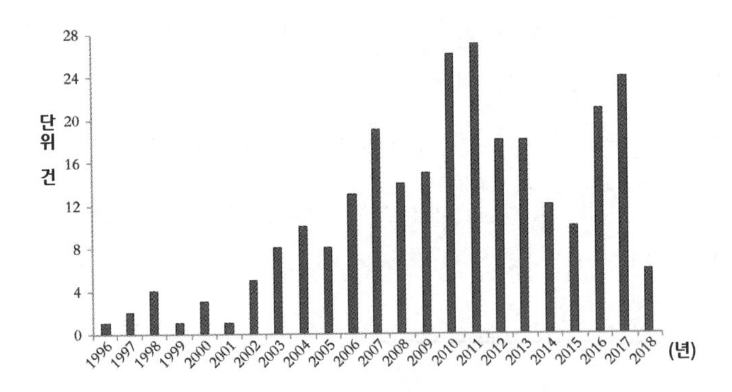

자료출처: 중국무역구제정보넷 http://www.cacs.mofcom.gov.cn/cacscms/view/notice/ssqdc# 참고, 조회시간: 2019년 6월 27일, 헝다 연구원.

업에 압박을 가하기 시작했다. (그래프 6-2 참조) 일반 수입 배제령·제한적 수입 배제령·금지령을 발표하여 중국 제품의 미국 시장 진출을 제한하고 저지시켰다. 중국기업에 대한 '337조사'에 관련된 분야가 많은데 주로 12개 업종이 관련되었다. 그중에서 전자업종이 49%에 달하고, 경공업·기계·의약 업종이 각각 22%, 16%, 5%를 차지하였으며, 다른 업종이 차지하는 비중은 적었다. 미국 코빙턴 앤 벌링(Covington & Burling LLP) 변호사사무소가 발표한 「2017년도 미국 337조사 응소 중국기업 총론」에 따르면 2017년에 총 73개 기업이 미국 국제무역위원회로부터 기소를 당하였는데, 그중 32개 기업이 응소를 선택, 응소 기업 비중이 지난 2년간에 비해 상승한 것으로 나타났다. 그러나 승소율은 고작 20% 정도에 불과했다.

8) '201조'와 '232조사'는 일방성이 강해 국제사회의 거센 비난을 받고 있어 미국은 별로 사용하지 않는다.

'201조사'는 제정할 때부터 일방주의의 산물이었으며, 미국 산업보호의 "편리한 수단"이 되었다. WTO 「세이프가드 협정」(safeguard) 체결 후에도 미국은 여전히 국내법을 그대로 적용해 '201조사'를 진행해 오고 있으며, 그런 마찰은 WTO 회원국의 지탄을 받아 왔다. 2002년 3월 20일 미국은 미국의 철강업에 손해를 끼친 철강재 등에 대해 3년 기한의 관세쿼터제를 실시하고 8~30%의 관세를 부과한다고 선포했다. 중국은 미국에서 수입하는 폐지·콩기름·압축기 3가지 제품에 보복성 관세를 적용하였으며, 총액이 9,400만 달러에 달했다. WTO 전문가팀은 2003년에 미국이 일방적으로 보호주의조치를 취하여 세계무역기구의 관련 규칙을 위반했다고 판정하고 즉각 중지할 것을 명했다. 15년이 지난 2017년 4월 미국 국제무역위원회가 수입한 태양광발전제품에 대해 '201조사'를 전개하기 시작하였으며, 9월에는 태양광발전제품 수입이 미국 국내 산업에 심각한 손해를 끼쳤다고 판정했다. 그 결과에 따라 미국은 2018년 1월부터 태양광발전전지와 부품 수입에 대해 특별 관세를 부과하기 시작했다. 그중에서도 중국 태양광발전제품을 주로 겨냥했다. 2019년 6월 미국은 일부 태양광발전제품에 대한 관세 감면조치를 취하였지만, 중국 태양광발전제품에 대한 제한은 여전히 풀지 않았다. 1980년 이후 미국 상무부는 '232조사'를 14건밖에 벌이지 않았으며, 게다가 최종 제한조치를 취한 경우는 아주 적었다.

이는 주요하게 그 조치가 나라별 조사가 아닌 제품을 겨냥한 것으로서 전 세계적 성격을 띠고 있어 영향범위가 너무 넓기 때문이었다. 이처럼 드물게 사용되었던 조사임에도 불구하고 최근 몇 년간에 트럼프 행정부에 의해 사용되었다. 2017년 4월 20일 트럼프 행정부는 모든 국가(지역)에서 수입하는 철강과 알루미늄에 대해 '232조사'를 가동하였고, 2018년 3월 8일 트럼프 대통령은 수입 철강재에 25%의 관세를 부과하고, 수입 알루미늄에 10%의 관세를 부과한다는 공고에 서명했다.

⑵ 위안화 환율을 수단으로 삼아 중국에 금융시장을 개방하도록 압박.

2003년 이래 위안화 환율문제가 점차 미국의회의 중점 관심사로 부상하였는데 중·미 무역 불균형이 심화된 것이 그 근원이다. 미국은 중국이 위안화 환율을 저평가하여 제품수출에서 부정당한 경쟁우위를 차지해오고 있다고 오랜 세월 동안 비난해 오고 있다. 역사적으로 미국은 과거 일본에 대해 환율전쟁을 일으켰던 과거 수법을 중국에 다시 쓰고 있는 것이다.

1) 2003년부터 미국 전통 업종 당국은 위안화 환율에 주목하며 위안화의 평가절상을 적극 촉구해오고 있다.

미국의 무역적자 배경에서 대량의 전통 업종 노동자들이 실업을 당하면서 제조업 등 전통 업종 이익집단은 위안화 평가절상을 통해 본토 업종을 구제할 수 있기를 희망하고 있었다. 미국 제조업협회 등

80여 개 무역협회로 구성된 "건전한 달러 연맹"은 중국에 압박을 가할 것을 미국정부에 요구하였으며, 또 위안화의 대폭 절상을 요구했다. 2003년 9월 찰스 엘리스 슈머(Charles Ellis "Chuck" Schumer) 등 7명의 상원의원이 의회에 "슈머 의안"을 제출하여 위안화가 15%~40% 가량 저평가돼 있다고 주장하며, 중국이 6개월 안에 위안화 환율을 조정하지 않으면 중국으로부터 수입되는 상품에 27.5%의 관세를 부과할 것을 제기했다. 2004년 1월 미국의 제조업·농업·노동자단체 등 약 40개 단체로 구성된 "공정 통화 연맹"이 미국 무역대표부에 '301조사'를 전개할 것을 제기하면서 중국이 환율을 조작함으로 인해 위안화가 40%정도 저평가돼 있다고 주장했다. 2005년 2월 50여 개의 미국 기업·농업·노동자단체로 구성된 "중국 통화 연맹"이 부시 행정부에 위안화 절상을 촉구할 것을 요구했다. 상기 통화연맹들은 모두 전통무역과 노동자단체의 이익집단을 대표하며, 선거구 이익은 의원들이 위안화 환율 문제에 관심을 갖고 꾸준히 추진해온 가장 직접적인 원인이었다. 의회의 압력을 완화시키기 위하여 부시 행정부는 중국을 더욱 압박하는 수밖에 없었다. 2005년 5월 17일 미국 재무부는 위안화 환율문제에 대한 보고서에서 중국의 환율정책을 맹비난했다. 비록 제재의 최후 기한에 대해 언급하지는 않았지만 중국이 위안화의 평가절상을 거부하여 세계무역을 파괴하였고, 미국 경제에 손해를 끼쳤다고 주장했다. 이에 따라 중국정부는 즉각 국제압력에 밀려 중국의 환율정책을 바꾸지는 않을 것이라고 강경하게 맞섰다. 중·미 양국의 환율 마찰이 격화됨에 따라 2005년 7월부터 위안화 환율개혁을 시작하였으며, 달러화에 고정시키던 고정환율제를 개혁하면서 평가절상의 길을 열었다.

2) 금융업그룹의 전면적인 주도로 요구사항이 위안화 평가절상에서 중국 금융시장 개방으로 방향이 바뀌었다.

2005년 7월부터 2006년 7월까지 위안화가 빠른 속도로 평가절상 했다. 7월 상원 재무위원회가 압도적 다수로 「그래슬리-보커스 법안」을 통과시켜 위안화 환율 문제를 더욱 온화하게 처리할 것을 요구했다. 분쟁을 해결하기 위하여 2006년 12월부터 중·미 양국은 총 5라운드의 전략적 경제대화를 진행했다. (표 6-2 참조) 제1라운드 대화회의는 베이징에서 열렸으며, 중국이 미국 농산물·쇠고기·목재 수입조건을 완화하는데 동의하고, 또 지적재산권 보호를 강화하기 위한 14가지 조치를 제시했다. 제2라운드부터 의제가 위안화 환율문제로부터 중·미 금융협력과 중국의 대미 금융서비스 영역 개방으로 바뀌었다. 제4라운드 대화에서 중·미 양국은 가능한 한 빨리 중국시장경제의 지위를 인정할 것을 제의했다. 위안화 환율 문제는 미국 금융업그룹이 중국 자본시장의 개방을 요구하는 수단으로 바뀌었다.

표 6-2 2006~2008년 중·미 5라운드 전략적 경제대화 관련 금융영역의 주요 성과

라운드별	시간	지점	성과
제1라운드	2006년 12월 14~15일	베이징	환율문제는 이번 회담의 핵심 의제 중 하나로, 헨리 폴슨 미 재무장관이 위안화 환율의 유연성을 한층 더 향상시키기를 희망한다는 뜻을 중국에 분명히 밝힘. 양자 투자대화를 가동하여 탐구적 토론을 전개하여 양자투자협정의 가능성을 고려함.
제2라운드	2007년 5월 22~23일	워싱턴	금융서비스업분야에서 중국은 조건에 부합하는 합자증권회사의 업무범위를 점차 확대하여 적격경외기관투자자(QFII)의 투자총액을 300억 달러로 확대키로 함.(원래는 100억 달러였음) 외자법인은행의 위안화 은행카드 발행을 허용키로 함. 미국은 중국자본은행의 미국지점개설 관련 모든 신청을 내국민대우원칙에 따라 심사키로 함. 중국과 금융감독 분야·인적교류를 전개키로 약정함.
제3라운드	2007년 12월 12~13일	베이징	양국은 금융서비스업 개방문제에서 진척을 가져옴. 중국은 조건에 부합하는 외국인투자회사(은행 포함)의 위안화 표시 주식 발행을 허용하고 조건에 부합하는 상장회사의 위안화 표시 회사채권 발행을 허용함.
제4라운드	2008년 6월 17~18	아나폴리스	중국은 2008년 12월 31일 전으로 외국자본 주식투자 중국증권, 선물 및 펀드관리회사에 대한 평가를 완료하고, 평가결과에 따라 외자주식투자 중국증권시장 조정 관련 정책적 건의를 제기하기로 함. 중국은 시범사업을 전개하여 비(非)예금류 외국 금융기관이 시범지역의 소매 소비자들에게 소비 금융서비스를 제공하는 것을 허용하고, 경외 보험기관, 정부와 통화 관리 당국, 공동기금, 양로기금, 자선기금과 기부기금 등 QFII 및 QFII의 발기로 설립된 개방형 중국 펀드의 투자 원금 매각기간제한기를 3개월로 단축시키는 데 동의함. 조건에 부합하는 경외 회사가 주식발행 또는 예탁증서 형태로 중국증권거래소에 상장하는 것을 허용함. 동시에 조건에 부합하는 외자법인은행의 위안화 서브 프라임 채권 발행을 허용함.

제5라운드	2008년 12월 4~5일	베이징	중국은 중국 국내 외자법인은행이 중국자본은행과의 동등한 대우를 바탕으로 고객이나 자체를 위한 은행 간 시장 채권 거래를 허용함. 비록 중국이 외자은행에 대해 단기외채 잔액지표 관리를 실시하고 있지만, 특수한 상황에서는 조건이 부합하는 외자은행이 일시적으로 해외 관련 기관의 보증이나 대출방식을 통해 유동성을 늘릴 수 있도록 허용함. 미국은 자국 금융당국 및 중국의 외화비축과 국부펀드를 통해 행해지는 상업 지향적인 투자를 포함한 외국의 투자를 환영한다고 거듭 천명함.

자료출처: 「중·미 1라운드 전략과 경제 대화」, http://business.sohu.com/s2009/zmdh6/ 참고, 「중·미 2라운드 전략과 경제 대화」, http://business.sohu.com/s2010/zhongmeijingjidui-hua 2010/ 참고, 「역대 중·미 전략경제대화의 성과 정리」, http://news.cctv.com/finan-cial/ 20081203/109175.shtml 참고, 「4라운드 중·미 전략과 경제 대화」, http://finance.sina. com.cn/focus/zmjjdh_2012/ 참고, 「제5차 중·미 전략 경제대화가 5개 분야에서 일련의 성과 달성」, http://www.gov.cn/gzdt/2008-12/05/content_1169312.htm 참고, 조회시간: 2019년 6월 27일, 헝다 연구원.

3) 금융위기 이후 위안화 환율문제가 다시 불거졌다.

2009년 5월 하원 의원 리안과 머피가 「공정무역을 위한 통화개혁법 법안」을 제출하고, 동시에 상원 의원 데비 스태버나우(Debbie Stabenow)와 짐 버닝(Jim Bunning)이 「2009 공정무역을 위한 통화개혁법 법안」을 제출했다. 6월 슈머와 린지 그레이엄(Lindsey Graham)이 「환율 감독관리개혁법안 2009」를 제출했다. 2010년 3월 오바마 대통령이 위안화 개혁을 시장체제로 이행할 것을 요구하면서 중국을 또 '환율조작국'으로 몰아붙이려 했다. 2011년 일부 의원이 「통화환율감독개혁법안」을 제출했다. 그 법안은 국내 입법의 형태로 미국에 자국 주요 무역국의 환율수준이 합리적인지의 여부를 판정할 수 있는 권한과 미국이 '환율조작국'으로 지목한 국가에 대해 관세 증가·수입제한 등의 조치를 적용하여 처벌할 수 있는 권한을 위임한 것이다. 이에 대해 중국 상무부는 이번 조치가 WTO 무역규칙에 어긋나고 중·미 무역관계를 방해한다고 강력히 반발했다. 2016년 4월 중국이 '환율조작국 우선감시대상국'으로 지목되었으며, 2019년 5월에 이르러 미국 재무부 반년도 『환율정책 평가보고서』에서 중국은 비록 '환율조작국'에 포함되지는 않았지만 여전히 '감시대상국'에 포함되었다. 위안화 평가절상 과정에서 금융위기로 인해 중국의 대미 흑자가 하락한 것 이외에 중·미 양국 간 무역 불균형이 꾸준히 확대되었다. (그래프 6-3 참조) 이로부터 알 수 있다시피 위안화 평가절상은 중·미 무역불균형 상황을 개선하지 못했다. 마땅히 미국의 저 저축 고소비 패턴, 대 중국 첨단기술 수출제한, 달러화 국제 기축통화 지위 등 면에서 문제를 풀어야 했다. 환율에만 의지하고 심층적인 문제를 해결하지 않는다면 중·미 무역흑자의 구도를 바꿀 수 없었던 것이다.

그래프 6-3 1995~2017년 위안화 환율 및 중·미 무역 흑자 변화 상황

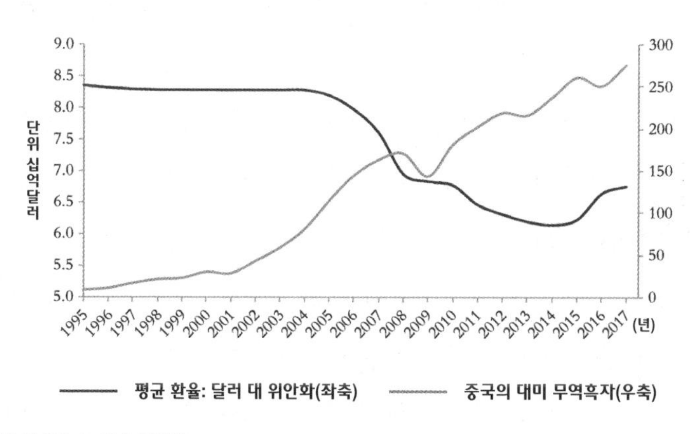

자료출처: Wind, 헝다 연구원.

(3) 수출관제

수출관제의 기원 시기는 제2차 세계대전 기간으로 미국은 국방 이익을 위하여 군사장비의 수출을 금지하거나 삭감해야만 했다. 이는 그 후 냉전시기 소련을 억제하는 정책의 구성부분이 되었다. 냉전이 끝난 뒤 미국은 비록 수출규제를 풀긴 하였지만, 여전히 수출규제를 대외정책목표를 펴는 수단으로 삼아왔다.

미국 「수출 통제 조례」는 국가안보·대외정책 및 결핍 통제 수요 차원에서 캐나다를 제외한 모든 나라를 7개 그룹으로 나누어 통제 정도가 엄격한데서부터 느슨한 데로 차례로 Z(수출 전면 금지), S(의료 약품·농산물 식품을 제외하고 기타 수출 전면 금지), Y(군사장비 수출 금지), W(Y와 같음, 단 통제 범위가 좀 더 완화됨), Q(W와 같음, 통제가 더 적음), V(통제하지 않음, 그룹 내 국가에 대해 차별 대우함), T(V와 같음, 단 형사정찰과 군용장비에 대해 허가 증 관리를 실시함) 순으로 정했다. 1979년에 중·미 양국이 공식 수교한 뒤 중국은 전문적인 "P그룹"으로 분류되어 원칙적으로 미국의 군용과 민용 기술과 제품을 얻을 수 있었지만 엄격한 심사비준을 거쳐야 했다. 1983년 레이건 행정부가 중국을 '우호적인 비동맹국'으로 격상시키고, 서양국·중립국·인도·이집트 등 개발도상국과 같은 그룹 'V그룹'으로 분류하여 "중국에 대한 기술과 제품 수출은 다른 우호국가에 대한 수출과 마찬가지로 자연스러워야 한다."라고 강조했다. 같은 해 "대 중국 지도 원칙"을 발표하고 「수출통제규정」을 개정하였지만, 'V그룹' 내부에서 국가별 차별대우를 실행하였으며, 중국에 대한 기술 이전은 여전히 제한적이었다. 1985년부터 1989년 6월까지 미국이 잇달아 여섯 차례나 중국에 대한 기술양도 규제를 풀었던 것은 미국이 중국과 연합하여 소련에 대항하기 위한 전략과 국제수지적자를 줄이는 경제적 이익의 수요 때문이며, 또한 중국의 대외개방에서 극력 쟁취해온 결과이기도 했다. 그러나 동유럽의 격변, 소련의 해체, 1980년대 말 중국의 정치풍파 영향으로 미국은 대 중국 기술 통제를 중국을 제재하는 주요 수단으로 삼아 양국 간 몇 가지 군사기술 양도 계약을 잠정 중단하고, 치안류 기술과 제품의 수출을 금지하였으며, 창정(長征) 로켓으로 휴스(hughes) 위성을 발사하는 계약 등 적어도 300개 대 중국 수출 허가를 중단시켰다. 장기간 중국에 대한 엄격한 통제정책을 실시해왔기 때문에 미국은 하이테크 분야에서의 비교우위를 중·미 양자무역에서 구현하지 못했다.

(4) WTO를 통해 중국을 상대로 무역 분쟁을 일으켜 2001년 이후 미국의 대 중국 반덤핑 품목이 전반적으로 늘어났다.

2001년 12월 중국은 정식으로 WTO 제143번째 회원국이 되었고, WTO의 무역 분쟁 해결메커니즘(DSM)이 중·미 무역 분쟁의 중요한 해결 메커니즘이 되었다. WTO의 3대 구제 조치는 반덤핑, 반보조금 및 특별 보장 조치이다. 따라서 양국은 지적재산권, 반덤핑, 국내 산업정책 분야에서의 충돌을 여러 차례 DSM에 제소하여 해결하였으며, 2001년 이후 미국의 대 중국 반덤핑 목록이 전반적으로 늘어났다. (그래프 6-4 참조) 그러나 DSM을 통해 중·미 무역마찰을 해결하

그래프 6-4 1980년대 이래 미국의 대 중국 반덤핑조사 입건 수량

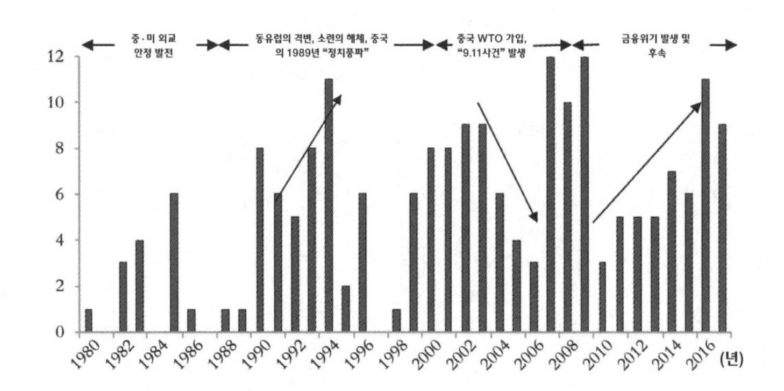

자료출처: 중국무역구제정보넷 사건 데이터베이스, http://www.cacs.mofcom.gov.cn/cacscms/view/statistics/ckajtj 참고, 조회시간: 2019년 6월 27일, 헝다 연구원.

는 데는 절차를 밟는 기간이 길고 효율이 낮으며 비관세장벽에 관한 정보를 파악할 수가 없어 중·미 양국 간 비협력 가능성이 높아지고, DSM 조사에서 증거 확보가 불충분하여 오심이 발생할 수 있는 등 수많은 문제가 존재했다.

중국무역구제정보망 사건 데이터베이스에 따르면, 2001년 중국이 WTO에 가입한 후부터 2017년까지 조사를 마무리한 반덤핑사건은 총 27건에 이른다. 그중 3건은 제소 측이 소송을 취하하였거나 또는 입건을 연기하였고, 4건은 국제무역위원회가 손해를 구성하지 않은 것으로 판단하여 상무부에 제출하여 중재하였으며, 3건은 미국 상무부가 중국기업의 덤핑 행위가 구성되지 않는다고 인정하여 중재하였고, 10건은 중국 상무부가 중국기업의 덤핑행위를 인정하여 중재하였으며, 6건은 미국 국제무역위원회가 상무부의 중국 덤핑행위 인정 결론을 부결하며 중재하였고, 1건은 중국이 WTO에 제소하고, WTO가 미국의 반덤핑행위가 반칙이라고 인정했다.

(5) 미국은 중국이 WTO에 가입할 때 시장경제지위, 특정 제품의 과도적 보장메커니즘 등의 견제조건을 설치했다.

중국은 WTO 가입 과정에 장장 15년에 달하는 힘겨운 협상을 거쳤으며, 주로 미국과의 협상이었다. 최종적으로 미국이 중국의 WTO 가입을 찬성하는 데는 조건이 있었다. 이는 「중국의 WTO 가입 의정서」 중의 제15조, 제16조에서 반영된다. 이 두 조항은 중국의 시장경제지위문제와 특정 제품의 과도적 보장메커니즘에 관한 것이다. 이는 미국 및 다른 동맹국이 중국을 견제하는 수단으로 사용되었으며, 중국을 물어뜯는 "두 개의 독니"로 불리기도 한다.

1) 중국의 시장경제지위문제.

2001년 중국이 WTO 가입 시 체결한 조항에서는 중국의 시장경제지위를 인정하지 않았다. 그러나 기타 조약국은 15년 뒤 중국이 '시장경제지위'를 갖추지 못했다는 것을 구실로 삼아 대체국 제품가격을 참조하여 중국에 대한 '반덤핑' 조치를 더 이상 취할 수 없게 되었다. 그러나 이는 또 중국이 기한이 만료되면 시장경제지위를 자동적으로 취득할 수 있다는 의미는 아니었다. 2016년 말 미국은 중국의 시장경제지위를 인정하지 않는다고 선포했다. 중국의 시장경제지위가 인정을 받지 못하는 동안 중국기업은 반드시 자신이 공정한 거래환경에 처해있다는 증거를 제시해야만 반덤핑 과정에서 대체국 가격이 적용되지 않을 수 있었다. 그렇지 않을 경우 반덤핑 국가는 되도록 원가가 중국보다 높은 대체국을 선택하게 되어 중국기업이 반덤핑소송에서 매우 불리한 지위에 처할 수 있었다. 소송을 제기한 수입국은 흔히 이익을 도모하기 위하여 미국의 대 중국 반덤핑 입건조사를 더 한층 자극하곤 했다. 실제로 세계은행의 데이터에 따르면 중국 내륙 비즈니스 환경은 190개 국가와 지역 중 46위로서 77위인 인도보다 많이 앞섰다. (그래프 6-5 참조) 그러나 인도는 오히려 시장경제국가로 인정받고 있었다. 이는 미국이 중국을 견제하려는 의도를 갖고 있음이 분명했다. 2003년도 미국의 대 중국 컬러텔레비전 반덤핑사건을 예로 들어보자. 2003년 5월 2일 미국 파이브리버 전자회사(Five Rivers Electronics Inc), 국제전자업노동자형제회(IBEW), 미국 국제전자제품회 등이 미국 국제무역위원회와 미국 상무부에 창홍(長虹)을 포함한 10여 개 중국 컬러텔레비전 기업과 말레이시아 기업에 대한 반덤핑소송을 제기했다.

그래프 6-5 2019년 세계 여러 국가와 지역 비즈니스 환경 편리 정도 점수 비교

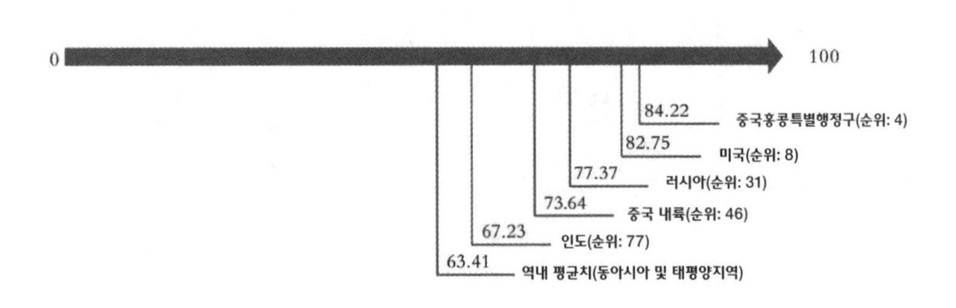

자료출처: 세계은행, 「2019비즈니스 환경 편리 정도 점수」, http://chinese.doingbusiness.org/zh/data/exploreeconomies/china 참고.

2003년 5월 7일과 23일 미국 국제무역위원회와 상무부는 그 제소를 입건하고, 긍정적인 초보적 판결을 내렸으며, 중국과 말레이시아의 컬러텔레비전이 미국 산업에 실질적 피해를 입힌 징후가 있다고 밝혔다. 창홍·캉자(康佳) 등 중국기업이 강제성 피항소인으로 지목되었으며 피항소인은 시장 선도 산업, 대체국, 대체국 가치 등과 관련해 미국 상무부에 정보와 견해를 제출하였으나 미국 상무부로부터 거부당하였으며, 결국 중국의 비시장경제지위를 핑계로 생산원가가 더 높은 인도를 대체국으로 선정하여 우리나라 컬러텔레비전의 생산 원가를 산정하여 11월에 중국 텔레비전 업체에 대해 반덤핑관세를 징수하기로 판결했다. 2004년 5월 21일 미국 상무부는 총가치가 16억 달러에 달하는 반덤핑관세 징수명령에 서명하여 중국 컬러텔레비전산업의 대대적 조업정지를 조성했다.

2) 특정 제품의 과도적 보장메커니즘.

「중국 WTO 가입 의정서」 제16조에는 "특정 제품 과도적 보장메커니즘"에 대한 규정이 있다. 중국이 WTO에 가입한 후 12년 내에 중국산 제품이 WTO 회원국에 수출되어 수입국의 '시장 교란'을 초래할 경우 WTO 회원국은 중국과 협상을 통해 양측이 만족스러운 해결책을 모색할 수 있도록 청구할 수 있다는 것이었다. 중국에 대한 불리한 영향은 일단 WTO 회원국이 중국산 수입제품이 국내 생산자에게 나쁜 영향을 끼친다고 인정할 경우 바로 조치를 취하여 중국으로부터의 수입을 제한할 수 있고, 또 임시적인 보장조치를 취할 수 있으며,

심지어 중국의 동의를 거치지 않아도 된다는 것이었다.

2009년 중·미 타이어 "특정 제품 과도적 보장메커니즘 사건"("특보사건"으로 약칭)을 예로 들면 그 사건은 미국이 중국을 겨냥해 벌인 최대 규모의 '특보사건'으로 연루된 금액이 17억 달러에 이르며 연루된 업체 수는 20여 개에 이르렀다. 금융위기 속에서 보호무역주의가 고개를 쳐든 것이었다. 미국은 금융위기를 떠넘길 의향이었으며 중국제조가 주요 타깃이 된 것이었다. '특보사건' 제소측은 미국 철강노조(United Steelworkers)였는데, 오바마 행정부의 핵심 지지층인 그 조직 실업률 상승으로 인해 오바마 행정부가 막중한 압력을 받고 있었다. 오바마 정부는 2009년 9월 12일 중국에서 수입되는 모든 승용차와 경트럭 타이어에 대해 3년간의 보복성 관세를 부과키로 하고 첫 해에 35% 추가 부과하고, 이듬해에 30% 추가 부과하며, 세 번째 해에 25%를 추가 부과키로 했다. 다음날 중국 상무부는 미국의 일부 수입 자동차와 닭고기 제품에 대한 반덤핑 및 반보조금 입안 심사 절차를 가동하고 또 WTO에 제소하여 중재를 요청했다. 2010년 12월 WTO는 미국이 중국에서 수입하는 타이어에 대해 취한 과도적 특별 보장조치가 WTO 규칙에 어긋나지 않았다고 선포했다.

2. 역대 중·미 무역마찰에 대한 종합.

(1) 중·미 무역마찰은 세계 정치경제정세, 사회 이데올리기의 변화 및 중·미 관계에 의해 좌우지된다.

무역마찰은 경제적 실력의 겨룸만이 아니라 전 방위적 종합 실력의 겨룸이기도 하다. 이왕의 무역마찰과 비교해보면 다음과 같은 다른 점들이 있다. 현재 미국과 비교한 중국경제총량과 미국의 대 중국 적자가 미국 적자 총량에서 차지하는 비중이 모두 1980년대의 일본을 포함하여 역사상 그 어느 나라보다 크다. 이는 미국의 경계와 공포 심리를 유발했다. 미국은 유럽과 일본을 제압하였던 행위를 중국에도 적용해올 것임은 의심할 나위가 없다. 중국 제조업이 중·저급 제품에서 중·고급 제품으로 나아감에 따라 중·미 무역은 상호 보완에서 경쟁으로 나아가게 되었다. 미국 정책결정자와 사회의 사상 토대에 변화가 발생했다. 1980년대에 중국에 우호적인 소련을 억제하기 위해서, 그리고 90년대에 중국의 거대한 시장을 개척하기 위해서 중국에 전반적으로 온화했던 분위기와는 달리 미국의 일부 정객들은 "미국 제조업의 몰락이 중국 때문에 초래된 것이고, 중국이 더 이상 서방의 자유민주식 정치와 시장경제의 길을 걸을 가망이 없다"고 주장하며 이는 미국 제도와 패권에 대한 도발이라고 주장했다. 미국 국내 빈부 격차의 확대와 제조업의 몰락 등 국내 모순은 수출을 필요로 하고 있었던 것이다.

(2) 역대 무역마찰은 모두 미국이 주도하여 일으켰고, 총체적으로 중국은 압력을 동력으로 바꿔 더욱 개방적인 방향으로 나아갔다.

미국이 무역마찰을 일으키고 패권적 지위를 이용하여 자국의 정치경제 지위를 수호하고 상대국을 압박하여 시장을 개방하는 것은 미국의 상투적인 방식이다. 지적재산권 분쟁, 시장접근 분쟁 등 방면에서 중국은 최종 압력을 극복하고 핵심 이익은 양보하지 않았다. 압력 앞에서 중국은 자체 발전의 수요에 따라 개혁을 안정적으로 추진하고, 지적재산권보호를 위한 입법과 법 집행을 강화하였으며, 위안화 환율 제도를 개혁하고 경영환경을 개선하는 등의 방법을 선택했다.

중·미 무역마찰에 직면하여 중국은 압력을 극복하고 핵심 이익을 수호해야 하며, 자본계정 하의 개방을 점진적으로 추진해야 한다. 일본의 전철을 절대 밟아서는 안 된다. 더욱 중요한 것은 중국은 마땅히 외부적으로는 전략적 기회를 쟁취하고, 국내에서는 열심히 내공을 다져 공급측 구조개혁을 추진하고, 중대한 위험을 예방하고 해소하며, 국유기업 개혁, 사회보장 개혁, 재정 개혁 등의 기초적 개혁을 추진하고, 기초과학기술 등 대국의 귀중한 무기를 발전시켜야 한다.

(3) 미국의 대 중국 무역마찰이 경제·금융 위기와 정치선거 기간에 많이 발생했다.

반덤핑, 반보조금조사, 특보사건(특정 제품 과도적 보장메커니즘 사건)은 대개 중간선거와 대통령선거 기간에 발생한다. 인터넷 버블 붕괴 및 2008년 금융위기 이후 무역마찰이 눈에 띄게 잦아졌다.

중·미 무역마찰은 양국의 반격을 수반하지만 결국에는 대부분 협상과 합의로 끝났으며 미국은 대개 압박을 가하는 것을 협상카드로 삼아 더욱 큰 주도권을 쟁취하여 자국의 수요를 최대한 만족시키곤 했다.

제2절
중·미 무역 불균형의 근원과 대책

1. 중·미 무역 불균형의 기본 상황.

중국의 대미 무역은 전반적으로 흑자이긴 하지만, 주로 화물무역에서 나타나며, 서비스무역에서는 적자로 나타난다. 특히 교육·관광·금융보험 등 분야에서는 더욱 그러하다. (그래프 6-6 참조) 미국의 통계에 따르면 2018년 미국의 대 중국 무역적자는 3,808억 달러로 미국 적자총액의 60.9%를 차지했다.

그래프 6-6 2000~2018년 미국의 대 중국 상품무역적자·서비스무역흑자

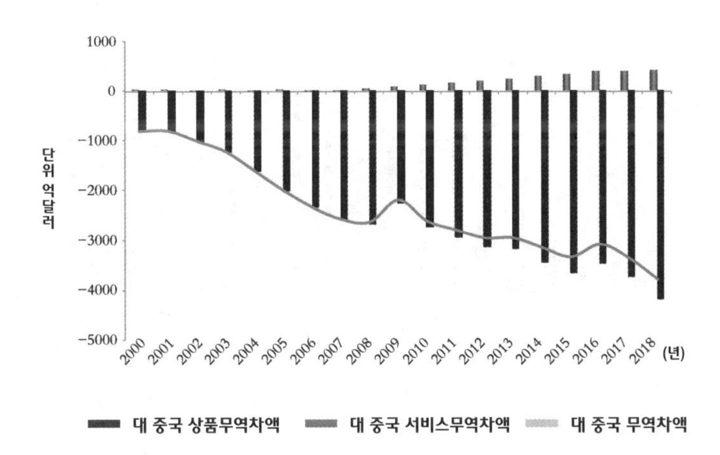

자료출처: Wind, 헝다 연구원.

그중 미국의 대 중국 화물무역적자가 4,195억 달러로 미국 화물무역적자 총액의 48%를 차지하여 마지막 순위 9개 경제국을 합친 규모(45.9%)를 초과했다. 2018년 미국의 대 중국 서비스무역 흑자는 387억 달러로 미국 서비스무역 흑자 총액의 15.5%를 차지하여 1위를 차지했다. 중국이 통계한 무역수치와 미국이 통계한 수치 사이에는 현저한 차이가 존재한다. (그래프 6-7 참조) 중국의 통계에 따르면 2018년 중국의 대미 상품무역흑자는 3,244억 달러로, 중국 상품무역흑자의 92.5%를 차지하며 미국의 통계와 비교할 때 약 1천억 달러의 차이가 난다. 통계수치에서 차이가 나는 주요 원인은 첫째, 미국이 중국 홍콩 중계무역부분까지 뭉뚱그려서 중국 내륙의 것으로 통계한 때문이다.

그래프 6-7 2000~2018년 중·미 양국의 상품무역차액 통계

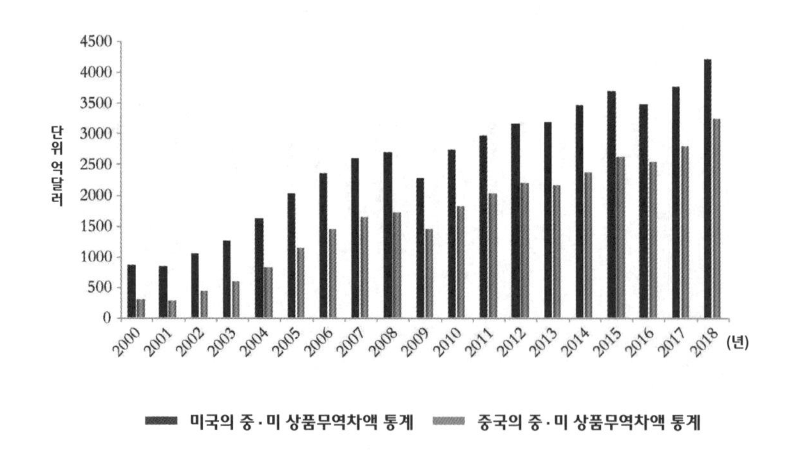

자료출처: Wind, 미국경제분석국, 헝다 연구원.

실제로 그중에는 기타 경제국(지역)의 중계무역도 포함되어 있다. 둘째, 미국은 수출금액에 대해서는 수출항인도가격(FOB가격)으로 산정하고 수입금액은 도착항인도가격(CIF가격)으로 산정하여 하역, 운임, 보험료 등 비용을 미국의 대 중국 무역적자로 산정하기 때문이다. 셋째, 통계범위의 차이 때문이다. 미국이 사용하는 통용 무역체계는 국경을 경계로 한다. 여기에는 보세창고와 자유무역지역 범위에 보관하는 일반 무역체계가 포함된다. 중국은 특별한 무역체제를 실행하는데 중국 관세영역을 경계로 삼아 중국세관을 거쳐 수입되는 상품만 통계에 포함시키며 보세창고의 화물은 통계에 포함시키지 않는다. 중국과 미국 통계작업팀의 추산에 의하면 미국의 공식 통계에 따른 대 중국 무역적자는 매년 20%가량 고평가되고 있는 것으로 알려졌다. 구조적으로 보면 중국은 주로 전기기계제품·음향 영상기기(가전·휴대폰 등 포함)·섬유의류·가구와 조명기구·완구·신발·모자 등을 미국에 수출하고 있고, 미국으로부터는 콩·비행기·자동차·광학 및 의료기기를 주종으로 한 중간제품과 부품을 주로 수입하고 있다. 중국 상품무역흑자가 큰 업종은 주로 전기기계·음향 영상기기(가전·휴대전화 등을 포함)·잡제품 (가구·완구·운동용품 등을 포함)·섬유·모자 등이고, 적자가 큰 업종은 주로 광산물·콩 등 농산물을 포함한 식물제품, 비행기·자동차 및 운수장비 등이다. (표 6-3 참조)

표 6-3 2018년 중·미 무역차액의 업종별 상황 (단위: 억 달러)

중국의 대미 무역차액 일부 업종 분포	무역차액
전기기계·음향 영상기기 및 부품	1841.59
잡제품	556.61
방직 원료 및 방직제품	439.22
비금속 및 비금속제품	190.45
신발 모자 우산 등, 가공 깃털 및 깃털제품, 인조 꽃, 모발제품	165.05
플라스틱 및 플라스틱제품, 고무 및 고무제품	137.41
광물재료제품, 도자기, 유리 및 유리제품	72.98
가죽·모피 및 제품, 가방, 거트(gut)제품	61.53
식품, 음료, 술 및 식초, 담배 및 담배제품	20.53
목재 및 목제품, 목탄, 코르크, 니팅(Knitting)	12.04
특수 거래물품 및 미분류 상품	10.28
화학공업 및 관련 공업 제품	2.47
무기·탄약 및 기타 부품	0.96
예술품·수장품 및 골동품	0.44
동식물 기름·유지·밀랍, 정제식용유지	-0.18
동물체, 동물제품	-1.92
목재 펄프 등, 파지, 종이·판지 및 제품	-2.31
보석·귀금속 및 제품, 액세서리, 동전	-12.83
광학·의료 등 기기, 시계, 악기	-16.89
차량, 항공기, 선박 및 운수 장비	-62.26
식물제품	-79.64
광물제품	-102.85

자료출처: Wind, 헝다 연구원.

2. 중·미 무역 불균형의 근원: 관세 추가 부과로 해결되지 않아.

중·미 무역마찰의 직접적인 원인은 중·미 양국 간 거액의 무역흑자에 있다. 트럼프 행정부는 관세 부과의 방식을 통해 중국시장을 열고 중국 수출을 줄이려고 시도하였지만 중·미 무역 불균형을 초래한 심층적인 원인은 장기적이고 근본적인 특성을 띠고 있어 관세를 추가 부과하는 방법으로는 "중·미 경제 구조와 글로벌 가치사슬 분업의 지위 차이, 달러화의 국제기축통화 지위, 달러화의 횡포적 특권, 미국의 저 저축 고 소비, 대 중국 하이테크 수출제한, 미국 많은 다국적 기업의 대 중국투자 등"의 문제를 해결할 수 없었다.

(1) 글로벌 가치사슬 분업: 수출 흑자는 중국에, 부가가치는 미국에

수출로 수입을 감쇄하는 전통적 통계 산정 방식은 글로벌 가치사슬 시대의 무역불균형과 가치분배 문제를 반영하지 못한다. 데이비드 리카도(David Ricardo) 등 이들이 제기한 전통무역이론에 따르면 글로벌무역은 각 나라의 비교우위를 기반으로 하여 각 나라가 비교우위를 갖춘 최종 제품만 생산한다고 주장한다. 그러나 정보통신기술과 운송의 진보에 따라 제품의 생산과정이 각기 다른 생산 부분으로 세분화되었고, 그 부분들은 일반적으로 국경을 넘어 가장 효과적으로 그 부분의 생산을 완성할 수 있는 곳에 외주를 주게 되었다. 이로써 글로벌 가치사슬이 생겨난 것이다. 중국은 글로벌 분업에서 노동력의 비교우위를 발휘하여 가공무역이 중국 수출에서 차지하는 비중이 크다. (그래프 6-8 참조) 중국은 라틴아메리카·중동지역·오스트레일리아 등 지역에서 자원을 대량으로 수입하고 미국·일본·한국·독일 등 국가에서 중간제품을 대량 수입하여 국내에서 조립과 가공을 거친 뒤 구미로 수출하고 있다. 실제 증가가치는 단지 가공 조립 부분일 뿐이지만 전통적인 수출 통계 산정 방법에 따라 출하가격으로 산정하기 때문에 중·미 양국 간 무역흑자가 엄청나게 과대평가되고 있다. 중국과학원이 글로벌 가치사슬(GVC)의 추산방법에 따라 산정한 결과 중·미 무역흑자는 전통방식에 따른 산정치의 48%~56%에 지나지 않았다. 이로부터 알 수 있다시피 미국의 수입이 일본·한국에서 중국으로 이전하면서 일본·한국 등 국가의 대미 무역흑자는 감소세를 보이고, 중국의 대미 흑자는 해마다 증가하고 있다. 중·미 양국의 무

그래프 6-8 1995~2016년 중국 수출구조 금액 비중

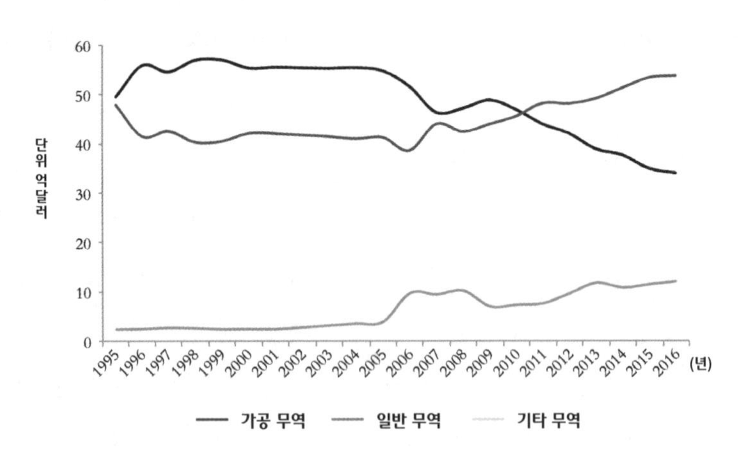

자료출처: Wind, 헝다 연구원.

역흑자에는 다른 나라의 대미 흑자도 포함되었다. 미국의 대 중국 무역적자가 미국 무역적자 총액에서 차지하는 비중은 1990년의 9.4%에서 2018년의 48%로 늘었고, 같은 기간 미국 대 일본·한국·중국 홍콩·중국 대만 화물 무역적자를 합친 규모가 미국 무역적자 총액에서 차지하는 비중은 53.3%에서 7.8%로 하락했다. 글로벌 가치사슬에서 차지하는 지위가 다름으로 인해 중·미 간 화물무역은 흑자이고, 서비스무역은 적자인 구도가 초래되었지만, 미국은 대다수의 이익을 얻었다. 중국은 취업·세수·경제성장을 이루고 기업과 노동력이 미약한 이윤과 수입을 얻긴 하였지만, 환경 파괴와 자원 낭비 문제는 중국이 떠안았다. 중국은 가치사슬에서 부가가치가 낮은 가공·조립 부분을 맡고, 첨단적인 연구개발과 설계·핵심 부품의 생산 및 말단의 판매 서비스는 해외에 있으며, 엄청난 이윤이 재중 다국적기업으로 흘러들어가고 있다. (그래프 6-9 참조) 그러나 수출 통계 산정 시에는 출하 가격 전액을 중국 수출에 포함시켜 계산하는 바람에 중국 무역흑자가 엄청나게 과대평가되고 있다. 아이폰(iPhone) 휴대폰을 예를 들면, 애플사가 전반 제조과정에서 얻는 가치는 제조분야 그 어떤 참여자가 얻는 가치보다도 훨씬 많으며, 그중에서도 중국이 얻는 부가가치가 가장 적다. 2010년 그때 당시 아시아개발은행 연구소(ADBI) 연구원이었던 싱위칭(刑予靑)과 닐 디터트 (Neal Detert)의 추산에 따르면, 증가가치 측면에서 볼 때 일본과 독일이 아이폰 휴대폰 부품의 핵심 공급업체이기 때문에, 미국의 무역적자도 일본과 독일 등 나라에 대한 미국의 무역적자로 분해할 수 있다. 따라서 아이폰에서 미국

그래프 6-9 제조업 부가가치 분포 곡선

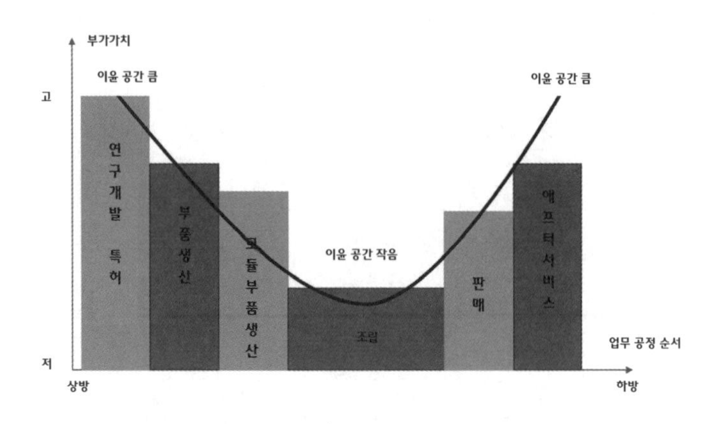

자료출처: Wind, 헝다 연구원.

의 대 중국 무역적자는 19억 달러에서 7,300만 달러로 줄어든다.

2007년 7월, 미국 캘리포니아대학의 세 그레그 린덴(Greg Linden), 케네스 크래머(Kenneth L. Kraemer), 제이슨 데드릭(Jason Dedrick) 세 학자가 발표한 논문 내용에 따르면 3세대 30GB 아이팟(iPod) 소매가격이 299 달러, 출하 원가는 144.4달러로 약 155달러의 가격차가 난다. 그중 소매와 유통 비용으로 75달러를 분배하고 남은 80달러는 애플사의 이윤이 된다. 여러 관련 기관 측이 얻은 부가가치를 보면, 원가의 최대 부분이 하드디스크 드라이버로서 일본 도시바사가 제공하며 출고가격은 73.39달러로 예측되는데 아이팟 전체 부품원가의 51%를 차지하며, 일본이 얻는 가치는 약 20달러이다. 두 번째로 큰 부분이 디스플레이인데 출고가격이 20.39달러로 아이팟 전체 부품 원가의 14%를 차지하며, 부품 제공업체는 일본의 도시바사와 파나소닉사(마츠시타)로서 이 부분에서 일본이 얻는 가치는 5.85달러이다. 세 번째로 중요한 부품은 미국의 브로드컴사(Broadcom Inc)와 포털플레이어(PortalPlayer)가 제조한 마이크로칩인데 미국은 여기서 6.6달러의 가치를 얻는다. 이밖에 또 독일과 한국이 제공하는 부품도 있다. 중국은 아이팟 조립을 담당하는데 공장 생산과정의 최하단에 처해 있으며, 조립 비용은 겨우 3.7달러로 아이팟 출하 총 원가의 3%에도 못 미치는 수준이다. 요약하면 미국의 대 중국 무역적자 중 전자제품이 차지하는 비중이 매우 크지만, 실제로 여기에는 일본·한국·독일의 대미 흑자가 포함되어 있다. 그런데 중국이 최종 제품을 수출하기 때문에 흑자는 중국에서 나타나는 것으로 된다. 그러나 정작 중국이 얻는 부가가치는 최저 수준이며, 미국의 다국적 기업이 얻는 이익이 가장 크다.

(2) 트리핀 딜레마: 달러화는 국제 기축통화이다. 미국은 반드시 무역적자를 유지하여 대외 달러화 수출로 국제유동성을 제공하고 자본시장을 통해 달러화를 회수해야 한다.

1950년대에 미국 경제학자 로버트 트리핀은 달러화의 기축통화 역할을 보충하거나 대체할 수 있는 다른 기축통화가 나타나지 않는다면, 달러화 중심의 체계는 결국 붕괴될 것이라면서 그 체계 안에서 달러화는 서로 모순되는 이중 기능을 동시에 갖추고 있기 때문이라고 지적했다. 그 두 기능은 즉 1) 세계경제의 성장과 국제무역의 발전을 위한 국제유동성을 제공하는 것, 2) 달러화의 통화가치를 유지하고 달러화와 금의 태환비율을 유지하는 것이다. 각국의 달러화 비축의 수요를 충족시키기 위하여 미국은 대외 부채의 형태로 달러화를 공급하는 수밖에 없었다. 다시 말하면 국제수지 적자가 지속되는 것이다. 그러나 장기간의 국제수지 적자는 국제유동성의 과잉과 달러화 가치 하락("달러 재앙")을 초래하여 금 태환 공정가격을 유지할 수가 없다. 만약 미국 달러화 가치의 안정을 보장하려면 미국은 반드시 국제수지 흑자를 유지해야 한다. 이는 달러화 공급 부족과 국제 유동성 부족("달러 기근")을 초래하게 된다. 이것이 바로 트리핀 딜레마이다. 제2차 세계대전 종전 후 달러화를 중심으로 하는 브레튼우즈체제, 즉 달러화를 금에 고정시키고 각국 통화를 달러화에 고정시키는 체제가 확립되었다. 이때 미국 경상계정의 불균형은 자가교정시스템을 갖추게 된다. 즉 적자가 달러화 발행을 축소시켜 국내의 총수요와 물가를 낮추고 수출을 늘리며 수입을 줄이는 것이다. 1971년 브레튼우즈체제가 붕괴된 후 달러화는 금에서 분리되어 "여타 국가들이 미국에 자원과 상품을 제공하고, 미국은 달러를 대외에 제공하며, 여타 국가들은 미국 채권과 미국 주식을 구매하는 것을 통해 달러화의 미국 환류를 이루는" 모드를 형성했다. 미국은 이런 모드가 금의 유출을 초래할 것을 우려할 필요는 없지만, 무역적자가 초래되고 게다가 적자가 지속적으로 확대되는 필연적인 결과를 초래할 수 있다. 오직 적자만이 달러화의 꾸준한 수출과 국제유동성을 제공하는 길이다. 이와 동시에 달러화가 기축통화의 기능을 유지하고 상대적 강세 지위를 유지하려면, 지속적인 가치 하락이 어려우며 수출도 바람직하지 않다. 무역적자가 어느 정도 커졌을 때, 미국정부는 또 여타 국가 통화의 평가절상과 달러화 평가절하를 통한 국면 전환을 꾀했다. 예를 들면 1980년대에 엔화 강세를 강요하고, 중국이 WTO에 가입한 이후 중국 위안화가 저평가되었다고 꾸준히 비난하면서 중국 등을 "환율조작국" 중점감시대상국으로 지목한 것 등이다. "강한 달러"인가 "약한 달러"인가는 줄곧 딜레마가 되어왔다.

(3) 달러화의 횡포적인 특권으로 인해 미국은 무절제한 달러화 발행과 채권 발행을 통해 여타 국가의 상품과 자원을 획득하였으며, 무역계정하에서 막대한 적자와 자본금융계정하에서 막대한 흑자를 초래했다.

달러화의 슈퍼 특권은 세계 각국에 '조화세(造貨稅)'를 물리는 것에 해당하며, 이로써 미국의 패권체제를 유지하는 것이다. 이에 대해 배리 아이켄그린(Barry Eichengreen)은 『과다한 특권: 달러화의 흥망성쇠와 통화의 미래』 라는 저서에서 다음과 같이 명확하게 논술했다.

달러화의 국제통화 지위에 대해 더욱 논란이 되는 이점은 바로 여타 국가들이 달러화를 얻기 위하여 미국에 제공하는 실제 자원이다. 미국 연방인쇄국이 100달러짜리 지폐 한 장을 '생산'하는 비용은 고작 몇 센트에 불과하지만, 여타 국가들이 100달러짜리 지폐 한 장을 얻기 위하여서는 반드시 100달러에 상당하는 실제적인 상품과 서비스를 제공해야만 한다. 미국이 달러화를 찍어내는 데 드는 비용과 외국인이 달러화를 얻는 데 드는 비용의 차이가 바로 이른바 '조화세'이다. 그것은 중세기 영주 혹은 봉건 주인에게서 유래하였는데, 그들은 화폐를 주조하면서 주조한 화폐 중 일부 귀금속을 자신의 소유로 삼았다. 미국 밖에서 약 5,000억 달러의 미국 통화가 유통되고 있다. 이를 위해 외국인들은 5,000억 달러 상당의 실제 상품과 서비스를 반드시 미국에 제공해야 한다. 더 중요한 것은 외국회사와 은행들이 보유하고 있는 자금은 미국 통화만이 아니라 미국의 유가증권과 채권도 보유하고 있다는 사실이다. 그 유가증권과 채권은 한편으로는 국제거래에서 편의를 제공해주고 다른 한편으로는 이자수입을 얻을 수 있게 한다. 외국의 중앙은행은 미국 재무부와 준정부기관이 발행한 패니 메이(Fannie Mae)와 프레디맥(Freddie Mac)과 같은 채권을 5조 달러 가까이 보유하고 있다. 외국계 회사이든 은행이든 그들의 보유한 금액은 해를 거듭할수록 꾸준히 늘고 있다. 외국은행과 회사들은 모두 달러 증권의 편리성을 크게 중시하기 때문에 더 많은 비용을 지불해야 하는 것마저 기꺼이 받아들이며, 높은 금리에 대한 요구가 별로 높지 않다. 그 영향이 매우 커 미국이 외채에 지급해야 하는 이자율은 해외 투자수익률보다 2~3% 포인트 낮다. 그렇게 되면 미국은 그 정도 차액의 대외 적자를 유지할 수 있다. 그래서 미국은 해를 거듭함에 따라 수입이 수출보다 많아지고, 소비가 생산보다 더 많아지는 한편 여타 국가들에 대한 채무는 조금도 늘지 않게 된다. 혹은 미국은 그 차액을 이용하여 외국회사에 투자할 수도 있다. 이는 달러화의 독보적인 세계 통화 지위가 그 원인인 것이다. 외국인에게 있어서 이는 오랜 세월 동안 이어져온 상처와 아픔이다. (그래프 6-10 참조)

그래프 6-10 3세대 30GB iPod 생산 판매 가치사슬

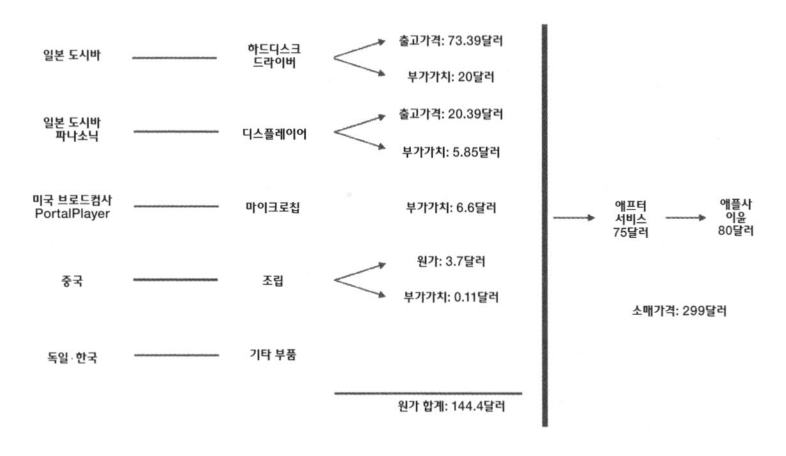

자료출처: Jason Dedrick, et al., "Who Profits from Innovation in Global Value Chains? A Study of the iPod and Notebook PCs", 2008 Industry Studies Conference Paper, 헝다 연구원.

그들은 이러한 비대칭적인 금융시스템 안에서 그들이 미국의 생활 수준을 유지시키고 있으며, 그들이 미국의 다국적기업에 자금을 지원하고 있다고 여긴다. 1960년대에 일련의 대통령 초대회에서 샤를르 드 (Charles de Gaulle)은 프랑스 대통령이 그 문제를 세계적 이슈로 만들었다. 드골 대통령 집권 기간에 재무 장관을 지낸 발레리 지스카르 데스탱(Valéry Giscard d'Estaing)은 그 금융시스템을 미국의 '초특권'이라고 불렀다. 그처럼 탁상공론적인 언사는 기존의 시스템을 전혀 변화시키지 못했다. 정치와 마찬가지로, 국제금융에서도 '재위'는 일종의 우세이다. 여타 국들이 거래 과정에서 모두 달러화를 대량 사용하고 있기 때문에 어느 한 단일 국가도 그 통화와의 연결을 단절할 수 없다. 설령 미국이 "초특권"을 누린다고 비판하고 있는 프랑스

일지라도 예외는 아니다. 그런데 오늘날 80년 만에 최악의 금융위기가 미국에서 시작되어 여타 국가로 번지자 미국이 '초특권'을 누린다고 비판하는 목소리가 또 다시 전 세계에 울려 퍼지기 시작했다. 그 위기가 터지기 전까지 미국의 경상수지적자가 자국 GDP에서 차지하는 비중이 약 6%에 육박했다. 미국이 계속 이처럼 높은 적자를 유지하도록 방치해야 하느냐가 여러 나라 질의의 중점이 되었다. 한편 신흥시장들은 경제 팽창과 중앙은행의 달러화 보유고 증가로 인해 저들이 원하든 말든 미국의 대외 적자에 저비용 융자를 제공할 수밖에 없는 상황을 불평하고 있다. 저비용 국외융자를 바탕으로 미국은 저금리를 유지할 수 있고, 미국의 가정들은 수입보다 지출이 더 많은 생활을 누릴 수 있지만, 개발도상국 가정들은 최종적으로 미국의 부유한 가정을 위해 자금을 지원하고 있다. 기존의 시스템 하에서 국제거래 총량이 꾸준히 늘어나는 상황에서 여타 국가들이 필요한 달러화를 조달하기 위해 미국에 저비용 융자를 대량 공급하였으며, 이에 따라 결국 위기를 부른 것이다. 미국이 불장난을 하고 있는데 그 시스템의 비정상적인 구조 하에서 여타 국가들은 또 연료를 제공하지 않을 수 없는 상황이었다. 상기 서술한 내용으로도 불공정한 상황이 충분히 설명되지 않았다면 또 하나의 사실이 있다. 이번 위기에서 미국의 국제금융지위가 더욱 강화된 것이다. 2007년 외환시장에서 달러화 약세가 지속되면서 약 8% 평가절하되었다. 그러나 미국은 자국 통화단위로 부채를 결제하기 때문에 달러화 가치에 아무런 영향도 미치지 않았다. 반면에 미국의 해외투자는 채권투자든 공장투자든 막론하고 모두 달러화 약세로 가격이 올랐다. 만약 달러화로 전환할 경우 상쇄되는 이자와 주식배당금이 더 많을 것이다. 달러화 가치 하락으로 미국의 대외투자 포지션은 약 4,500억 달러 가량 늘어났다. 이는 미국의 대외 채무 증가액을 상당 부분 상쇄했다. 미국은 6,600억 달러 규모의 경상수지적자가 존재한다. 이밖에 비록 미국인의 소비가 산출보다 6%나 많음에도 불구하고 이는 또 여타 국가에 대한 미국의 채무 안정도 기본상 확보할 수 있다. 그리고 2008년 즉 80년 만에 맞은 최악의 외환위기의 극심한 고통 속에서 연방정부는 낮은 금리로 방대한 규모의 자금을 빌릴 수 있었다. 외국인의 눈에는 요동치는 시기에 달러화가 가장 안전한 통화로 보였기 때문이다. 그 후 2010년 봄 즉 금융 버블이 붕괴될 때 투자자들은 유동성이 가장 좋은 시장으로 몰려들어 미국 국채를 너도나도 사들였다. 이에 따라 미국정부의 대차 비용은 더욱 낮아졌다. 이밖에 미국 가정의 담보대출 이자도 따라서 낮아졌다. 이것이 바로 '초특권'이 갖는 의미인 것이다. 그러나 지금은 금융관리의 부실로 인한 이번 위기와 국제통화시스템의 운영에 대한 세계 각국의 불만이 갈수록 늘어나면서 달러화의 독보적 지위가 의심을 받고 있다. 미국정부가 더 이상 신뢰할 만한 국제통화 관리자가 아니라는 불만을 제기하는 비평가도 있다. 민간 부문이 만든 이번 "금융위기의 어머니"를 미국정부는 외면했다. 미국은 막대한 예산 적자와 엄청난 부채를 짊어지고 있다. 외국인들은 만능 달러화에 대한 확신을 잃었다. 그들은 무역 가격제시와 결제, 상품 가격표시, 국제 금융 거래에 쓰이는 이 통화 단위를 점점 멀리하고 있다.

그리하여 달러화는 '초특권'을 잃을 위기에 직면했다. 달러화를 대체할 통화는 유로화·위안화 혹은 국제통화기금(IMF)이 발행하는 특별인출권(SDR)이 될 것이다. 미국의 경제와 금융관리 방면의 심각한 부실은 여타 국가의 달러화 탈출로 이어지게 된다. 최근 일어난 일련의 사건을 통해 보면 심각한 관리 부실이 발생할 가능성이 있다. 앞으로 미국은 달러화 붕괴 상황에 처할 수도 있다. 그러나 그것은 전적으로 미국인들이 자초한 일로서 중국인들과는 무관하다. 미국은 대부분의 시간 동안 통화 과다 발행 상태에 처하여 있다.(그래프 6-11 참조)

(4) 미국의 낮은 저축과 높은 소비는 필연적으로 막대한 무역적자를 초래하게 된다. 그 배후의 원인은 높은 복지체제, 저금리환경, 달러화의 패권지위이다. 국민경제 항등식 Y=C+I+G+NX, Y-C-G=S=I+NX에 의하면 저축 S가 감소하면(혹은 소비가 지나치게 높

그래프 6-11 2000~2017년 미국 통화 과다 발행 지표

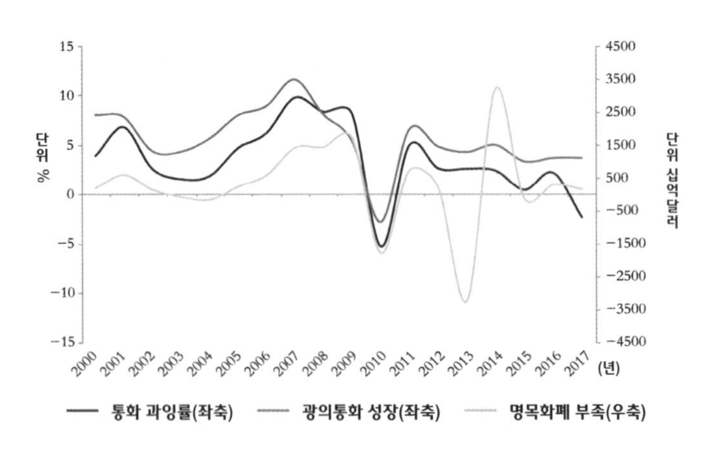

자료출처: Wind, 헝다 연구원.

으면), 순수출도 NX도 따라서 감소한다. 저축률이 낮을수록 소비비율이 높고 투자비율이 낮다는 것을 의미하며 따라서 국내 투자와 생산이 소비수요를 충족시키지 못하여 대량으로 수입해야 하므로 무역적자가 상시화 된다. 미국의 낮은 저축은 높은 복지제도와 장기간의 저금리환경이 주민의 과소비를 자극한 것과 관련이 있다. 미국의 재정적자가 갈수록 커지고 총수요가 꾸준히 확대되었으며 수입이 확대됨에 따라 무역적자를 초래했다. 2017년 미국 정부의 의료·교육·주민소득 보장 방면의 재정지출이 전체 지출에서 차지하는 비중은 각각 23.8%, 14.8%, 23.1%로, 합계 61.7%였다. 2018년 중국의 의료·교육·사회보장 분야 재정지출이 전체 지출에서 차지하는 비중은 각각 7.1%, 14.6%, 12.3%로 합계 34%였다.

(5) 중·미 노동력 비용과 경제구조의 차이는 필연적으로 무역흑자를 초래하게 된다. 2018년 중국의 1인당 GDP는 9,769달러였고 미국은 5만 9,500달러였다. 이에 따른 노동력 비용의 엄청난 차이는 필연적으로 중·저급 제조업에서 중국의 비교 우위와 고급 제조업과 선진 서비스업에서 미국의 비교 우위를 결정짓게 된다.

장기간 중국은 생산부문이 높은 비중을 차지하고 소비부문이 낮은 비중을 차지하였으며 특히 세계 평균 수준보다 낮았다. 이에 따라 생산이 국내소비수요를 초과하여 수출로 전환하는 결과가 나타났다. 미국의 산업구조는 생산이 국내수요를 만족시키기 어려워 대량으로 수입해야만 하는 상황이다.

(6) 미국이 중국에 대한 첨단과학기술제품의 수출을 제한했다. 그 분야가 대 중국 무역적자의 30%이상을 차지한다.

미국은 하이테크 분야에서 중국 이외의 경제국들에 대해서는 흑자이지만 중국에 대한 하이테크 제품의 수출을 장기적으로 제한해왔기 때문에 대 중국 하이테크 제품의 대폭적인 무역적자를 초래했다.

미국의 통계에 따르면, 2018년 미국은 첨단과학기술제품 분야에서 대 중국 무역적자가 1,346억 달러로서 상품무역적자의 32%를 차지하고, 미국 첨단과학기술제품 전체 무역적자의 104%를 차지했다. (그래프 6-13 참조) 미국이 만약 첨단과학기술제품 수출규제를 풀어 그 분야 무역 균형을 이룬다면 적자를 30%이상 줄일 수 있다. 업종별로 보면 미국의 대 중국 첨단과학기술제품 무역에서 우주항공, 유연성제조, 전자 업종의 흑자는 각각 171억 달러, 24억 달러, 18억 달러로 비

그래프 6-12 1992~2018년 미국 저축률과 무역적자비율

자료출처: Wind, 헝다 연구원.

교적 낮은 수준이다. 바이오·광전기·정보 및 통신과 같은 기타 하이테크 분야의 무역은 거의가 적자로서 대 중국 수출 수량이 매우 적다. 그중 정보 및 통신이 미국의 대 중국 하이테크 제품 무역 중 주요 적자 원천으로서 무역적자가 1,531억 달러에 달했다. 미국의 수입량이 많은 것은 주요 정보 및 통신 제품이 중국에서 제조되고 있는 것과 관련이 있다. (예를 들면 아이폰의 경우)

(7) 중국 상품무역흑자 중 외자기업 기여도가 59%를 차지하고, 미국 자본의 기업이 중요한 수익자이다.

국제 분업이 광범위하게 진행됨에 따라 미국의 다국적기업이 전 세계적 공급사슬 배치를 전개하고 중국에 대한 직접적 투자 강도를 확대하여 중국의 저렴한 노동력과 기타 자원을 이용하여 생산원가를

그래프 6-13 1992~2018년 미국저축률과 무역적자률

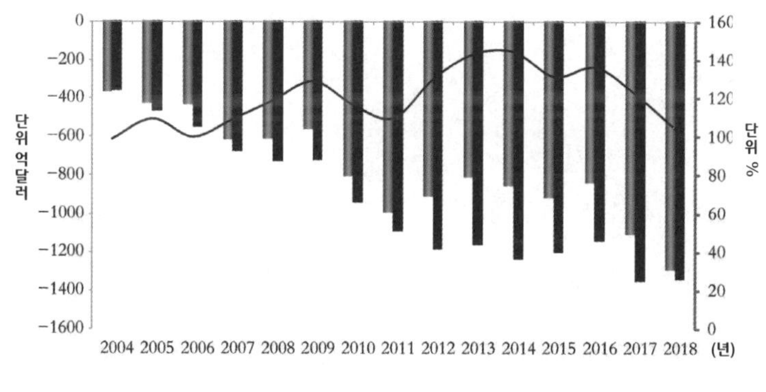

자료출처: Wind, 헝다 연구원.

그래프 6-14 1987~2017년 미국의 대 중국 직접투자액

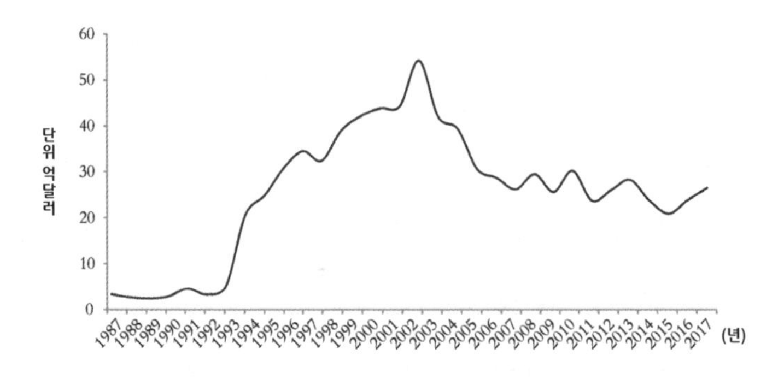

자료출처: Wind, 헝다 연구원.

낮춘다. (그래프 6-14 참조) 다국적기업 경영과정에서 형성된 수출액은 중국 대미 흑자의 중요한 원인이 되며, 다국적기업은 대량의 이윤을 얻게 된다. 중국 상무부가 발표한 「중·미 경제무역관계에 대한 연구보고서」에서 알 수 있다시피 중국 측 통계에 따르면 2017년 중국 상품무역흑자의 59%가 외자기업에서 왔고, 61%가 가공무역에서 왔다.

3. 중·미 무역 불균형의 해결방법.

중·미 무역의 불균형 문제를 해결하려면 쌍방이 함께 노력해야 한다. 어느 한 쪽만을 비난하여서는 안 되는데도 미국은 아무 노력도 하지 않으면서 중국에만 일방적인 비대칭조정을 요구하고 있는데 이는 잘못된 것이다.

(1) 미국의 각도에서 무역적자가 나타나는 근본적인 심층 원인을 정

시하고 문제를 근본적으로 해결해야 한다.

1) 글로벌 가치사슬 분업의 현실을 객관적으로 보아야 하며, 미국은 이익을 누리면서 "흑자는 중국이 본다"고 비난하여서는 안 된다. 미국 입장에서 말한다면, 중국이 미국에 저원가의 공업품을 수출하여 미국 주민들에게 값싼 상품을 제공하여 미국의 인플레이션을 억제하고 있다. 글로벌 가치사슬 입장에서 보면 경제적 이익의 분배 역시 미국에 집중되었다. 채산방법 문제만으로 거액의 적자가 생겨나는 것을 중국의 책임으로 돌리는 것은 타당치 않은 것이다. 미국 트럼프 행정부는 무역적자가 중·미 경제구조와 비교우위에 의해 결정된다는 사실을 반드시 인식해야만 한다.

2) 달러화의 패권과 무역흑자를 다 얻을 수는 없다. 미국은 마땅히 글로벌경제의 다원화구도에 적응하여 달러화의 국제기축통화의 지위를 양도하여 위안화 혹은 SDR을 보충하여 국제유동성을 제공하도록 해야 한다. 달러화의 국제기축통화 지위는 무역적자가 필연적으로 존재하게 됨을 결정지었으며, 새로운 통화의 보충이 필요하다. IMF가 발표한 데이터에 따르면 SDR 통화 바스켓의 최신 가중치는 달러화 41.73%, 유로화 30.93%, 위안화 10.92%, 엔화 8.33%, 파운드화 8.09%로써 달러화가 여전히 절대적으로 주도적 지위를 차지한다. 그러나 위안화의 지위는 저평가되어 있다. 중·미 무역의 균형과 세계무역의 재 균형을 실현하기 위하여서는 국제기축통화와 국제유동성의 제공자가 마땅히 더욱 다원

화되어야 하며, 달러화는 반드시 자체의 통화 패권지위를 양도하고, 주요 경제국의 무역규모가 차지하는 비중에 따라 그 경제국 통화의 발언권을 결정해야 한다. 미국은 무절제한 달러화 인쇄와 미국 국채발행 방식으로 여타 국가의 상품과 자원을 획득하여서는 안 된다.

3) 과소비를 막고 저축률을 높이며, 생산과 투자를 늘려야 한다.

미국은 반드시 달러화 패권과 저금리환경에 의지한 과도한 소비 패턴을 바꾸고, 저축률을 높여야 한다. 2008년 글로벌 금융위기 이후 주요 국가들은 실물경제와 제조업의 중요성을 인식하고 제조업 진흥계획을 잇달아 쏟아내고 있다. 예를 들면 독일의 '공업 4.0'과 같은 조치이다. 미국도 마땅히 투자와 생산을 늘려야 한다.

4) 중국에 대한 첨단기술 수출 규제를 풀어야 한다.

미국은 특히 바이오테크놀로지·생명과학·광전기·정보 및 통신 분야의 수출 규제를 풀어야 한다. 미국이 첨단기술 분야에서 중국과의 무역균형을 이루게 되면 무역적자는 30~40% 줄어들 것으로 예상된다.

5) 만약 중국에 대한 적자를 강제적으로 삭감한다면 필연적으로 중국에 진출한 미국의 다국적기업에 타격을 주게 될 것이라는 사실을 충분히 인식해야 한다.

외자기업의 중국 흑자 기여도는 절반 이상에 달한다. 만약 트럼프 행정부가 기어이 수입관세 추가 부과 수단을 통해 대 중국 무역적자를 줄이려 한다면, 중국에 진출한 미국의 다국적기업 이익이 손해를 볼 것이,며 종국적으로 미국의 이익이 손해를 볼 것이다.

(2) 외부 패권은 내부 실력의 연장이다. 중·미 무역마찰에서 중국의 최선의 대응책은 더욱 큰 결심과 더욱 큰 용기로 새로운 라운드의 개혁개방을 확고부동하게 추진하는 것이다.

1) 새로운 라운드의 개혁개방을 확고부동하게 추진하여 경영환경을 개선해야 한다.

중·미 무역마찰에 대처하는 가장 좋은 방법은 더욱 큰 결심과 더욱 큰 강도로 새로운 라운드의 개혁개방을 추진하고, 계속하여 제조업과 서비스업의 대외개방을 확대하는 것이다. 특히 양로·의료·교육·금융 등 분야에서 대외개방을 확대해야 한다. 그리고 자동차 수입과 같은 수입분야에서 관세를 낮추고 국유기업에 대한 불합리한 보조금 등을 철폐해야 한다. 대내적으로 민영기업의 시장접근범위를 확대하고 경영환경을 적극 개선해야 한다. 2019년 4월 26일 시진핑 주석이 제2회 '일대일로' 국제협력 정상 포럼에서 중국은 일련의 중대한 개혁개방조치를 취할 것이라며 제도적·구조적 조치를 강화하여 더 높은 수준의 대외개방을 촉진하고, 더 넓은 영역의 외자의 시장접근을 확대하며, 더 큰 강도의 지적재산권 보호 국제협력을 강화하고, 더 큰 규모의 상품 및 서비스 수입을 늘리며, 더욱 효과적인 국제 거시적 경제정책 조정을 실시하고, 대외개방정책의 관철 이행을 더욱 중시할 것이라고 선언했다. 중국은 앞으로 계속 네거티브리스트를 대폭 줄여 현대서비스업·제조업·농업 전 방위적인 대외개방을 추진할 것이다.

2) 고품질 발전을 추진하고, 산업 업그레이드를 추진하여 글로벌 가치사슬 분업에서의 지위를 향상시켜야 한다.

장기간 저임금 노동력과 낮은 환경비용에 의존해 발전하던 시대는 점차 멀어지고 있다. 중국은 산업의 업그레이드를 대대적으로 추진해 "미·소 곡선"의 양끝에 들어서야 하며, 그러려면 세계경제 분업에서의 위치를 반드시 고부가가치 생산으로 점차 끌어올려야 한다. 오염이 심하고 에너지 소비가 많은 저급 제품에 대한 수출 환급을 줄이거나 심지어 취소해야 하고 낙후한 좀비 국유기업에 대한 금융자원의 수혈을 줄여야 한다.

3) 감세, 사회보장 개선, 맞춤형 빈곤구제, 소득분배 조절 등 수단을 통해 주민들의 소비 의욕과 능력을 향상시키고 경제구조를 조정해야 한다.

발전은 인민을 위한 것이고, 인민을 복되게 하는 것이어야 한다. 사회보장제도를 보완하고 맞춤형 빈곤구제 난관 공략전을 잘 치르며, 소득분배를 조절하여 주민들의 소비 의욕과 능력을 키워 경제발전에 대한 소비의 기초적 역할을 발휘시켜야 한다. 부동산의 장기효과메커니즘을 구축하여 안정적이고 건전한 발전을 촉진해야 한다. 중국은 이미 소비 주도형 경제발전단계에 들어섰으며, 날로 늘어나는 아름다운 생활에 대한 인민의 수요를 충족시켜야 한다. 중국 인구 당 GDP는 이미 9,769달러에 달하고, 주행에서 서비스소비로 업그레이드하여 건강하고 즐거운 아름다운 생활을 추구하려고 한다. GDP에서 차지하는 서비스업의 비중은 이미 52.1%에 달하고, 소비성장률이 고정자산투자를 이미 초과했다. 주민의 취업과 소득이 개선되고, 13억 9,000만 명의 인구를 가진 방대한 시장과 규모의 효과가 나타나고 있다. 제1, 2, 3, 4, 5, 6선 도시의 단계 별 변화 효과가 나타나고 있다.

4) 유럽연합·아시아·아프리카 및 여타 국가 및 지역과 연합하고 '일대일로' 국가 및 지역과의 협력을 강화해야 한다.

미국의 수축전략 ("미국 우선")이 중국에 공간을 내주었다. 중국은 기후문제·글로벌화문제에서 국제적으로 존경을 받고 있다. '일대일로'의 창의가 여타 국가와 지역에 투자와 무역의 기회를 가져다주었다. 중국은 계속 추진하는 한편, 유럽연합·아시아·아프리카 등 여타 국가와 지역으로부터의 수입을 늘려 미국의 포섭을 분화 와해하여 국제사회의 지지를 얻어내야 한다.

5) 위안화의 국제화를 계속 추진해야 한다.

위안화의 결제 규모를 확대하여 위안화가 국제기축통화로 만들도록 추진하여 국제유동성을 제공해야 한다. 2018년 3월 세계 최초로 위안화 표시 원유선물계약이 상하이 선물거래소에서 정식으로 상장거래가 성사되면서 석유의 탈 달러화로 가는 실질적인 한걸음을 내디뎠다. IMF의 통계에 따르면 2018년 말까지 여러 경제국 중앙은행이 보유한 위안화 외환보유자산이 2,027억 9천만 달러에 이르렀는데 이는 IMF 공식 외환보유 기축통화 구성 보고에 참여한 구성원이 보유한 외환자산의 1.9%를 차지하는 수치로서 IMF가 2016년 10월 위안화 보유 자산을 보고하기 시작한 이래 최고 수준을 기록한 것이며, 위안화의 국제기축통화 지위가 향상되었음을 반영하며, 위안화의 국제화가 안정적으로 추진되고 있음을 반영한다.

제7장

미국의 대 중국 「301보고서」: 주요 내용 및 존재하는 문제

제7장

미국의 대 중국 「301보고서」: 주요 내용 및 존재하는 문제[13]

2017년 8월 도널드 트럼프 미국 대통령이 중국에 대한 '301 조사'를 전개할 것을 미국 무역대표부(USTR)에 지시했다. 2018년 3월 USTR가 조사 결과, 즉 「301보고서」를 발표하였는데, 트럼프 대통령은 이를 근거로 중국을 상대로 무역마찰을 일으켰다. 「301보고서」의 주요내용은 무엇인가? 중국에 대한 미국의 비난은 객관적인 것인가? 중국은 어떤 부분을 개선해야 하는가? 본 문의 취지는 「301보고서」에 대해 전면적이고 객관적으로 평가하는 것이다.

---

13) 이 글을 쓴 사람들: 런쩌핑(任澤平), 마투난(馬圖南), 허천(賀晨), 화옌쉐(華炎雪), 뤄즈헝(羅志恒).

제1절
「301보고서」의 주요 내용

미국 「301보고서」 전문은 총 6장으로 되었으며, 중국에 대한 5가지 혐의를 지목했다. 그중에는 불공정한 기술양도제도, 차별적 허가 제한, 정부가 기업을 부추겨 경외에 투자하여 지적재산권과 선진기술을 취득하도록 하는 것, 허가를 받지 않은 상황에서 미국 상업 컴퓨터 네트워크에 침입하도록 하는 것 및 기타 기술 양도와 지적재산권 분야에 관련되었을 수 있는 내용이 포함되었다. 「301보고서」는 총 215쪽, 10만 자가 넘으며 관련 주해가 1,139개에 이른다.

제1장은 개요 부분으로 '301 조사'의 배경 및 조사 과정에 대한 내용이 포함되었다. 이 장에서는 중국 하이테크 분야 3대 중요한 정책, 즉 「국가 중장기 과학 및 기술 발전 규획 요강(2006~2020년)」, 「전략적 신흥 산업의 육성과 발전을 가속하는 것에 대한 국무원의 결정」, "중국 제조 2025"에 대해 거론하였으며, 이들 정책들에 불공정하고 불합리하며 차별적인 내용이 포함되어 있다고 주장했다.

제2장에서는 중국의 불공정한 기술양도제도에 대해 집중적으로 비난했다. USTR는 중국의 기술양도제도의 문제점이 주로 두 가지 측면에서 반영된다고 보고 있다. 첫 번째는 중국정부가 합자기업, 외국인 지분비율 제한 등 소유권 제한을 통해 중국 업체에 기술을 이전하도

록 미국 업체를 강요한다는 것이다. 이 장에서는 중국이 일부 분야의 외국인 투자에 대하여 합자회사의 설립을 강요하는 한편 다른 일부 분야에서는 성문화되지 않은 기술양도 규정을 적용하여 사실상의 강제 기술양도를 이루고 있다고 비난했다. 「301보고서」에서는 중국이 자동차·항공 두 업종에서 외국인 합자방식을 통해 기술을 도입하는 방법에 대해 소개하면서 이로부터 중국에 심각한 강제적 기술양도문제가 존재한다고 설명했다. 두 번째는 중국정부가 행정 허가와 심사비준 절차를 이용하여 기술양도를 시장 접근을 위한 조건으로 삼을 것을 미국 회사에 강요하고 있다는 것이다. USTR는 중국에 복잡한 심사비준절차가 존재한다면서 식품과 의약품 생산, 광산물, 통신 서비스 등을 포함하여 여러 업종에 대해 허가증 관리를 실행하는데 관련 심사비준제도가 투명하지 않고, 심사 조항이 분명하지 않은 등의 문제가 정부에 고도의 자유 재량권을 부여하기 때문에 기업들은 기술이전을 통해 시장접근 자격을 얻는 수밖에 없다고 주장했다. 클라우드 컴퓨팅과 같은 다른 일부 업종 분야에서는 중국의 시장접근제도의 변화로 인해 외자기업이 손실을 입고 있다고 보고 있다. 이밖에도 또 중국이 일부 프로젝트에 대한 환경·에너지 절감 평가를 진행하면서 민감한 기술 정보의 공개를 강요하면서 기술 유출을 유발한다고도 주장했다. 이런 기술양도제도는 미국 기업의 지적재산권과 기술의 가치를 박탈하고 중국시장에서의 미국기업의 경쟁력을 제한하였으며 미국기업의 글로벌경쟁력을 떨어뜨렸다고 보고 있다.

제3장에서는 중국의 차별적인 허가제한에 대해 비난했다. 주로 중

국의 「기술수출입관리조례」와 「계약법」 중의 기술개진의 소유권과 배상책임에 관한 관련 규정에서 외자에 차별적인 제한을 두는 것을 비판했다. 기술개진의 소유권에 대하여 USTR는 "「기술수출입관리조례」 제27조의 규정에 따르면 기술수입계약 유효기간 내에 이룬 기술개진 성과는 개진 측에 귀속된다고 하였고, 제29조 제3항 규정에 따르면 기술수입계약에는 양수인이 양도인으로부터 제공받은 기술을 개진하는 것을 제한하거나 혹은 개진한 기술을 양수인이 사용하는 것을 제한한다는 내용의 조항이 있어서는 안 된다고 했다"라고 지적했다. 이러한 규정들로 인해 미국기업들은 기존의 자체 기술을 바탕으로 한 변화를 제한할 수 없으며, 동시에 그들은 기술개진 성과에 따르는 관련 권익을 얻을 수 없다고 주장했다. 배상책임과 관련하여 USTR는 「기술수출입관리조례」 제24조의 규정에 따라 기술 수입계약의 양수인이 계약에 약정한대로 양도인이 제공하는 기술을 사용하여 타인의 합법적 권익을 침해하였을 경우에는 양도인이 그 책임을 져야 한다고 지적했다. 그러나 중국 「계약법 석의」 제353조에는 양수인이 약정에 따라 특허를 실시하고 기술비밀을 사용하여 타인의 합법적 권익을 침해하였을 경우에는 양도인이 그 책임을 져야 하지만 단, 당사자가 별도로 약정한 것은 예외로 한다고 규정지었다. 즉 「계약법」은 쌍방이 배상책임의 귀속을 협상하는 것을 허용하지만 「기술수출입관리조례」는 허용하지 않는다. 「계약법」은 일반적으로 중국 국내기업 간의 기술양도계약에 적용되고, 외자기업이 중국기업에 대한 기술양도계약에는 「기술수출입관리조례」가 적용된다. 그러므로 이러한 규정상의 차이로 인하여 외자기업은 매우 높은 배상위험을 안고 있으며, 외자기업은 차별을 받고 있다고 주장하고 있다.

제4장에서는 중국의 대외투자에 대해 비판하면서 중국정부가 국가전략, 산업정책, 자금지원 등 여러 가지 수단을 통해 중국자본 기업의 해외인수합병을 유도하고 있으며, 또 하이테크 분야의 인수합병을 통해 선진기술을 취득하고 있다고 주장했다. USTR는 중국의 대외투자에 대한 국가전략을 소개했다. 즉 "저우추취(走出去, 해외진출)" 전략과 '국제생산력협력' 전략을 소개하면서 중국의 대외투자 심사에서 부서별 분공, 그리고 여러 부서가 기업의 대외투자를 추진하기 위해 발표한 수십 부의 장려정책과 규정제도에 대한 문서들을 구체적으로 서술했다. 마지막으로 중국 금융시스템의 해외투자 지원조치에 대해 소개하면서 국유 은행과 국유 기업의 긴밀한 협력, 지방정부의 대규모 산업 투자기금 설립 등 방식을 통해 기업의 해외 인수합병을 지원하여 하이테크 분야에서 기술을 획득하고 있다고 지적했다. 이를 토대로 USTR는 최근 몇 년간 중국기업과 자본의 항공·집적회로·정보기술(IT)·바이오테크놀로지·공업기계와 로봇·재생에너지·자동차 등 7대 하이테크 분야에 대한 투자 상황에 대해 소개했다. 보고서는 이들 분야의 대미 투자 총액이 2005년의 19억 달러에서 2016년의 98억 달러로 늘었다고 밝혔다. 이어 이들 분야 중 국유기업과 국유자본이 주도하는 25개 해외인수합병 프로젝트를 중점적으로 열거하면서 이들 사례들을 통해 중국기업의 해외투자에서 투자 장소와 목적 및 금액을 결정할 수 있는 충분한 자원을 중국정부는 갖추고 있음을 충

분히 보여주고 있다고 보고 있다. USTR는 중국정부의 정책과 조치가 미국회사의 지적재산권을 박탈하고, 미국기업의 글로벌 경쟁력을 떨어뜨리고 있다고 주장했다.

제5장에서는 중국이 권한을 위임받지 않은 상황에서 미국의 컴퓨터시스템에 침입하여 상업기밀을 절취했다고 비난했다. USTR는 중국정부와 기업이 미국의 컴퓨터 시스템에 침입하여 제품의 디자인, 제조 절차, 비즈니스 플랜, 비즈니스 고위층 임원 메일 등을 포함한 다양한 정보를 절취하여 미국 회사의 글로벌 경쟁력을 침해했다고 주장했다.

제6장에서는 기술 양도, 재산권 보호 등 내용들과 관련이 있을 수 있는 중국의 기타 법률과 정책 및 실천을 열거했다. 그중에는 중국의 「네트워크안전법」, 「반독점법」, 「표준화법」, 인재유치정책 등이 포함되었다. 그러나 USTR은 보고서에서 이들 법률과 정책이 '301조사'에 포함시킬 기준에 해당하는지 여부는 아직 확정지을 수 없다고 인정했다.

표 7-1에 「301보고서」의 주요 내용에 대해 귀납하고 종합했다.

장절	키워드	주요 내용
제1장	개요	'301조사' 의 배경, 조사과정에 대해 소개함. USTR가 미국의 「1974년 무역법」 제301조와 트럼프 미국 대통령의 지시로 중국의 정책과 법률 및 실천에서 불합리하거나 차별적인 요소가 존재하는지, 그래서 미국의 지적재산권과 혁신 및 기술 진보에 손해를 입혔는지에 대해 조사를 진행함.
제2장	기술양도	중국의 기술양도정책이 두 가지 방식으로 미국기업의 지적재산권을 침해했다고 비난함. (1) 중국정부가 합자기업, 외자지분 비율 제한 등과 같이 소유권을 제한하는 방식으로 중국기업에 기술을 양도하도록 미국기업을 강요했다고 주장함. (2) 중국정부가 행정 허가와 심사비준절차를 이용하여 기술양도를 시장접근 자격을 얻는 조건으로 삼을 것을 미국기업에 강요했다고 주장함.
제3장	법률법규	중국의 법률 법규가 외자기업에 대한 차별적인 규정을 통해 미국기업의 지적재산권을 침해한다고 비난함. (1) 중국의 「계약법」 과 「기술수출입관리조례」 에는 기술 도입을 토대로 한 기술개진성과를 개진 측으로 돌린다고 규정지어 미국기업이 연구개발자로서 기술개진권익을 획득할 수 있는 기회를 제한했다고 주장함. (2) 「계약법」 은 국내기업 기술분쟁의 배상책임은 쌍방이 협상하여 해결하도록 규정짓고, 「기술수출입관리조례」 는 그 배상책임을 기술양도인이 지도록 규정지어 기술수출국으로서의 미국의 권익을 침해했다고 주장함.
제4장	대외투자	중국기업의 해외 인수합병이 선진기술을 획득하기 위한 국가 주도의 체계적 계획이라고 비난함. 중국정부가 국가전략·산업정책·자금지원 등 다양한 수단을 통해 중국자본기업의 해외 인수합병을 유도하고 있으며, 항공·집적회로·정보기술(IT)·바이오테크놀로지·공업기계와 로봇·재생에너지·자동차 등 7대 하이테크 분야에서 선진기술을 대량 구매하도록 유도하고 있다고 주장함.
제5장	상업기밀	중국이 미국 기업의 컴퓨터시스템에 침입하여 상업기밀을 절취하고 있다고 비난함.
제6장	기타	'301조사' 와 관련이 되었을 가능성이 있는 기타 내용들을 열거함. 그러나 USTR는 이들 내용이 조사 적용 기준에 부합하는지 여부에 대해서는 아직 확인하지 못함.

자료출처: USTR, 헝다 연구원.

제2절
「301 보고서」에 존재하는 4가지 문제

「301보고서」는 얼핏 보기에는 매우 엄밀해 보이나 분명한 오류와 허술한 면이 많다. 보고서에 존재하는 문제는 주로 네 가지 유형으로 나뉜다. 첫째는 데이터의 허위적 및 선택적 인용이고, 둘째는 사실에 대한 일방적 및 선택적 서술이며, 셋째는 자국과 타국의 비슷한 방법에 대한 이중 잣대의 적용이고, 넷째는 개념의 혼돈이다.

1. 데이터의 허위적 및 선택적 인용.

「301보고서」에서는 USTR가 자체 주장을 뒷받침하기 위해 일부 조사기관과 싱크탱크의 보고서와 데이터를 인용하였지만, 그 데이터는 인용에서 명백한 허위성과 선택성이 많이 존재한다. 가장 심각한 허위적 인용은 제2장 제2절에서 드러난다. USTR는 그 장절에서 중국이 많은 업종에서 합자제도의 실행을 강요하고 있다고 비난하면서 그러나 외국 회사들은 일반적으로 중국에 독자회사를 설립하기를 원한다고 서술했다. 이와 같은 관점을 증명하기 위해 USTR는 유럽연합위원회의 데이터를 인용, "유럽연합(EU)이 발기한 1,000개 회사를 토대로 한 조사에 따르면 중국이 합자를 요구하지 않더라도 기존의 합자

그래프 7-1 기술양도 청구 출처의 기구 유형

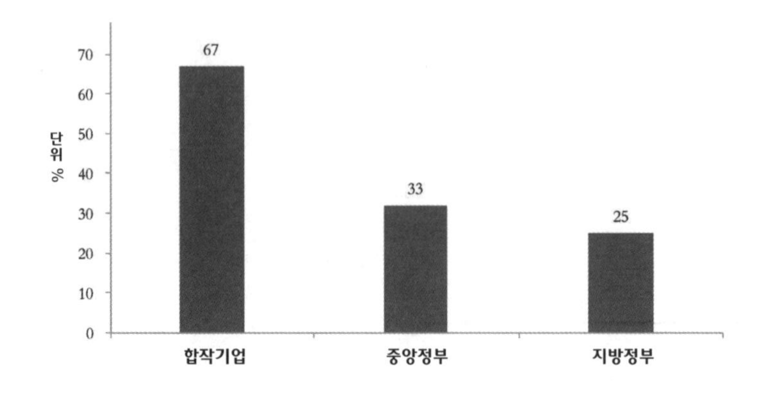

자료출처: USCBC, 헝다 연구원.

주: 설문지에서 그 질문은 복수응답 질문이었기 때문에 여러 기구 유형이 차지하는 비중의 합계가 100%가 넘는다.

구조를 계속 유지할 것이라고 답한 응답자는 겨우 12%에 불과하고, 대다수 응답자(52%)는 독자기업의 설립을 희망한다고 답하였으며, 32%의 응답자는 합자 기업에서 더 많은 지분 비율을 차지할 수 있기를 바란다고 답했다."라고 밝혔다. 상기 데이터는 유럽연합이 코펜하겐 이코노믹스(Copenhagen Economics) 싱크탱크에 의뢰하여 2012년에 실시한 조사를 인용한 것으로서 중국에 진출하여 경영하고 있는 유럽기업을 조사 대상으로 1,000여 부의 설문지를 발행했다. 그러나 유럽연합은 회수한 설문지가 겨우 203부에 불과했다고 분명히 밝혔다. "설문지 질문이 합자,요구가 있는 회사에만 해당되는 것이어서 합자 요구가 없는 회사가 작성한 설문지에서 그 질문의 답은 공백이었다. 따라서 그 질문에 응답한 설문지는 25부밖에 안 되었다." USTR 보고서에서 가리키는 대다수(52%) 기업은 사실상 그 25개 기업 중의

그래프 7-2 기술양도에 대한 미국 기업의 태도

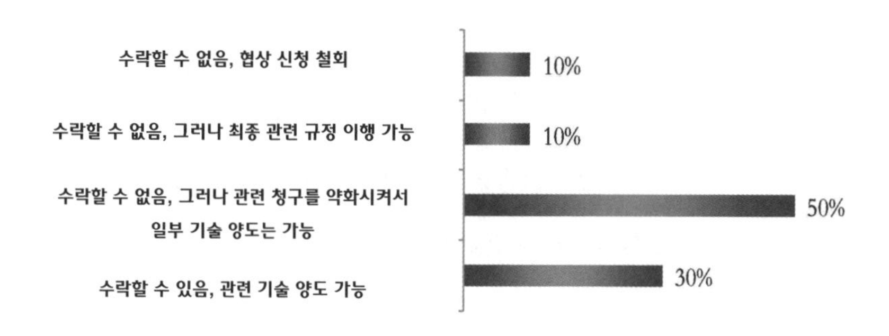

자료출처: USCBC, 헝다 연구원.

52%로서 고작 13개에 불과하다. 「301보고서」 원문에 서술한 대로라면 1,000개 설문응답 기업 중의 52%, 즉 520개 기업이 독자회사 설립을 원하는 것으로 독자들이 오해하기가 쉽다. 이는 실제 상황과 비교하였을 때 40배나 큰 차이가 난다. 이밖에 USTR는 2012년 설문조사를 인용한 이유, 그리고 유럽연합과 미국기업이 처한 상황의 비슷한 점과 차이점 등에 대해서는 설명하지 않았다. 이런 사항들은 「301보고서」에서 그 데이터 인용의 신빙성을 더욱 떨어뜨렸다.

「301보고서」 제2장 제1절에는 "미중 무역 전국위원회(USCBC) 최근 회원 조사에 따르면, 19%의 응답 회사가 지난 1년 동안 중국에 대한 직접적인 기술양도 요구를 받은 바 있는데 그 요구 중 33%는 중앙정부가 제기한 것이고, 25%는 지방정부가 제기한 것"이라고 서술하며 중국정부가 기술양도를 강요하는 데서 중요한 역할을 맡고 있다고 주장했다. 그 서술 내용에는 다음과 같은 문제점이 존재한다.

첫째, 그 조사에서는 설문지를 발급하고 회수한 수량을 밝히지 않았다. 조사보고서는 데이터 출처가 USCBC회원 기업이라고 밝혔지만 이번 설문조사에 응한 기업의 구체적인 정보에 대해서는 밝히지 않았다. 우리는 USCBC의 공식 홈페이지에서만 그 위원회 등록 회원이 총 200개라는 사실을 알 수 있으며, 이에 따라 조사의 신빙성에 의문을 제기할 수밖에 없다. 둘째, 데이터 인용에 허위성과 선택성이 존재한다. 우선 19%는 그리 높은 비례가 아니다. 다음에 USCBC는 기술양도 요구의 67%는 합작기업이, 33%는 중앙정부가, 25%는 지방정부가 제기한 것이라면서(그래프 7-1에 제시된 바와 같다) 합작기업이야말로 기술양도의 주요 수요 측이며, 실제 협상에서도 강요당한 것이 아니라 평등한 협상이 진행된 것이라고 명확하게 밝혔다. USCBC 조사 보고서에서는 미국기업 중 80%가 중국기업의 기술양도 요구를 수용할 수 있다고 하였거나 요구를 약화시켜서 일부 기술을 양도할 수 있다고 한 것으로 나타났다. (그래프 7-2 참조) 그러나 「301보고서」에서는 그러한 사실을 일부러 무시하고 중국정부가 기술양도과정에서 중요한 역할을 하고 있다고 증명하려고 시도했다. 이는 분명 심각한 허위성을 띤다. 같은 장절에서 USTR는 "주중·미국상공회의소(AmCham China)의 연례 설문조사에서도 비슷한 문제를 밝혔다. 예를 들어 2013년 각기 다른 업종의 325개 응답 회사에 대한 조사에서 3분의 1이상(35%)을 차지하는 응답자가 중국이 사실상의 기술 양도를 시장접근의 조건으로 삼고 있어 우려된다고 밝힌 것으로 나타났

그래프 7-3 2014~2017년 중국 지적재산권보호 법집행에 대한 미국기업의 평가

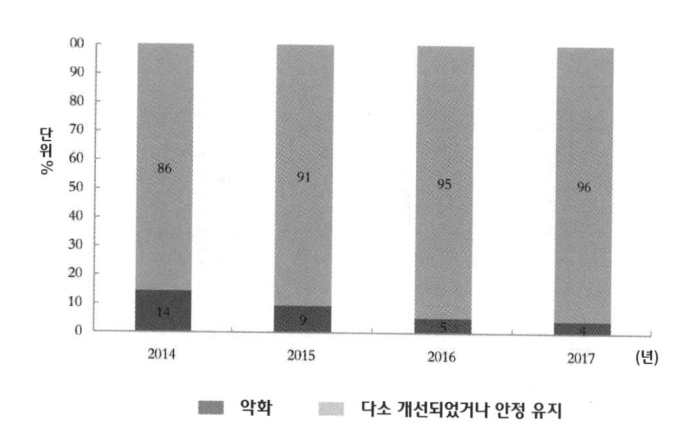

자료출처: 주중·미국상공회의소, 헝다 연구원.

다."라고 지적했다. 주중미국상공회의소는 매년 설문조사를 진행하여 조사보고서를 발표하고 있다. 그런데 USTR는 2018년의 「301보고서」에서 5년 전의 데이터를 인용하여 선택적 인용현상이 존재한다는 사실이 분명하게 드러났다. 주중·미국상공회의소의 최근 5년간의 조사결과는 중국이 지적재산권 보호 분야에서 이룬 진보를 명확히 보여주고 있다. 2018년의 보고서에서는 설문에 응답한 기업의 96%가 지난 5년간 중국이 지적재산권보호 관련 법집행 면에서 다소 개선되었거나 안정을 유지했다고 생각하고 있는 것으로 나타났다. (그래프 7-3 참조) 8%를 차지하는 기업만이 비즈니스 파트너의 기술양도 조치를 지적재산권 보호 방면의 가장 심각한 문제로 보고 있는 것으로 나타났다. 이외에 설문에 응답한 기업의 80%는 중국이 비즈니스 파트너 및 고객과 공유하는 기술과 특허의 수량이 미국을 제외한 다른 해외

그래프 7-4 2017년 중국내 기업경영 시 더 많은 기술과 특허를 공유할 필요가 있는지 여부에 대한 미국기업의 평가

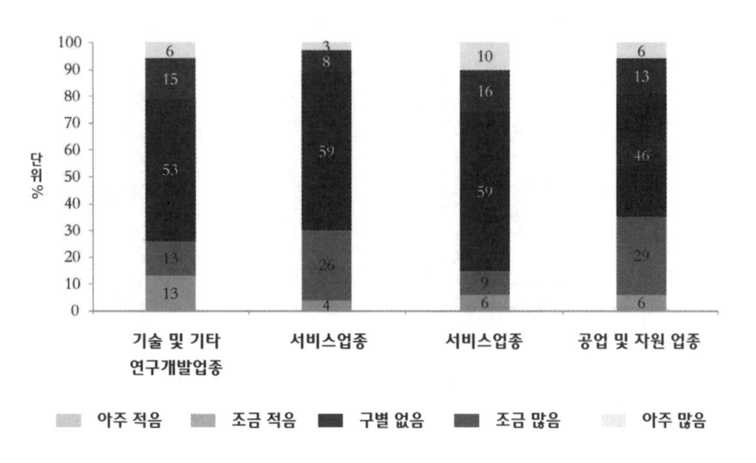

자료출처: 주중·미국상공회의소, 헝다 연구원.

사법 관할구역보다 더 적거나 혹은 비슷하다고 답했다. 그중 서비스업종의 그 비중이 89%로 특히 높은 것으로 나타났다. (그래프 7-4 참조) 실제로 2001년 이후 중국이 대외적으로 지급한 지적재산권 비용은 연평균 17%씩 가파르게 증가하고 있으며, 2017년에는 286억 달러에 달했다.

제4장 제3절에서 USTR는 중국의 대외투자 데이터를 열거하면서 중국정부가 기업투자, 특히 하이테크 분야 투자를 계획적으로 유도하는 것을 통해 미국의 첨단기술을 획득하고 있음을 입증하려고 시도했다. 미국기업공공정책연구소(AEI)의 데이터를 전면적으로 연구해 보면, 「301보고서」가 상기 데이터를 선택적으로 인용하고 있음을 발견할 수 있다. 중국기업의 해외 투자 중에서 하이테크 업종은 투자의 주력이 아니다. 2005~2017년, 중국기업의 대미 투자 총액은 1,720

그래프 7-5 2005~2017년 중국기업 대미 투자분야 분포

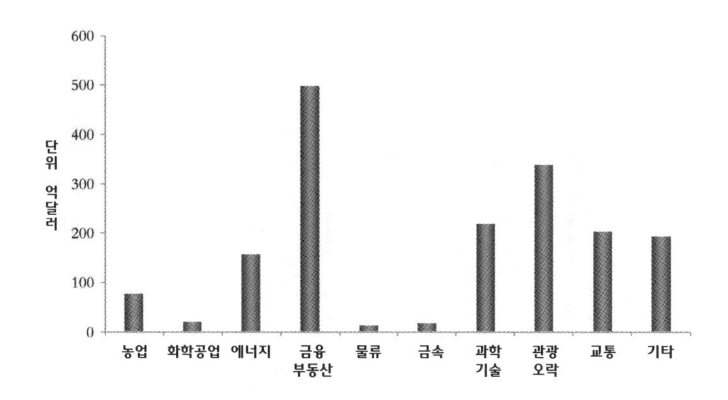

자료출처: AEI, 헝다 연구원.

억 달러였다. 그중 관광과 오락 분야가 총 투자액의 20%를 차지하고, 금융·부동산 분야가 총 투자액에서 차지하는 비중이 29%였다. 즉 거의 절반에 가까운 투자가 오락과 금융·부동산 분야에 집중되었다. 그리고 하이테크 분야의 투자액은 고작 215억 달러로 총 투자액에서 차지하는 비중이 12.5%에 불과할 뿐이었다. (그래프 7-5 참조) 사실 최근 몇 년간 중국기업들은 '저우추취(走出去, 해외진출)' 전략을 통해 아시아·아프리카·라틴아메리카 등 개발도상국 지역에 대거 투자하고 있다. 주요 투자 분야는 교통·에너지 등 인프라 건설에 집중되어 있다. (그래프 7-6 참조) AEI의 데이터에 따르면 2005~2017년 아시아·라틴아메리카·아프리카 등지에 투자한 중국의 대외투자 총액은 1조 980억 달러로 같은 기간 대미 투자액의 6배가 넘었다. 그중 기초 에너지 분야 투자가 45%를 차지하고, 교통 분야 투자가 21%를 차

그래프 7-6 2005~2017년 중국기업의 누계 대외투자지역 분포

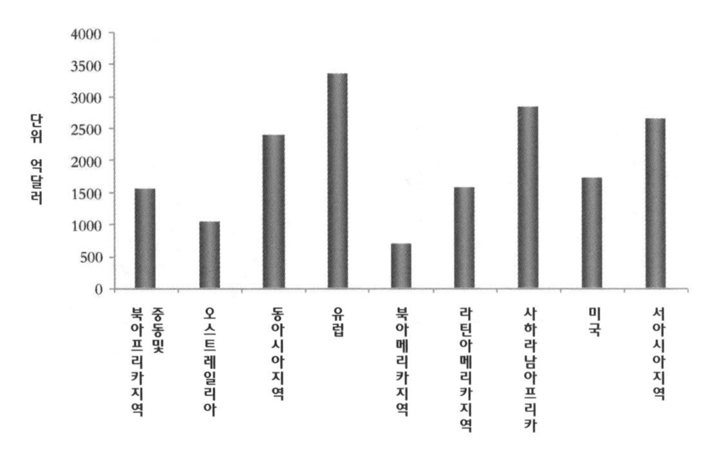

주: 북미지역 데이터에 미국은 포함되지 않음. 남아시아, 동남아 원시 데이터는 각각 서아시아와 동아시아에 귀속됨. 멕시코는 북미지역에 포함됨.
자료출처: AEI, 헝다 연구원.

지한다. 이는 중국기업 대외투자의 주전장이다. 미국에 대한 과학기술 분야 투자가 최근 몇 년간 성장세가 나타난 것은 중국 해외투자의 전체적인 성장 배경 아래서 나타난 정상적인 성장이다. 같은 장절에서 USTR는 2000년 이후 데이터에 따르면 중국의 대미 투자 구조에서 그린필드투자 비중이 점차 하락하고 인수합병(M&A) 비중이 점차 상승한 것으로 나타났다고 밝혔다. (그래프 7-7 참조) 그린필드투자는 "자본스톡을 늘릴 수 있고, 신규 경제활동과 고용창출을 직접 증대하고 생산성을 높일 수 있는" 투자이다. 미국은 이에 따라 중국이 최근 몇 년간 꾸준히 투자 인수합병을 통해 미국기업의 자원과 기술을 직접 획득하고 있다고 비난하고 있다. 그린필드투자는 순 주기성이 매우 강하며, 투자량의 다소는 투자 대상국의 전반적인 경제상황

그래프 7-7 2000~2017년 중국기업 대미 그린필드투자와 인수합병투자 비례

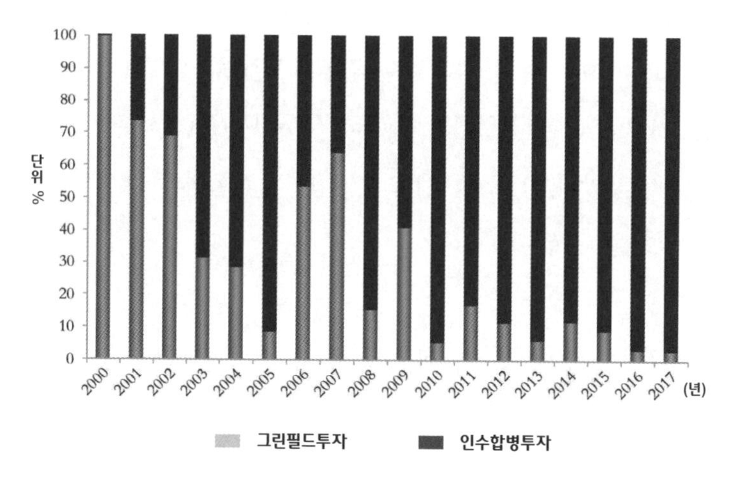

자료출처: RHODIUM, 헝다 연구원.

과 관련된다. 투자 대상국의 경제상황이 좋으면 투자기회가 많고, 그린필드투자 비중이 높으며 그렇지 않으면 그린필드투자 비중이 낮다. 2008년 금융위기 이후 미국 국내 그린필드투자 기회가 금융위기 이전에 비해 뚜렷이 줄어든 데다 일부 현지 기업들이 채무 부담 등으로 인수합병을 통한 기업 개편을 모색하면서 중국의 대미 그린필드 투자 비중이 하락하고 인수합병 투자 비중이 상승했다. 그렇기 때문에 최근 몇 년간 그린필드 투자 비중의 하락은 미국 국내 그린필드 투자 기회의 하락을 반영하며, 중국기업이 해외투자 과정에서 정부 주도가 아니라 주로 경제조건에 의거하여 결정을 내리고 있음을 반영한다. 이밖에 제2장 제1절에서 USTR는 미 상무부 산업안전국의 미국 집적회로 업계에 대한 설문조사 결과를 인용하여 조사 대상 기업의

26%(25개)가 "중국에서는 반드시 현지 업체와 합자회사를 설립해야만 중국시장에 진출할 수 있다고 응답했다"고 밝히면서 「301보고서」의 주석 118, 119은 관련 설문조사 결과가 발표를 앞두고 있다고 주장했다. 그러나 2019년 6월까지도 미국 상무부는 여전히 관련 보고서를 발표하지 않았다. 이로 볼 때 그 데이터의 진실성과 완정성에 대해서 현재 평가할 수 없다.

2. 사실에 대한 일방적 및 선택적 진술.

"시장으로 기술 교환" 정책 자체가 기술양도를 강요하는 것은 아니다. 「301보고서」의 제2장 제1절에서는 "중국이 장기간 일부 분야에서 외자기업에 중국자본기업과 합자해야 중국시장에 들어올 수 있도록 요구하고 있고, 외자기업에 대해서는 지분비율을 제한하고 있으며, 합자기업을 이용하여 기술양도를 강요하고 있다"라고 주장했다. USTR은 "시장으로 기술을 교환"하는 행위가 미국기업의 지적재산권을 침해하고 있다고 주장했다. USTR는 중국이 일단 합작기업으로부터 기술만 획득하면 미국 지적재산권을 침해한 행위라고 주장했다. 그러나 사실상 "시장으로 기술을 교환"하는 행위가 미국기업에 대한 지적재산권 침해를 구성하는지의 여부를 평가하려면, 첫째, 중국기업이 기술을 획득할 때 기술양도에 관한 법규에 의거하여 기술양도계약을 체결하였는지, 계약내용이 합법적인지 여부를 보아야 하고, 둘째, 기술양도계약을 체결함에 있어서 공정과 평등의 원칙에 따랐는지 여부를 보아야 한다. 만약 두 가지 질문에 대한 대답이 모두 긍정이라면 기술양도 강요행위로 판정 지을 수 없으며, 따라서 지적재산권 침해를 운운할 수도 없다. 중국의 「계약법」과 「기술 수출입 관리조례」의 규정에 따르면 기업이 외자기업으로부터 특허기술과 독점기술을 도입할 때, 마땅히 기술양도계약을 체결해야 한다. 이는 기술양도가 반드시 쌍방 모두가 인정하는 계약문서를 토대로 이루질 수 있도록 법적으로 보장하고 있는 것이다. 만약 관련 계약을 체결하지 않고, 상대방을 직접 협박하여 기술양도를 강요할 경우 양도인은 상기 법률에 따라 양수인을 상대로 소송을 제기하여 자신의 합법적 권익을 주장할 수 있다. 중국의 현행 법률조항에는 기술양도 강요 관련 조항이 포함되어 있지 않으며, 그러한 조항이 포함된 모든 계약은 불법이며 무효한 것이다. 만약 기술 양도인이 계약에 기술양도를 강요한 증거가 존재한다고 확정지을 경우 이에 대한 소송을 제기할 수 있다. 그러나 만약 쌍방이 평등과 자원의 원칙에 따라 기술양도계약을 체결하였고, 또 그 계약조항이 관련 법률, 법규의 규정에 부합한다면 그 계약은 유효한 것이다. 그 계약에 따른 모든 후과는 마땅히 계약을 체결한 쌍방이 감당해야 하며, 양수회사 소재국의 정치제도 등 기타 요소와는 무관하다. 기술양도 강요 여부에 대해 가장 발언권이 있는 것은 계약을 체결한 양측 기업이다. 중국은 개발도상국으로서 기술수준과 관리수준이 상대적으로 뒤떨어져있지만 시장규모가 큰 우위를 점하고 있다. 계약을 체결하는 과정에서 자신의 우세(시장규모)로 자신의 약세(기술수준)를 향상시킬 수 있는데, 이는 바로 무역에서 서로의 이익과 혜택을 얻는 것을 반영한다. 동시에 미국기업이 중국에 대한 투자를 원하고, 관련 기술을 적당하게 양도하기에 앞서 반드시 수익과 원가의 계산을 거쳤을 것이며, 중국시장에서 얻을 수 있는 수익이 기술양도비용보다 크다고 판단하였을 것이다. 이 모두가 트럼프 대통령이 거듭 요구하는 무역의 호혜성(reciprocity)을 반영하고 있는 것이다. 사례로 「301보고서」 제2장에서는 중국의 자동차·비행기 두 업종의 발전과정을 소개하면서 이 두 업종이 장기간 "시장으로 기술을 교환하는 정책"을 통해 미국회사에 관련 기술을 양도할 것을 강요했다고 주장했다. 그러나 상기 두 업종의 발전과정을 자세히 살펴보면, 중국의 "시장으로 기술을 교환하는 정책"이 외자기업의 핵심기술 양도를 초래하지 않았음을 발견할 수 있으며, 따라서 「301 보고서」에서 주장하는 논단이 일방적이라는 사실을알 수 있다.

사례 1: 자동차업종의 "시장으로 기술을 교환하는 정책"에 따른 중국 기업의 기술 취득은 없었다.

「301보고서」 제2장 제2절에서 USTR는 중국 자동차 산업이 외국자본과 협력한 "창안모드(长安模式)"를 비난하면서 이를 중국정부가 기술양도를 강요한 실례 중의 하나라고 주장했다. 보고서는 "중국정부의 목표는 미국과 여타 외국업체의 기술이전을 통해 국내 자동차 업체를 발전시키는 것이다. 창안모드 하에서 총칭(重慶) 창안(長安) 자동차주식회사와 미국 포드자동차사가 50대 50의 투자비율로 합작기업을 설립했다. 기업은 관련 기술을 도입하여 소화 흡수한 뒤 2차 혁신을 통해 기술 진보를 이뤄냈다. 창안모드의 우위는 창안회사가 합자기업의 핵심 생산기술을 통제할 수 있고 핵심 기술을 통해 기술제품의 혁신을 이루어 브랜드 가치를 향상시키는데 있다."라고 지적했다. USTR는 또 진일보 적으로 "중국이 상응하는 기술을 얻어 자주적 브랜드 향상을 모색하고 있을 때, 외자 제조업체는 중국에서 자신의 처지가 갈수록 어려워지고 있음을 발견했다. 외상 투자 산업 지도 목록에서 완성차 제조가 2010년 이전에는 외국인 투자 지원 목록에 속하였었으나 2011~2014년 투자 제한 목록으로 조정되었으며, 2015년 이후에는 투자 금지 목록에 포함되었다"라고 밝혔다.

'창안모드'는 중국의 "시장으로 기술을 교환하는 정책"이 자동차업종에 반영된 것이다. 「301보고서」의 이와 같은 비난은 사실에 대한 선택적 진술이 존재한다는 분명한 증거이며, 중국 자동차 산업정책의 실시효과를 객관적으로 평가하지 못한 것이다. 개혁개방 전에 중국의 자동차산업은 장기간 비교적 폐쇄적인 상태에 처해있었으며 기술진보가 더뎠다. 생산된 자동차는 주로 국민경제를 지탱하는 기타 업종에 사용되었으며, 주로 중형트럭 등 차종을 발전시키고, 승용차 분야의 기술과 시장 축적은 모두 취약한 수준이었다. 기술적인 면에서는 주로 소련에서 도입한 기술에 의존하였으며 일부 부속품은 수공으로 제조해야 하였으므로 양산 비율이 매우 낮았다. 그 시기 중국 자동차 산업은 세계 선진 수준과 비교하였을 때 기술과 관리 분야에서건 마케팅 등 분야에서건 모두 엄청난 격차를 보였다. 1994년, 국무원이 제1판 「자동차공업 산업정책」(이하「1994년판 정책」으로 약칭)을 반포하였는데 "시장으로 기술을 교환하는" 정책이 최초로 명확하게 출범하였음을 상징한다. 「1994년판 정책」에는 다음과 같이 규정짓고 있다. "중외 합자·합작 자동차공업생산기업은 반드시 다음 조건을 동시에 갖추어야만 기업을 설립할 수 있다. 1) 기업내부에 기술연구 개발기구를 설립해야 한다. 그 기구는 제품의 세대교체를 위한 주요 개발 능력을 갖추고 있어야 한다. 2) 90년대 국제기술수준을 갖춘 제품을 생산해야 한다. 3) 합자기업은 본 기업이 생산하는 제품의 수출을 주요 경로로 하여 외환 균형을 자체적으로 해결해야 한다. 4) 합자기업은 부품 선택 시 국산 부품의 우선 선택을 동등시해야 한다." 상기 정책에서는 합자기업의 지분 비율 상한선에 대해 "자동차·오토바이 완성차 및 엔진 제품을 생산하는 중외 합자·합작기업의 중국 측 지분 비율은 50%이하여서는 안 된다."라고 명확하게 규정하였다. 그러나 "시장으로 기술을 교환하는 정책"을 실시한 후 기대만큼의 효과를 내지 못했다. 중국기업들은 시장을 내줬지만 외국 기업의 기술은 얻지 못했다. 주로 두 가지 원인이 있었다. 첫 번째, 외자기업은 줄곧 핵심기술을 장악하고 있으면서 엔진·변속기와 같은 핵심부품의 기술양도를 엄격히 제한하거나 높은 기술사용료를 매겨 중국이 핵심기술을 취득하는 데 어려움을 가중시켰다. 그 과정에서 중국 측의 시장 우위와 지분 우위는 외국 측의 기술 우위와 대등하지 않았다. 외국 측은 핵심기술과 제품을 장악하고 있어 협상의 주도권을 쥐고 있었다. 두 번째, 중국은 자체 기술전환의 동력과 효율이 높지 못하다. 외자기업의 기술우위는 거대한 시장 이윤을 가져다 준 반면에 중국은 이윤추구, 비용절감의 측면에서 출발하여 기술연구 개발에 대한 투입을 줄였거나 심지어 중단했다. 이로 인해 기술을 도입한 후 소화, 흡수할 수 있는 능력이 취약하였으며 2차 혁신은 더더욱 말할 나위조차 없었다. 많은 기업들은 외국에서 부품을 들여와 직접 조립 생산하곤 했다. 2000년 이전에 중국의 중·대형 공업기업이 기술의 소화 흡수에 들인 비용은 기술 도입 비용의 10%에 불과한 수준이었다. 이와 대조적으로 한국·일본의 그 비중은 700%에 달했다. 이 때문에 국산 자동차 기술은 진보가 더뎠다. 2004년 WTO 가입 시의 승낙을 이행하고 동시에 최신 시장상황을 반영하여 국가발전 및 개혁위원회는 제2판 「자동차산업발전정책」(이하 「2004년판 정책」으로 약칭)을 반포했다. 그 정책 규정에서 "시장으로 기술을 교환하는" 핵심 패러다임에는 뚜렷한 변화가 없었다. 중국자본기업은 여전히 핵심 부품 생산기술의 발전이 더딘 곤경에 처해 있었다. 한편, 「2004년판 정책」에서는 외자회사가 합자기업 1개만 설립할 수 있다는 규제를 2개의 합자기업을 설립할 수 있도록 완화했다. 합자기업의 양호한 경제효과성에 이끌려 각 지방 정부가 잇달아 도입하게 되었고 따라서 지방정부가 외자유치기업과 경쟁하는 국면이 점차 형성되었다. 외자기업은 협상에서 더 큰 주도권을 쥐고 최소화한 기술양도를 입지 선정의 중요한 조건으로 내걸어 지방정부 간 경제 "선수권대회"를 이용하여 기술양도의 규모를 꾸준히 축소해나갔다. 이에 따라 중국 자동차산업의 전반적인 기술 수준은 줄곧 지지부진한 상황이었다. 현재 적지 않은 외자기업이 중국에 두 개의 합자기업을 설립했다. 예를 들면, 폴크스바겐사는 이치(一汽, 중국 제1자동차제조회사)·상치(上汽, 상하이자동차회사)와 각각 이치폴크스바겐·상치폴크스바겐 두 개의 합자기업을 설립하고, 혼다사는 동펑(東風)회사·광쩌우(廣州)자동차회사와 각각 동펑혼다, 광치혼다 두 개의 합자기업을 설립한 것이다. 외자회사는 이들 기업 간의 경쟁관계를 충분히 이용하여 기술양도 규모를 축소하였으며, 시중에서 더 인기가 있는 차종을 기술양도를 더 적게 요구하는 회사에 집중 배치하여 생산했다. 이 때문에 "시장으로 기술을 교환하는 정책"이 중국 자동차 업계에서 줄곧 예기했던 효과를 얻지 못하고 있으며, 중국 자동차 자체 브랜드의 판매 비중은 50%를 넘기지 못하고 있다. (그래프 7-8 참조)

그래프 7-8 2010~2017년 중국 국내 자동차 업계 자체 브랜드와 외자 브랜드 판매 비중

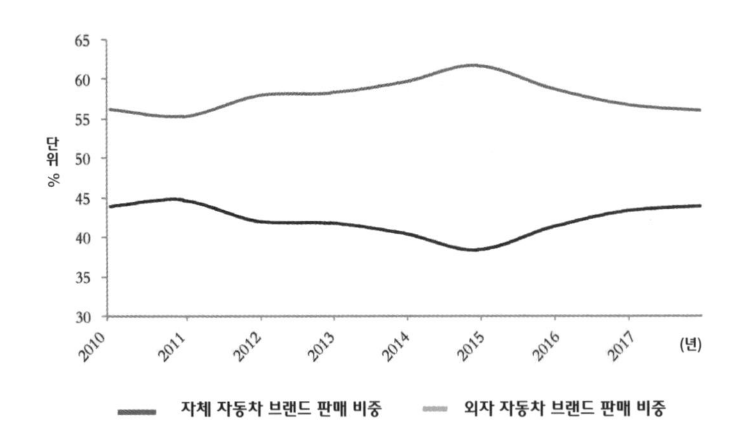

자료출처: Wind, 헝다 연구원.

사례 2: 항공업계의 "시장으로 기술을 교환하는 정책"은 중·미 간의 상생을 이뤘다.

같은 장절에서 USTR는 중국상용비행기유한회사(이하 '상페이(商飛)사'로 약칭)가 C919 비행기 연구제조 과정에 도입한 "주 제조업체·공급업체"모드에 대해 비난하면서 중국이 이 모드를 이용하여 기술양도를 강요하고 있다고 주장했다. USTR는 보고서에서 "중국이 자체 시장 구매력을 이용하여 C919 비행기의 국내 공급 망을 구축하고 있다. 산업 평론가들은 그 과정을 '국가 주도적' '강제적' '정성들여 설계한 것'이라고 서술했다. 그 과정에서 합자기업은 중국이 항공기 자체제조 공급망을 구축하는 관련기술을 획득하는 핵심부분이 되고 있다." 라고 서술했다. 이와 같은 관점을 뒷받침하기 위해 USTR는 미국 싱크탱크인 랜드(Rand)사가 「중국 상용 항공기 제조 산업정책의 유효성」에서 서술한 내용을 인용하면서 "중국의 정부 관원들은 외국기업에 대해 그들이 중국의 친구가 될 수 있다면 중국에서 성공할 가능성이 더 크다고 매우 명확하게 말했다. 이들 회사는 생산기지를 만들고 기술을 이전하거나 혹은 C919 프로젝트에 직접 참여하는 방식을 통해 성공을 이룰 수 있다."라고 밝혔다. 상기 이 서술 내용들은 대단히 일방적이고 또 분명한 허위성을 띠고 있다. 사실상 상페이사가 공급업체와 체결한 계약은 전적으로 서로 이익과 혜택을 얻을 수 있는 것이며, 공급업체가 중국시장에 진출하기로 결정한 것은 전적으로 시장요소를 감안한 것일 뿐 '강제적'이거나 "정성들여 설계한 요소"는 전혀 존재하지 않는다. USTR는 「301보고서」에서 "중국은 세계 최대 민용 항공 시장이기 때문에 어느 비행기 부품 제조업체나 모두 중국에서 더 큰 시장 점유율을 차지할 수 있기를 바라고 있다. 만약 중국시장 경쟁에서 패배한다면 기업 규모가 제한을 받을 것이고, 수출·수입이 줄어들 것이며, 차세대 제품개발에 사용되는 자금도 따라서 줄어들게 될 것임을 의미한다. 이에 따라 기업 경쟁력도 손해를 보게 될 것이다." 라고 밝혔다. 랜드사의 보고서에서는 더욱 직설적으로 표현했다. "우리와 C919 프로젝트에 대해 의논한 미국정부 관리는 미국 회사들이 상페이사의 그 요구(합자회사 설립을 가리킴)를 거부하지 않았다고 밝혔다. 그 회사들은 미국정부가 그들을 도와 더욱 경쟁성을 띤 입찰조건을 제시하고 합자회사의 등록을 도와주기를 바란다. 미국회사들은 합자기업의 설립을 낙찰의 전제조건으로 내세우기를 원했다. 신제품의 지정 공급업체의 지위가 너무 중요하기 때문이다. 많은 기업대표들이 우리와 교류하면서 이 점을 강조했다. 그들은 항공기 모듈과 컴포넌트는 매우 전문화된 제품으로서 장치하기로 확정이 된 뒤에야 비로소 판매가 가능하다면서 그래서 제조업체 간에는 공급업체의 지위를 둘러싼 경쟁이 엄청나게 치열하다고 지적했다. 상페이사가 C919 프로젝트에서 단독 공급업체 채용방법을 취하는 데 동의하였기 때문에 미국 업체들은 상페이사의 단독 공급업체가 되는 것에 특히 관심이 많았다." 더 중요한 것은 자동차 업종과 마찬가지로 민항 업계의 외자기업들도 기술의 이전과 공유 가능 여부에 대해 명석한 인식을 갖고 있었다. "비행기 제조에서 가장 선진적인 기술, 예를 들면 터빈 깃과 합성자재 및 집적시스템의 생산기술은 생산업체가 확고히 장악하고 있다. 이들 부품들은 일반적으로 국외에서 제조된 뒤 중국으로 수출해 최종 조립 완성된다. 외국 기업이 중국과 제휴하는 기술은 일반적으로 기술 이전 후 제품생산에 필요한 정밀도와 품질·효율을 확보할 수 있도록 더 쉽게 얻을 수 있고 더 쉽게 파악할 수 있는 기술이 많다." 외국기업에 있어서 이런 기술의 이전은 비용 절감 감안 차원에서 이뤄지는 경우가 더 많다. 기술의 현지화가 제품의 운송비용을 낮출 수 있어 더 큰 경쟁 우위를 차지할 수 있기 때문이다.

3. 자국과 타국의 유사한 방법에 대한 이중 잣대 적용.

(1) 국제기구의 원칙을 공공연히 어긴다.

「301보고서」의 제3장 제2절에서 USTR는 중국의 「기술 수출입 관리조례」가 미국 기업의 합법적 권익을 침해했다고 비난했다. 「기술수출입관리조례」 제27조 규정에 따르면 기술수입계약의 유효기간 내에 기술을 개진하여 얻은 성과는 기술개진 측에 귀속된다고 되어 있다. 그리고 제29조 제3항에는 기술수입계약에는 양수인이 양도인으로부터 제공 받은 기술을 개진하는 것을 제한하거나 혹은 양수인이 개진된 기술을 사용하는 것을 제한한다는 조항이 있어서는 안 된다고 규정짓고 있다. USTR는 상기 규정들 때문에 "미국 기업은 중국이 양도 받은 기술을 개진하는 것을 제한할 수 없고 미국 기업이 개진된 성과에 따르는 관련 이익을 얻는 것을 막고 있으며 미국 기업의 지적재산권 보호 능력을 약화시키고 있다"고 주장했다. 상기와 같은 비난에는 분명 법리적 허점이 존재하며 국제적으로 기술양도에 관한 일반 원칙에 어긋나는 것이다. 법리적으로 보면 「기술수출입관리조례」에는 기술개진의 성과가 기술개진 측에 속한다고 규정짓고 있으며, 동시에 양수인의 기술개진을 제한한다는 내용이 포함되어서는 안 된다고 규정짓고 있다. 이는 양수인이 기존의 기술을 바탕으로 꾸준히 혁신할 수 있는 적극성을 불러일으키고 보호하기 위해서이다. 산업혁명 이래 인류의 기술이 하루가 새롭게 진보하고 발전할 수 있었던 것은 한편으로는, 특허제도에 의한 창조적 성과의 보호에 힘입은 것이고, 다른 한편으로는, 기존의 기술에 대한 꾸준한 개선과 돌파에 힘입은 것이다. 기술개선행위를 보호하지 않으면 양도인은 흔히 기술양도계약에서 비싼 기술양도비용과 사용료를 적용하고 양수인의 기술 개선을 일절 제한하는 등 많은 규제성 조항을 설치하게 되어, 점차 양도인의 기술독점이 형성되는 결과를 초래하게 된다. 독점우위는 양도인의 지속적인 연구개발과 기술갱신의 동력을 저하시켜 기술갱신의 속도를 떨어뜨려 사회의 혁신 분위기를 억제하게 된다. 그렇기 때문에 현재 대다수 국가들은 모두 기존의 기술을 바탕으로 한 혁신과 개선을 보호하고 있다. 유엔 「국제기술양도행동수칙(초안)」에서는 각국이 기술 연구를 제한하는 것을 반대한다고 명시하면서 각국은 양수인이 현지 상황에 따라 양도 받은 기술을 받아들여 변경하는 연구와 발전에 종사하는 것을 제한하거나 양수인이 새로운 제품, 새로운 설비, 새로운 공예와 관련된 연구발전계획을 실시하는 것을 제한하는 조항을 설치할 수 없다고 명확히 밝혔다. 상기 문서는 현재 세계적으로 가장 대표적이며 대다수 국가의 의사를 반영한 기술양도 관련 원칙적인 문서이다. 「301보고서」의 비난은 분명 상기 정신에 어긋나는 것이다. 미국정부는 한편으로는 중국 등 여타 국가에 WTO 등 국제기구의 관련 규정을 이행할 것을 요구하면서, 다른 한편으로는 또 「301보고서」에서 국제 준칙을 어기고 공공연히 비난하고 있는데, 이는 전형적인 이중 잣대를 적용하는 수법이다.

(2) 외자기업의 중국에서의 대우를 일방적으로 평가했다.

「301보고서」 제3장 제2절에서는 중국 법률이 중국기업을 두둔하고 외국기업을 차별시한다고 비난했다. USTR는 "중국의 「기술수출입관리조례」가 「계약법」에 규정되어 있지 않은 몇 가지 절차 요구에 대해 규정짓고 있다."면서 "「기술수출입관리조례」에 따라 모든 기술 수입 계약은 반드시 중국에 알려야 하고 또 그 계약서 사본을 제출해야 한다", "처음부터 미국 기술 허가인을 포함한 외국 수입 기술 허가인은 「계약법」에 규정되어 있지 않은 중국기업에 대한 의무를 반드시 이행해야 한다."라고 주장했다. 우선 중국 국내기업의 기술이전 계약도 과학기술부에서 통일적으로 등록관리를 실시해야 하며 특권을 누리지 못한다. 중국은 비록 「계약법」에서 계약 등록에 대해 특별히 규정짓지 않았지만 과학기술부·재정부·국가세무총국이 공동 인쇄 발부한 「기술계약 인정 등록 관리방법」 [국과발정자(國科發政字) 〔2000〕 063

호] 규정에 따르면 국내 법인과 개인 및 기타 조직이 법에 따라 체결한 기술개발계약·기술양도계약·기술자문계약 및 기술서비스계약은 과학기술부에 등록해야 하며, 「301보고서」에서 주장하는 것처럼 특권을 누리는 것이 아니다.

둘째, 지난 오랜 기간 동안 중국 경내에서 특권을 누린 것은 중국기업이 아니라 외국 기업이었으며, 외국기업은 장기간 세수법률 면에서 초 국민대우를 누렸다. 1970년대 말 중국이 개혁·개방을 실행하여서부터 2008년까지 중국은 줄곧 국가차원에서 외자기업에 초국민 대우의 세수정책과 토지우대정책을 펴왔다. 1991년 중국이 반포한 「외상투자기업과 외국기업 소득세법」 제7조에는 다음과 같이 명확히 규정짓고 있다. "경제특구에 설립한 외국인 투자기업, 경제특구에 기구와 사업장을 설립하고 생산과 경영에 종사하는 외국기업과 경제기술개발구에 설립한 생산성 외국인투자기업에 대해서는 15% 세율 삭감 기준에 따라 기업소득세를 징수키로 하였고" "연해지역의 경제개방구와 경제특구, 경제기술개발구 소재 도시 옛 도심에 설립한 생산성 외상투자기업에 대해서는 24% 세율 삭감 기준에 따라 기업소득세를 징수키로 한다." 이 법률은 2001년 중국이 정식으로 WTO에 가입한 후에도 여전히 유효하였으며, 2008년에 이르러 실시된 「기업소득세법」에서 내외자기업의 소득세세율을 25%로 통일하기 전까지 지속되었다.

현재 외자기업은 중국에서 일부 세수우대정책을 여전히 누리고 있다. 2017년에 국무원이 발표한 「외자 성장 촉진 관련 몇 가지 조치에 대한 국무원의 통지」 [국발(國發)〔2017〕 39호] 제2장 제3조에는 다음과 같이 규정지었다. "중국 경내 주민기업으로부터 분배 받은 이윤을 투자 권장형 사업에 직접 투자하는 경외 투자자에 대해서는 규정조건에 부합할 경우 납세이연정책을 적용하며, 원천소득세를 당분간 징수하지 않는다." 마찬가지로 소득세 계제(計除, 계감)에서도 외자기업 및 개인에게 초 국민대우 특혜를 준다고 규정지었다. USTR는 「301보고서」에서 중국이 오랫동안 외자기업 및 개인에 대한 여러 가지 우대정책으로 중국기업에 가져다준 불공정한 대우에 대해서는 일절 언급하지 않은 채 오직 기술계약 관리 방면의 절차 설치에 대해서만 강조하였는데, 이러한 이중 잣대가 그 주장을 지나치게 일방적이고 편협하게 만들었다.

(3) 중국의 산업정책에 대해 일방적으로 평가했다.

「301보고서」 제4장에서는 약 100페이지에 가까운 분량으로 중국 하이테크 분야의 산업정책에 대해 폭넓게 비판하였는데, 중국정부가 미국 회사와 자산에 대한 투자와 인수합병을 불공정하게 지도하고 촉진하고 있다면서 그중 기술 분야의 투자 성장이 빨랐다고 주장했다. 지난 몇 년간 중국의 하이테크 투자는 항공·집적회로·정보기술(IT)·바이오테크·산업기계와 로봇·재생에너지·자동차 7대 분야에 주로 집중되었다. 그 중, 정보기술과 재생에너지 분야의 투자가 특히 빠른 성장세를 보였다. 2009~2013년 정보기술 분야의 대미 투자액이 연평균 3억 1,200만 달러였는데, 2014년에는 59억 달러로 급성장하였고, 2015년과 2016년에도 각각 13억 달러와 33억 달러의 높은 수준을 유지했다. 2005~2013년, 재생에너지 분야의 대미 투자액은 연 평균 6억 7,300만 달러였는데 2014~2017년에는 연간 평균 투자액이 42억 달러로 늘어났다. 「301보고서」는 한걸음 더 나아가 다음과 같이 분석했다. 이러한 인수합병은 시장을 토대로 한 결정이 아니라 정부의 정책목표를 근거로 하고 있기 때문에 중국기업들은 인수합병 과정에서 중국 국부펀드인 중국투자회사와 국유 대형 상업은행을 포함한 금융기관들로부터 대대적 지원을 받고 있다. 그리고 중국 국내에서는 기업의 인수합병을 엄격히 제한하고 있어 외국기업은 중국에서 유사한 거래를 자유롭게 진행할 수 없다. 그밖에도 거래 과정에서 일부 손실은 정부가 부담하므로, 중국기업은 인수합병 시 손실을 부담하는 것을 더 선호하고 있다. 따라서 「301보고서」는 "중국정부가 제정한 대량의 전략 그리고 정부의 자금 투입을 배경으로 하는 각종 펀드와 국유은행이 하이테크산업에 불공정한 산업정책을 제공하고 있는 것이 최근 중국기업의 대외 투자가 빠르게 늘어나고 있는 주요 원인"이라는 결론을 내렸다. 이론과 역사경험이 보여주다시피 산업정책은 줄곧 경제발전과 산업구조 업그레이드 과정에서 중요한 역할을 발휘하고 있다. 시장경제 운행과정에서 자본의 순주기에 의한 영리성과 역사적인 제한성으로 말미암아 장기적으로 보면 시장의 힘에만 의지하여서는 산업의 업그레이드와 기술의 진보를 추진하기 어렵다. 국가 주도의 산업정책은 산업구조를 적극 인도하고 조정하는 역할을 담당하며 사회자원배치의 효율을 향상시키고 산업·기술·인재의 최적화 구조로의 전환을 가속화하는 등 중요한 역할을 한다. 실제로 최근 들어 미국을 비롯한 여러 주요 경제국(지역)들은 모두 하이테크분야에서 비슷한 산업정책을 펴고 있다. 21세기에 들어서 경제수준의 꾸준한 향상 및 컴퓨터 기술의 발전과 더불어 빅데이터·클라우드 컴퓨팅에 의지하는 각종 첨단 제조, 지능 과학기술 산업이 점차 흥기하고 있다. 미국·독일·일본·한국 등 국가들은 새 라운드 산업혁명의 기틀을 선점하기 위해 관련 산업정책들을 잇달아 내놓으며 하이테크기술 분야에 대한 기업의 투자를 장려하고 유도하고 있다. 여러 나라가 출범한 하이테크제조업 전략 및 정책을 보면 여러 나라의 지도적 강령에 언급된 전략적 목표 및 실행방식이 매우 비슷하다. 2012년에 미국은 「선진 제조업 국가전략계획」을 제시하여 중·소기업의 하이테크 제조업에 대한 투자를 가속화하고, 또 정부 구매 및 직접투자를 통해 기초기술 연구개발을 지원하고, 정부–산업–학계–연구–인용 협력모델의 효율을 높이며, 첨단기술 인재를 양성하는 등의 수단으로 하이테크 제조업의 발전을 지원할 것을 강조했다. 그 계획의 내용은 한국의 「제조업 혁신 3.0전략」, 일본의 「제5기 과학기술기본계획」, 독일의 「첨단기술전략 2020」의 주요 내용 및 실현 방법과 매우 비슷하다. (표 7–2 참조) 각국의 대외 투자는 하이테크산업정책을 발표한 후 모두 상승 추세를 보였다. 하이테크산업정책의 전면적인 전개와 함께 기타 각국의 대미 투자는 전반적으로 상승 추세를 보이고 있다. 그중에서 일본은 2016년에 「제5기 과학기술 기본계획」을 제기한 이래 2017년에 합병과 인수합병(M&A)을 위주로 한 대미 직접투자가 동기 대비 34.4% 성장했다. 독일은 2013년에 「공업4.0」 전략을 제기한 후, 2014년에 대미 직접투자가 역시 빠르게 성장해 동기 대비 319%의 성장률을 기록했다. (그래프 7-9 참조) 사실상 서브 프라임 모기지 위기 이후 세계경제가 점차 회복됨에 따라 각국이 비슷한 하이테크산업정책을 출범시키면서 여러 경제국(지역)의 대외 직접투자는 모두 뚜렷한 상승세를 보였다. 미국이 경제발전법칙을 무시하고 타국의 실제 데이터 증거를 선별적으로 무시하고 있는데, 이런 비난은 실제로 보호무역주의임을 반증하고 있으며 공정성을 잃은 것이다.

그래프 7-9 2006~2017년 일본·독일의 대미 직접투자 상황

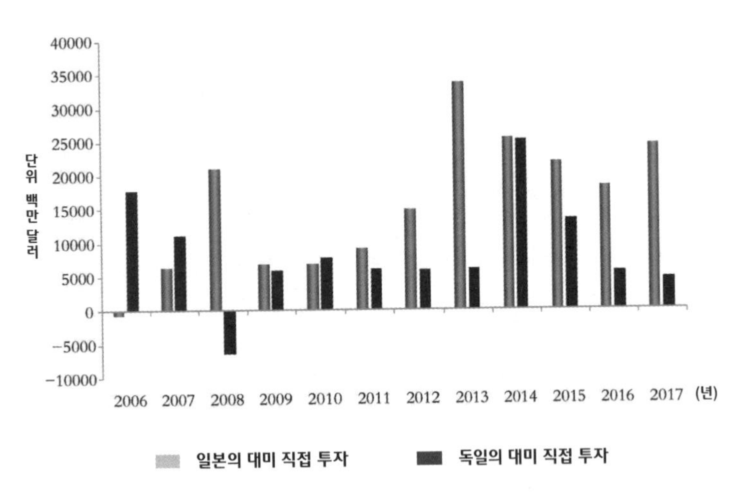

자료출처: AEI, 헝다 연구원.

표 7-2 일부 국가 하이테크산업정책

나라	전략	일부 산업정책 내용
미국	「선진제조 파트너(AMP)」 「선진 제조업 국가전략계획」	첨단제조업 투자를 가속화하여 정부 구매 등 수단으로 조기 하이테크제품을 연구 개발한다는 것. 공공부문과 민간부문 공동 투자를 강화하여 모든 부문이 표준의 제정과 응용의 가속화에 참여하도록 확보한다는 것. 정부의 선진 제조업 투자 조합을 강화함에 있어서 중점은 선진 재료, 생산 기술 플랫폼, 선진 제조 기술, 설계 및 데이터 인프라 시설 등 네 개 분야에서 연방정부와 협조하는 투자조합을 구축한다는 것.
독일	「하이테크 전략 2020」 "공업4.0"	공공 자금을 개인 재무 및 실물 기부와 결합시켜 혁신 환경을 최적화하고 혁신형 인재를 육성하여 바이오테크나노기술·마이크로전자와 나노전자·광학기술·재료기술·생산기술·서비스연구·우주항공기술·정보 및 통신기술 등의 발전을 중점 지원하여 이들 분야에서 독일의 선두적 지위를 유지한다는 것.
일본	「제5기 과학기술 기본 계획」 「과학기술혁신 종합전략 2015」	기초기술 분야에 대한 연구를 강화하고 여러 기술 연구개발기구와의 협력을 강화하며, 기술인재의 양성 및 정부의 직접투자 보조를 강화하여 산업구조의 업그레이드를 유도한다는 것. 선진 네트워크 기술, 빅데이터 분석 기술, 감응장치 기술, 센서 인식 기술, 가상현실기술, 로봇기술, 나노기술 등의 발전을 중점 지원한다는 것.
한국	「제조업혁신3.0전략」 「제조업혁신3.0전략 실시세칙」	2020년 이전까지 지능형 생산 공장 1만 개를 만들어 20명 이상 공장 총량의 3분의 1을 모두 지능형 공장으로 바꾼다는 것. 「제조업혁신3.0전략」의 실시를 통해 2024년까지 한국의 제조업 수출 규모 1조 달러를 달성하고, 경쟁력은 일본을 추월하여 중국·미국·독일에 버금가는 세계 4위에 진입한다는 계획이다. 상대적으로 약세 지위에 있는 중·소기업을 지원 육성하고, 중·소 제조기업에 대한 지능화 개조를 통해 2017년까지 10만 개의 중·소형 수출기업과 400개의 수출 규모 1억 달러의 중견기업을 육성한다는 것.

자료출처: 헝다 연구원.

4. "내국민 대우"와 "정상적 기술안전 심사" 개념의 혼동.

「301보고서」의 비난은 "내국민 대우"와 "정상적 기술안전 심사"를 혼동하고 있음이 분명하다. WTO는 "내국민 대우"가 타인에게 자국민과 동등한 대우를 주는 원칙이라고 명확하게 밝혔다. 그중 「관세 및 무역에 관한 일반협정」 (GATT) 제3조에는 "세관만 통과하면 수입품에 대한 대우가 동종 또는 유사한 국산품보다 낮아서는 안 된다"라고 규정짓고 있다. 이와 동시에 「서비스무역에 관한 일반협정」 (GATS) 제17조와 「무역과 관련된 지적재산권에 관한 협정」 (TRIPS) 제3조에도 서비스무역 및 지적재산권에 대한 국가의 처리와 관련된 내용이 들어 있으며, 국내시장에서 국내기업과 외국기업을 평등하게 대우할 것을 강조하고 있다. "내국민 대우"라고 하는 것은 외국의 상품과 서비스 및 기술에 대해 아무런 제한도 설정하지 않는다는 말이 아니라 수입제품 및 기술에 대해 자국의 동종 제품이 받는 대우에 못지않은 대우를 주는 것을 가리킨다. 중국은 수입기술에 대해 전면적인 심사를 진행하는 것이 아니라 일부 산업의 해외 수입 기술, 특히 국가 안보에 관련된 민감한 산업기술에 대해 허가증 관리를 실시하는 것으로서 국경 관리 중의 "정상적인 기술안전 심사"에 속하며, 시장 접근 관련 문제이다. 중국 「기술수출입관리조례」 제7조, 제18조는 "국가는 선진적이고 적합한 기술의 수입을 장려한다."라고 명시하여 일부 기술의 자유로운 수입을 허용하고 있다. 각국은 WTO 틀에 부합하는 전제하에서 안전심사를 실시할 권리가 있다. 이는 「301보고서」가 지적한 것처럼 외국기업을 차별하여 내국민 대우의 원칙을 어기는 것이 아니다. 사실상 법리로 따지든 법조항으로 따지든 안전심사 허가증 관리는 존재의 의미가 있다. 수출입 허가증 관리를 실시하는 것은 한 나라 국가안보와 정보기술의 안보를 수호하는 필요한 조치이다. 국가 안보 취약성의 관건은 민감한 산업, 민감한 기술, 민감한 정보, 민감한 지역 등에 있다. 이들 민감한 부분은 쉽게 공격당하거나 혹은 손상을 받으며, 또 예방과 보완이 어려워 국가안보를 심각하게 위협한다. 상무부가 2007년에 발표한 「중국 수입 금지 및 제한 기술 목록」(2007년판)을 보면 일부 산업의 수입 기술에 대한 중국의 허가 규제 심사는 주로 국가안보, 사회공공이익 또는 공공도덕에 대한 심사, 인민 건강이나 안전 그리고 동물, 식물의 생명이나 건강에 대한 심사, 환경파괴에 대한 심사 등에 집중되었으며, 그 목적은 중국 인민과 경제기술권익을 수호하기 위하는데 있다. 사실상 미국에도 수출입 기술에 대한 규제와 심사가 존재하기는 마찬가지이다. 미국 「수출관리조례」(Export Administration Regulations) 제736조는 수출 목적지, 수출 기술 등 8가지 방면을 포함한 수출 제한 또는 금지 내용을 명확히 규정짓고 있다. 수출을 제한하는 기술 및 제품에 대해서는 반드시 '허가증' 또는 "허가증 재심사"를 신청하도록 규정지었다. 수입 측면에서 보면 미국도 마찬가지로 군사·의약·에너지 등의 산업에서 수입 허가증 관리방식을 취하고 있으면서 수입 제품이나 기술은 모두 관련 부처의 심사를 거쳐야만 미국으로 수입될 수 있다. 예를 들어 미국의 「우유수입법안」(Import Milk Act)은 대다수 치즈 수입과정에 수입 허가증'이 필요하며' 수입쿼터의 제한을 받아야 한다고 규정짓고 있다. 이밖에 「301보고서」 제3장 제2절에서는 「기술 수출입 관리조례」 제20조에 "신청인이 기술수입허가증 또는 기술수입계약등록증을 근거로 외환·은행·세무·세관 등 관련 수속을 밟도록 한다."라고 규정지은 것에 대해 "미등록 기술수입기업은 합리적으로 얻은 이윤을 국외로 송금할 수 없다고 되어 있다. 그러나 중국기업은 「계약법」의 적용 하에 그런 규제를 받지 않는다."라고 비난하였는데, 이 또한 편파적인 주장이다. 현재 중국의 외환관리는 거시적이고 신중하며, 미시적인 감독관리를 결합하는 원칙에 따르고 있어 국내기업과 외국기업을 막론하고 모두 합리적인 증명을 제공하도록 하여 외환매입의 진실성과 합법성을 보장하고 있다. 「외환관리개혁을 한층 더 추진하고 진실한 합법성 심사를 보완하는 것에 관련한 국가외환관리국의 통지」 [회발(匯發)〔2017〕 3호] 제8조에서는 다음과 같이 지적했다. "경내 기관이 해외 경외 직접투자 등록과 자금 송출 수속을 할 때는 규정에 따라 관련 심사서류를 제출하는 것 외에, 또 은행에 투자자금의 출처와 자금용도(사용 계획)를 설명해야 하며, 이사회 결의(또는 파트너 결의) 계약 또는 기타 진실성 증빙서류를 제출해야 한다." 이 규정에서 국내기업에 대한 요구의 본질은 외국 기술수입 측에 외환 및 세관수속을 밟기 위한 관련 자료를 제공하라는 요구와 별반 차이가 없다.

제8장

중·미 경제·교육·문화·
비즈니스 환경·민생 현황

제8장

중·미 경제·교육·문화·비즈니스 환경·민생 현황[14]

중·미 무역마찰의 발발을 전후하여 중·미 양국 경쟁력 비교에 대해 주로 세 가지 관점이 존재했다. (1) 과도팽창파. 중국의 종합국력이 미국을 이미 추월했다고 여기며, 중국이 미국에 전면 도발할 수 있는 실력을 갖추었다고 주장한다. (2) 과도비관파. 중국의 제도와 문화를 부정하면서 개혁이 힘겨운 단계에 들어서서 추진하기 어렵다고 여기고 있으며, 내우외환으로 인해 중·미 양국 간의 격차가 점점 커져만 갈 것이라고 주장한다. (3) 이성객관파. 중·미의 경쟁력을 전면적·객관적·이성적으로 분석할 것을 주장하고 있으며, 진일보 적인 개혁개방을 통해 중국이 높은 품질의 발전을 실현할 수 있고, 민생을 꾸준히 개선할 수 있다고 주장한다. 중국과 미국의 격차는 얼마나 클까? 어떤 방면에서 반영될까? 본문에서는 경제·교육·문화·비즈니스 환경 및 민생의 다섯 가지 측면에서 중·미 양국 간의 격차에 대해 객관적으로 분석하면서 발전을 긍정해보고, 문제를 직시하고자 한다.

---

14) 이글을 쓴 사람들: 런쩌핑(任澤平), 뤄즈헝(羅志恒), 화옌쉐(華炎雪), 쑨완잉(孫婉瑩), 옌징원(顏靜雯), 주팡위안(褚方圓).

제1절
중·미 경제현황

40년간, 개혁개방에 힘입어 중국은 여러 방면에서 거족적인 발전을 이루었다. 현재 중국은 세계에서 두 번째로 큰 경제대국으로 부상하였고, 전 세계경제에서 차지하는 비중이 꾸준히 확대되고 있으며, 미국과의 GDP 규모 격차가 꾸준히 좁혀지고 있다. 그러나 "중국은 최대 개발도상국이고, 미국은 최대 선진국"이라는 기본 상황은 여전히 바뀌지 않았다. 만약 중국 GDP의 연평균 성장률을 6%로 설정하고, 미국의 GDP 성장률을 연평균 2%로 설정한다면, 2027년을 전후하여 중국의 GDP 총량이 미국을 앞지르게 된다. 그러나 중·미 양국 간의 인구당 GDP와 생산성에는 여전히 큰 격차가 존재한다. 중국의 도시화수준·산업구조·금융 자유도·기업 경쟁력은 미국에 비해 발전 공간이 여전히 크고, 군사·정치 영향력은 미국에 미치지 못한다. 중국은 반드시 국정에 입각하여 미국과의 격차를 객관적이고 이성적으로 대해야 하며, 개혁개방을 대대적으로 추진하여 종합 국력을 제고시켜야 한다.

1. 개혁개방 40년, 중국경제와 사회발전에서 거족적인 성과 이룩.

(1) 중국경제는 지난 40년간 연평균 실제 성장률이 9.5%에 달하고,

그래프 8-1 1978~2018년 여러 경제국(지역) GDP 연평균 성장률

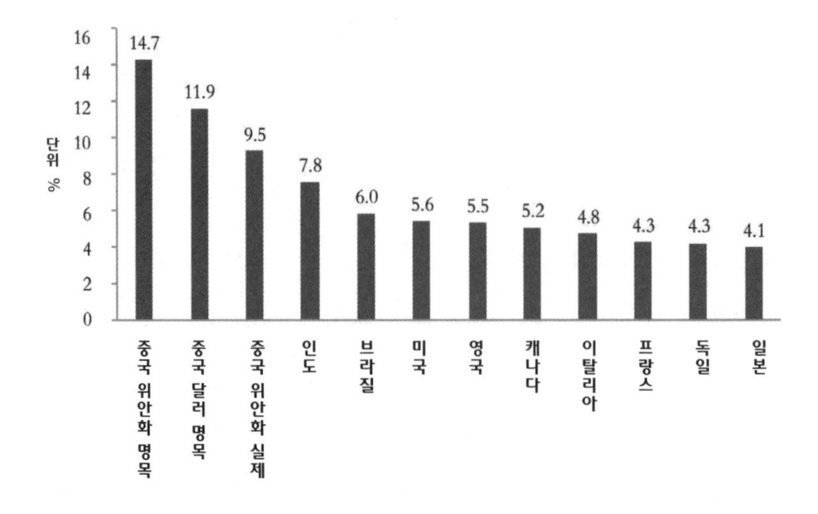

주: 기타 국가는 달러 명목 동기비, 일부 데이터는 2017년까지.
자료출처: 세계은행, 헝다 연구원.

2018년 GDP가 전 세계에서 차지하는 비중은 16.1%에 이르렀는데, 이는 미국의 66%에 해당한다. 중·미 양국 격차는 급속히 좁혀지고 있다. 개혁개방 40년간 중국의 경제총량은 4,000억 위안 미만이던 데서 90조 위안으로 성장하여 저소득국가로부터 중등소득국가 중 상위권에 올라섰다. 1978년에 중국의 GDP는 겨우 3,679억 위안밖에 안 되었으나 2018년에는 약 90조 위안으로 약 245배 성장하였으며 연평균 명목GDP 성장률은 14.7%에 이르렀다. 실제로 35.8배로 성장하여 연평균 실제 성장률이 9.5%에 달했다. 같은 시기 미국과 일본의 실제 성장률은 각각 2.6%와 2.0%였다. 달러 시가로 계산하면 1978년 중국의 GDP는 1,495억 달러였고 2018년에는 13조 6,000억 달러였으며 연평균

그래프 8-2 1980~2018년 구매력평가로 계산한 중·미 GDP 규모

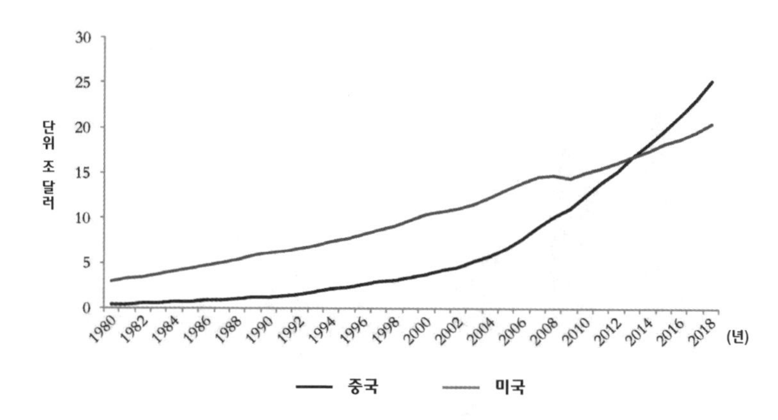

자료출처: IMF, "GDP, Current Prices", https://www.imf.org/external/datamapper/PPPGDP@ WEO/OEMDC/ADVEC/WEOWORLD 참고, 조회시간: 2019년 4월 23일, 헝다 연구원.

성장률이 11.9%였고 같은 시기 미국과 일본의 연평균 성장률은 각각 5.6%와 4.1%였다. (그래프 8-1 참조) 세계 순위를 보면 1978년에 중국의 경제총량은 세계 11위였었는데 그 후 2005년에 프랑스를 추월하고, 2006년에 영국을 추월하였으며, 2008년에는 독일을 추월하고, 2010년에는 일본을 추월하여 세계 2위 경제국(지역)으로 부상했다. 세계에서 차지하는 비중을 보면 1978년에 중국의 GDP총량이 세계 총량에서 차지하는 비중이 1.8%였는데 2018년에는 그 비중이 16.1%에 이르렀다. 2018년 중국의 경제규모는 13조 6,000억 달러에 달하였고, 실제 경제성장률은 6.6%에 달하였으며, 세계 총생산액의 16.1%를 차지했다. 미국의 경제규모는 20조 5,000억 달러였고, 실제 성장률이 2.9%였으며, 세계 총생산액의 24.2%를 차지했다. 만약 중국이 6% 정도의 성장률을 이어간다면, 2027년경에 이르러 중국은 세계 최

그래프 8-3 세계경제 성장에 대한 여러 경제국(지역)의 기여

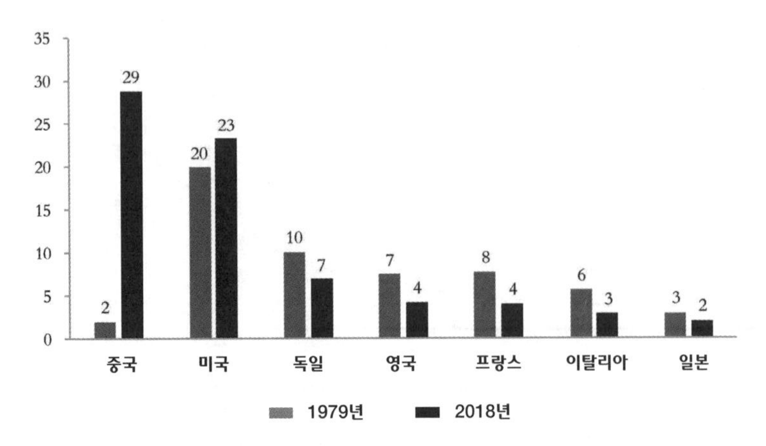

자료출처: 세계은행, IMF, 헝다 연구원.

대 경제국(지역)으로 부상할 수 있을 것으로 예상된다. 구매력평가로 계산한 중국의 경제규모는 이미 세계 1위에 올랐다. 2014년 중국의 경제규모(PPP로 계산)는 18조 3,000억 기어리-카미스 달러(Geary-Khamis dollar, 구매력 등가 달러)으로 처음으로 미국을 앞질렀고, 2018년에는 25조 4,000억 기어리-카미스 달러에 달하였으며, 미국은 20조 5,000억 기어리-카미스 달러로 양국 간 격차는 계속 확대되고 있다. (그래프 8-2 참조) 세계경제성장에 대한 중국의 견인력이 1979년의 2%에서 2018년의 29%로 상승하여 중국은 세계경제성장에 대한 최대 기여자가 되었다. 중국의 2018년 경제 성장규모는 1조 4,000억 달러로서 오스트레일리아의 2017년 경제 총량과 맞먹는다. IMF는 2018년 세계 GDP 총량이 4조 7,800억 달러 성장할 것으로 예측했다. 세계경제성장에 대한 중국의 기여도 29%는 미국의 기여도 23%보다 높은 수치이다. (그래프 8-3 참조)

(2) 농업과 공업 생산능력이 빠른 속도로 제고되어 자원이 부족하던 데로부터 풍부해지고 있다.

개혁개방이래 중국은 농업과 공업 생산능력이 꾸준히 제고되고 인프라시설체계 건설이 비약적으로 발전하여 물질이 부족하던 데로부터 풍부해지고 있다. 2018년 중국은 양곡 총생산량 6억 5,789만 톤(1조 3,000억 근)을 실현해 1978년의 2배로 늘어났고, 2018년의 전국 공업 증가치는 약 30조 5,000억 위안으로 1978년보다 187.1배 늘어났으며, 철강재·시멘트·천연가스 등 공업제품 생산량은 각각 49.1배, 32.9배, 10.7배 늘어났고, 자동차 생산량은 2,782만대로 185.6배 늘어났다. 국제적으로 비교해 보면, 조강·석탄·발전량·시멘트·화학비료 생산량이 각각 1978년의 세계 5위, 3위, 7위, 4위, 3위였던 데서 2016년에는 모두 세계 1위로 뛰어올랐고, 원유 생산량은 8위에서 5위로 상승하였으며, 에어컨·냉장고·컬러텔레비전·세탁기·마이크로컴퓨터·태블릿·스마트폰 등 가전·통신 제품 생산량은 모두 세계 1위를 차지했다. 2018년 이동전화 보급률이 112.2대/100명으로 상승하여 세계 최대의 이동인터넷이 형성되었으며, 이동 광대역 사용자가 13억 명에 달했다. (표 8-1 참조)

표 8-1 1978~2018년 중국 농업과 공업 생산능력 비교

농업				공업 및 교통운송업			
	1978년	2018년	성장 배수		1978년	2018년	성장 배수
양곡 총산량(만톤)	30477	65789	1.2	공업 증가치(억 위안)	1622	305160	187.1
목화(만톤)	217	610	1.8	화학섬유(만톤)	28	5011	175.1
유료(만톤)	522	3439	5.6	원탄(억톤)	6	37	5
찻잎(만톤)	26.8	261	8.7	원유(만톤)	10405	18911	0.8
목재(만세제곱미터)	5162	8432	0.6	천연가스(억세제곱미터)	137	1603	10.7
수산물 산량(만톤)	465.4	6469	12.9	철강재(만톤)	2208	110552	49.1
	1980년	2018년	성장 배수	시멘트(억톤)	0.7	22	32.9
돼지고기(만톤)	3158	5404	0.7	자동차(만대)	15	2782	185.6
소고기(만톤)	356	644	0.8	가전용 냉장고(만대)	3	7993	2854
양고기(만톤)	181	475	1.6	컬러텔레비전(만대)	0.4	18835	49564
우유(만톤)	629	3075	3.9	철도운행길이(만킬로미터)	5	13	1.5
가금알(만톤)	1965	3128	0.6	도로길이(만킬로미터)	89	486	4.5

주: 표 8-1에서 1978년, 1980년, 2018년의 데이터는 모두 사사오입하여 옹근수를 취하였으며 성장배수는 실제 수치로 계산했다.

자료출처: 국가통계국·중국철도총공사·헝다 연구원.

(3) 상품무역 총액이 세계 1위를 차지하고 외국투자자의 투자환경이 개선되었다.

개혁개방 40년 동안 중국 상품수출입 총액이 223배 성장하여 총액이 세계 1위를 차지하였으며, 상품무역은 장기적으로 흑자를 유지했다. 1978년 중국 상품수출입 총액은 겨우 206억 달러에 불과하고, 국제시장 점유율은 겨우 0.8%에 불과하였으며, 세계 29위에 머물렀었다. 국내 생산능력과 대외개방 수준이 향상되면서 특히 2001년 WTO 가입 이후 중국의 상품무역 규모는 영국·프랑스·독일·일본을 잇달아 앞질렀다. 2018년 중국 상품수출입총액은 4조 6,000억 달러에 달하여 1978년에 비해 223배 성장하였고 성장속도가 연평균 14.5%에 달했다. 2018년 중국 상품수출입 금액은 2조 4,874억 달러로 전 세계에서 차지하는 비중이 12.8%에 달했다. 이는 미국의 8.5%(독일의 8%, 일본의 3.8%)보다 높은 수준이며, 10년 연속 세계 1위 상품수출국 순위를 유지했다. (그래프 8-4 참조) 2018년 중국 상품수입 금액은 2조 1,356억 달러에 달하였으며, 흑자는 3,518억 달러를 기록했다. 2018년 서비스수출입 총액은 약 7,920억 달러로 1978년에 비해 174

그래프 8-4 1948~2018년 중국·미국·일본·독일 수출이 세계 상품수출에서 차지하는 비중

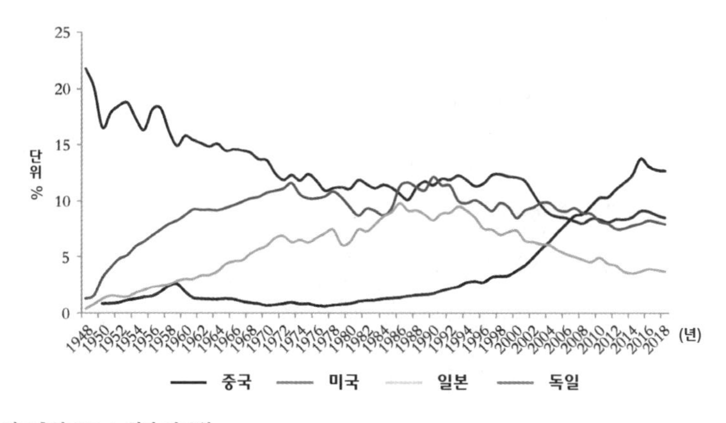

자료출처: Wind, 헝다 연구원.

배 늘어났다. 2018년 중국의 외국인 직접투자 금액은 실행기준으로 1,350억 달러에 달하여 1984년에 비해 106배 늘어났다.

(4) 외환보유고가 13년간 연속 세계 1위를 차지했다.

외환보유고가 대폭 늘어나 중국은 외환 부족 국가에서 세계 1위의 외환보유국으로 바뀌었다. 1978년 중국의 외환보유고는 겨우 1억 6,700만 달러에 불과하였으며 세계 38위에 처했었다. 중국경제발전 수준이 꾸준히 향상됨에 따라 중국 경상계정 흑자가 빠르게 축적되었고, 외자유치금액이 꾸준히 늘어나 2006년에 이르러 중국 외환보유고가 1조 달러를 돌파하여 일본을 앞지르고 세계 1위를 차지했다. 2018년 연말 중국의 외환보유고는 3조 700억 달러에 달해 세계 1위의 지위를 굳혔다.

(5) 도시화 비율이 안정적으로 향상하여 광역 도시권 발전단계에 들어섰다.

1978~2018년까지 중국 취업인원은 4억 152만 명으로부터 7억 7,586만 명으로 늘어나 연평균 약 936만 명이 늘어났으며 농촌 유휴 노동력이 도시로 대량 이동했다. 40년, 중국 도시 상주인구는 1억 7,000만 명이던 데서 8억 3,000만 명으로 급증하여 순증가 규모가 6억 6,000만 명에 이르며 상주인구 도시화 비율은 17.9%에서 59.6%로 41.7%포인트 향상되었다. 2018년 연말, 중국 호적인구 도시화 비율은 43.4%로 상주인구 도시화 비율과의 격차가 16.2%포인트나 줄어들었다.

2014년, 중국공산당 중앙위원회와 국무원은「국가 신형 도시화 계획(2014~2020)」을 발표하여 5대 발전목표를 제시하였고, 2019년에는 국가발전개혁위원회가「현대화 도시권 육성 발전에 관한 지도의견」을 발표하여 현대화 도시권의 육성을 이끌었으며, 2019년「정부업무보고」에서는 광역 도시권 발전모델을 확립하여 도시화 행정에 박차를 가하기로 했다.

2. 중국은 1인당 평균 GDP, 생산효율성, 산업구조, 기업경쟁력, 금융자유도, 도시화 수준 등 방면에서 미국과 비교할 때 여전히 격차가 존재한다.

(1) 1인당 평균 GDP: 막대한 격차가 존재하며 중국은 미국의 16%밖에 못 미친다.

2018년 중국의 1인당 평균 GDP는 9,769달러였고, 미국의 1인당 평균 GDP는 6만 2,590달러로서 중국은 겨우 미국의 16%에 불과했다. (그래프 8-5 참조) 고수입국가의 문턱은 4만 달러로 1인당 평균 GDP가 8,000달러에서 4만 달러에 이르기까지 미국은 약 29년이 걸렸고, 일본은 32년, 독일은 30년이 걸렸다. 프라이스워터하우스쿠퍼스(Pricewaterhouse Coopers. 영국 런던에 본사를 둔 다국적 회계 컨설팅기업)와 세계은행은 중국이 2050년에 이르러 1인당 평균 GDP가 3만 7,300달러에 이르고, 미국은 8만 7,800달러에 이를 것으로 추산하였는데, 그때 가서도 격차는 여전히 막대했다. 중국공산당 제19

그래프 8-5 2000~2018년 중·미 1인당 평균 GDP

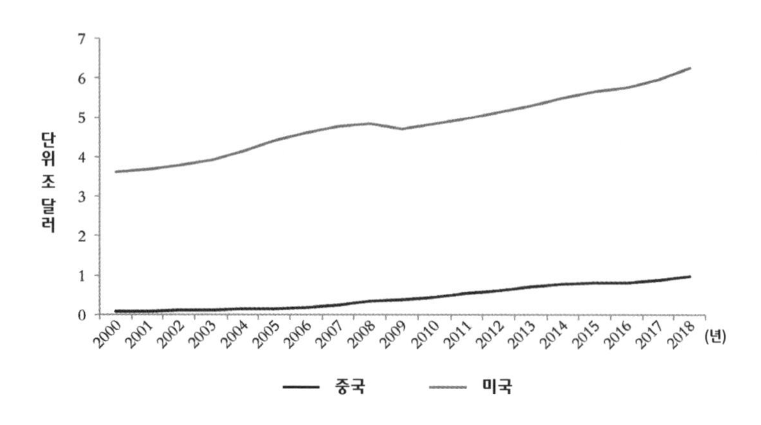

자료출처: Wind, 헝다 연구원.

차 전국대표대회의 계획에 따르면, 향후 30년 중국발전의 청사진은, 2020년에 이르러 샤오캉(小康)사회를 전면 실현하고, 2035년에 이르러 사회주의현대화를 기본적으로 실현하며, 21세기 중엽에 이르러 중국을 부강하고 민주적이고 문명 있고 조화로우며 아름다운 사회주의현대화강국으로 건설하는 것이다.

(2) 경제생산효율: 중국의 총 요소 생산성·노동생산성 모두 미국의 수준에 미치지 못하며, 단위당 에너지 소모로 창조되는 GDP가 미국과 세계 평균 수준보다 낮다.

중국경제는 고속성장 단계에서 고품질성장 단계로 전환하면서 총 요소 생산성에 더욱 의존하고 있지만, 중국의 경제생산효율은 여전히 미국보다 훨씬 낮다. 2014년 중국의 총 요소 생산성(PPP로 계산)은 미국의 43% 수준이었다. (그래프 8-6 참조) 2018년 중국의 노동생산

그래프 8-6 1970~2014년 중·미 총요소 생산성

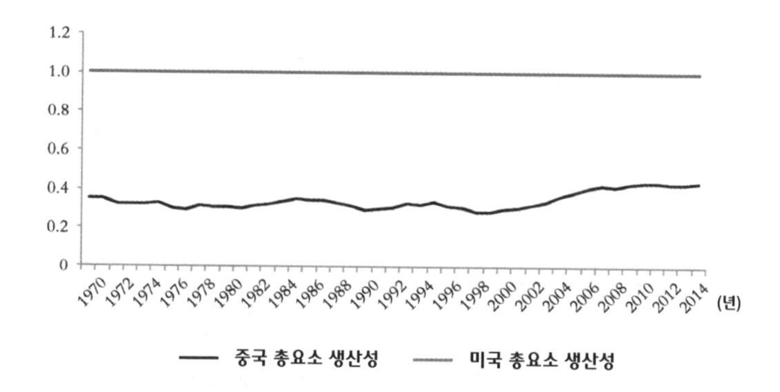

자료출처: FRED, "Total Factor Productivity Level at Current Purchasing Power Parties fro Chi-na", https://fred.stlouisfed.org/series/CTFPPPCNA669NRUG 참고, 조회시간: 2019년 4월 23일, 헝다연구원.

성은 1만 4,000달러이고, 미국의 노동생산성은 11만 3,000달러로 중국은 미국의 약 12%에 해당하는 수준이다. (그래프 8-7 참조) 중국 GDP 창조 효율은 미국과 세계 평균수준보다 낮고, 단위당 GDP 에너지소모가 크며, 주요 대국 중 러시아에만 높을 뿐이다. 2014, 중국의 단위당 에너지소모로 창조되는 GDP는 5.7달러/kg 석유환산톤에 달하였고, 미국은 7.46달러/kg 석유환산톤에 달하였으며, 세계 평균 수준은 7.9달러/kg 석유환산톤이었다. (그래프 8-8 참조)

(3) 투자와 소비: 중국경제에 대한 소비의 기여도는 상승하였지만 투자가 여전히 큰 비중을 차지한다. 미국은 전형적인 개인 소비가 이끄는 경제이다.

지출접근법에 따르면 2017년 중국 주민소비비율은 39%로 68.4%보다 낮다. 최종 소비지출이 GDP에서 차지하는 비중은 53.6%로 투자

그래프 8-7 2000~2018년 중·미 노동생산성

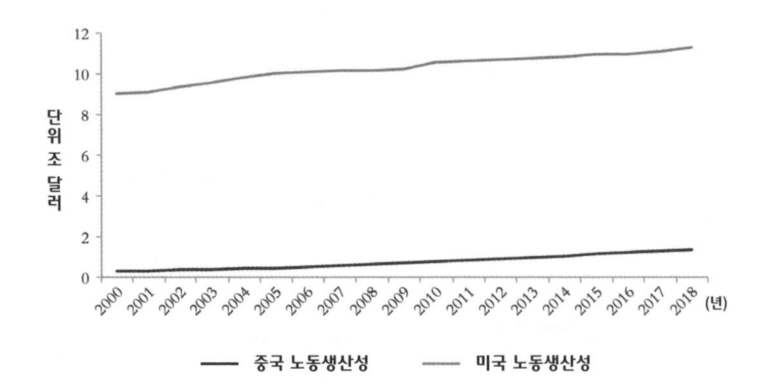

자료출처: 세계노동조합연맹: "Labour Productivity", https://www.ilo.org/ilostat/faces/oracle/ webcenter/portalapp/pagehierarchy/Page3.jspx?MBI_ID=49&_afrLoop=3104160080433363&_afrWindowMode=0&_afrWindowId=ukc5oo3y_276#!% 40% 40% 3F_afrWindowId% 3Dukc5oo3y_276% 26_afrLoop% 3D3104160080433363% 26MBI_ID% 3D49% 26_afrWindowMode% 3D0% 26_adf.ctrl-state% 3Dukc5oo3y_332 참고, 조회시간: 2019년 4월 23일, 헝다 연구원.

비중이 여전히 높았다. 중국공산당 제19차 전국대표대회 보고에서는 "경제발전에 대한 소비의 기반 역할을 강화하고 공급측 구조의 최적화에 대한 투자의 관건적 역할을 발휘시켜야 한다."고 명확히 제시했다. 중국 주민의 소비수요는 여전히 뚜렷하게 향상되지 못하고 있다. 주민소비율(주민소비가 GDP에서 차지하는 비중)은 줄곧 낮은 수준에 머물러 있다. 특히 2000~2010년 주민소비율은 46.7%에서 꾸준히 하락하여 35.6%의 역사 최저점을 기록했다. 2010년 이후 비록 다소 반등하긴 하였지만 여전히 상대적으로 낮은 수준에 머물러 있으며, 2017년에는 39%였다. 같은 기간 미국의 주민 소비율은 68.4%, 영국도 65.5%를 기록하였으며, 유로존은 평균 54.6%였다. 경제발전이 비슷한 단계에 있는 국가 및 지역과 비교해 봐도 중국의 주민 소비율은 분명

그래프 8-8 2014년 세계 일부 국가 및 지역 단위당 GDP 에너지소모(2011년 불변가격)

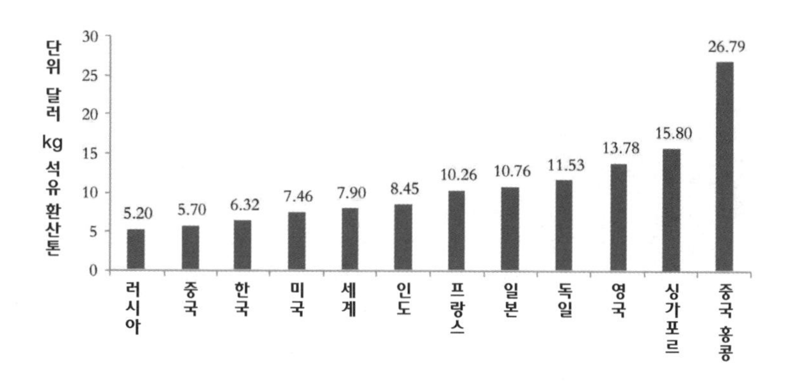

자료출처: Wind, 세계은행, 헝다 연구원.

히 낮은 수준이다. 2017년 브릭스국가(중국 제외)의 주민 소비율은 평균 64%로 중국보다 25%포인트나 높았다. 최근 주민 레버리지 효과가 지나치게 크고, 집값이 고공 행진을 이어가고 있으며, 경제 상황이 하행하고, 부의 효과가 사라지는 상황에서 주민소비가 강등하고 있다. 따라서 소득분배에서 주민소비의 비중을 늘리고 민생사회보장 재정 지출을 늘려 뒷걱정을 해소해주어야 하며, 정부의 재분배를 통해 소득격차를 줄이고, 시장접근을 완화하고 시장의 공정경쟁을 격려하는 것을 통해 질 좋은 제품과 서비스의 공급을 늘림으로써 주민소비를 촉진시켜야 한다. 2017년 중국 자본형성 총액이 GDP에서 차지하는 비중은 44.4%에 달하였지만, 투자에 대한 의존도가 여전히 매우 높아 레버리지율의 상승을 꾸준히 추동했다. 이와 반면에 미국의 민간투자 비중은 17.3%였다.

그래프 8-9 2000~2018년 중·미 상품무역차액

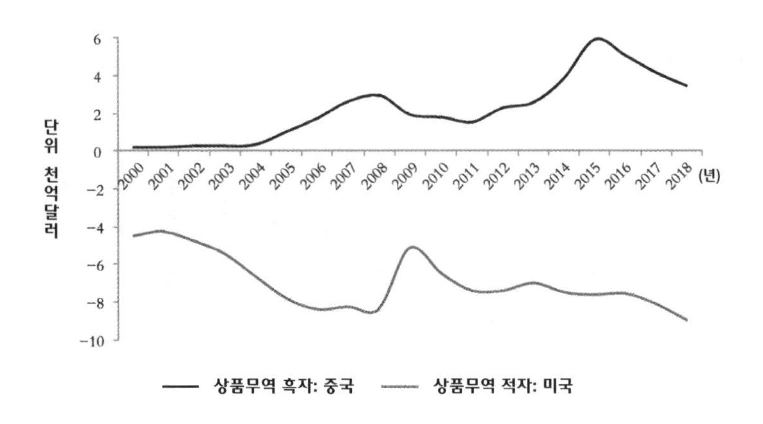

자료출처: Wind, 헝다 연구원.

⑷ 국제무역: 중국 상품무역은 흑자이고, 서비스무역은 적자이며, 중·미 양국의 상품수출입 의존도가 모두 하락했다.

위에서 이미 분석한 바에 따르면, 중국 화물무역 수출액은 세계에서 첫자리를 차지하고 있고, 화물무역이 다년간 흑자를 이어가고 있지만 서비스무역은 적자이다. 2018년 중국 상품무역 흑자가 3,518억 달러에 이르고, 서비스무역 적자는 2,582억 달러에 이르렀다. (그래프 8-10 참조) 2018년 미국 상품수출액은 1조 6,723억 달러였고, 수입은 2조 5,636억 달러로 무역적자가 8,913억 달러였다. 서비스 수출금액은 8,284억 달러였고, 수입액은 5,592억 달러로 무역흑자가 2,692억 달러였다. 그중 미국의 대 중국 무역적자는 4,195억 달러로 미국 상품무역 적자의 48%를 차지하였으며, 그 뒤의 9개 경제국(지역)의 합계(45.9%)를 초과했다. 2018년 대 중국 서비스무역 흑자는 387억 달러로 미국

그래프 8-10 2000~2018년 중·미 서비스무역차액

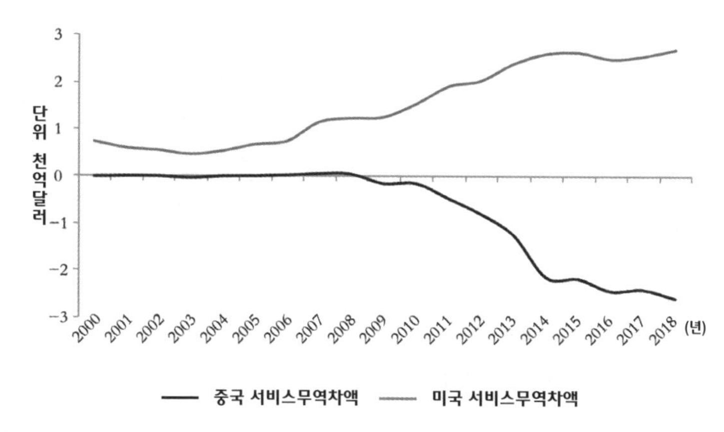

자료출처: Wind, 헝다 연구원.

서비스무역 흑자에서 차지하는 비중이 15.5%에 달하며 세계 1위를 차지했다. 이는 양국의 경제발전 단계와 비교우위 및 글로벌 가치사슬에서의 분업에 의해 결정되는 것이다. 중·미 양국은 수출입 의존도가 모두 하락하였는데 중국의 하락폭이 더 크다. 중국은 1978년 특히 2001년에 WTO에 가입한 이래 GDP 대비 수출입총액의 비율이 빠르게 상승하여 2006년에는 최고치 64.2%에 달했다가 지속적으로 하락하여 2018년에는 33.9%에 이르렀다. 수출입 의존도도 하락하여 최고치에 비해 30%포인트 이상 하락했다.(그래프 8-11 참조) 중국의 상품무역 흑자는 전반적으로 지속적으로 확대되고 있는데 순 수출이 GDP에서 차지하는 비중이 2007년에 7.5%에 도달한 후 하행하여 2018년에는 2.6%까지 하락했다. 미국의 GDP 대비 수출입 총액의 비율은 꾸준히 상승하여 2011년에 30.9%로 정점을 찍었으며, 최근 몇

그래프 8-11 1960~2018년 중·미 수출입총액이 GDP에서 차지하는 비중

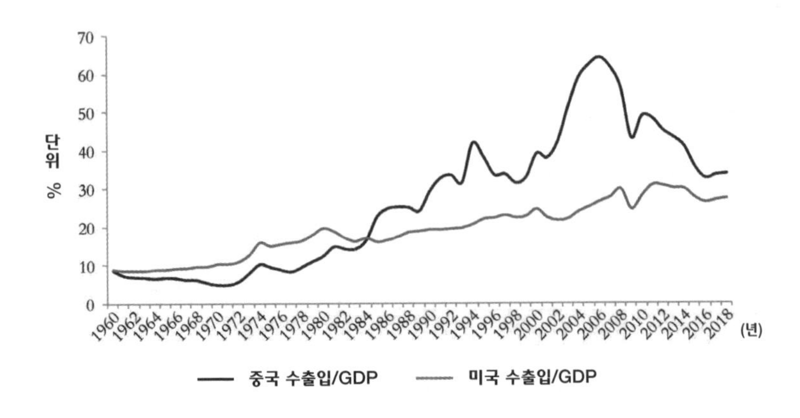

자료출처: Wind, 헝다 연구원.

년간은 다소 하락하여 2018년에는 27.4%에 이르렀다. 미국의 순 수출은 1971년에 처음 마이너스로 돌아선 후, 1980년대 말 미·일 무역전쟁으로 적자가 줄어든 것을 제외하고는 대부분 연도에 줄곧 마이너스를 기록하였으며, 2006년에 GDP 대비 순 수출 비중이 −5.5%를 기록했다가 그 후 적자폭이 좁혀져 2018년에는 −3%에 달했다. (그래프 8−12 참조) 중·미 무역마찰은 미국의 무역적자가 가장 심각하였던 2006년을 전후하여 일어난 것이 아니라 무역적자가 줄어든 2018년에 일어났다. 이로부터 무역적자의 감축은 무역마찰을 일으키기 위한 미국의 핑계일 뿐이라는 사실을 알 수 있다.

(5) 산업구조: 중국 3차산업 비중은 미국보다 28%포인트 낮지만 금융업 비중은 미국을 조금 넘어섰다.

그래프 8-12 1960~2018년 중·미 순수출총액이 GDP에서 차지하는 비중

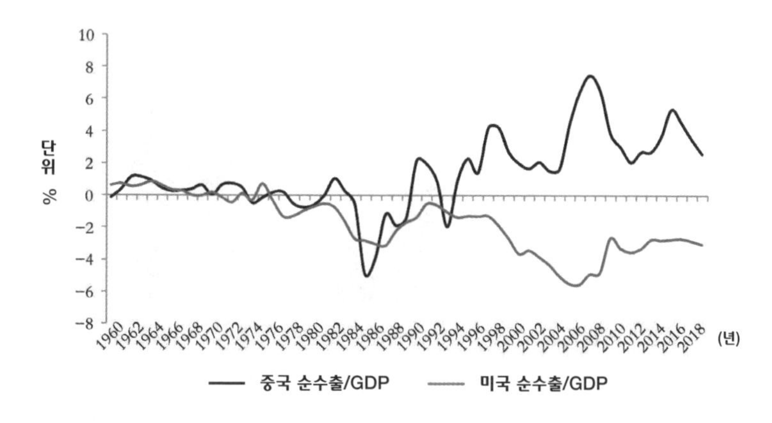

자료출처: Wind, 헝다 연구원.

2018년 중국의 3대 산업이 GDP에서 차지하는 비중은 각각 7%, 41%, 52%였고, 2018년 미국의 3대 산업이 GDP에서 차지하는 비중은 각각 1%, 19%, 80%에 이른다. (그래프 8-13 참조) 노동력 분포로 볼 때 2017년 중국의 3대 산업 취업인구 비중은 각각 27%, 28.1%, 44.9%였다. 중국의 1차 산업 취업인구 비중은 여전히 1차 산업이 GDP에서 차지하는 비중보다 20%포인트나 크게 웃돌고 있으며, 1차 산업 취업인구의 2차, 3차 산업으로의 이전은 계속될 것이다. 2017년 미국 3대 산업 취업인구 비중은 각각 1.7%, 18.9%, 79.4%였다.

농업 분야에서, 중국은 1차 산업 부가가치와 취업인구 비중이 모두 높은 편이지만, 효율은 낮은 편이고, 기계화·규모화 정도가 낮은 편이며, 화학비료에 더 많이 의존하고 있다. 중국은 밀·목화 단위면적당 생산량이 미국보다 높지만, 콩·옥수수 단위면적당 생산량과 전체

그래프 8-13 2018년 중·미 3대 산업구조 비교

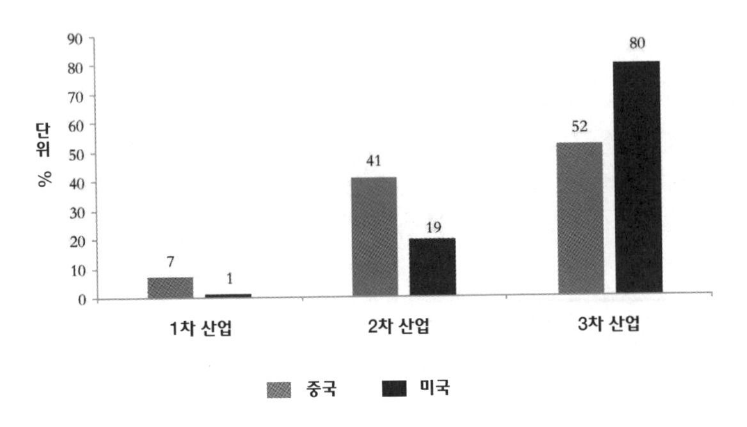

자료출처: Wind, 헝다 연구원.

생산량은 미국보다 훨씬 낮다. 첫째, 2017년 중국 옥수수와 콩 단위 면적당 생산량은 모두 미국의 56%였다. (표 8-2 참조) 둘째, 유엔식량농업기구(FAO)의 데이터에 따르면 2016년 중국 옥수수 생산량은 2억 3,000만 톤이고, 미국은 3억 8,000만 톤으로 중국의 옥수수 생산량이 미국의 60.5%에 해당하는 수준이었다. 중국 밀 생산량은 1억 3,000만 톤으로 미국의 2배에 해당한다. 콩 생산량은 1,196만 톤으로 미국의 10% 수준에 불과하다. 셋째, 양곡 자급률을 보면, 2016년 중국의 협의적 양곡 자급률은 95.4%였고, 미국은 121%였다. 중국의 광의적 양곡 자급률은 83.9%였고, 미국은 131.2%였다. 중국은 양곡 순수입국이고 미국은 양곡 순수출국이다. 넷째, 중국은 1헥타르 당 경작지에 소비하는 화학비료가 미국의 3.7배에 이른다.

표 8-2 중·미 농작물 단위면적당 생산량 비교

	2017년 단위면적당 생산량 (톤/헥타르)		2017년 증가폭 (%)	
	중국	미국	중국	미국
옥수수	5.9	10.6	-0.28	1.53
밀	5.3	2.9	3.09	-2.76
목화	1.5	0.9	3.82	-5.07
콩	1.8	3.2	1.31	3.21
해바라기씨	2.6	1.8	-0.51	9.07

자료출처: Wind, 헝다 연구원.

2017년 중국의 공업 증가치는 4조 1,452억 달러로 GDP의 33.8%를 차지하였고, 제조업 부가가치는 3조 5,932억 달러로 GDP의 29.3%를 차지했다. 미국의 공업 증가치는 2조 8,692억 달러로 GDP의 14.8%를 차지하였고, 제조업 증가치는 2조 2,443억 달러로 GDP의 11.6%를 차지했다. 중국의 공업생산 능력 이용률은 전체적으로 미국보다 낮다. 2017년 국내 "과잉생산 능력 해소"로 인해 미국보다 약간 높았다. 2013년 이후 중국 공업 생산능력 이용률이 전반적으로 미국에 비해 낮았지만 "과잉 생산 능력 해소"에서 진전을 이루었다. 2019년 1분기 생산 능력 이용률이 75.9%에 달해 미국의 78.6%보다 조금 낮았다. (그래프 8–14 참조) 그 중 석탄·석유·천연가스 채굴업에서 생산능력 이용률이 중국은 73.1%이고, 미국은 91.3%였으며, 흑색금속 제련 및 가공업에서는 중국이 79.2%이고(유색금속 제련 및 가공은 78.8%) 미국은 81%였으며, 자동차제조업에서는 중국이 78.3%이고 미국은

그래프 8-14 2013~2019년 중·미 생산 능력 이용률

자료출처: Wind, 헝다 연구원.

77.2%였으며, 전기기계와 기자재 제조업에서는 중국이 80.2%이고 미국이 73.9%였으며, 통신 및 기타 전자설비업계에서는 중국이 78%이고, 미국이 71.6%였다. 2017년 중국과 미국 철강생산량은 각각 8억 5,007만 톤과 8,161만 톤으로 중국의 철강생산량은 미국의 10배가 넘었다. 2017년 중국과 미국의 원유 자급률은 각각 32.2%와 65.5% 로서 중국은 미국의 절반에 불과하였고, 중국과 미국의 원유생산량은 각각 1억 9,000만 톤과 5억 7,000만 톤으로 중국은 미국의 3분의 1 수준이었으며, 중국과 미국의 원유 소비량은 각각 5억 9,000만 톤과 8억 7,000만 톤으로 중국은 미국의 3분의 2 수준이었다. 2013년 중국 셰일가스 매장량은 134조m^3였고, 미국 셰일가스 매장량은 131조 5,000억 m^3였다. 중국의 기술 채굴량은 32조m^3이고 미국의 기술 채굴량은 33조m^3이다. 중국의 금융업 비중은 미국을 약간 초과하였

고, 부동산산업 비중은 미국의 약 절반 수준이다. 2018년 중국 금융업이 GDP에서 차지하는 비중은 7.7%였고, 미국 금융업이 GDP에서 차지하는 비중은 7.4%였다. 2018년 중국과 미국의 부동산과 임대업이 GDP에서 차지하는 비중은 각각 9.3%, 13.3%를 기록했다. 그중 중국과 미국 부동산업이 GDP에서 차지하는 비중은 각각 6.7%, 12.2%였다.

(6) 금융: 중국은 간접융자를 위주로 하고 미국은 직접융자를 위주로 한다.

중국은 은행 주도의 간접융자를 위주로 하며, 저 위험을 선호하고 국유기업과 전통 저 위험 업종에 대출을 발행하는 방향으로 치우치고 있다. 미국은 직접 융자를 위주로 하며, 벤처투자가 발달하여 실물경제와 첨단과학기술의 혁신을 추진하는데 유리하다. 2017년 중국 간접 융자 비율은 약 75%였고 직접 융자 비율은 약 25%였다. 미국은 직접 융자 비율이 약 80%였고 간접 융자 비율은 약 20%였다. 중국 M2/GDP의 비중은 미국의 2.8배이다. 2018년 말 중국의 통화공급량(M2)은 26조 3,000억 달러로 GDP에서 차지하는 비중이 193%였다. 미국 통화공급량은 14조 달러로, GDP에서 차지하는 비중이 69%였다. (그래프 8-15 참조)

중국 주식시장은 늦어서야 발전을 시작하였기 때문에 상하이(上海)와 선전(深圳) 두 증권시장의 시가총액은 미국 주식 시가총액의 겨우 5분의 1에 불과하다. 2018년 말에 상하이와 선전 두 증권시장의 시가

그래프 8-15 1986~2018년 중·미 광의통화 M2와 GDP의 비율

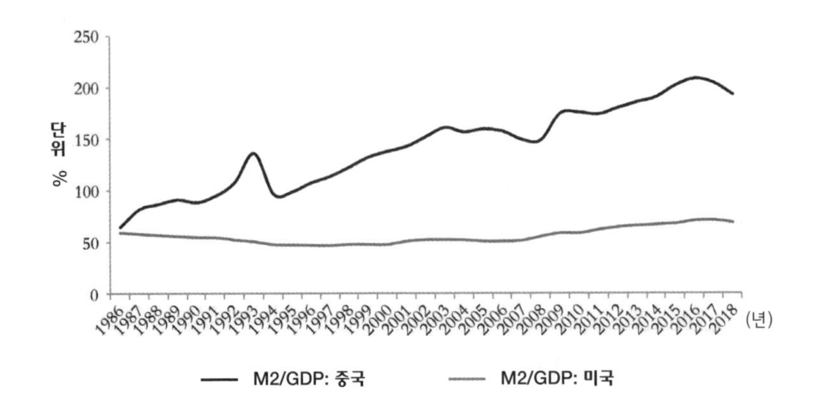

자료출처: Wind, 헝다 연구원.

총액은 6조 6,000억 달러로서 GDP에서 차지하는 비중이 48.5%였다. 미국 증시의 시가총액은 37조 8,000억 달러였으며, GDP에서 차지하는 비중이 184.4%에 달했다. 상하이와 선전 두 증권시장의 상장회사는 총 3,584개이고, 미국증시 상장회사의 총수는 4,875개이다. 주식발행과 시장퇴출제도를 보면 중국은 기업공개(IPO) 심사허가제를 실행하는데 회사의 상장절차가 복잡하고 소용시간이 길어 시장메커니즘의 역할이 충분히 발휘되지 못한다. 미국은 등록제를 실시하고 있어 발행자와 투자자의 가격경쟁을 통해 시장메커니즘의 역할이 충분히 발휘될 수 있다. 투자구조를 보면 중국 주식시장은 개인투자자가 주도하고 있어 중·소투자자(증권 계정 자산 규모가 50만 위안 미만) 비중이 75.1%를 차지하여 양떼 효과 특징이 뚜렷하다. 그러나 미국 주식시장은 기관투자자가 주도하고 있어 장기적 가치의 투자에 치중

그래프 8-16 1990~2018년 중·미 주가지수

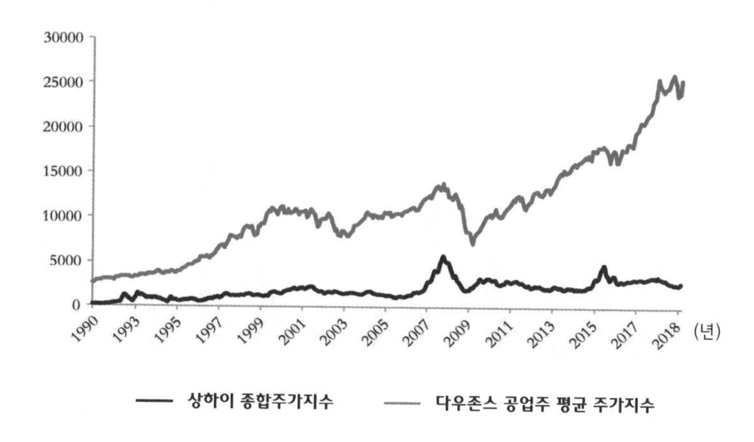

자료출처: Wind, 헝다 연구원.

하고 있다. 주가지수 시세를 보면 A주는 "불마켓(bull market)이 짧고, 베어마켓(bear market)이 긴" 특성을 띠며, 상하이종합주가지수가 몇 차례 급등락을 거친 뒤 장기적 추세가 뚜렷하지 않다. 미국은 "느린 상승장 시세"를 보이며 장기적인 상승세가 나타나고 있다. (그래프 8–16 참조) 업종별로 보면 중국은 업종별 시가가 모두 미국보다 낮았다. 그러나 재료·공업·금융 업종은 상대적으로 시가가 높고, 통신업종의 시가는 미국과의 격차가 크다. (그래프 8–17 참조)

미국 달러화는 국제기축통화로서 세계 외환보유액 중에서 차지하는 비중이 61.7%에 달하고 중국 위안화의 비중은 1.9%에 불과하며, 유로화·엔화·파운드화·캐나다 달러의 비중은 각각 20.7%, 5.2%, 4.4%, 1.8%순이다. 2017년 중국의 IMF 투표권 비중은 6.41%였고, 미국은 17.46%였으며 한 표의 부결권을 갖고 있다. 2018년 말 중국의

그래프 8-17 2017년 상하이 선전 두 증권시장·미국 주식시장 여러 업종 시가총액

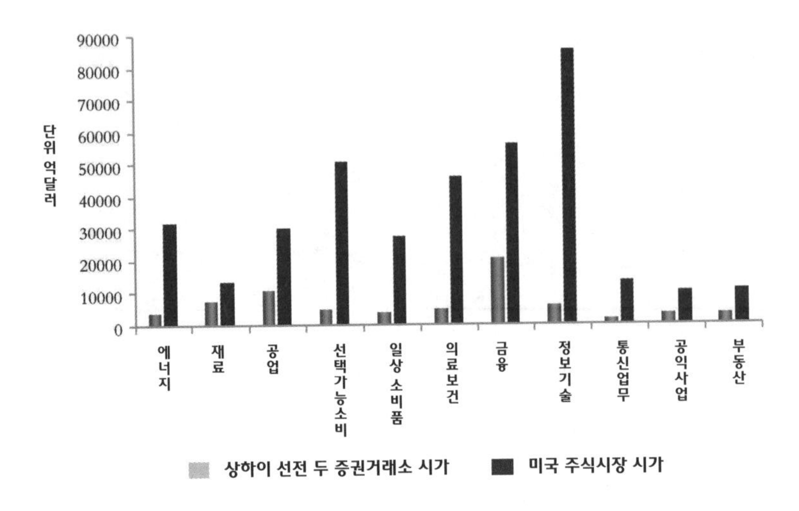

자료출처: Wind, 헝다 연구원.

외환보유액은 3조 727억 달러였고, 미국의 외환보유액은 419억 달러였다. 중국은 세계 최대 외환보유국으로서 전 세계 외환보유액의 약 27%를 차지한다. 중국의 총저축률은 미국보다 높지만 미국의 대출금리는 중국보다 낮아, 외국인 투자 유치규모가 중국보다 크다. 2018년 중국의 총저축률은 46%였고, 미국의 총저축률은 19%였다. 2018년 중국의 중·단기 대출금리는 4.35%였고, 미국의 중·단기 대출금리는 3.9%였다. (표 8-3 참조) 2018년 중국의 외국인 직접투자 유치금액은 1,390억 달러였고, 미국의 외국인 직접투자 유치금액은 2,518억 달러였다. 2018년 중국의 대외 투자금액은 1,298억 달러였고, 미국의 대외 투자금액은 -635억 달러였다.

표 8-3 2018년 중·미 저축률·대출금리 등 비교

	중국	미국
총저축률(%)	46	19
중·단기 대출금리(%)	4.35	3.9
외국인 직접투자 규모(억 달러)	1390	2518
대외 투자 규모(억 달러)	1298	- 635

자료출처: 유엔, https://unctad.org/en/PublicationsLibrary/wir2019_en.pdf 참고, 조회시간: 2019년 7월 3일, 헝다 연구원.

(7) 기업 경쟁력: 중국의 세계 500대 기업의 수가 미국보다 적다.

글로벌 500대 기업 순위에 오른 중국기업의 수가 꾸준히 미국 기업의 수에 접근하고 있다. 2018년 『포춘』지의 글로벌 500대 순위에 오른 중국기업의 수는 11년 연속 늘어나 111개에 이르렀다. 그중 국유기업 수가 83개, 민영기업 수가 28개였다. 미국은 126개가 순위에 올랐다. 중국은 3개 기업이 10위 안에 들었는데, 스테이트 그리드(국가전력망)(2위), 시노펙(중국석유 화공그룹)(3위), 페트로차이나(중국석유천연가스그룹)(4위)이다. 미국 월마트 유통업체는 계속 글로벌 500대 기업의 1위를 유지했다. (표 8-4 표시된 바와 같다.)

표 8-4 2018년 중·미 10위권 기업 영업수입 및 이윤 비교 (단위: 백만 달러)

	영업수입	이윤	기업명 (미국)	영업수입	이윤
국가전력망	348903	9533	월마트	500343	9862
중국석유 화공그룹	326953	1538	엑슨모빌(Exxon Mobil)	244363	19710
중국석유천연가스 그룹	326008	-691	버크셔 해서웨이	242137	44940
중국건축주식회사	156071	2675	애플사	229234	48351
중국공상은행 (ICBC)	153021	42324	매케슨(Mckesson)	208357	67
중국평안보험그룹	144197	13181	유나이티드 헬스 그룹 (Unitedhealth Group)	201159	10558
중국건설은행	138594	35845	CVS 헬스사	184765	6622
상하이자동차그룹	128819	5091	아마존	177866	3033
중국농업은행	122366	28550	미국전화전신회사	160546	29450
중국생명보험(China life)	120224	267	제너럴모터스	157311	-3864
합계	1965156	138313	합계	2306081	168729

자료출처: 「2018년 포춘 글로벌 500대 기업 순위」, 2018년 7월 19일, http://www.fortunechina.com/fortune500/c/2018-07/19/content_311046.htm 참고, 헝다 연구원.

업계 분포를 보면 순위에 오른 중국기업은 주로 은행·보험·에너지 광산업·상업무역·IT 업종에 집중되었으며, 생명건강·식품·생산가공 등 업종은 공백이었다. 순위에 오른 미국기업 분포를 보면 은행·보험·에너지광산업·상업무역·IT·식품과 생산가공·생명건강 등 업종이 포함되었다. 인터넷 업종에서는 중국기업 3개 [징동(京東)·알리바바(阿里巴巴)·텐센트(騰訊)], 미국기업 3개(아마존·알파벳·페이스북)가 순위에 올랐다. 전자통신업종에서는 중국기업 15개 [홍하이(鴻海)·차이나모바일(中國移動)·화웨이(華爲)·차이나텔레콤(中國電信)·차이나유니콤(中國聯通) 등], 미국기업 23개(애플사·미국전화전신회사·마이크로소프트사·컴캐스트·IBM 등)가 순위에 올랐다. 자동차 제조 분야에서는 중국이 7개 [상하이자동차(上汽), 동펑(東風)자동차, 이치자동차(一汽, 중국제1자동차그룹) 등], 미국이 2개(제너럴모터스·포드)가 이름을 올렸다. 항공·국방 분야에서는 중국과 미국의 순위에 오른 기업 수가 같았다.(모두 6개) 식품과 생산가공·생명건강 업종에서 중국기업은 이름을 올리지 못하였고 미국은 식품과 생산가공 기업 10개와 생명건강 기업 12개가 순위에 올랐다. (표 8-5 참조)

수익성을 보면 미국 애플사가 483억 5,000만 달러의 이윤을 창출하며 1위를 차지하였고, 이윤 상위 10위 안에 든 중국기업으로는 4대 국유은행이다. 500대 기업 순위에 오른 중국 10개 은행의 평균 이익은 179억 달러이며 이들 은행 이윤 총액은 순위에 오른 111개 중국(홍콩지역 포함, 대만지역은 제외) 회사 총 이윤의 50.7%를 차지한다. 순위에 오른 미국의 8개 은행 평균 이윤은 96억 달러이며, 이들 은행의 이윤 총액은 순위에 오른 126개 미국 회사 총 이윤의 11.7%를 차지한다.

표 8-5 2018년 중·미 글로벌 500대 기업업종 분포 비교

글로벌 500대 기업 수(업종별)	중국(111개)	미국(126개)
반도체 · 전자 부품	0	1
IT	11	18
식품과 생산가공	0	10
생명건강	0	12
제약	2	5
자동차제조	7	2
선박제조	3	0
항공 · 국방	6	6
금속제품	9	0
금융업	10	8
보험	7	15
부동산	5	0
공사와 건축	7	0
상업무역	13	15
에너지광산업	17	12
기타	14	22

주: 중국 111개 기업 중에 대만 지역의 데이터는 포함되지 않음.
자료출처: 거룽후이(格隆匯), 「중국VS미국: 글로벌 500대의 진실을 밝히다」, 2018년 7월 22일, https://m.gelonghui.com/p/194195 참고, 헝다 연구원.

(8) 인구와 취업: 중국 인구총량은 미국의 4.2배이며 고령화 율은 미국보다 낮지만 고령화 속도는 빠르다.

2018년 말 중국의 총인구는 13억 9,500만 명이고, 미국은 3억 3,000만 명으로서 중국은 미국의 약 4.2배이다. 중국의 인구밀도는 1㎢ 당

145명이고, 미국은 36명으로 중국이 미국의 약 4배이다. 2017년 중국 노령화 비율은 11.4%이고, 미국은 15.4%였다. 그러나 중국의 고령화율 상승속도는 미국보다 빠르다. 지난 10년간 중국의 인구 고령화율은 연간 0.3%씩 상승하고, 미국의 인구 고령화율 상승폭은 연간 0.28%였다. 중·미 양국의 남녀 성비는 각각 1.05와 0.97이었다.

(9) 도시: 중국의 도시화 율이 미국보다 23.6%포인트 낮고, 광역 도시권(군)의 집결효과가 미국보다 낮다.

중국 상주인구의 도시화 율은 미국보다 낮고 호적인구 기준 도시화 율은 더욱 낮다. 따라서 도시진출 노무자의 시민 화 진척을 가속 추진해야 한다. 중국 5대 광역도시권의 집결효과는 미국보다 낮다. 2018년 중국의 도시화 율은 59.6%(호적인구 기준 도시화 율 43.4%)이고, 미국은 82.3%였다. (그래프 8-18 참조) 미국의 대서양 연안 광역

그래프 8-18 1950~2018년 중·미 도시화율

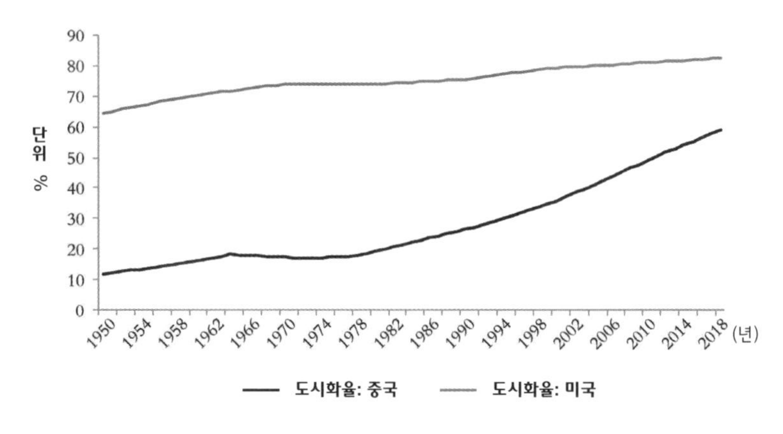

자료출처: Wind, 헝다 연구원.

도시권, 5대 호수 광역도시권, 서해안 광역도시권의 인구가 전국 총인구에서 차지하는 비중은 각각 21.8%, 14.5%, 12.1%로서 중국 징진지[京津冀, 베이징(北京)-톈진(天津)-허베이(河北)], 창장(長江)삼각주, 주장(珠江) 삼각주 인구가 전국 총인구에서 차지하는 비중인 8%, 11%, 4.4%에 비해 높다. 미국 3대 주요 광역도시권의 GDP가 전국 GDP에서 차지하는 비중은 각각 25.6%, 13.8%, 14.1%로 중국 3대 주요 광역도시권의 10%, 20%, 9.2%에 비해 높다.

1) 미국 주요 광역도시권의 특징

① 보스턴-워싱턴 광역도시권: 미국 최대의 상업무역 및 국제금융 중심.

보스턴·뉴욕·필라델피아·볼티모어·워싱턴 등 11개 도시로 구성된 초대형 도시권이 미국 동해안에 위치해 있다. 이들 지역의 총면적은 약 45만 ㎢로 미국 국토면적의 4.7%를 차지하고, 2016년 인구가 7,031만 명으로 미국 총인구의 21.8%를 차지하였으며, 미국에서 인구밀도가 가장 높은 지역이다. GDP는 4조 7,000억 달러로 미국 GDP의 25.6%를 차지했다.

② 시카고-피츠버그 광역도시권: 미국 최대의 제조업 중심.

시카고·피츠버그·클리블랜드·톨레도·디트로이트 등 35개 도시로 구성된 광역도시권으로서 미국 중부 5대 호수 연안지역에 밀집해 있다. 이들 지역의 총면적은 약 63만 4,000㎢로 미국 국토면적의 6.6%

를 차지하고, 2016년 인구가 4,676만 명으로 미국 총인구의 14.5%를 차지하였으며, GDP는 2조 5,600억 달러로 미국 GDP의 13.8%를 차지했다.

③ 샌디에이고–샌프란시스코 광역도시권: 미국 "과학기술 중심"

로스앤젤레스·샌프란시스코를 중심으로 하는 세 번째로 큰 광역도시권이다. 서태평양 연안지역에 위치해 있으며, 남캘리포니아주와 북캘리포니아주 두 부분이 포함되었으며, 캘리포니아주 전역을 아우른다. 이들 지역의 총면적은 약 40만 4,000㎢로서 미국 국토면적의 4.2%를 차지하고, 2016년 인구가 3,925만 명으로 미국 총인구의 12.1%를 차지하였으며, GDP가 2조 6,000억 달러로 미국 GDP의 14.1%를 차지했다.

2) 중국 주요 광역도시권의 특징.

① 징진지 광역도시권.

징진지 광역도시권은 베이징과 톈진 두 개의 직할시와 허뻬이성 13개 지급시(地級市)로 형성되었다. 지역 총면적은 약 21만 5,000㎢로서 중국 국토면적의 2.3%를 차지하고, 2017년 상주인구가 1억 1,000만 명으로 중국 총인구의 8%를 차지하였으며, 도시화 율은 62.7%이다. 2017년 GDP는 8조 3,000억 위안(1조 2,000억 달러)으로 중국 GDP의 10%를 차지했다.

② 창장삼각주 광역도시권.

창장삼각주 도시권에는 상하이(上海)·난징(南京)·항저우(杭州) 등 26개 도시가 포함된다. 이들 지역의 총면적은 약 21만 3,000㎢로 중국 국토면적의 2.2%를 차지하고, 2017년 상주인구가 1억 5,000만 명으로 중국 총인구의 11%를 차지하였으며, 2017년 GDP는 16조 5,000억 위안(2조 4,000억 달러)으로 중국 GDP의 20%를 차지했다.

③ 주장삼각주 광역도시권.

주장삼각주 도시권에는 광저우(廣州)·선전(深圳)·주하이(珠海)·포산(佛山)·동관(東莞) 등 9개 도시가 포함된다. 이들 지역의 총면적은 약 5만 5,000㎢로 중국 국토면적의 0.6%를 차지하고, 2017년 상주인구가 6,151만 명으로 중국 총인구의 4.4%를 차지하였으며, 2017년 GDP는 7조 6,000억 위안(1조 1,000억 달러)으로 중국 GDP의 9.2%를 차지했다.

(10) 자원 에너지 비축: 중국 1인당 평균 경작지와 수자원이 미국보다 적고 에너지 자급률이 해마다 하락하고 있으며, 에너지 수입 비중이 미국의 약 2배에 달한다.

중국은 경작지 면적이 미국의 78%, 1인당 평균 경작지 면적이 미국의 19%, 1인당 평균 재생수자원이 미국의 23%에 달하며 에너지 자급률이 해마다 하락하고 있고, 에너지 수입 비중이 미국의 약 2배이다. (그래프 8-19 참조) 세계은행의 데이터에 따르면, 2015년 미국의 경작지 면적은 152만 3,000㎢로 미국 국토면적의 16.65%를 차지하였으며, 세계에서 경작지 면적이 가장 큰 국가로서 1인당 평균 경작지 면적이 0.47헥타르에 달한다. 중국 경작지면적은 119만㎢(약 17억 8,500만 무(畝)로 중국 국토면적의 12.68%를 차지하며, 1인당 평균 경작지 면적은 0.09헥타르이다. 미국의 경작지 총면적과 1인당 평균 경작지 면적이 각각 중국의 1.3배, 5.2배에 달한다. 2014년 중국의 1인당 평균 재생수자원은 2,062㎥로서 미국 1인당 평균 8,846㎥의 23%에 해당한다. 중국 에너지 소모 수입 비중은 해마다 상승하고 있고, 자급률은 해마다 하락하고 있다. 이는 최근 몇 년 셰일가스 혁명이 일어난 미국과 비교하였을 때 뚜렷한 대비를 이룬다. 2014년 중국의 에너지 수입 비중은 15.02%로 미국 7.31%의 두 배에 해당한다.

(11) 재정: 중국은 적자율과 정부 채무 율이 미국보다 낮다.

중국은 재정 적자율과 정부 채무 율이 미국보다 낮지만, 잠재적 채무가 많다. 중국의 사회보장과 인프라 건설수준은 여전히 미국보다 낮다. 2018년 중국의 재정 적자율은 4.2%(이월잔고와 자금조달을 감안한 수치)였다. 그러나 상기의 요소를 제외한 정부 재정 공식 적자 율은 2.6%로 미국의 3.5%보다 낮다. 중국정부의 레버리지 비율은 49.8%로 미국의 99.2%보다 낮은 수준이다. (그래프 8-20 참조)

(12) 군비: 미국 군비지출은 세계 1위로 중국의 3배이다.

현재 신흥 국가의 궐기는 경제대국의 자격으로 이루어진 경우가 많으며 경제실력에 비해 정치적 영향력과 군사실력은 격차가 매우 크

그래프 8-19 1960~2015년 중·미 에너지 소모총량 대비 에너지 수입 비중

자료출처: Wind, 헝다 연구원.

다. 스웨덴 스톡홀름 국제평화연구소의 데이터에 따르면, 2017년 중국의 군비지출은 2,280억 달러로 세계 2위를 차지하였으며, GDP에서 차지하는 비중은 1.9%였다. 미국의 군비지출은 6,950억 달러로 GDP에서 차지하는 비중이 3.6%이며, 세계 군비지출의 40%를 차지해 중국의 3배에 달한다. 그리고 사우디아라비아가 694억 달러, 러시아가 663억 달러, 인도가 640억 달러, 프랑스가 578억 달러, 영국이 470억 달러, 일본이 454억 달러 순으로 그 뒤를 이었다. (그래프 8-21 참조)

3. 최적의 투자기회는 바로 중국에 있다.

중·미 양국의 거대한 격차를 볼 수 있음과 동시에 우리는 중국 경

그래프 8-20 1978~2018년 중·미 정부당국의 레버리지 비율

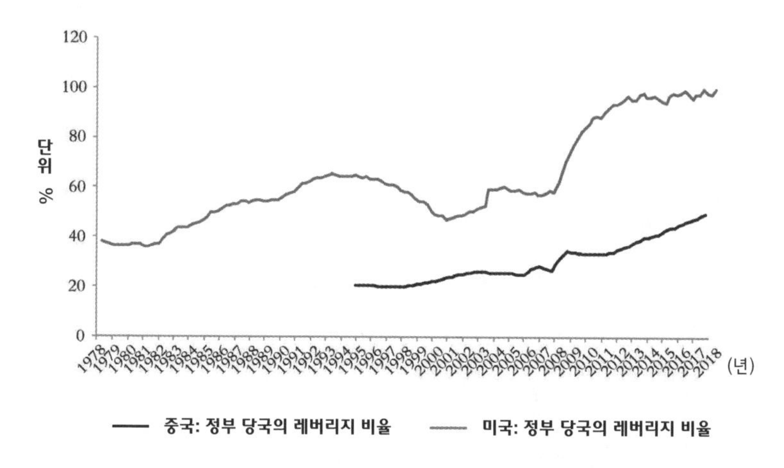

자료출처: Wind, BIS, "Total Credit to the Government Sector at the Market Value", https:// stats.bis.org/statx/srs/table/f5.1 참고, 조회시간: 2019년 4월 23일, 헝다 연구원.

제발전의 거대한 잠재력과 장점을 명확히 인식해야 한다. 새로운 라운드의 개혁개방이 거대한 혜택을 방출하게 될 것이며, 최적의 투자 기회는 바로 중국에 있음을 명확히 인식해야 한다.

(1) 중국은 14억에 육박하는 인구를 보유하고 있고, 세계 최대 규모의 통일된 시장과 중등소득층을 보유하고 있다.

중국은 14억에 가까운 인구를 아우르는 통일된 시장을 보유하고 있어 상품·인구·서비스·자본이 모두 자유롭게 이동할 수 있으며, 제품의 연구개발·생산·물류·판매 등 과정에서 모두 거대한 규모의 효과를 창출할 수 있다. 모바일 인터넷 업종을 예로 들면, 중국은 8억 3,000만 명에 이르는 네티즌 수를 보유하고 있으며, 동기 대비 성

그래프 8-21 2017년 세계 주요 국가 군비지출

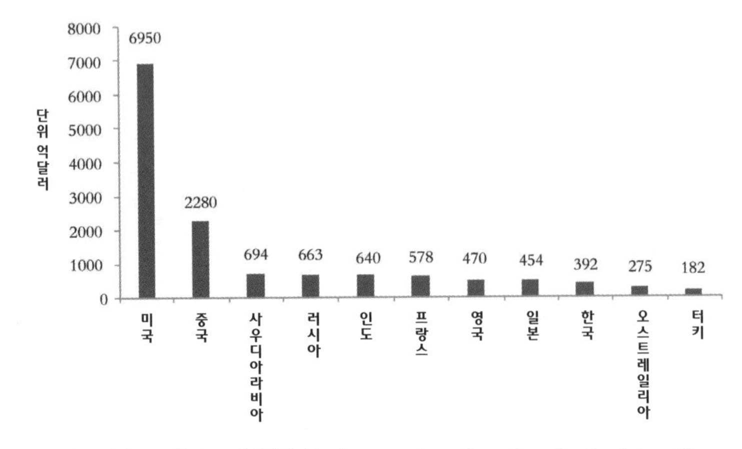

자료출처: 스웨덴 스톡홀름 국제평화연구소, "SIPRI Military Expenditure Database", https://www. sipri. org/databases/milex 참고, 조회시간: 2019년 4월 23일, 헝다 연구원.

장률이 7.5%에 달한다. 반면에 미국의 네티즌 수는 2억 5,000만 명으로 동기 대비 성장률이 0.9%이며, 중국에 못 미친다. 중국 모바일 인터넷 분야의 빠른 발전은 방대한 시장규모가 큰 역할을 했다. 제품이 일단 성공하면 광범위한 영향력을 얻을 수 있을 뿐만 아니라 대규모 사용자의 반응을 얻을 수 있어 기업의 빠른 세대교체를 도울 수 있다.

(2) 노동력자원이 약 9억 명에 달하고 대학교교육과 직업교육을 받은 자질 높은 인재가 1억 7,000만 명에 달하여 인구에 의한 이익을 인재에 의한 이익으로 전환했다. 2018년 말 중국 노동력인구가 약 9억 명에 이르고 대학교교육과 직업교육을 받은 자질 높은 인재가 1억 7,000만 명에 달하였으며, 해마다 약 800만 명의 대학생

그래프 8-22 2018년 중국 GDP 업종별 성장률

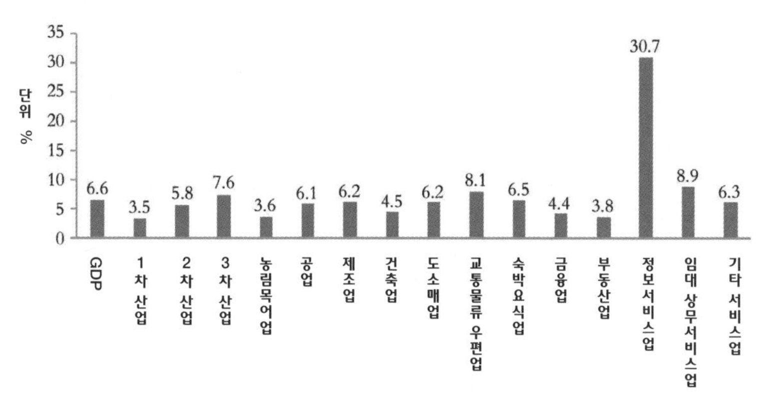

자료출처: Wind, 헝다 연구원.

이 졸업하고 있다. 중국은 지난 10년간 7,000여 만 명의 대학생을 양성하였는데, 그 중에는 대량의 기술인재가 포함되었다. 이에 힘입어 최근 몇 년간 중국은 산업혁신, 기초과학 등 분야에서 점차 중요한 진전을 이룩하기 시작하였으며, 일부 분야, 예를 들면 5G와 같은 분야에서 이미 돌파를 이루기 시작했다. 비록 중국 총인구가 이미 루이스 변곡점을 통과하였지만, 인구 자질의 향상으로 중국은 새로운 라운드의 인재(엔지니어)에 의한 이익을 더 많이 육성할 수 있었으며, 이는 중국경제의 장기적인 발전을 위한 중요한 인재 비축으로 자리 잡았다.

(3) 혁신과 창업이 매우 활발하게 이루어지고 있어 중국 신경제 유니콘 기업의 수가 전 세계에서 차지하는 비중이 28%에 이르며, 이

는 미국 버금가는 수준이다.

중국 신경제는 왕성한 활력을 띠고 있으며, 다 업종 혁신이 생기발랄하게 발전하고 있다. 2018년 정보서비스업은 동기 대비 30.7%의 성장률을 보였다. (그래프 8-22 참조) 정보서비스업 종류별 통계를 보면, 모바일게임·온라인쇼핑·콜택시플랫폼·여행플랫폼·스마트홈·클라우드 컴퓨팅 등 다양한 분야에서 모두 20~50%의 성장을 이루었다. 매 분야에서 일련의 유니콘기업이 탄생하면서 글로벌 혁신 창업 영역에서 중국기업의 발언권이 빠르게 향상되었다. 2018년 기준 세계 신경제 유니콘기업 중 미국과 중국이 차지하는 비중은 각각 49%와 28%로 중·미 양국유니콘 기업이 세계 총량의 77%를 차지했다. 예산치를 보면 2018년 중국의 유니콘기업 평균 예산치는 약 59억 6,000만 달러로 미국의 36억 8,000만 달러보다 높았다. 앞으로 정보서비스업은 인공지능(AI)·AR·VR 기술과 결합되어 여전히 막대한 성장잠재력을 방출할 것이며 중국의 경제발전에 중요한 동력에너지를 공급할 것이다.

중국은 연구개발에 대한 투입을 꾸준히 확대하여 일부 첨단과학기술 분야에서 선진국과의 격차를 점차 좁혀나가고 있다. 중국은 칩 제조·소프트웨어 개발·항공 등 분야에서 미국을 비롯한 선진국과 비교할 때 여전히 거리가 있지만, 중국은 연구개발을 꾸준히 추진하고 있다. 통신업을 예로 들면, 현재 세계 4대 통신장비업체 화웨이·에릭슨·노키아·종싱(中興) 중 중국이 두 개를 차지하고 있다. 세계지적재산권기구의 데이터에 따르면 2018년에 화웨이의 국제특허출원 건수가 5,405건에 달하여 단일 회사의 국제특허출원 최고기록을 세웠다. 5G의 기준제정에서도 화웨이는 두각을 나타내기 시작하여 글로벌 통신 영역에서 중국의 발언권이 점차 향상하고 있다.

⑷ 중국 도시화율이 선진국에 비해 아직도 약 20%포인트의 상승공간이 있어 대량의 투자기회를 마련해줄 수 있다.

중국의 도시화는 아직도 큰 상승공간이 있어 도시화율의 향상이 대량의 투자기회를 가져다줄 것이다. 지난 40년간 도시인구가 6억 6,000만 명 순증가하여 중국의 경제와 사회구도를 크게 바꿔놓았다. 그러나 호적인구 기준 도시화 율은 상주인구 기준 도시화 율보다 16.2%포인트 낮으며, 2억 3,000만 명에 이르는 도시진출노무자와 그 가족·자녀는 여전히 시민화를 실현하지 못하고 있다. 현재 중국 도시화 율은 59.6%로 세계 평균 수준인 54.8%에 비해 조금 높지만, 고소득 경제국(지역)의 81.4%와 중고소득 경제국(지역)의 65.5%에 비하면 현저히 낮은 상황이어서 중국의 도시화는 여전히 상승 공간이 아주 크다. 앞으로 10년간 중국은 약 2억 명 도시 인구가 신규 증가될 것이다. 「국가인구발전계획 (2016~2030년)」에서는 중국인구가 2030년을 전후하여 정점을 찍은 후 지속적으로 하락할 것이며, 중국의 도시화율은 70%에 달할 것이라고 예측했다. 유엔의 「세계 도시화 전망(2018년 개정판)」에서는 중국 인구가 2029년경에 정점을 찍고, 중국의 도시화율은 2030년에 70.6%, 즉 도시인구가 10억 2,000만 명에 달할 것으로 예측했다. 그러나 2047년에 도시 인구가 10억 9,000만 명이라는 새로운 정점을 찍을 것으로 예측하였으며, 그에 대응하여 도시화 율이 79%에 달할 것이며, 2050년에는 도시화 율이 80%에 달할 것이라고 예측했다. (그래프 8-23 참조) 그러므로 2030년 중국 도시인구는 2018년에 비해 약 1억 9,000만 명 늘어나게 되고 2047년에 이르러 도시인구가 최고치에 달하였을 때는 2018년에 비해 약 2억 6,000만 명이 늘어나게 되는 것이다. 새로 늘어나는 도시인구는 인프라시설·부동산·신유통업·의료보건·문화오락 등 여러 분야의 광범위한 수요를 이끌어내 중국경제발전에 중요한 동력을 제공할 것이다.

그래프 8-23 유엔, 2050년 중국 도시화율 80%에 달할 것으로 전망

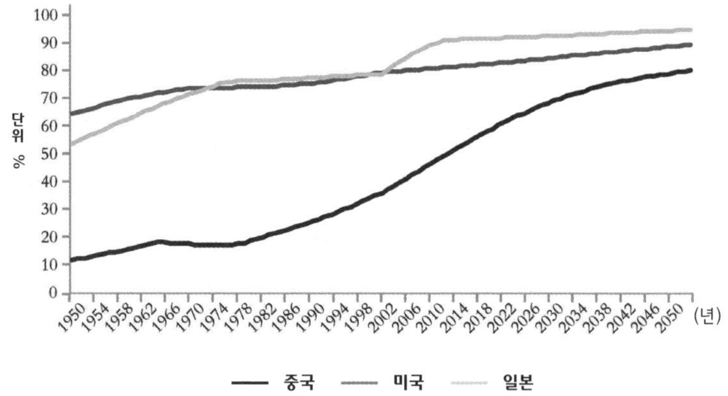

자료출처: Wind, 헝다 연구원.

제2절
중·미 양국의 교육·문화·경영환경·민생 현황

1. 교육.

중국 교육의 재정 투입이 GDP에서 차지하는 비중, 1인당 교육지출, 노동력 교육 연한, 대학교육 입학률, 대학교 세계 순위는 미국에 비해 크게 뒤처진다. 2018년 중국의 GDP 대비 교육비 비중은 5.1%였는데 그 중 재정 투입 교육비 지출이 GDP에서 차지하는 비중이 4.1%로 미국의 5.2%(영국의 5.7%, 프랑스의 5.5%, 독일의 4.9%, 일본의 3.6%, 한국의 5.1%)에 비해 낮은 수준이었다. 중국의 인구 기준수가 큰 것을 감안하면 중·미 양국 간 1인당 교육비의 격차는 매우 크다. 2015년 중국의 성인 식자 율은 96.36%, 미국은 97.04%로 거의 비슷한 수준이었다. 2016년, 중국의 평균 교육 연한은 9.6년이고, 노동연령인구의 평균 교육 연한은 10.5년이었으며, 미국 노동연령인구의 평균 교육 연한은 13.68년이었다. (표 8-6 참조) 중국 학령전과 초등학교의 총 입학률은 각각 84%와 100%로 미국의 69%와 99%보다 높다. 중국의 중학교 총 입학률은 95%로 미국보다 조금 낮다. (표 8-7 참조) 2016년 중국의 대학교 총 입학률은 48%, 미국 대학교 총 입학률은 86%였다. 2018년에 타임즈 대학교육이 발표한 세계 대학 100대 순위에 따르면 중국은 6개 대학 [칭화대학(清華大學), 베이징대학(北京大

學), 홍콩대학, 홍콩과학기술대학, 홍콩중문대학, 중국과학기술대학]이 이름을 올렸다. 칭화대, 베이징대, 중국과학기술대의 순위는 각각 22위, 31위, 93위였다. 미국은 41개 대학이 100대 순위에 올랐다.

표 8-6 중·미 인재 비교

	중국	미국
성인 식자율(2015년, %)	96.36	97.04
연구개발, 기술인원 비중(2015년, 명/백만 명)	1177	4232
노동연령인구 교육 연한(2016년, 년)	10.5	13.68

자료출처: Wind, 세계은행, 「식자율, 성인 전체(15세 이상 인구 중에서 차지하는 백분율」 https://data.worldbank.org.cn/indicator/SE.ADT.LITR.ZS?loca-tions=GH 참고, 조회시간: 2019년 4월 23일, 헝다 연구원.

표 8-7 2016년 중·미 입학률 비교 (단위: %)

	중국	미국	세계
24세 이상의 중·고등학교 및 그 이상 교육을 받은 비중	77.4	95.3	66.5
학령전 총 입학률	84	69	50
초등학교 총 입학률	100	99	105
중·고등학교 총 입학률	95	97	79
대학교 총 입학률	48	86	36

주: 입학률은 총 입학률과 순 입학률로 나뉜다. 「2017년 전국교육사업발전 통계공보」에서 해석한 총 입학률이란 어느 한 단계 교육의 재학생 수(연령 불문)가 그 단계 교육에 대해 국가가 규정한 연령대 인구 중에서 차지하는 백분율을 가리킨다. 비정규 연령대(연령 미달 혹은 연령 초과) 학생의 요소로 인해 총 입학률이 100%를 넘을 수도 있다.

자료출처: United Nations Development Programme, "Human Development Data(1990—2017)", http://hdr.undp.org/en/data 참고, 조회시간: 2019년 6월 27일, 헝다 연구원.

중국은 유학생에 대한 흡인력이 미국에 비해 낮아 재중 유학생 수는 미국의 5분의 1에 불과하다. 교육부와 「2018년 미국 문호개방보고서」의 통계수치에 따르면 전 세계 유학생 총수는 485만 명, 재중 유학생 수는 49만 명인데 그중 '일대일로' 연선 국가와 지역의 유학생이 31만 7,200명으로 전체 수의 64.85%를 차지한다. 재미 유학생 수는 109만 명이며, 그중 중국 대륙에서 간 유학생이 33%, 인도가 18%, 한국이 5%, 캐나다·일본·베트남·중국 대만이 각각 2%씩 차지했다.

2. 문화.

미국 박물관과 공공도서관 수는 중국의 5.3배에 이른다. 국가통계국 데이터에 따르면 2017년 현재 중국 박물관 수가 4,721개, 공공도서관은 3,166개로서, 각각 17만 6,000명과 26만 2,000명이 박물관과 공공도서관을 하나씩 보유하고 있는 셈이다. 미국도서관협회 데이터에 따르면 현재 미국에는 3만 3,100개의 박물관과 9,057개의 공공도서관(미국 전역에 도서관이 11만 9,487개 있는데 공공도서관 비중이 7.6%임)이 있어, 평균 8,000명 미만과 2만 9,000명 미만에 박물관과 공공도서관을 하나씩 보유하고 있는 셈이다. 중국 국민의 종합 독서율(전자매체 포함)은 미국보다 조금 높지만 도서 독서율, 1인당 독서량은 미국에 미치지 못한다. 중국신문출판연구원 조사에 따르면 2016년 중국 성인 국민의 여러 매체 종합 독서율은 79.9%이고 도서 독서율은 58.8%였으며 성인 국민 1인당 도서 독서량은 7.86권이었다. 미국의 종합 독서율은 76%이고, 도서 독서율은 65%였으며, 성인 국민 1인당 도서 독서량은 15권이었다. 중국 학생들은 이야기류 서적을 편애하는 편이고, 미국 학생들은 철학류 서적을 더 즐겨 읽는 편이다. 중국대학생들이 빌려본 도서 목록 상위 3위권에 든 도서는『평범한 세계(平凡的世界)』『명나라 때 일들(明朝那些事兒)』『장지 비밀번호(藏地密碼)』이고 미국대학생들이 빌려본 도서 목록 상위 3위권에 든 도서는 플라톤의 저서『유토피아』, 토머스 홉스의『레비아탄』, 니콜로 마키아벨리의『군주론』이다. (표 8-8 참조) 물론 이런 구조는 미국이 판권을 더욱 중시하고 교과서 가격이 비싼 것과 교육과정의 배치와 일정한 관련이 있다. 학생들은 도서관에서 정치학류 저작들을 빌려 읽는 경우가 더 많다.

표 8-8 2015년 중·미 양국 대학 도서 대출 순위

도서 대출 순위	중국	미국
1	『평범한 세계』	『유토피아』
2	『명나라 때 그 일들』	『레비아탄』
3	『장지 비밀번호』	『군주론』
4	『도묘필기(盜墓筆記)』	『문명의 충돌』
5	『천룡팔부(天龍八部)』	『풍격의 요소』
6	『연을 쫓는 사람(追風箏的人)』	『윤리학』
7	『무슬림의 장례(穆斯林的葬禮)』	『과학혁명의 구조』
8	『왕샤오보전집(王小波全集)』	『미국의 민주에 대하여』
9	『너의 온 세계를 지나가다』	『공산당선언』
10	『얼음과 불의 노래』	『정치학』

자료출처: 「하버드대·베이징대 등 11개 중·미 명문대 도서 대출 대공개」, 2018년 4월 18일, http:// www.thepaper.cn/newsDetail_forward_2082634 참고, 「중국 20개 대학교 도서 대출 순위」, http://blog.sina.com.cn/s/blog_542dqf710102wbyk.html 참고, 조회시간: 2019년 4월 23일, 헝다 연구원.

3. 비즈니스 환경.

(1) 비즈니스 환경: 중국의 순위는 미국보다 38위나 뒤처졌다.

미국 투자환경은 중국에 비해 좋지만, 중국의 비즈니스 환경은 대폭적으로 개선되고 있다. 세계은행이 발표한 「2019년 비즈니스 환경 보고서」에 따르면 중국 비즈니스 환경은 세계 46위로 전해보다 순위가 32순위 상승하였고, 미국은 8위로 전해보다 순위가 2순위 하락했다. (그래프 8-24 참조) 여러 항목 별 지수로 볼 때, 중국은 기업 개설(28/190), 전기 취득(14/190), 재산 등록(27/190), 계약 이행(6/190) 등 면에서 모두 미국보다 양호한 것으로 나타났으며, 공사 허가증 수속(121/190)과 납세 (114/190) 등 기타 면에서 순위가 뒤떨어진 것으로 나타났다. (그래프 8-25 참조) 중국기업 개설 시간은 미국의 1.5배이고, 미국 대기업의 평균 수명은 중국의 5배에 달한다. 2018년 중국

그래프 8-24 2018년 중·미 등 국가 및 지역 비즈니스환경 순위

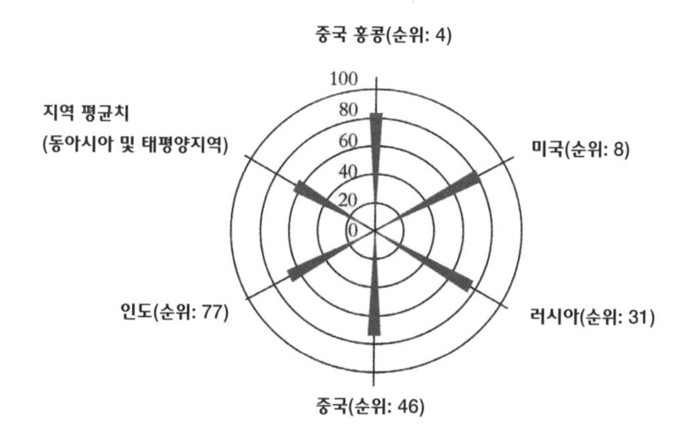

자료출처: 세계은행, "DB 2019 Ease of Doing Business Score, China", http://www.doingbusi- ness.org/en/data/exploreeconomies/china 참고, 조회시간: 2019년 4월 23일, 헝다 연구원.

그래프 8-25 2018년 중·미 비즈니스 환경 비교 (세분)

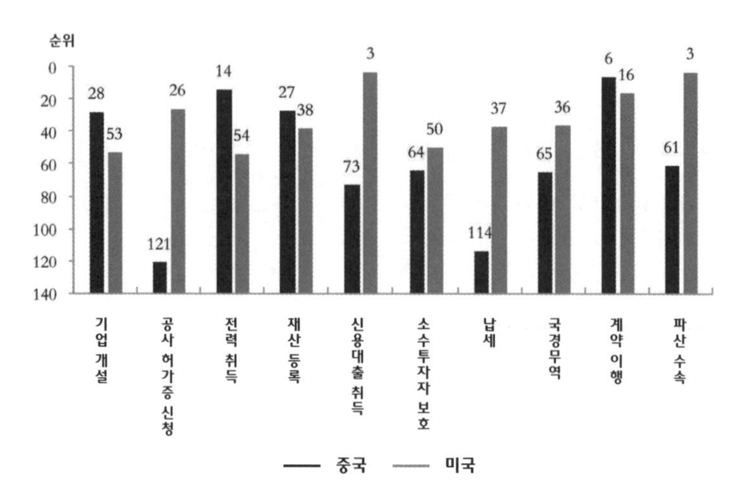

자료출처: 세계은행, "DB 2019 Ease of Doing Business Score, China", http://www.doingbusi- ness.org/en/data/exploreeconomies/china 참고, 조회시간: 2019년 4월 23일, 헝다 연구원.

기업 개설시간은 8.6일이었고 미국은 5.6일이었다. (그래프 8-26 참조) 중국 대형기업의 평균 수명은 약 8년이고, 중·소기업의 평균 수명은 약 2.9년이며, 기업의 평균 수명은 약 3.5년이다. 미국 대기업 평균 수명은 약 40년이고, 중·소기업의 평균 수명은 약 7년이며, 미국 기업의 평균 수명은 약 12.5년이다.

(2) 인프라시설: 중국이 거족적인 발전을 이루었지만 미국과 비하면 여전히 격차가 크다.

중국은 인프라시설 건설에서 거족적인 발전을 이루었다. 그러나 철도·도로·궤도교통·광대역 등 정보인프라시설에서 미국과 비교해 여전히 큰 격차를 보이며, 각각 미국의 58%, 73%, 27%, 82.5% 수준이

그래프 8-26 2013~2018년 주요 국가 기업 개설 시간

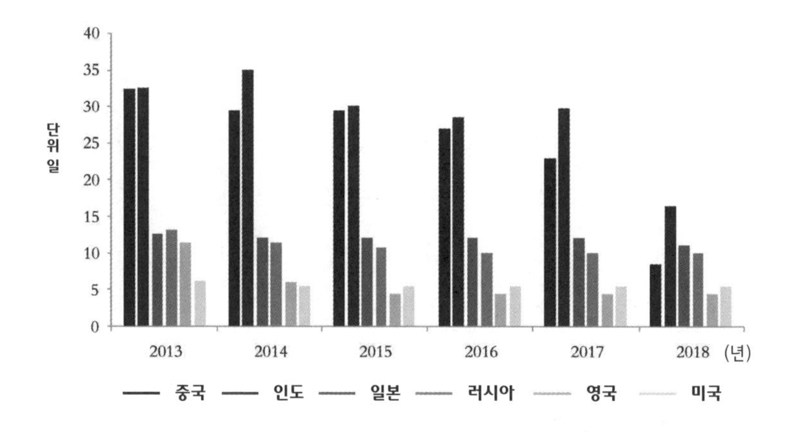

자료출처: 세계은행, "DB 2019 Ease of Doing Business Score, China", http://www.doingbusi- ness.org/en/data/exploreeconomies/china 참고, 조회시간: 2019년 4월 23일, 세계은행, "DB 2019 Ease of Doing Business Score, United States" http://www.doingbusi- ness.org/en/data/exploreeconomies/united-states 참고, 조회시간: 2019년 4월 23일, 헝다 연구원.

다. 세계은행이 발표한 "물류실적지수"(LPI)에 따르면 2016년 중국 물류실적지수는 3.61로 미국의 3.89보다 낮은 것으로 나타났다. 물류실적지수는 중국의 인프라 건설 수준이 여전히 미국보다 낮다는 것을 반영한다. (그래프 8-27 참조) 2018년 말, 중국은 총 235개 공항을 보유하고 있고 철도 총길이가 13만 1,000㎞에 달하는데 그중 고속철도의 총길이가 2만 9,000㎞(세계 60%이상 차지)이고, 전기화 철도의 총길이가 8만 5,000㎞에 달하며 철도 밀도가 132.2㎞터/만㎢터에 달한다. 미국은 총 5,136개 공항을 보유하고 있고, 철도 총길이가 22만 5,000㎞에 달하여 세계 1위를 차지한다. 그중 전기화 철도의 길이는 1,600㎞이고, 미국의 철도 밀도는 233.7㎞/만㎢에 달한다. 중국의 철도 길이는 미국의 58%에 불과하고. 중국의 전기화 철도의 길이는 미

국의 53배에 달한다. 중국 항공 수송은 436만 편이고, 미국은 964만 편이다. 중국 궤도교통 운행길이는 5,021.7㎞이고, 미국은 1만 8,264㎞(1만 1,349 마일)로서 중국은 미국의 28%에 해당하다. 2018년 말 중국의 도로 길이는 486만㎞였는데 그중 고속도로 길이가 14만 4,000㎞이다. 2017년 말 미국의 도로 길이는 666만 3,000㎞에 이르렀는데 그중 고속도로 길이는 9만 2,000㎞에 달한다. (표 8-9 참조) 2018년 중국은 100명당 고정 광대역 사용자가 28명이고, 미국은 34명이었다.

표 8-9 중·미 인프라시설 건설성과 비교

	중국(2018년)	미국(2017년)
공항 수량 (개)	235	5136
철도 총 길이 (만 ㎞)	13.1	22.5
전기화 철도 길이 (㎞)	85000	1600
철도 밀도 (㎞/만 ㎢)	132.2	233.7
항공 수송량 (만 편)	436	964
궤도교통 운행 길이 (㎞)	5021.7	18264
도로 길이 (만㎞)	486	666.3
고속도로 길이 (만㎞)	14.4	9.2

자료출처: Bureau of Transportation Statistics, "Number of U.S. Airports" https://www.bts. gov/content/number-us-airportsa 참고, "Rail Profile", https://www.bts.dot.gov/ content/rail-profile 참고, 중화인민공화국 교통운송부, 「2018년 교통운송업발전통계공보」 http://xxgk.mot.gov.cn/jigou/zhghs/201904/t20190412_3186720.html 참고, 조회시간: 2019년 6월 27일, 헝다 연구원.

그래프 8-27 2016년 세계 주요 국가 물류실적지수

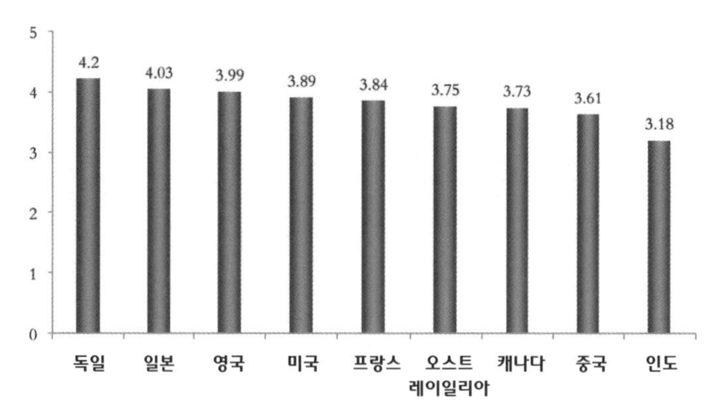

주: 1 = 저, 5 = 고.
자료출처: 세계은행,「물류실적지수: 무역과 운송 관련 인프라시설의 품질」, https://data. world- bank.org.cn/indicator/lp.lpi.infr.xq 참고, 조회시간: 2019년 4월 23일, 헝다 연구원.

4. 민생.

중국은 1인당 가처분소득, 1인당 소비지출, 1인당 의료지출, 1인당 주택면적 등이 미국에 비해 크게 낮으며, 엥겔계수는 미국의 3.6배이다. 2018년 중국의 1인당 가처분소득은 2만 8,000위안으로서 약 4,264달러에 해당한다. 2017년 미국의 1인당 가처분소득은 4만 5,000달러로 중국의 10.6배이다. 2018년 중국의 1인당 소비지출은 2,999달러이고, 미국의 1인당 소비지출은 4만 3,000달러로 중국의 14.3배였다. 2016년, 중국의 1인당 주택면적은 40.8㎡이고, 그중 도시주민은 36.6㎡였으며, 미국의 1인당 주택 면적은 90.2㎡였다. 2016년 중국 1인당 의료지출은 425.6달러이고, 미국 1인당 의료지출은 9535.9달러였다. 2016년 중국의 1인당 수명은 76.25세이고 미국은 78.69세 였다.

「2017년 중국 주민 소비 발전 보고서」에 따르면 2016년 중국 엥겔계수는 30.1%였고, 2016년 미국 엥겔계수는 8.3%였다. (표 8-10 참조)

표 8-10 2016년 중·미 주민생활의 질 비교

	중국	미국
1인당 주택면적 (㎡)	40.8	90.2
1인당 수명 (세)	76.25	78.69
1인당 의료지출 (달러)	425.6	9535.9
엥겔계수 (%)	30.1	8.30

자료출처: Wind, 헝다 연구원.

중국 인류발전지수는 빠르게 상승하였지만, 중국 주민생활의 질은 여전히 발전공간이 크다. 유엔개발계획(UNDP)의 데이터에 따르면 2017년 중국 인류발전지수는 0.752로 세계 순위가 86/189위였으며, 미국은 0.924로 세계 순위가 13/189위였다. (그래프 8-28 참조) 중국의 1인당 에너지소모량, 1인당 전력 소비량은 모두 미국의 3분의 1 수준이다. 2014년 중국의 1인당 에너지소모량은 2,237킬로그램 석유환산톤이고, 미국은 6,956킬로그램 석유환산톤으로서 중국의 1인당 에너지소모량은 미국의 3분의 1에 해당한다. 2014년 중국의 1인당 전력소비량이 3,927킬로와트시(kWH)로 4,000킬로와트시에도 미치지 못하였지만, 미국은 1960년에 이미 4,000킬로와트시를 돌파하였고, 2014년 미국의 1인당 전력소비량은 1만 2,984킬로와트시에 달했다. (그래프 8-29 참조) 중국은 100가구 당 내구재 특히 자동차 보유량

그래프 8-28 1990~2017년 중·미 인류발전지수

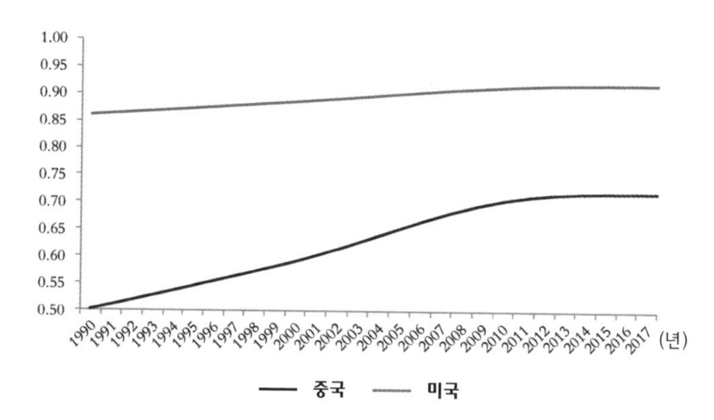

자료출처: 유엔개발계획, Human Development Data(1990—2017)" http://hdr.undp.org/en/data 참고, 조회시간: 2019년 4월 23일, 헝다 연구원.

이 미국에 비해 훨씬 적다(세탁기 제외). 2017년 중국 100가구 당 세탁기 보유량은 95.7대이고, 냉장고는 98대이며 컬러텔레비전은 123.8대이고, 자동차는 37.5대였다. 2015년 미국의 100가구당 세탁기 보유량은 82대이고, 냉장고는 130대, 컬러텔레비전은 230대, 자동차는 197대였다.(표 8-11 참조)

표 8-11 100가구당 내구재 보유량

	중국 (2017년)	미국 (2015년)
세탁기 (대)	95.7	82
냉장고 (대)	98	130
컬러텔레비전 (대)	123.8	230
자동차 (대)	37.5	197

자료출처: Wind, U.S. Energy Information Administration(EIA)http://www.eia.gov/consump- tion/residential/data/2015 참고, 조회시간: 2019년 4월 23일, 헝다 연구원.

그래프 8-29 1990~2014년 중·미 1인당 전력 소비량

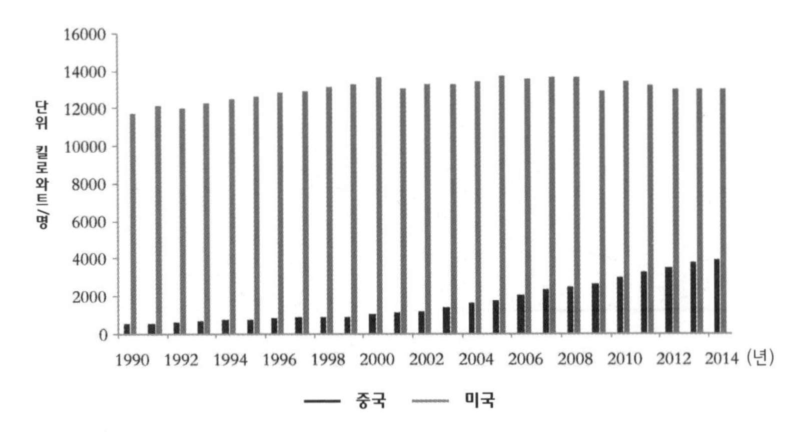

자료출처: 세계은행, Electric Power Consumption(kWh per capita)", https://data.worldbank. org/indicator/eg.use.elec.kh.pc 참고, 조회시간: 2019년 4월 23일, 헝다 연구원.

중국은 인구 1만 명 당 의사 수와 병원 침대수가 미국보다 많고, 기초의료수준이 미국보다 양호하다. 2014년 중국의 1만 명 당 의사 수는 36명으로 미국의 26명보다 많았다. 중국은 인구 1만 명 당 병원 침대수가 38개로, 미국의 29개보다 많다. (그래프 8-30 참조)

소비지출 구조면에서 중국은 주민의 필수품 소비가 많고, 미국은 서비스 분야 소비가 많다. 2018년, 중국 주민의 식품·술·담배 지출 비중은 28%이고 미국은 7%였다. 중국 의료보건지출 비중은 9%이고 미국 의료보건지출 비중은 17%였다. 중·미 양국 모두 주민 주거 관련 소비가 큰데 2018년 중국 주민 주거 소비 비중은 23%였고, 미국 주민 주거소비 비중은 18%였다.

그래프 8-30 2014년 세계 주요 국가 1만 명 당 의사 수와 병원 침대 수

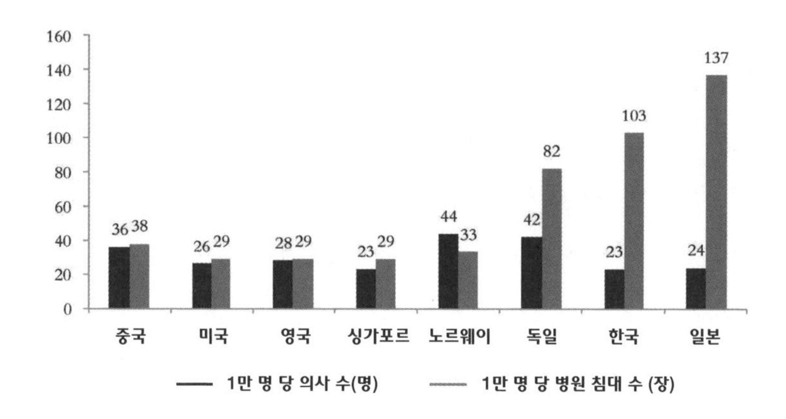

자료출처: 유엔개발계획, "Dashboard1. Quality of Human Development", http://hdr.undp.org/ en/ composite/Dashboard1 참고, 조회시간: 2019년 4월 23일, 헝다 연구원.

5. 계발(啓發)과 건의.

지난 40년간 중국은 정치·경제·문화·과학기술·교육·사회 등 제반 분야에서 거대한 성과를 거두었고, 여러 가지 지표의 국제 순위가 빠르게 상승했다. 시진핑 국가 주석은 개혁개방 40주년 경축대회 연설을 통해 "지난 40년 동안 우리는 사상을 해방하고 실사구시 적으로 대담하게 시행하고 대담하게 개정하면서 새로운 세계를 창조했다."라고 지적했다. 전통적인 계획경제체제로부터 미증유의 사회주의 시장경제체제에 이르고, 또 자원 배치 과정에서 시장의 결정적인 역할을 발휘하고 정부의 역할을 더 잘 발휘할 수 있기에 이르렀으며, 경제체제 개혁 위주에서 경제·정치·문화·사회·생태문명체제 개혁과 당의 건설제도 개혁을 전면적으로 심화하기에 이르는 과정에서 일련의 중대한 개혁을 착실하게 추진하여 국민의 편의를 도모하고, 국민에게 혜택을 주며 국민에게 이로움을 주는 다양한 조치들을 꾸준히 실시함으로써 개혁개방이 당대 중국의 가장 뚜렷한 특징이 되고 가장 활기찬 기상이 되도록 했다. 40년 동안 우리는 시종일관 경제건설을 중심으로 사회 생산력을 꾸준히 해방시키고 발전시켰다. 이에 따라 중국 인민은 갈수록 부유해지고 강성해지는 길에서 결정적인 발걸음을 내디뎠다! 중국공산당 제18차 전국대표대회 이후, 당 중앙위원회는 국제와 국내의 새로운 정세를 전면적으로 살펴보고, 더욱이 여러 분야의 업무에 대해 일련의 새로운 이념과 새로운 사상, 새로운 전략을 제시하여 당과 국가의 사업에서 역사적 변혁이 일어나고, 역사적 성과를 거두었으며, 중국 특색의 사회주의가 새로운 시대에 접어들었다. 개혁이 본격적으로 속도를 내기 시작하고 다방면의 돌파를 이루었으며, 빠르고도 안정적이며 깊이 추진하는 국면이 나타났다. 물론 미국과 비교할 때 중국은 상기 관련 영역에서 여전히 비교적 큰 격차를 보이고 있다. 일부 총량이 앞선 지표에서도 1인당 격차는 여전히 큰 편이며, 질적으로는 미국에 못 미치고 있다. 중·미 양국 격차는 세계 최대 개발도상국과 최대 선진국 간의 격차이다. 그렇기 때문에 반드시 개혁개방을 더욱 추진하여 시장 주체의 활력과 적극성을 불러일으키고 총 요소의 생산성을 향상시켜 높은 품질의 발전을 실현해야 한다. 중국의 진보와 중·미 양국 간에 여전히 존재하는 격차는 단지 표면적인 현상과 결과에 불과할 뿐, 본질은 과학기술·교육·인재의 경쟁이며, 이면의 심층적인 원인은 제도와 개혁이다.

(1) 정부와 시장의 경계를 명확히 밝히고 정부기능을 정리하며 직권과 책임지출을 줄이고 정부기구를 간소화하며 기업과 개인의 부담을 줄여야 한다.

세금과 행정비용을 감면하고, 사회보험 납부 비율을 낮추는 한편 재정 리스크가 늘어나지 않게 하려면 그에 대등하는 지출의 감소와 정부가 전적으로 책임지는 기본 재정운영과 사회보험자금이 반드시 보장되어야만 한다. 그렇기 때문에 정부기구를 간소화하고 정부 규모를 축소하는 수밖에 없다. 남아도는 재정부양인원(공직자)과 직무 설치에서 바쁘거나 한가한 정도가 불균형적인 상황에 대해 실적평가시스템을 도입하여 격려 및 제약 메커니즘을 강화해야 한다. 기구를 간소화하여 절감된 재정자금은 기업과 개인의 부담을 덜어주는데 사용함으로써 "물을 대 물고기를 키워야 한다."

(2) 과학기술·교육·문화·위생 등 인력과 자본의 축적에 유리한 재정투입을 늘리고 재정자금의 사용 효율을 높여야 한다.

미국과 같은 선진국에 비해 중국은 과학기술·교육·문화·위생 등 분야에 대한 투자가 적은 상황이며, 1인당 투자는 더욱 적은 수준이기 때문에, 투자를 늘리고 자금 사용 효율을 높여야 한다. 한편 투입을 늘려 주민들의 근심을 해소하여 한계 소비 성향을 향상시켜야 하고, 다른 한편으로는 인력과 자본의 축적을 증대시켜야 한다.

(3) 개혁개방을 전면적으로 추진하고 요소의 시장화개혁과 서비스업의 개방을 추진하여 경쟁을 강화해야 한다.

첫째, 국유기업 개혁을 확고히 실행해야 한다. 걸핏하면 정치적 원칙과 관점으로 검토하고 비판하여 이데올로기의 논쟁에 빠져들 것이 아니라 "흑묘백묘(黑猫白猫, 검은 고양이든 흰 고양이든 쥐만 잘 잡으면 된다)"론의 실용주의적 기준으로 접근해야 한다. 개혁개방 40년의 경험을 통해 어떠한 재산권이 더욱 효율적이고, 어떠한 재산권이 비효율적인지가 이미 증명되었다. 개혁의 목적은 효율적인 재산권으로 비효율적인 재산권을 대체하기 위하는 데 있고, 시장경제의 본질은 자원을 효과적으로 배치하기 위하는 데 있다. 때문에 국유기업 개혁은 각 부류 국유자산 관리체제를 보완하고, 국유자본 위탁경영체제를 개혁하며, 국유경제 분포의 최적화, 구조조정, 전략적 재편성을 가속화하여 국유자산의 가치보유와 가치증대를 촉진시키는 것이다.

둘째, 서비스업을 대대적으로 대규모로 활성화시켜야 한다. 중국은 이미 서비스업 주도의 시대에 들어섰다. 제조업의 업그레이드를 위해서는 생산성 서비스업의 대발전이 필요하고 주민의 아름다운 생활은 소비성 서비스업의 대발전이 필요하다. 중국공산당 제19차 전국대표대회 보고에서는 중국사회의 주요 모순이 이제는 인민들의 날로 늘어나는 아름다운 생활에 대한 수요와 불균형적이고 불충분한 발전 간의 모순으로 바뀌었다고 지적했다. 중국 제조업은 자동차 등 소수 분야를 제외한 대부분이 민간기업·외자기업에 개방돼 있지만, 서비스업은 여전히 국유기업 독점과 개방 부족이 심각한 상황이어서 효율이 낮고 기초적인 비용이 높은 결과가 초래되고 있다. 앞으로는 체제와 메커니즘의 개선을 통해 서비스업을 더욱 크게 활성화시켜야 한다.

(4) 제도적 거래 원가를 낮춰야 한다. 민간투자를 권장하고 민영경제를 발전시키는 데 있어서 관건은 기업가에게 안전하고 공정하며 저비용의 환경을 제공하고 의법치국을 통해 기업가 정신과 재산권을 보호하여 기대를 안정시키는 것이다. 납세 서비스, 기업 개설절차, 국경무역 등 부족한 분야에서 비즈니스 환경을 개선해야 한다. 융자·시장접근허용 및 세수우대 등 방면에서 국유기업과 민간기업을 동일시하고 네거티브리스트 관리를 실시해야 한다.

제3절
중·미의 거시적인 조세부담 현황

트럼프 행정부의 세율개혁 감세강도가 꽤 크다. 기업소득세율을 대폭 하향조정하고, 개인소득세율의 한계를 하향조정하였으며, 해외 이윤의 자국 송금 시 세금을 감면해주었다. 이처럼 야심찬 감세정책은 미국 제조업과 실물경제를 부활시키기 위한 시도였다. 미국의 세금개혁은 수많은 파장을 불러일으켜 세계적 감세경쟁을 유발했다. 중·미 양국 중 누가 거시적 조세부담이 더 클까? 중국은 어떻게 대응해야 할까? 이는 중국과 미국의 외자유치, 실물경제 경쟁력 및 새로운 글로벌 성장 주기의 지도권과 관계된다.

1. 중·미 양국 간 거시적 조세부담 비교.

거시적 조세부담은 일반적으로 한 나라(지역)의 일정기간 동안의 세수수입(혹은 재정수입)이 당기 국내총생산(GDP)에서 차지하는 비중을 가리키며 총체적 세수 부담 수준을 반영한다. 서로 다른 나라 간의 거시적 조세부담을 비교할 때 세수수입의 기준을 통일시키는 것이 관건이므로 서로 다른 세제구조와 국정조건을 감안해야 한다. 거시적 조세부담의 크고 작음 자체가 호불호를 대표하는 것이 아니라

복지 수준, 공공서비스의 균등화 정도, 경제발전단계 등 요소와 결합시켜 고려해야 한다. 예를 들어 북유럽 복지국가의 경우, 거시적 조세부담이 40%에나 달한다. 그러나 주민들의 만족도와 납세의지에는 영향을 미치지 않으며, 세수를 "국민들에게서 취하여 국민들에게 쓰는지"(지출 방향)의 여부와 세수의 사용효율 및 투명도가 관건이다.

미국 트럼프 행정부의 세제개혁에 따라 매년 평균 1,500억 달러의 세금이 감면되었다. 18조~19조 달러의 GDP로 계산하면 거시적 조세부담 수준이 0.7~0.8%포인트 낮아질 전망이다. 명목 GDP 성장에 따른 거시적 조세부담 감소폭은 뒤로 갈수록 줄어든다. 중·미 양국 간 세수제도의 차이를 감안하여 우리는 아래와 같은 세수 수입의 규격에 근거하여 거시적 조세부담 수준을 각각 계산했다. (1) 소 규격(小口徑): 사회보험과 비과세 수입을 포함하지 않은 협의적 세수, (2) 중간 규격(中口徑): 협의적 세수 + 사회보험, (3) 대 규격(大口徑): 협의적 세수 사회보험 + 비과세 수입, (4) 전체 규격(全口徑): 협의적 세금 + 사회보험 + 비과세 수입 + 국유자본경영수입 + 정부 기금(토지양도수입). 우리의 결론은 소 규격의 경우 중·미 양국의 거시적 조세부담은 거의 비슷한 수준이며, 중간 규격과 대 규격의 경우 미국의 거시적 조세부담이 중국보다 높다. 전체 규격의 경우 중국 거시적 조세부담은 2009년부터 미국보다 높았는데 이는 최근 몇 년간 토지양도수입이 대폭 상승한 것이 원인이다. 2017년 중국 실제 규격 거시적 조세부담은 34.2%였고, 미국은 32.4%여서 중국이 미국보다 1.8%포인트 높았다.

그래프 8-31 2005~2017년 중·미 소 규격 거시적 조세부담 비교

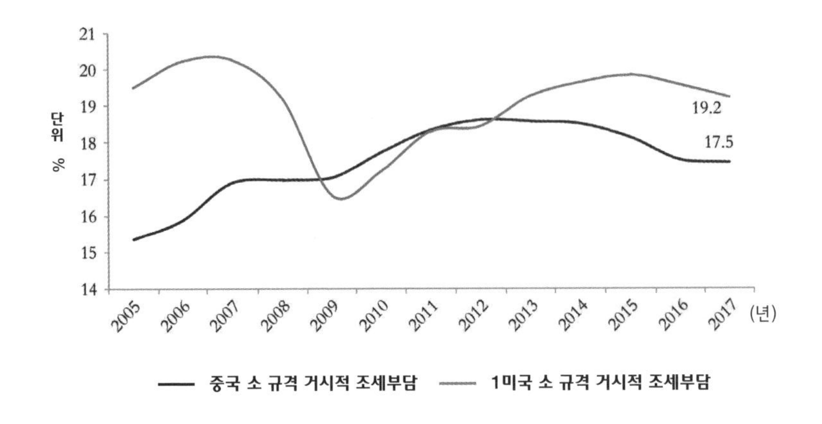

자료출처: Wind, 헝다 연구원.

(1) 소 규격: 사회보험세(비용)와 비과세 수입을 고려하지 않았을 경우 중국의 거시적 조세부담이 미국보다 조금 낮다.

미국의 사회보장제도는 기업과 주민의 납세를 기반으로 하며, 사회보험세가 연방 세수수입의 36%를 차지한다. 반면에 중국의 사회보험은 보험료 납부를 기반으로 하며 공공예산에 편입되지 않는다. 비교가능계산을 위해 아래의 분석은 사회보험과 비과세수입을 잠시 고려하지 않기로 한다. 중국 소 규격의 거시적 조세부담은 세수 수입을 같은 기간 명목 GDP로 제한 결과로 계산하며, 반면에 미국은 사회보험세·잡수익을 제외한 세수 수입을 미국의 같은 기간 명목 GDP로 제한 결과를 취한다. 소 규격에 따른 중국의 거시적 조세부담은 2005년부터 상승하기 시작하여 15.9%에서 2012년엔는 18.6%로 상승했다가, 2017년의 17.5%로 하락하였으며 앞으로 완만한 하락세가 나

그래프 8-32 2005~2017년 중·미 중간 규격 거시적 조세부담 비교

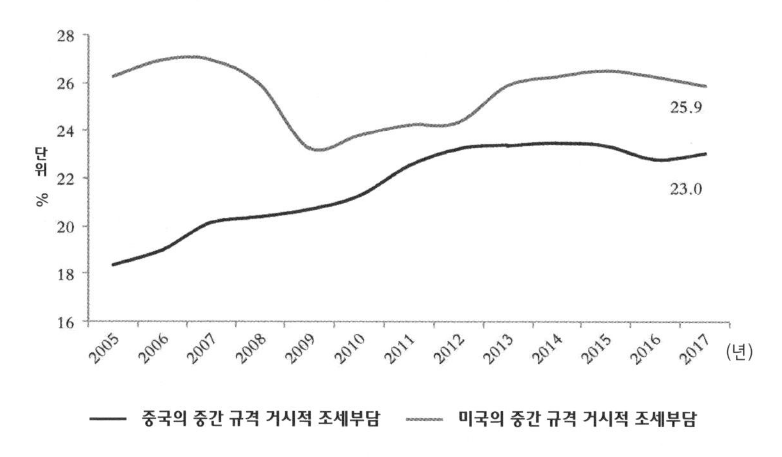

자료출처: Wind, 헝다 연구원.

타날 것으로 전망된다. 소 규격에 따른 미국의 거시적 조세부담은 2005~2007년 상승하고, 2008~2009년의 금융위기 기간에 재원의 축감으로 인해 급격히 하락하여 2009년에 16.5%까지 하락했다가 그 후 경제회복과 함께 상승하여 2017년의 19.2%까지 올랐다. (그래프 8-31 참조) 상기 서술한 내용을 종합하면, 사회보험과 비과세수입을 고려하지 않은 상황에서는 중국의 거시적 조세부담 수준이 미국보다 조금 낮았음을 알 수 있다.

(2) 중간 규격: 세수·사회보험을 고려하였을 경우, 중국 거시적 조세부담 수준은 미국보다 낮다. (그래프 8-32 참조)

중국의 중간 규격 거시적 조세부담은 세수수입에 사회보험기금 결산수입(재정 보조금 제외)을 합친 것을 당기 GDP로 제하여 얻은 결

과이다. 그러나 이와 비슷한 미국의 중간 규격은 사회보험세를 포함한 전국 세수 수입을 당기 GDP로 제하여 얻은 결과이다. 2017년 중국의 중간 규격 거시적 조세부담 수준은 23%로 2016년(22.8%)에 비해 다소 상승하였지만, 전반적으로 보면 최근 몇 년간 완만한 하락세를 보이고 있다. 미국의 중간 규격 거시적 조세부담은 2005~2007년 상승하였고, 2008~2009년 금융위기 기간에 하락하였으며, 경제가 회복됨에 따라 정상 상태로 돌아와 2010년과 그 이후 거시적 조세부담은 상승하여 2015년에는 26.5%에 달하였으며, 2016년에는 또 소폭 하락하여 2017년에는 25.9%를 기록했다. 그렇기 때문에 미국의 중간 규격 거시적 조세부담 수준이 최근 몇 년간 중국보다 높았으며, 2017년에는 미국이 중국보다 2.9%포인트 높았다.

(3) 대 규격: 세수·사회보험·비과세수입을 고려하였을 경우 중국의 거시적 조세부담 수준은 미국보다 낮다.

대 규격 조세부담은 세수수입·사회보험수입·비과세수입을 고려한 것으로서 중국에서는 공공재정수입과 사회보험기금수입(재정 보조금 제외)을 합친 것을 GDP로 제한 결과이고, 미국에서는 전국재정수입(세수수입+비과세수입)을 GDP로 제한 결과이다. 대 규격에 따른 미국의 거시적 조세부담 수준은 2005년 이래 줄곧 중국보다 높았으며, 그 격차가 2005년에 중국보다 11%포인트 높아 최대 격차를 기록했다. 그러나 그 후 미국은 금융위기의 영향을 받아 재정수입이 마이너스성장을 기록하여 2007~2009년의 2년간 대 규격 거시적 조세부담이 2.7%포인트 줄어들었고, 그 후 점차 상승하여 2017년의 32.4%로 회복되었다. 중국의 대 규격 거시적 조세부담 수준은 2005년 이래 전반적으로 늘어나 2017년에는 26.4%로 미국보다 6%포인트 낮은 수준에 이르렀다. (그래프 8-33 참조)

(4) 전체 규격: 중국에는 4개 부분의 예산이 있다. 2009년부터 전체 규격 거시적 조세부담 수준은 중국이 미국보다 높다.

2010년부터 중국은 공공 재정예산, 국유자본 경영예산, 정부성 기금예산 및 사회보험예산을 구축하기 시작하여 유기적으로 맞물려 더욱 완전한 정부예산체계를 형성했다. 그렇기 때문에 전체 규격의 정부수입에는 상기 4개 부분을 반드시 포함시켜야 한다. 2013년과 그 이전에 중국의 전체 규격 거시적 조세부담 수준이 전반적으로 향

그래프 8-33 2005~2017년 중·미 대 규격 거시적 조세부담 비교

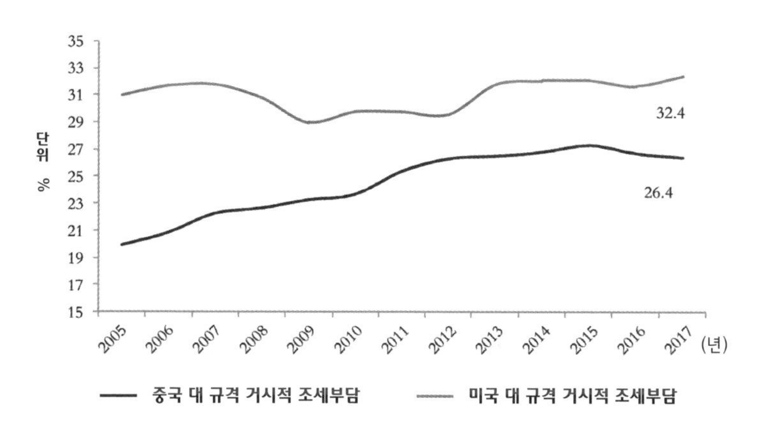

자료출처: Wind, 헝다 연구원.

상하였으며, 그 후 세수 감면과 행정비용 인하의 추진에 따라 거시적 조세부담 수준이 하락하기 시작하여 2017년 전체 규격의 정부수입 28조 3,000억 위안에 이르렀고, 거시적 조세부담 수준은 34.2%까지 하락했다. 2008년 및 그 이전에 미국의 전체 규격의 거시적 조세부담은 중국보다 높았으며 2008년에 미국은 중국보다 3.2%포인트(미국 30.7%, 중국 27.5%) 높았다. 2010년과 그 후 중국의 거시적 조세부담은 빠른 속도로 미국을 초과했다. 2010년 중국은 미국보다 3%포인트(2010년 미국 29.8%, 중국 32.8%) 높았다. 이는 2010년 중국의 토지양도수입이 급증하면서 정부성 기금의 성장속도를 100.6%로 끌어올린 것이 주된 원인이다. 2017년 전체 규격의 중국 거시적 조세부담은 34.2%로 미국의 32.4%보다 1.8%포인트 높았다. (그래프 8-34 참조)

그래프 8-34 2005~2017년 중국과 미국의 전체 규격 거시적 조세부담 비교

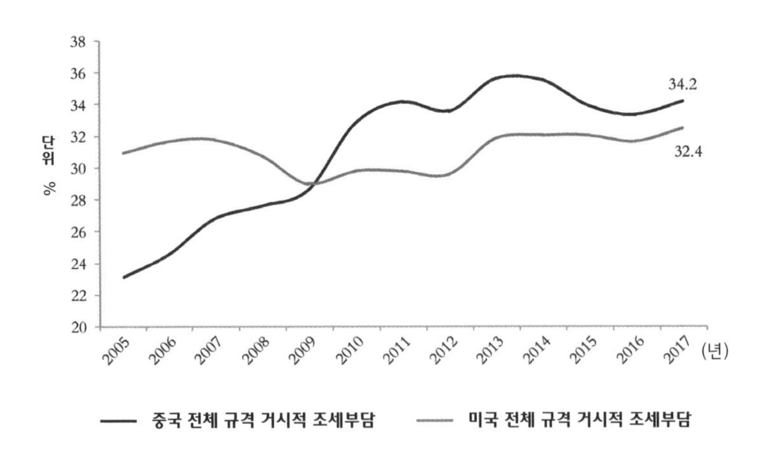

주: 중국의 전체 규격에는 토지양도수입이 포함되나 미국정부는 토지양도수입이 포함되지 않으며 미국의 전체 규격은 대 규격과 일치하여 사회보험의 모든 세수수입 및 비과세수입이 포함된다.
자료출처: Wind, 헝다 연구원.

2. 세계 감세 구도에서 중국기업과 주민의 조세부담이 크다.

중국 전체 규격의 거시적 조세부담 수준은 2009년부터 미국보다 높아졌다. 중국은 대량 재정지출이 일반적인 인프라건설과 상대적으로 방대한 기관부양인원에 대한 지출에 사용되었으며, 사회복지 관련 사업에 사용된 지출의 규모는 민중의 기대와 거리가 있어 기업과 주민의 세금부담감이 큰 결과를 초래했다. 이는 또 글로벌 감세 구도에서 중국은 마땅히 세수제도와 감세 및 행정비용 인하조치를 계속 개선해야 함을 설명한다. 중국기업과 주민의 세금부담감이 큰 것은 또 다음과 같은 요소들과 관련이 있다. 중국의 세수제도는 간접세수를 주체로 하며 약 90%에 가까운 세수는 기업이 납부한다. 세수 관련 법규가 제대로 실행되지 못하고 있다. 기업이 부담하는 사회보험비용이 높다. 세수의 투명도와 재정자금의 사용효율이 높지 못하여 세수가 "인민들에게서 얻어서 인민들에게 쓰인다."는 느낌이 크지 않다.

(1) 중국기업의 세금부담감이 큰 원인.

1) 중국은 간접세를 주체로 하는 세제구조로서 약 90%에 가까운 세수를 기업이 납부하지만 미국은 간접세가 고작 15%밖에 안 된다.

2) 세수 관련 법규가 제대로 실행되지 않아 대량의 비과세수입이 존재하며 비과세수입이 차지하는 비중이 18%에 달해 미국의 5%보다 훨씬 높다. 그러므로 비과세수입이 존재함으로 인해 정부(과세기관)의 자유재량권이 너무 커 행정비용으로 세금을 대체하기가

쉬우며 비과세수입은 주로 기업이 부담하게 된다.

3) 기업은 세금과 행정비용을 납부하는 외에도 인건비용에서도 거액의 "5가지 보험과 1가지 적립금"을 부담해야 한다. 2018년 중국(베이징) 기업의 보험료 납부비율은 43%였고, 미국의 보험료 납부비율은 13.55%였다. 5가지 보험이 기본 노임에서 차지하는 비중은 대략 31%인데 그중 양로보험 19%, 의료보험 10%, 실업보험 0.8%, 산재보험 0.4%, 출산보험 0.8%이고 거기에 주택적립금 12%를 합하면 노임의 43%를 차지한다. 2019년 5월 1일부터 양로보험 납부

그래프 8-35 각국 양로보험 납부 비율 비교

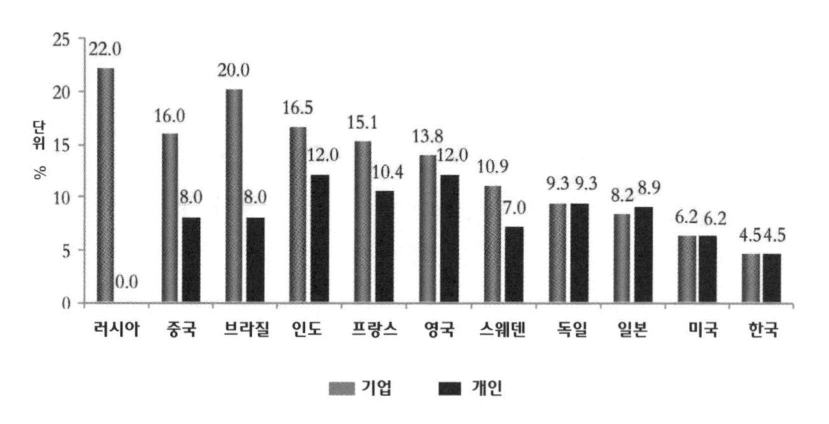

주: 중국의 납부 비율은 베이징지역의 2019년 최신 상황을 예로 들었다. 각기 다른 지역의 데이터가 동시에 갱신되는 것이 아니므로 아시아-태평양지역 국가의 데이터는 2016년의 통계수치이고, 아메리카국가의 데이터는 2017년의 것이며, 유럽국가의 데이터는 2018년의 것이다. https://www.ssa.gov/ policy/docs/progdesc/ssptw/2018-2019/asia/index.html, https://www.ssa.gov/policy/docs/progdesc/ssptw/2018-2019/europe/index.html; https://www.socialsecurity.gov/policy/docs/ progdesc/ssptw/2016-2017/americas/index.html.

자료출처: "Social Security Programs Throughout the World: The American, 2017", https:// www.socialsecurity.gov/policy/docs/progdesc/ssptw/2016-2017/americas/index.html 참고, 2018년 12월 29일, 헝다 연구원.

비율을 16%로 하향조정함에 따라 중국(베이징) 기업의 보험료 납부 비율은 노임의 40%로 하락하였지만 부담은 여전히 크다. 미국과 비교해보면 2017년 미국 기업이 납부하는 양로·유족·장애 보험세율은 6.2%, 의료보험세율은 1.35%, 실업보험은 6%로, 합계 13.55%를 부담한다. (그래프 8-35 참조)

4) 이론적으로는 전가할 수 있는 거래세가 실제 경제 운행과정에서는 전가하기 어렵다. 예를 들면 부가가치세는 관련 상계 증명서를 취득하기 어려워 전가할 수 없어 기업 스스로 부담하게 되는 경우가 있다. 또 예를 들면 기업이 처한 업종이 경쟁이 치열하여 가격을 인상하는 것으로 납세부담을 전가하기가 어렵다.

5) 거래세를 소비자에게 전가하는 과정에 기업자금을 점용하게 된다. 기업이 거래세를 소비자에게 전가하려면 판매소득에 상응하는 미수금을 현금으로 받아야만 실현할 수 있다. 그러므로 자금 회수 주기가 길 경우 흔히 납세의무는 이미 발생하였지만, 미수금을 아직 받아들이지 못하여 기업이 선대금을 지불하는 수밖에 없다. 이 외에 기업이 납부하는 부가가치세액은 판매과정에서 얻은 매출세액에서 매입세액을 뺀 것과 같은데 이는 매입세액의 공제는 판매 후에야 실현이 가능함을 의미한다. 따라서 원자재 구입에 들어가는 부가가치세 매입세액이 기업의 자금을 점용하게 된다.

(2) 중국 주민의 조세부담감이 큰 원인.

1) 개인소득세를 납부하는 주민 인수가 차지하는 비중이 낮아 개인

소득이 '인두세'로 전락했다. 이 때문에 1조 위안에 달하는 개인 소득세를 실제로는 고작 몇 천만 명에 불과한 샐러리맨 계층이 부담하고 있는 것이며' 한계세율이 너무 높아(45%에 달함) 조세회피를 초래할 수도 있다. 재산세 징수를 시작하지 않았기 때문에 개인소득세가 특정 군체에 집중되어 실제 납세 군체의 납세부담을 가중시켰다.

2) 비록 최근 몇 년간 중국 재정지출구조에서 의료·양로와 취업·주택보장·교육 등 민생지출 비중이 꾸준히 늘어나고 있지만 재정자금 투입의 효율은 주민들의 기대와 거리가 있다. 세수를 "국민들에게서 얻어 국민들에게 쓰이는 획득감"이 크지 않다.

3) 개인소득세 면제액은 고정적인 수치로서 개혁 전 매달 3,500위안이던 기준이 2011년부터 2018년까지 인플레 요소를 감안하지 못한 채 매년 미세한 조정을 진행했다. 집값이 대폭 급등한 뒤에도 개인이 개인소득세를 부담해야 할 때 "세수가 가처분소득을 심각하게 압박하고 있다"는 느낌이 들기 시작한 것이다.

4) 정부의 예산 공개가 부족하고 세제개혁에 대한 참여감이 부족하여 개인이 실제로 납부하는 세금과 누리는 공공서비스가 어울리지 않은 결과를 초래했다.

3. 중국 세제개혁의 방향.

중국기업과 주민 개인의 납세부담감을 경감시키기 위해서는 세제에 대한 일련의 개혁을 진행할 필요가 있다. 동시에 미국을 필두로 하는 경제국가(지역)들이 세계적으로 조세개혁 경쟁의 물결을 일으키고 있어 중국이 세수 감면과 행정비용 인하정책을 잇달아 출범시켰음에도 불구하고 국제환경은 여전히 중국에 압력을 가하고 있다. 따라서 중국은 앞서 이미 실시하기 시작한 세수 감면과 행정비용 인하정책을 토대로 계속하여 세수를 감면할 필요가 있다. 부가가치세와 개인소득세 및 기업소득세율을 인하할 수 있는 공간이 있지만 감세와 강성 재정지출 간 모순의 균형에도 주의를 돌려야 하며, 더욱이 구조적 감세와 개혁의 방식으로 감세를 추진해 진정으로 주민에게 이익을 돌리고 경쟁력을 갖춘 하이테크 기업에 이익을 돌려 시장의 활력을 한층 더 불러일으키고 고품질 발전을 추진해야 한다.

(1) 비과세수입을 계속 정리하여 세금수입의 비중을 늘려야 한다.

비과세수입 중에는 많은 납입금을 포함하고 있어 세수 부족 시 지방정부가 변상적으로 수입을 모으는 수단으로 이용되기 쉽다. 앞으로 중앙은 여전히 비용 감면 조치를 지속적으로 추진하여 일련의 비용을 취소함과 아울러 수금항목을 공개해야 한다. 확실히 보류해야 할 수금항목에 대해서는 법률과 법규를 통해 규범화해야 하고, 세수 성격을 띤 수금항목에 대하여서는 "비용을 세금으로 바꿀 수" 있다. 예를 들면 사회보험비용을 사회보장세로 고치는 것과 같은 것이다. 중복 수금항목 그리고 관련 부처가 행정관리권을 내세워 비용을 수취하는 항목은 없애야 한다. 이에 따라 세수의 비중은 하락세에서 상승세로 전환될 수도 있다. 2018년 세수 비중은 85.3%로 2017년에 비해 1.6%포인트 상승했다.

(2) 세수 관련 법률의 등급과 차원을 점차 향상시켜 법에 의한 세수를 실현해야 한다.

중국은 현재 세수 관련 법률이 적은 편이다. 「개인소득세법」「기업소득세법」「차량선박세법」「조세징수관리법」을 제외하고 「환경보호세법」이 2018년 1월 1일부터 실시되고 있고, 「담배세법」과 「선박톤세법」이 2017년 12월 27일에 채택되어 2018년 7월 1일부터 실시되고 있으며, 「차량구입세법」이 2018년 12월 29일에 채택되어 2019년 7월 1일부터 실시되고 있다. 이밖에 대량의 행정성 법규, 부서 규정제도가 있다. 그렇기 때문에 앞으로는 세법체계를 점차 형성하여 세수입법이 법적 세수의 진정한 실현에 도움이 되도록 해야 한다. 현재 가속 진행 중이어서 2020년에 완성될 것으로 예상된다.

(3) 간접세 비중을 낮추고 부가가치세율을 간소화하고 인하하며 기업소득세율을 소폭 인하하여 기업의 조세부담감이 큰 상태를 변화시켜야 한다.

중국 최대 세종으로서 부가가치세("영업세를 부가가치세로 바꾼" 후)가 세수수입에서 차지하는 비중은 약 40%로 간접세의 주요 세종이다. 세율 간소화와 세율 통합의 점진적인 추진은 직접세 비중의 향상을 위한 개혁공간을 마련할 수 있다. 미국의 기업소득세율의 인하가 중국에 압력을 주고 있다. 중·미 세수제도의 차이로 인해 기업소득세가 미국 연방재정에서 차지하는 비중은 10% 미만인 반면에, 중국기업소득세가 재정수입에서 차지하는 비중은 18%에 달한다. 동등한 세율의 하락이 중국에 가져다주는 재정수입의 감소가 더욱 심각하다. 따라서 중국기업소득세 개혁의 방향은 세율의 대폭적인 인하가 아닌 소폭 인하이며 감세와 지속가능한 재정 간의 관계 균형을 잘 잡는 것이다. 이와 동시에 과학연구 지출을 권장하고 연구개발 지출의 가산공제비율 등을 한층 더 높여 과학기술진보와 총 요소생산성의 향상을 촉진시켜야 한다. 단순하게 기업의 세율을 대폭 인하할 것이 아니라 연구개발투입의 증가에 의한 조세 공제를 권장해야 한다.

(4) 개인소득세의 종합 징수 방향을 따르고, 최고 한계 세율을 낮추며, 세수의 이행도를 높이고 개인소득세 개혁의 목표를 명확히 해야 한다.

1) 세금징수방식은 최종적으로 종합 징수의 방향으로 나가야 하며, 모든 수입원천에 대해 동일한 기준에 따라 세금을 납부하도록 확보하고, 자본과 노동소득을 동등하게 대해야 한다.

2) 가정을 납세주체로 하는 세수제도를 하루 빨리 출범시켜 각기 다른 가정의 소득 구조, 부담상황의 차이를 충분히 고려하고 부부간의 공제액을 서로 조절할 수 있으며, "능력에 따른 납세"의 공평의 원칙을 관철시켜야 한다. 「특별부가 공제 잠정방법」에서는 노인부양 부분에 "납세자가 2명 및 그 이상 피부양자의 부양지출을 감당해야 할 경우 공제기준을 배가한다."라는 내용을 추가하여

사회적 노인 부양을 격려함으로써 소규모 가정의 부양부담을 완화했다.

3) 종합공제 또는 표준공제항목을 설치하여 일부 사람들이 특별부가 공제를 충분히 누리지 못하여 부담이 가중되는 문제를 해결해야 한다. 종합공제의 기준은 두 가지 특별공제를 합친 잔액으로 설정할 수 있다. 예를 들면. 매월 2,000위안이면 매 사람이 적어도 두 가지 특별부가 공제에 해당하는 공제액 혜택을 누릴 수 있도록 보장한다. 그러나 종합공제와 특별공제 중 한 가지만 선택하여 적용해야 한다.

4) 주택대출이자·노인부양의 표준공제는 주택 임대료와 마찬가지로 지역차이를 반영해야 한다. 각기 다른 급별의 도시 공제기준을 세우고 1선 도시의 주택대출이자 공제기준을 적당하게 높여야 한다.

5) 주택대출이자와 중대질병의료는 다음 연도까지 걸친 공제를 허용하지만 이월 연한을 규정지어야 한다. 예를 들면 3년 또는 5년으로 규정하는 등이다. 이는 기업이 소득세를 납부하여 결손을 보게 되었을 때의 처리방식과 비슷하다.

6) 기본공제액과 특별부가공제액의 구체적인 조정방식, 조정 시기 및 감측 지표를 명확히 규정해야 한다. 재정·세무 당국은 현재 실제로 개인소득세를 납부하는 인원과 소득 구간 분포, 주민 소득 분포, 물가 상승 상황, 주민 요구 사항 등을 종합적으로 추산하고 고려해야 하며, 정기 조정 여부를 결정하고 조정시스템의 유무를 확인해야 하며, 관련된 의거 자료를 공표해야 한다.

7) 개인소득세 징수의 목표를 명확히 해야 한다. 즉 목표가 수입 창출 위주인지 아니면 공평 조절 위주인지를 명확히 해야 한다. 수입 창출이 주 목적인 경우에는 공제범위를 가급적 줄여야 하고, 만약 공평 조절이 주 목표라면 공제 범위를 넓혀야 하는데, 이럴 경우 납세자 수량이 너무 적은 문제가 발생할 수 있다. 납세 인원수가 너무 적은 세종은 사회적 공평의 목표를 실현하기 어렵다.

(5) 자원세·소비세 등 세종을 개혁하여 환경보호와 녹색발전을 촉진하는데서 세수의 역할을 충분히 발휘시켜 자원의 합리적인 배치를 촉진시켜야 한다.

세제개혁에 의한 기업부담 경감은 재정수입의 증대에 어려움을 가져다줄 수 있기 때문에 다른 부분으로 메워야 한다. 자원세는 종량징수에서 종가징수로의 개혁을 이미 진행하였지만, 세율은 여전히 낮아 앞으로 세율을 인상하고 징수범위를 확대할 수 있다. 소비세는 징수대상 범위를 조정하여 고 오염, 고 에너지소모 제품 및 일부 고급 소비품에 대한 세수를 확대하고, 세율을 높이는 방식을 통해 세수에 따른 새로운 발전이념의 촉진을 진정으로 실현할 수 있다. 수자원세의 시행범위를 점차 확대할 수 있다. 허뻬이(河北) 성에서 실시하고 있는 상황에서 볼 때, 수자원세는 수자원의 절약을 촉진시킬 수가 있어 앞으로 전국적으로 보급될 것으로 전망된다.

(6) 부동산세의 입법을 가속화하고 지방세 체계를 구축해야 한다.

2018년 정부업무보고에서는 "지방세체계를 보완하고 부동산세 입법을 안정적으로 적절하게 추진해야 한다."라고 제시했다. 2018년 9월 제13기 전국인민대표대회 상무위원회는 부동산세법을 입법계획의 제1류 항목에 포함시켰다. 즉 조건이 성숙되었기에 제13기 전국인민대표대회 상무위원회 임기 내에 심의에 회부할 예정이었다. 2019년 정부 업무보고에서는 "지방세체계를 보완하고, 부동산세 입법을 안정되게 추진해야 한다."라고 제시했다. "영업세를 부가가치세로 전환"한 이후 중앙과 지방의 수입배분 비율조정을 통해 지방재력을 보장하고 있지만, 지방세체계는 여전히 구축되지 못하고 있다. 미국의 지방세체계는 부동산세와 개인소득세, 판매 및 총수입세가 주체가 된다. 중국은 부동산세를 주체로 하고 여러 가지 지방세를 결합시킨 지방세체계를 구축하고 점차 보급할 수 있다. 첫째, 지방세체계를 보완하여 지방정부의 재정수입이 미래 보유주택시대의 새로운 형세에 부응하도록 하기 위하여 부동산세개혁은 필연적인 추세이다. 도시화의 추진과 보유주택시대가 다가옴에 따라 "개발 거래" 단계의 수입을 위주로 하는 토지재정은 이어가기가 어렵게 되었다. 세금감면과 행정비용인하까지 겹쳐 지방재정의 압력이 한층 더 불거졌다. 둘째, 부동산세 개혁은 단번에 이루어지는 것이 아니다. "입법이 선행되어야 하고, 충분한 권한 부여가 이루어져야 하며, 단계적으로 추진해야 한다." 부동산세 입법을 안정적으로 추진하는 것은 세법개혁의 중요한 내용이다. 부동산세 징수과정에서 주민들의 세금부담과 부동산시장에 대한 영향을 충분히 고려해야 한다.

(7) 세수우대정책을 정리하고 규범화하여 모든 기업의 공평 경쟁을 실현해야 한다.

중국공산당 제18기 제3차 전체회의에서는 "세제 통일, 공평한 조세 부담, 공정한 경쟁 촉진의 원칙에 따라 세수우대, 특히 지역세수우대 정책에 대한 규범적인 관리를 강화해야 한다. 세수우대정책을 통일적으로 세수 관련 법률과 법규로 규정하고, 세수 우대정책을 정리하고 규범화해야 한다."라고 제시했다. 앞으로 세수우대는 전국적인 통합 계획을 실현할 것이다.

(8) 세수지출의 방향에서 민생에 더욱 치중하여 주민들이 "인민에게 쓰이는" 느낌을 더 크게 받도록 해야 한다.

최근 몇 년간 중국은 "돈이 어디서 왔으면 어디에 써야 한다."는 재정의 투명도를 줄곧 추구해 오고 있지만, 수준을 더 높여야 한다. 최근 몇 년간 재정지출이 의료·교육·사회보장 등 민생 지출에 더욱 치우치고 있지만, 주민들의 실제 수요와 비교하였을 때 중국의 사회보장 수준은 여전히 낮은 편이다. 앞으로 세수의 투명도를 한층 더 높이고 민생을 한층 더 개선하여 주민들이 세수가 "인민에게 쓰인다는 느낌"을 더 크게 받도록 해야 한다.

제9장

중·미 과학기술·차세대 정보기술 현황

제9장

중·미 과학기술·차세대 정보기술 현황[15]

과학기술은 제1생산력이고 국가실력의 핵심이며 역사의 지렛대이다. "해가 지지 않는 제국"에서 달러화 패권에 이르기까지, 기계혁명에서 정보혁명에 이르기까지 두 차례의 과학혁명, 세 차례의 기술 및 산업혁명을 거치면서 영국·프랑스·독일·일본·미국은 모두 어느 한 차례의 결정적인 산업혁명의 기회를 놓치지 않고 성공적으로 궐기하였으며, 최종 세계 과학기술과 경제의 중심이 되었다. 세계 과학 중심의 이전은 일명 "유아사(湯浅) 현상"으로도 불린다. 일본의 과학사 학자 유아사 마츠모토(湯浅光朝)가 제기한 이론으로서 한 나라의 과학성과 수량이 전 세계 과학성과 총량의 25%를 차지하면, 그 나라는 전 세계 과학 중심이라고 할 수 있으며, 이에 따라 역사상의 세계 과학중심의 이전을 5개 단계로 나누었다. 즉 이탈리아(1540~1610년)·영국(1660~1730년)·프랑스(1770~1830년)·독일(1810~1920년)·미국(1920년 이후)등 다섯 단계이다. 단계별 평균 유지기간은 80년이다. 이 이론에 따라 종합하고 예측해보면 2000년을 전후하여 미국의 세계 과학기술 중심의 지위는 신흥세력의 도전을 받게 될 것이다. 중·미 과학기술 실력은 전반적으로 큰 격차가 존재하지만 최근 몇 년간

---

15) 저자 : 런쩌핑(任澤平), 롄이시(連一席), 셰자치(謝嘉琪).

중국의 과학기술 실력이 급상승하고 있다. 중국은 통신장비·집적회로·인터넷 등 일부 중요 분야에서부터 관건적인 진전과 우세를 얻기 시작하여 미국의 이른바 "국가 안전"과 과학기술 독점 지위를 위협하기 시작하여 미국의 경계와 불안을 자아냈다.

미국의 대 중국 무역마찰은 중국경제의 굴기와 산업의 업그레이드를 겨냥한 것이다. 2018년 3월의 「301보고서」와 5월의 미국 측 조건부 리스트에서는 "중국제조 2025"에 대해 거듭 언급했다. 2019년 5월 16일 트럼프 대통령은 더욱이 어떠한 대가든 감수할 것이라는 각오로 대통령 행정명령에 서명하고 미국의 "국가비상사태" 돌입을 선포하였으며, 미국 기업들이 중국 하이테크 주도 기업 화웨이사를 포함한, 미국 국가 안보를 '위협'할 것이라고 소추된 모든 회사와의 상업거래를 금지하는 조치를 취함으로써 화웨이 공급사슬을 차단하려고 시도했다. 중·미 무역마찰은 과학기술의 마찰로 비화되었으며, 그 이면에는 교육체제·산학연모델·혁신체제를 핵심으로 하는 과학기술 소프트파워의 경쟁이 있다. 이 장의 취지는 지난 수 십 년간 중국 과학기술이 취득한 진전과 중·미 과학기술 수준의 진실한 격차 및 세계 과학기술판도에서 중·미 양국이 처한 위치에 대해 객관적으로 평가하고, 중·미 양국 간 과학기술체제의 차이점을 전면적이고 객관적으로 비교하며, 실리콘밸리의 산학연모델의 성공 경험을 종합하고, 미국의 첨단과학기술산업 발전과정에서 산업정책이 일으킨 관건적인 역할에 대해 분석하고자 한다.

제1절
중·미 과학기술 비교: 전 세계적 시각

1. 연구개발경비와 인력투입.

현재 세계 첨단 과학기술 연구는 갈수록 과학연구 기초시설과 첨단 정밀설비의 대대적인 투입을 떠날 수 없다. 물리학 연구를 예를 들어 건설비가 약 3억 달러 가까이 들어가는 LIGO(레이저 간섭계 중력파 관측소)가 없었다면, 2016년 중력파 탐지의 성공도 "아무리 살림 잘하는 여자도 쌀 없이는 밥을 짓지 못하는 격"이 되고 말았을 것이다. 연구개발에 대한 국가의 자금 투입은 과학연구 성과의 전제이며 보장이다. 2017년 미국의 R&D 국내지출은 5,432억 5,000만 달러에 달하여 세계 1위를 차지했다. 중국의 R&D 국내지출은 2,551억 1,000만 달러로 세계 2위를 차지하였지만, 미국의 절반에도 못 미치는 수준이었다. 그리고 일본·독일·한국이 그 뒤를 이었다. 2000~2017년, 중국의 R&D 국내지출은 20배 이상 성장하였으며, 연평균 복합성장속도가 20.5%에 달하였으며, 같은 기간 미국의 R&D 국내지출은 거의 2배 성장하였으며, 연평균 복합성장속도는 4.2%에 불과했다. 2010년 이후 중·미 양국의 R&D 국내지출의 복합성장속도에 따라 추산해보면 2024년 전후에 이르러 중국의 연구개발 자금투입은 미국을 초월하여 세계 1위를 차지하게 될 것이다. 연구개발 강도(R&D지출/GDP)를 보면, 2017년 R&D지출 상위권 국가들의 R&D 강도는 대체로 3%대를 유지했다. 그 중 한국(4.5%)·일본(3.2%)·독일(3.0%)·미국(2.8%)이 앞자리를 차지했다. 2017년 중국의 R&D 강도는 2.1%로 2000년 0.9%에 비해 수준이 크게 향상하였으며, 현재 프랑스(2.2%)와 영국(1.7%) 등 선진국 수준에 접근하고 있다. 그러나 미국·일본·독일·한국 등 국가와는 아직 거리가 있다. R&D지출의 방향과 구조를 보면 현재 중국의 R&D활동은 주로 연구개발(experimental development)단계 (2015년 그 비중이 84%에 달함)에 치우쳐있다. 기초연구(basic research)와 응용연구(applied research)의 투입비율을 합쳐서 겨우 16%에 불과하다. (그래프 9-1 참조)

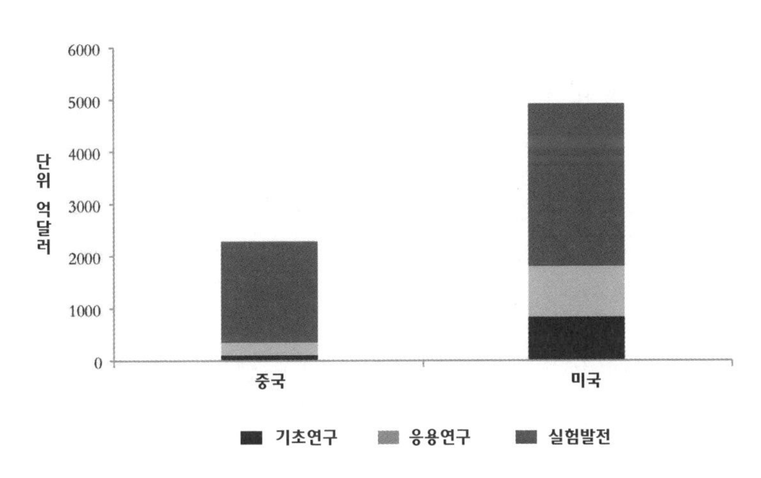

자료출처: NSF, 관샤오징(關曉靜) 편찬, 『중국 과학기술 통계연감—2016』, 중국통계출판사 2016년판, 헝다 연구원.

미국은 기초연구와 응용연구 분야에 상대적으로 더 많은 자원을 투입하고 있는데 그 비례는 36%에 달한다. 특히 연방정부 차원에서는 국방부를 제외한 다른 부서(에너지부, NASA 등 포함)는 기본상 기초연구와 응용연구에 대한 지원을 위주로 하고 있고, 국방부가 지원하는 연구개발도 선진기술과 중요한 시스템 개발을 지향하고 있으며 ARPANET(아르파넷, 인터넷의 모태)·GPS(지구 위성 위치측정 시스템) 등 중요한 발명을 창조했다. 연구개발경비의 지원을 제외하고도 과학연구 성과는 강대한 엔지니어대오와 과학자대오를 떠날 수 없다. 2014년 자연과학·공학 학사학위 취득 인원수 순위에서 상위권에 오른 국가와 지역으로는 중국(144만 7,000명)·유럽연합(56만 9,000명)·미국(37만 7,000명)·일본(12만 2,000명)·한국(11만 4,000명) 순으로 나타나 중국은 이미 세계 1위를 차지했다. 박사학위를 취득한 국가와 지역 순위는 유럽연합(4만 9,000명)·중국(3만 2,000명)·미국(3만 명)·일본(6,000명)·한국 (6,000명) 순으로 나타났다. 이로부터 최고 학력 인재 공급에서 중국은 유럽 국가 및 미국과 비교하였을 때 인원수에서 뚜렷한 우위가 없음을 알 수 있다. 과학과 기술 분야 전문연구 인원수를 보면, 2017년 기준으로 중국(174만 명)·미국(약 138만 명)·일본(67만 6,000명)·독일(41만 4,000명)·한국(38만 3,000명) 순으로 나타났다. 비록 총 인원수는 미국을 추월하였지만, 중국의 노동력 1,000명 당 연구 인원수는 고작 2,2명으로 미국·일본·한국 등 선진국에 비해 훨씬 낮은 수준이었다.

2. 대학교 교육.

근대에 들어선 후 대학의 연구기능과 사회서비스기능이 갈수록 큰 중시를 받기 시작하였으며, 특히 20세기에 들어선 후 미국 스탠퍼드 대학교의 돌출을 대표로 대학들은 사실상 인류 과학기술 혁신의 교두보로 되었다. 현재 세계 4대 권위 있는 대학 평가(QS/US News/THE/ARWU)에서 더 타임즈 고등교육 대학평가(THE)와 세계 대학 학술평가(ARWU)는 교학·연구 능력에 더 치중하고 있다. 2019년 THE 랭킹 Top100에 미국의 대학 41개가 이름을 올렸고, 영국 12개, 독일 8개, 중국 6개 대학이 이름을 올려 그 뒤를 이었다. 2011년 이래 세계 Top100 대학 중 미국 대학 수가 다소 하락하였지만, 여전히 약 절반 가까이를 차지한다. 세계 랭킹 Top100에 이름을 올린 중국 대학 수는 다소 늘었지만, 미국과 비교하면 여전히 격차가 크다.

과학 연구 및 학술을 더욱 중시하는 세계 대학 평가인 ARWU에 따르면 2018년 랭킹 Top100 순위에 안에 든 대학 중 미국이 46개로 여전히 절반 가까이 차지하였고, 중국은 순위에 오른 대학이 칭화대(清華大學)·베이징대(北京大學)·저장대(浙江大學) 3개에 불과했다. 랭킹 Top10 순위에 오른 대학 중 하버드대·스탠퍼드대학교·메사추세츠 공과 대학 등 미국 대학이 앞 8위를 차지하고, 칭화대·베이징대는 40위권 밖에 머물렀다.

3. 논문과 정기간행물 발표.

논문은 기초 연구 성과의 정수이다. 빼어난 논문은 흔히 연구영역을 변화시키거나 심지어 새로운 연구영역을 개척하기도 한다. 예를 들면 앨런 튜링(Alan Turing)은 「계산 가능한 수와 결정문제의 응용에 관하여」(On Computable Numbers, with an Application to the Entscheidungsproblem)에서 처음으로 '튜링기계'의 구상을 제기하였으며, 이로써 현대 컴퓨터의 이론적 토대를 닦아놓았다. 클로드 섀넌(Claude Elwood Shannon)의 「정보통신의 수학적 이론」은 정보론을 직접 창시하여 현대통신기술의 초석을 마련했다. 그렇기 때문에 빼어난 논문은 실질상 인류의 지식 경계에 대한 탐색능력을 대표하며, 더욱이 국가의 기초과학연구영역 실력을 대표한다. 과학 및 공학(S&E) 영역에서 발표된 논문 수를 보면 2016년 상위권에 든 국가와 지역들로는 유럽연합(61만 4,000편)·중국(42만 6,000편)·미국(40만 9,000편)·인도(11만 편)·일본(9만 7,000편) 순으로 나타났으며, 중국은 사상 처음으로 수량에서 미국을 앞질렀다. 2016년 과학 및 공학 영역에서 발표한 논문 중 인용률이 상위 1%에 든 고품질 논문 중에서 미국의 상대적 비례지수는 1.9였고, 유럽연합은 1.3, 중국은 1.0을 기록했다. 중국은 최근 몇 년간 인용률이 높은 논문의 비례가 다소 상승하였지만, 미국·유럽연합과 비교하면 여전히 격차가 크다. (주: 상대적 비례지수 = 모 나라의 인용률 1%의 논문 수량/논문 총수).

논문이 최고의 간행물에 발표될 수 있는지 여부는 논문의 질을 검증하는 또 다른 유력한 기준이다. 기초과학연구의 산출을 가늠하기 위해 학술지 『자연(Nature, 네이처)』의 발행자인 자연출판그룹은 82권의 자연과학 분야의 최고 정기간행물(수량은 전체의 1% 미만이지만 인용률은 인용문 총수의 30%를 차지함)을 선정하여 논문 합작자의 상황을 토대로 자연지수를 계산해냈다. 글쓴이의 소속 국가와 기관의 상황을 감안해 얻은 자연지수를 분수통계(FC)라고 한다. 2017년 국가별 분수통계 순위를 보면 1위가 미국(19579), 2위가 중국(9088)이고 독일(4363)·영국(3608)·일본(3053)이 그 뒤를 이었다. 이는 S&E 논문지표에서 얻은 결론과 비슷하다. 중국은 최근 몇 년간 기초과학연구 분야에서 빠른 발전을 이루었지만 미국과 비교하면 여전히 거리가 멀다. 노벨상은 최고의 기초연구 성과에 대한 인정이다. 국가별 노벨상 수상자 수를 보면, 제2차 세계대전 이전에는 독일·영국·미국이 세계 상위권에 있었으나 제2차 세계대전 후 미국의 실력은 크게 향상되어 물리·화학·의학 어느 분야이든 막론하고 미국의 수상자 수가 세계 전체의 절반을 차지한다. 중국은 2015년에 투유유(屠呦呦)가 노벨생리학 혹은 의학상을 수상한 외에 물리학·화학 분야에서는 여전히 공백이다.

4. 발명특허.

특허는 발명특허(patent for invention)와 실용신안특허(patentf or utility model) 및 외형디자인특허(industrial design)로 나뉜

다. 그중 발명특허는 과학기술 혁신수준을 가장 잘 대표할 수 있고, 세계적 범위에서 혁신행위를 판단하는 유용한 지표로 인정되고 있다. 미국 특허 밀집도 상위권 업종인 컴퓨터·통신장비·반도체는 모두 대표적 하이테크 업종들이다. 미국의 무선통신 거두 퀄컴은 더욱이 CDMA 분야의 연구개발 구도에 힘입어 3G/4G 시대에 막대한 이익을 누렸다. 퀄컴이 핵심 특허권등록에 힘입어 거둬들이는 비용은 심지어 '퀄컴세'로 불릴 정도이다. 세계지적재산권기구(WIPO)에 따르면 2017년 말까지 전 세계 유효발명특허는 총 1,043만 건에 이른다. 그중 보유량 Top5에 든 나라는 일본(282만 건)·미국(236만 건)·중국(152만 건)·한국(99만 건)·독일(67만 건) 순이었다. 증가량 각도에서 보면 2017년 각국의 발명특허 출원 건 수 순위는 중국(131만 건)·미국(53만 건)·일본(46만 건)·한국(23만 건)·독일(18만 건) 순이었다. 그리고 특허 등록 건수 순위는 중국(35만 건)·일본(29만 건)·미국(29만 건)·한국(13만 건)·독일(10만 건) 순으로 나타났다. 최근 몇 년간 중국은 특허 방면에 주력하고 있는 모습이 역력하다. 출원 건수는 이미 미국·일본을 크게 앞질렀고, 등록 건수도 미국·일본을 조금 앞질렀다. 특허 등록률과 실제 전환에서 중국은 여전히 갈 길이 멀다. 2013~2015년 주요 국가들이 공개한 특허출원(published patent applications)의 업종별 분포 상황을 보면, 미국과 일본은 통신·컴퓨터 기술 및 반도체 분야에 대량의 특허가 분포되었는데, 미국이 18만 8,200건이고, 일본이 16만 7,100건이었으며, 중국은 9만 5,800건이었다. 일본은 선반·엔진·기계부품·광학 및 측량 등 분야의 특허 수량이 미국과 중국보다 훨씬 많았다. 미국은 정보통신기술 영역에서 대량의 특허를 보유하고 있는 것 외에도 바이오기술·의학기술·약물 분야에서는 더욱 독보적이었으며, 공시 단계 특허출원 건수가 일본과 중국의 합계를 능가했다. 중국은 기초소재화학·정밀소재화학·식품화학 등 영역에서 상대적으로 많은 투자를 하고 있었다. (주: 특허출원은 18개월 후 공시단계에 들어가며 실질적인 심사를 통과한 후에야 특허 등록을 할 수 있다.)

5. 경제활동.

(1) 첨단과학기술 분야의 국제무역활동.

첨단과학기술 영역의 국제무역활동은 글로벌 산업사슬에서 한 나라의 상대적인 위치와 실력을 어느 정도 반영할 수 있다. 유엔 국제무역기준분류(SITC) 네 자릿수 분조 기준 아래서 현재 국제무역 금액이 비교적 큰 하이테크 상품에는 전자집적회로·통신장비·비행기 및 우주선 등이 포함된다. 전자집적회로 분야에서 2016년 중국이 최대 순수입국(수출이 608억 8,000만 달러이고, 수입이 2,269억 3,000만 달러임)이었으며, 현재 전자집적회로는 이미 원유를 앞질러 중국의 수입금액 최대 상품이 되었다. 한국의 순수출금액은 221억 9,000만 달러(수출 520억 6,000만 달러, 수입 298억 6,000만 달러)로서 비교적 강한 경쟁력을 갖추었다. 미국·일본은 소액의 흑자를 유지하고 있고, 독일은 기본상 수지 형을 유지하고 있다. 여기에서 지적해야 할 것은 상품무역이 산업경쟁력의 전반적인 상황은 반영하지 못한다는 것이다. 전자집적회로와 같은 하이테크업종에서 상류의 특허등록 등 고부가가치 활동은 서비스무역에 속하는 것으로서 상품수출입 데이터에는 포함되지 않기 때문에 더욱 구체적인 가치사슬 구성과 결부시켜 분석할 필요가 있다. 전자집적회로산업에 대한 국제비교는 제2절에서 진일보하게 탐구하기로 한다. 통신장비 분야에서 2016년에 중국은 최대 순수출국(수출 2,013억 6,000만 달러, 수입 459억 달러)이었다. 한국이 소폭 흑자를 유지한 것을 제외하고 미국·일본·독일은 모두 적자를 기록했다. 중국의 통신장비 분야 흑자규모는 전자집적회로 분야의 적자규모와 거의 비슷하다. 전 세계 전자설비 산업사슬의 '조립공장'으로서 중국이 매년 수출하는 금액이 얼핏 보기에는 방대해 보이지만' 실제로는 핵심 전자집적회로가 수입의존도가 높아 이윤이 매우 적다. 미국은 통신장비 분야에서 엄청난 적자를 보면서도 실제 얻는 이윤은 제일 많다. 모바일 통신장비 분야를 예로 들면' 애플사 한 회사의 연간 순 이윤이 나머지 모든 휴대폰 제조업체의 이윤을 모두 합친 것보다도 더 많다. 중국은 통신장비 분야에서 무역 흑자가 나타났지만 불균형적인 산업사슬의 이윤 분배를 숨길 수 없다.

비행기와 우주선 분야에서 2016년 미국의 흑자는 1,000억 달러(수출 1,347억 7,000만 달러, 수입 310억 3,000만 달러)가 넘었고, 전통공업 강국인 독일도 큰 흑자(수출 444억 4,000만 달러, 수입 197억 3,000만 달러)를 기록했다. 중국은 이 분야에서 큰 적자(수출 33억 6,000만 달러, 수입 228억 4,000만 달러)를 보였다. 2010년과 비교해

보면 2016년에 중국은 항공·우주 분야에서 적자가 두 배 가까이 늘었고, 미국은 이와 동시에 흑자가 대폭 늘었다. 항공·우주 및 전자집적회로는 이제 중국이 과학기술강국으로 도약하기 위해 반드시 향상시켜야 할 기술영역이 되었다.

(2) 벤처투자활동.

벤처투자(VC)는 초창기 기업의 중요한 융자 경로 중 하나로 벤처투자의 활약 정도는 신경제의 활력을 반영하는 한 측면이 된다. 벤처투자는 종자기[시드(Seed) 단계], 초기, 후기의 세 단계로 나눌 수 있다. PitchBook에 따르면 2016년 전 세계 종자기 VC 규모가 58억 1,000만 달러에 달하였으며, 초기 및 후기 규모는 총 1,248억 달러에 달했다.

2016년 전 세계 종자기 VC규모 중 미국이 33억 4,000만 달러로 절반 이상을 차지하였고, 유럽연합(9억 달러)과 이스라엘(7억 4,000만 달러)이 그 뒤를 이었다. 미국 종자기 VC 투자방향인 신흥영역 중에서 로봇과 드론·인공지능·사물인터넷·무인조종 등이 큰 인기를 끌었으며, 절대 금액을 보면 인공지능이 현재 VC가 가장 선호하는 방향인 것으로 나타났다. 미국과 중국은 이미 세계적으로 신경제가 가장 활발한 나라로 되었다. 2016년 전 세계 초기·후기 VC 규모 중 미국이 652억 달러로 여전히 절반 비중을 차지하였고, 중국(341억 달러)과 유럽연합(110억 달러)이 그 뒤를 이었다. 중국은 초기와 후기 VC활동이 종자기 VC 활동보다 더 활발하였으며, 발전 속도도 여타 국가에 비해 훨씬 빠른 것으로 나타났다.

제2절
중·미 양국의 차세대 정보기술 현황

정보통신기술(information and communication technology, ICT)은 일반성 기술로서 경제성장 전반에 뚜렷한 영향을 미친다. 과학기술 발전사로부터 볼 때, 20세기에 인류는 정보와 인터넷 시대에 들어섰고 인공지능기술이 성숙됨에 따라 21세기에 인류는 지능화시대에 들어서게 된다. 지능화사회는 세 가지 전략적 핵심으로 구성된다. (1) 칩/반도체, 즉 정보지능화사회의 심장으로서 정보에 대한 계산처리를 책임진다. (2) 소프트웨어/운영 시스템, 즉 정보지능화사회의 두뇌로서 정보에 대한 기획과 결정, 자원 배치를 담당한다. (3) 통신, 즉 정보지능화사회의 신경섬유와 말초신경으로서 정보의 전송과 접수를 책임진다. ICT산업은 지능화사회의 초석이자 미래 각국 과학기술 경쟁의 감제고지이기도 하다. 중국은 통신과 스마트폰 단말기 시장에서 세계 선두를 달리고 있고, 반도체 집적회로 분야에서는 적극적인 발전을 보이고 있으나 미국의 독과점 지위를 흔들기에는 여전히 역부족이며, 소프트웨어·인터넷·클라우드 컴퓨팅 등 영역은 가장 취약하다. 미국은 반도체 집적회로, 소프트웨어·인터넷·클라우드 컴퓨팅, 프리미엄 스마트폰 시장의 절대 패주이다. 현재 전 세계 과학기술기업 중 3개 영역에서 동시에 선두지위를 차지할 수 있는 기업은 화웨이(華爲) 한 업체뿐이다. “만물을 서로 연결시키는 지능화 세계의 구축”을 사명으로 삼고 있는 화웨이는 이미 통신장비·칩 설계 등 여러 분야에서 미국이 구축한 하이테크 독과점 장벽을 무너뜨렸다. 이 또한 미국 정객들이 실제로 두려워하고 있고, 그래서 전략적 탄압을 가하고 있는 본질적 이유이기도 하다.

1. 반도체와 집적회로.

중국은 세계 최대 반도체·집적회로 소비시장이지만, 90%가 수입에 의존하고 있으며 매년 수입 규모가 3,000억 달러 이상에 달한다. 중국은 집적회로 분야에 대한 자본 및 연구개발 투입에서 미국과 큰 격차를 보이고 있다. 세분화 분야에서 보면, 중국은 반도체 핵심 설비와 자재 면에서 가장 취약하다. IC 디자인 분야에서 화웨이하이쓰(華爲海思)·쯔광잔루이(紫光展銳) 등이 최근 몇 년 사이에 크게 발전하였지만, 미국과의 격차는 여전히 크다. 제조 영역에서 대만 반도체 매뉴픽처링(臺積電, TSMC)은 막강한 실력을 갖추었고, 중국국제집적회로제조유한회사(中芯國際, SMIC)는 국제 최선진 제조과정과 비교하면 기술공정 수준이 2세대나 뒤처져 있다.

(1) 세계 반도체 시장의 구도.

세계 반도체 시장의 규모는 1999년의 1,494억 달러에서 2018년의 4,686억 달러로 성장했다.(그래프 9-2 참조) 미국 반도체산업협회

그래프 9-2 1999~2018년 세계 반도체시장 판매액

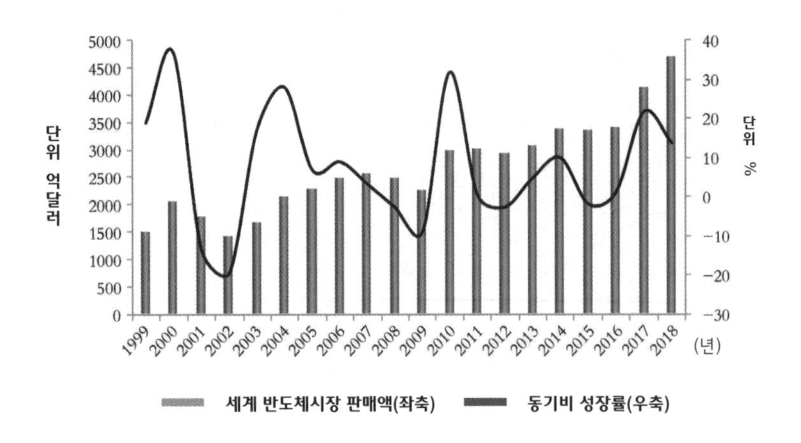

자료출처: 세계반도체무역통계기구(WSTS), 헝다 연구원.

(SIA) 통계에 따르면 반도체 기업 본부 소재지별로 보면, 2017년 미국 업체가 전 세계 반도체 시장의 46%를 차지하였고, 한국·일본이 그 뒤를 이었으며, 중국은 현재 세계 시장점유율이 5%정도밖에 안 된다. 반도체는 개별 소자·광전자·센서·집적회로로 나뉘는데 그 중 집적회로가 차지하는 비중이 가장 커 2018년 세계 반도체 매출액의 83.9%를 차지했다. 중국은 현재 이미 세계 최대 반도체 및 집적회로 소비시장이 되었지만, 자급 비율은 겨우 10% 정도이다. 2018년 한해 집적회로 수입 규모가 3,000억 달러가 넘었다. 칭화대학 마이크로전자학연구소 웨이사오쥔(魏少军)이 「2017년 중국 집적회로산업 현황분석」에서 서술한 바에 따르면, 서버 MPU·개인용 컴퓨터 MPU·FPGA·DSP와 같은 수많은 핵심 집적회로 영역에서 중국은 아

그래프 9-3 2018년 세계 반도체업체 연구개발 투입 순위

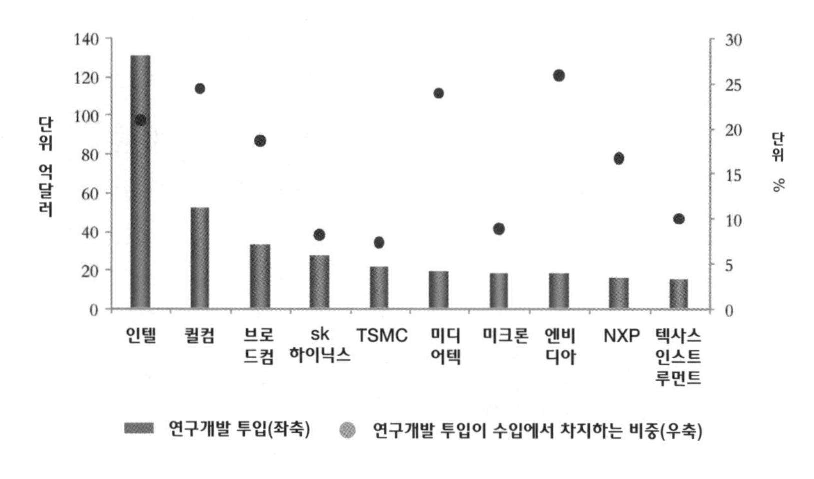

자료출처: IC Insights, 헝다 연구원.

직까지 칩 자급을 실현하지 못하고 있는 것으로 알려졌다. (표 9-1 참조) 2018년 "중싱(中興)사건"은 바로 중싱 회사가 첨단 광통신 칩, 인터넷 라우터 칩 등을 브로드컴(BRCM)과 같은 공급업체에 의존하고 있었기 때문에 미국의 제재를 받으니 바로 파산의 위험에 직면하는 결과가 초래되었던 것이다. 대외의존은 단지 중국이 핵심 칩 영역에서 경쟁력이 취약한 외적인 표현에 불과할 뿐, 그 실질은 집적회로의 여러 핵심 산업사슬 부분에서 충분한 장기적인 자본과 연구개발 투입이 결여된 것이다. 2018년 미국의 칩 거두 인텔(Intel)의 연구개발에 대한 투입은 131억 달러에 달하고, 자본지출은 155억 달러에 달하였는데, 그 연구개발에 대한 투입은 중국 전체 반도체기업의 연간 수입을 합친 것과 비슷하다. (그래프 9-3 참조) 미국반도체칩 업체인 퀄컴·브로드컴·엔비디아(NVIDIA) 등 칩 디자인 업체는 매출의 20%를 연구개발에 투자하고 있다. 그런데 중국 국내 집적회로 제조 선두 기업인 중국국제집적회로제조유한회사(SMIC)의 2018년 연구개발 투입은 5억 5,800만 달러, 자본지출은 19억 달러에 불과하다. 현저한 투입 대비 아래서 중·미 양국 반도체 분야의 산출에 거대한 격차가 생겨난 것이다.

표 9-1 2017년 핵심 집적회로 영역의 군산 칩 점유율

시스템	설비	핵심 집적회로	국산 칩 점유율(%)
컴퓨터 시스템	서버	MPU	0
	개인용 컴퓨터	MPU	0
	공업 응용	MCU	2
통용 전자 시스템	프로그램 가능 논리 설비	FPGA/EPLD	0
	디지털 신호 처리 설비	DSP	0
	이동통신 단말기	응용 처리 장치	18
		통신 처리 장치	22
		매입형 MPU	0
		매입형 DSP	0
	핵심 설비 네트워크	NPU	15
		DRAM	0
		NAND 플래시롬	0
		NAND 플래시롬	5
		이미지 처리 장치	5
		이미지 처리 장치	5
		디스플레이 드라이버	0

자료출처: 웨이사오쥔(魏少軍), 「2017년 중국 집적회로산업 현황분석」, 『집적회로의 응용』 2017년 제4호, 형다연구원.

(2) 반도체 설비와 재료.

현대 정밀 제조업의 대표로서 마이크로프로세서 하나에 수십 억 개의 트랜지스터를 집성해야 하는데 수백 가지 기술 공예를 거쳐야 한다. 이에 따라 칩 분야의 '단점효과'가 결정되었다. 즉 그 어떤 부품이나 부분에 오차가 생길 경우 모두 양산의 우수성 요구에 도달할 수 없게 되는 것, 또 그 어떤 단계나 모두 오랜 연구개발과 시험 및 축적을 거쳐야 하며 절대 하루아침에 실현되는 일이 아니라는 것이다. 그 과정에 대량의 전문인재가 필요할 뿐 아니라 더욱이 관건적 설비와 원자재의 공급에서 먼저 돌파를 이루어야만 한다. 2018년 전 세계 반도체 장비 공급업체 Top10 중 네덜란드의 ASML을 제외하고 나머지 4개는 미국 업체이고 5개는 일본 업체이다. 그 중 미국의 응용자재 업체인 어플라이드 머티어리얼즈(AMAT)의 매출이 140억 2,000만 달러로 1위를 차지한다. (그래프 9-4 참조)

그래프 9-4 2018년 세계 Top10 반도체장비 공급업체 영업수입

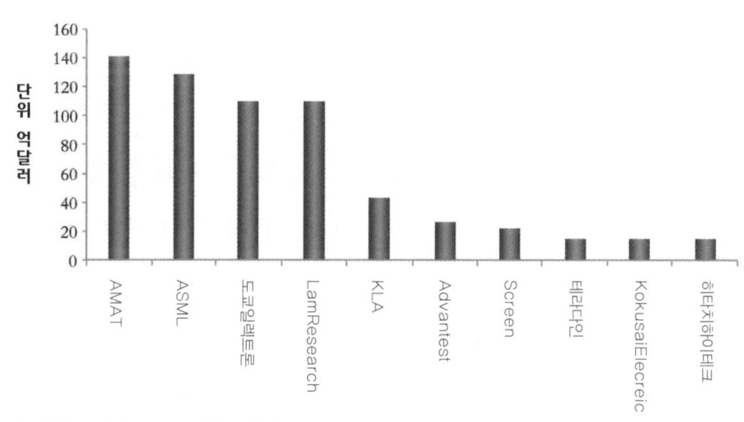

자료출처: VLSI Research, 헝다 연구원.

4개의 미국기업이 세계시장의 37.7%를 점유하였고, 2위인 네덜란드 극자외선(EUV) 노광 장치 거두인 ASML 주주 중에도 인텔의 모습이 보인다. 반도체 장비 분야에서는 순위에 오른 중국기업이 아직은 없다. 줄곧 세계 반도체 설비 공급업체 1위를 차지하고 있는 미국의 AMAT 제품은 EUV노광기를 제외한 CVD·PVD·에칭·CMP 등 모든 반도체 장비를 포함하고 있다. 그 업체 직원의 30%가 연구개발인원이고, 1만 2,000가지가 넘는 특허를 보유하고 있으며, 매년 연구개발에 투입되는 자금이 15억 달러가 넘는다. 반면에 중국 반도체 장비대표업체인 베이팡화촹(北方華創)의 연간 연구개발 투자 자금은 1억 달러에도 못 미친다. (2018년 연구개발 비용이 3억 5,000만 위안임).

(3) 반도체 설계.

산업사슬 측면에서 보면 집적회로는 설계·제조·패키징&테스트의 3개 부분으로 나눌 수 있다. 그 중 수직적 통합모델은 IDM(integrated device manufacture)이라고 부르는데 인텔과 삼성이 대표주자이다. 전문화 분업은 팹리스(Fabless, IC 설계)·Foundry(파운드리)·패키징&테스트로 분류된다. 팹리스의 핵심은 IP로서 그 대표주자는 퀄컴이다. 파운드리의 핵심은 제조공정과 공법의 선진성과 안정성으로서 대만 반도체 매뉴픽처링(臺積電, TSMC)이 대표주자이다. 패키징&테스트 단계에서는 기술적 요구가 앞 두 단계보다는 높지 않다. IC 설계 영역의 지역분포로 볼 때, 2018년 미국은 전 세계 칩 설계 영역에서 68%의 시장점유율을 확보하여 칩 설계 영역의 절대적인 제왕임을 알 수 있다. 중국 대만지역 시장점유율이 약 16%로 세계 2위를 차지하였으며, 중국 대륙은 13%의 시장점유율로 세계 3위를 차지했다. 2018년 세계 Top10 팹리스 업체 중에서 미국 업체가 6개, 중국 대만 업체가 3개, 중국 대륙은 화웨이하이이쓰(華爲海思) 1개 업체만 5위로 순위에 들었으며, 시장점유율은 약 7%였다. (그래프 9-5 참조) 2018년에 화웨이하이이쓰의 영업수입이 75억 7,000만 달러로 동기 대비 34.2% 성장하였으며, 성장률이 10대 칩 설계 회사 중 1위를 기록했다. 중국은 IC 설계 분야에서 최근 몇 년간 적지 않은 발전을 가져왔다. 2010년까지 글로벌 톱10 팹리스 업체 가운데 중국 대륙기업은 단 한 곳도 없었다. 대만지역의 미디어텍이 5위에 오른 외에 나머지 9개는 모두 미국 기업이었다. 약 10년 가까이 발전을 거쳐 IC설계 분야에서 중국 대륙기업의 세계 시장 점유율이 2010년의 5%에서 2018년에

그래프 9-5 2018년 세계 반도체 설계 업체 순위

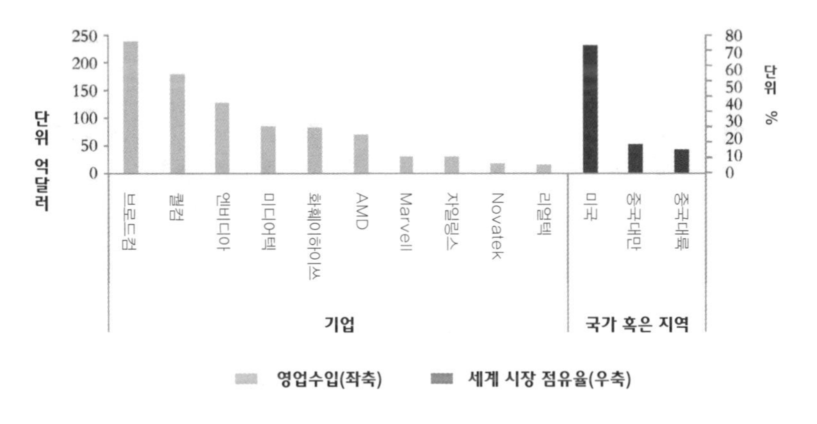

자료출처: DIGITIMES Research, 헝다 연구원.

는 약 13%로 늘어났다. 단시일 내에는 미국의 IC설계 영역 패주의 지위가 흔들리기 어렵지만 상대적 실력은 떨어지고 있다.

(4) 반도체 제조.

파운드리(Foundry) 분야에서 세계 톱10 파운드리 업체 중 중국기업이 2개 포함되었다. 그중 중국국제집적회로제조유한회사(中芯國際, SMIC)가 5위, 화홍(華虹)이 7위로 시장점유율 7%를 기록했다. 미국 글로벌 파운드리가 2위로 시장점유율 10%를 기록했다. 중국 대만 반도체 매뉴픽처링(臺積電, TSMC)은 파운드리 영역의 절대적인 선두 업체로 시장점유율이 52%에 달한다. (그래프 9-6 참조) 판매수입의 격차 외에도 화홍의 최고 수준의 제조공정은 90nm뿐이며 주요 제품은 모두 전원관리IC·무선주파수기기 칩 가공이다. 중국국제집적회로

그래프 9-6 2017년 세계 파운드리 업체 순위

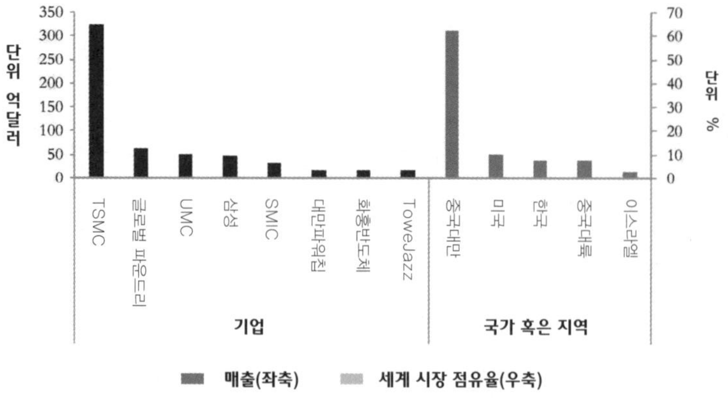

자료출처: IC Insights, 헝다 연구원.

제조유한회사의 14nm 제조공정은 양산단계에 이르긴 하였지만, 아직 고객 유치 단계에 처해 있다. 대만 반도체 매뉴픽처링은 이미 7nm 제조공정을 도입하여 애플사와 화웨이사에 파운드리 가공을 제공하고 있다. 게다가 2019년부터 2020년까지 5nm 제조공정의 양산을 실현할 계획이다. "28nm–20nm–14nm–7nm"의 공정 업그레이드 경로를 통해 볼 때, 중국국제집적회로제조유한회사(SMIC)는 대만 반도체 매뉴픽처링에 비해 기술공정 수준에서 2세대 정도 격차가 난다.

2. 소프트웨어 및 인터넷 서비스.

중국은 소프트웨어 분야가 매우 취약하다. 특히 시스템 소프트웨어와 지원 소프트웨어 분야에서 인터넷 서비스 분야 BAT는 아마존·구글·페이스북(Facebook)과 거의 비슷한 수준이지만 연구개발 투입 면에서 미국 동종 업체와 거리가 멀다. 클라우드 컴퓨팅 분야에서 알리클라우드(阿里雲)가 매우 빨리 발전하고 있지만 그 크기가 아마존 AWS의 10분의 1밖에 안 된다. 기능에 따라 소프트웨어는 시스템 소프트웨어·지원소프트웨어·응용소프트웨어로 나눌 수 있는데, 그 중 시스템소프트웨어는 여러 하드웨어자원과 프로그램의 관리·제어를 담당하고, 응용소프트웨어는 특정 영역에 대한 특정기능의 실현을 담당하며, 지원소프트웨어는 상기 두 소프트웨어 사이에 위치하여 프로그래밍 소프트웨어·데이터베이스 관리 소프트웨어 등과 같은 다른 소프트웨어의 프로그래밍과 유지보수를 지원한다. 현재 대다수

인터넷 서비스가 실제로는 응용소프트웨어이다. 프라이스워터하우스쿠퍼스(PWC)가 발표한 "2018 글로벌 1000대 혁신기업" 순위에 따르면 소프트웨어 및 인터넷 서비스업체 중 연구개발 투입 톱10 순위권에 이름을 올린 업체로는 중국이 BAT로 7위, 8위, 9위를 차지한 외에 상위 5순위에 든 기업은 모두 미국기업으로 알파벳(Alphabet)·마이크로소프트·페이스북·오라클(Oracle)·IBM이었다. 미국 상위 2순위의 소프트웨어와 인터넷 서비스 업체 알파벳과 마이크로소프트가 매년 연구개발에 100억 달러 이상을 투입하는 것에 비해, BAT 중에서도 최고 순위인 알리바바도 연간 연구개발 투입 규모가 고작 36억 달러에 불과하다. (그래프 9-7 참조) 만약 인터넷서비스업체에만 제한하지 않는다면, 소프트웨어 분야 혁신기업 상위 10위권에 이름을 올

그래프 9-7 "2018 세계 1000대 혁신기업" 소프트웨어와 인터넷서비스회사

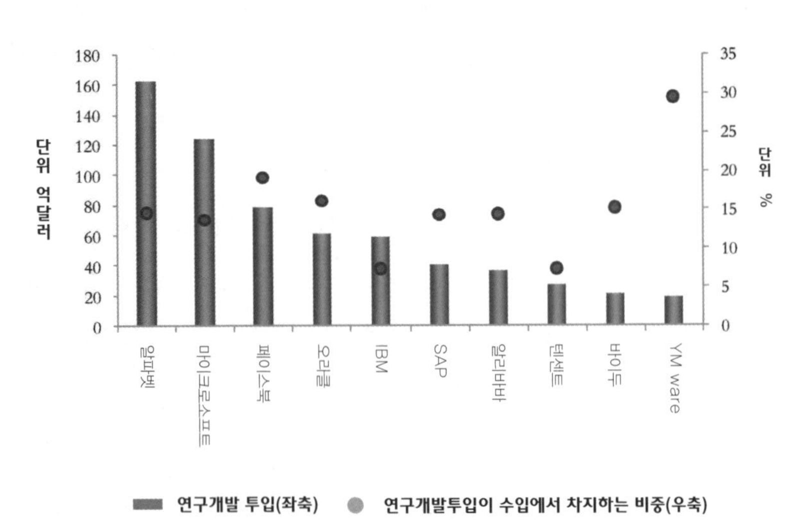

자료출처: PWC 컨설팅, 헝다 연구원.

린 업체 중 독일의 SAP를 제외하고 나머지는 모두 미국 업체들이며 중국 업체는 하나도 순위권에 오르지 못했다.

(1) 운영체제.

시스템소프트웨어 분야에서 현재 PC 운영체제는 기본상 윈도우(Windows)가 독점하고 있으며, 윈도우 설치 시장 점유율이 75.5%에 달한다. 윈도우와 맥오에스(Mac OS)를 합친 시장 점유율이 87%를 초과하고 있다. 휴대폰 운영체제는 iOS와 안드로이드가 나눠서 점유하고 있으며, 두 운영체제 시장 점유율을 합쳐 100%에 육박한다. 데이터베이스 시스템은 오라클이 독보적이다. 이러한 기초 소프트웨어와 바탕 시스템 분야에서 중국은 현재 여전히 공백이다. 운영체제 개발은 시스템공학이다. 윈도우 7의 개발에는 약 23개 팀의 1,000명이 넘는 인원이 참여하였으며, 약 5,000만 줄의 코드가 필요했다. 전략적 차원의 전국적 기획이 결여한 연구개발은 기필코 비효율적일 수밖에 없다. 현재 중국 운영체제 연구개발은 대다수(Linux) 오픈 소스 코드 핵심 커널을 바탕으로 하여 2차 개발을 진행하고 있다. 만약 "원자폭탄·수소폭탄, 그리고 인공위성(兩彈一星)" 모델로 온 나라가 힘을 합쳐 난관을 공략한다면 기술적인 난제가 해결될 수 있을 것이며, 정치적·군사적 용도의 자주적 통제 가능 수요도 충족시킬 수 있을 것이라 믿는다. 그러나 단기적 상업용도로 쓰일 가능성은 미약하다. 근본적인 원인은 운영체제 개발이 상업의 투입과 산출의 비례 논리에 부합하지 않는다는 데 있다.

윈도우(Windows)·iOS·안드로이드 등 바탕 운영체제는 큰 빌딩의 토대와 같다. 이들 운영체제 위에 애플리케이션 라이브러리와 개발자 커뮤니티가 서로 영향을 주고 서로를 촉진케 하며 서로 의존하는 성숙한 생태가 이미 형성되었다. 만약 혁명적인 체험의 혁신이 없이 처음부터 연구개발을 시작하는 것은 마치 빌딩을 허물고 새로 짓는 것과 같아 투입과 산출이 정비례하지 않는다. 그래서 상업업체들은 그 분야에 진출하는 경우가 극히 드물고 대학이나 과학연구기관들이 학술적 과제로 연구개발을 진행하기에 더 적합한 것이다.

(2) 클라우드 컴퓨팅.

클라우드 컴퓨팅은 인터넷상의 계산·데이터 저장·네트워크 세 자원과 응용에 대해 체계적인 관리와 배치를 진행하는 것이다. 서비스 형태에 따라 클라우드 컴퓨팅을 서비스로서의 인프라스트럭처(IaaS, Infrastructure-as-a-service), 서비스로서의 플랫폼(PaaS, Platform-as-a-service), 서비스로서의 소프트웨어(SaaS, Software-as-a-Service)의 세 유형으로 나눌 수 있다. 그중에서 IaaS와 PaaS은 최하층의 하드웨어 자원과 기초 응용(예를 드러 데이터 베이스)을 관리하고 있어 차세대 정보사회의 인프라스트럭처로 간주되고 있다. 미국 시장연구기관 카날리스(Canalys Cloud Analysis)가 통계한 바에 따르면, 현재 전 세계 인프라스트럭처 클라우드 서비스(IaaS+PaaS+개인용 클라우드 위탁관리) 시장에서 아마존 AWS의 시장점유율이 32%에 육박하고, 그 뒤로 마이크로소프트 애저

(Azure)·구글 클라우드·알리 클라우드·IBM 클라우드 순으로 나타났다. 알리 클라우드의 세계시장 점유율은 5%도 채 안 된다. (SaaS) 분야에서는 마이크로소프트가 링크트인(LinkedIn)을 인수합병한 뒤 세일즈포스(Salesforce)를 제치고 1위에 등극하였고, 그 외의 상위권인 어도비(Adobe)·오라클(Oracle)·(SAP)는 모두 전통 소프트웨어 분야의 선두 업체들이다. 중국은 전통 소프트웨어 영역이 취약하기 때문에, (SaaS) 분야에서도 대표적인 선두기업이 나오지 않는다.

3. 통신.

통신은 정보사회의 '신경망'이다. 현재 세계 4대 통신장비 거두 화웨이, 에릭슨, 노키아, 중싱 중 중국기업이 절반을 차지하고 있다. 화웨이는 2018년 매출이 1,051억 달러에 이르고 연구개발 투입이 148억 달러, 전통적인 통신장비 거두인 에릭슨과 노키아를 크게 앞질렀다. (그래프 9-8 참조) 미국의 무선통신 거두인 퀄컴과 비교해볼 때, 화웨이는 수입과 연구개발 투자 규모가 세계 선두를 달리고 있다. 지난 10년간 화웨이가 연구개발 영역에 투입한 자금은 총 4,850억 위안이 넘었으며, 2018년 말까지 8만 7,800건의 특허 (90%이상은 발명특허임)를 보유하고 있다. 교환기의 대리상으로 시작하여 2004년에 하이쓰(海思) 반도체를 설립하고 집적회로를 자체 개발하면서 화웨이는 30년 동안의 축적을 통해 세계 통신장비 1위에 올라섰으며, 그 토대 위에서 기업용 핵심 라우터와 이동 단말기 시장에 진출했다. 시

그래프 9-8 2018년 세계 4대 통신장비 공급업체 영업수입과 연구개발투입 비교

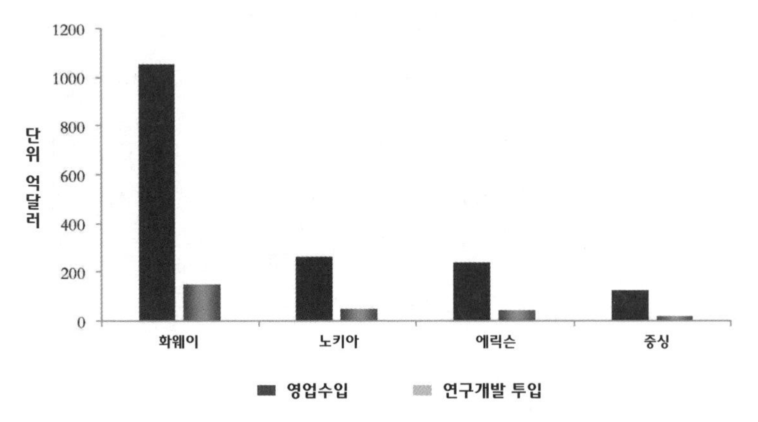

주: 환율은 2018년 12월 31일 기준환율에 따름, 1달러당 6.8632위안, 1달러당 0.8731유로, 1달러당 8.971스웨덴 크로나.
자료출처: 여러 업체 연보, 헝다 연구원.

장연구기관인 IDC 데이터에 따르면 2018년 1분기에 화웨이의 이더넷(Ethernet) 교환기 시장점유율은 8.1%에 달하였고, 기업용 라우터 시장점유율은 25.1%에 달하여 시스코사에 버금가는 수준에 이르렀다. 차세대통신기술(5G) 영역에서 중국은 이미 선두그룹에 진입했다. 독일 특허 데이터회사 아이피리틱스(IPlytics)의 데이터에 따르면, 2019년 4월까지 중국기업이 신청한 5G 통신시스템 SEPs(Standards-Essential Patents, 표준핵심특허) 건수의 세계 시장 점유율은 34%로 세계 1위를 차지하였고, 그중 화웨이가 15%로 기업 중 1위를 차지했다. (그래프 9-9 참조) 5G 표준의 제정에서 화웨이를 대표주자로 하는 중국기업들이 두각을 나타내기 시작했다. 3GPP는 5G의 3대 응용 시나리오(usage scenario) 즉 eMBB(3D/초고화질 영상 등 대용량 모바일 광대역업무)·mMTC (대규모 사물통신업무)·URLLC(자율

그래프 9-9 세계 5G 통신체제 표준핵심특허 보유량 상황

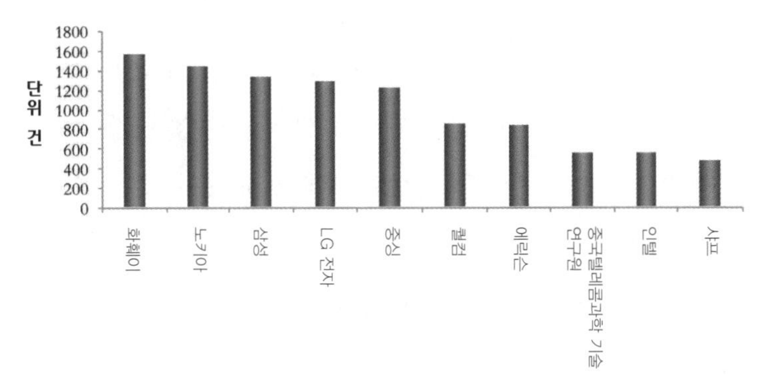

주: 시간은 2019년 4월까지.
자료출처: "Who is leading the 5G patent race?", http://www.iplytics.com/up-content/uploads/ 2019/01/who-Leads-the-5G-Patent-Raue_2019.pdf 참고, 헝다 연구원.

주행과 공업 자동화와 같은 초고신뢰·저지연 통신업무)를 정의하고 있다. 2017년 11월, 미국 리노(Reno)에서 열린 3GPP RAN1 87차 회의에서 화웨이가 주도한 폴라(Polar) 코드가 EMBB 시나리오 환경에서 채널 코드 통제 최종 방안으로 채택되었고, 퀄컴이 주도하는 LDPC 코드는 디지털 채널 코드 방안으로 채택되면서 미국과 중국이 똑같이 나눠 가졌다. 이는 통신 물리층 기술로서의 채널코드표준이 제정된 이래 처음으로 중국회사에서 추진하게 된 것으로 세계 통신 영역에서 중국의 영향력이 향상되었음을 보여주고 있다.

5G 칩 분야에서 2018년 2월 화웨이가 2018년 세계이동통신대회(MWC)에서 세계 최초의 3GPP 표준의 5G 상용화된 기반의 칩셋인 발롱(Balong)5G01을 공개했다. 이에 따라 2.3Gbps의 전송속도를 제공하여 고저주파수 전송을 지원할 뿐 아니라 단독 혹은 비 단독 방

식의 네트워크구성도 지원할 수 있게 되었다. 화웨이 또한 "5G 칩-단말기-네트워크 능력"을 갖춘 최초의 5G 솔루션 제공 업체로 성장했다. 국가 5G 테스트 항목에서 화웨이는 2단계에서 에릭슨·노키아벨 등 업체를 앞질러 제일 먼저 모든 테스트 항목을 수행하였을 뿐 아니라 단지 용량·네트워킹 지연 등 성능 지표에서도 선두적 지위를 차지했다. 비록 세계 통신업계 1위에 등극하였지만, 화웨이는 과거의 발전에 대해 일반인들보다 더 명석한 인식을 가지고 있다. 화웨이 창시자 런정페이(任正非)는 2016년 전국과학기술혁신대회에서 "통신업계가 샤논의 정리, 무어의 법칙의 한계에 바짝 접근함에 따라 화웨이는 본 업종에서 무인 영역을 파고들기 시작했다"면서 "과거 다른 사람의 뒤를 따라 고속 질주하던 '기회주의' 속도가 점차 느려질 것"이라고 말했다. 어떻게 엔지니어링 수학·물리 계산법 등 공정과학 차원의 혁신에서 중대한 기초이론의 혁신으로 넘어가야 할지, 어떻게 추종자에서 선도자가 될지, 런정페이가 던진 질문의 답안은 화웨이회사 차원에서 줄 수 있는 것이 아닐 수 있다. 과학기술 분야에서의 장기적인 경쟁력과 리더십을 확보하려면 교육체제, 과학기술체제, 혁신환경 등 소프트파워 또한 마찬가지로 중요하다.

4. 스마트폰.

휴대전화 완제품 시장에서 중국 브랜드의 시장점유율은 이미 세계 1위를 차지하였지만 중저가 제품이 위주이며, 프리미엄 시장에서 애플과 삼성의 위상을 흔들기는 여전히 어렵다. 2018년 4분기 화웨이·샤오미(小米)·OPPO·VIVO 네 개의 중국 휴대폰 브랜드 합계의 세계 시장점유율은 이미 40%에 이르고 중국시장 점유율은 80%에 육박했다. 삼성과 애플의 세계 시장점유율은 각각 19%, 18%에 달하였지만, 중국시장 점유율은 각각 1%, 12%에 불과했다. ASP를 보면 애플 794달러, 삼성 255달러, 화웨이 205달러, 다른 브랜드의 ASP는 149달러였다. 애플은 20% 미만에 높은 브랜드 프리미엄을 바탕으로 전 세계 휴대전화 시장에서 수입의 50%, 이익의 80%를 차지하고 있다. 기능별로 스마트폰은 칩·디스플레이장치·카메라·기능부품·구조부품·수동소자 및 기타 부품으로 이뤄져 있다. 그 중에서 칩(35~50%)·디스플레이(10~20%)·카메라(10~13%) 세 가지 부품의 원가가 가장 큰 비중을 차지하며 휴대전화 전체 성능에도 가장 큰 영향을 미친다. 완제품 시장에 비해 이들 산업사슬의 상류 분야에서 미·일·한 3국이 더 큰 선두적 우위를 차지하기에 중국의 취약점이 더 뚜렷하게 드러난다. 그러나 화웨이하이쓰·징동팡(京東方), 순위광학(舜宇光學)을 대표로 하여 중국 업체들이 최근 칩·디스플레이 패널·광학 렌즈 등 일부 휴대전화 핵심기술 분야에서 무에서 유를 창조하는 돌파를 이루면서 미·일·한 3국과 경쟁할 수 있는 실력을 점차 갖추게 되었다.

(1) 응용 프로세서(AP, Application Processor).

퀄컴은 전 세계 휴대전화 응용 프로세서 시장의 최강자이다. 2018년 1분기 퀄컴의 세계 AP 시장점유율은 45%로 가장 높았고, 애플

(17%)·삼성 LSI(14%)·미디어텍(14%)이 그 뒤를 이었으며, 화웨이하이쓰의 시장점유율은 9% 안팎이었다. 그중 애플·삼성·화웨이 칩은 모두 자사 브랜드의 휴대전화만 조립하고, 퀄컴은 샤오미·OPPO·vivo의 주요 칩 공급업체이며, 미디어텍은 주로 중저가 시장에 치우쳤다. 휴대전화 응용 프로세서는 고도의 독점적인 시장으로서 5개 업체만 참여하고 있으며, 미국의 퀄컴과 애플 두 업체를 합쳐 시장점유율이 62%에 달한다. 샤오미·OPPO·vivo 등 완제품 공장들은 칩 연구개발 원가가 높고, 주기가 길며, 위험이 커 현재 충분한 연구개발 실력을 갖추지 못하고 있다. 샤오미의 경우 1세대 '파인콘(松果, 솔방울)' 칩에 수십 억 위안을 들여 유일하게 '펑파이(澎湃)S1'을 탑재한 샤오미 5C를 중점 제품으로 만들어 시장에 내놓았다. '펑파이S1'은 CPU와 GPU 계수가 퀄컴의 스냅드래곤, 하이쓰의 기린(麒麟, kirin)과 별반 차이가 없지만 프로세서 제조 기술이 현저히 뒤처져 있어 샤오미 5C의 항속과 열 발산능력이 지탄을 받아 결국 예상과는 달리 인기제품이 되지 못했다. 현재 중국 휴대폰 칩 설계업체 중에서 하이쓰만이 화웨이에 힘입어 단말기시장 점유율 10%를 유지하고 있고, 동시에 기린 칩의 우수한 성능으로 인해 완제품의 평판과 브랜드 프리미엄을 향상시키고 있다. 기린 칩을 사용한 후 2017년 가격이 300~400달러대인 화웨이 휴대전화 판매량이 150%나 늘었다.

(2) 베이스밴드 프로세서(BP, Baseband Processor).

휴대폰 베이스밴드 프로세서도 마찬가지로 고도의 독점시장이다.

세계 주요 참여자는 퀄컴·미디어텍·삼성 LSI·하이쓰·쯔광잔루이(紫光展銳)·인텔뿐이다. 2018년 1분기, 퀄컴의 시장점유율이 52%로 가장 높았고, 삼성 LSI(14%)·미디어텍(13%)·하이쓰(10%)가 그 뒤를 이었다. 그중 미디어텍과 쯔광잔루이는 모두 중저가 시장에 치우쳤다. 중국 국내 업체 중에는 하이쓰와 쯔광잔루이만 베이스밴드 프로세서 시장에 참여하고 있다. 하이쓰는 현재 10%정도의 시장점유율을 유지하고 있지만, 쯔광잔루이는 4G 분야 기술 축적이 부족하고 2G와 3G 휴대전화 출하량이 하락하였으며, 현재 시장점유율 하락의 위험에 노출되어 있다.

(3) 무선주파수 칩(RFID chip).

베이스밴드 프로세서 중 무선주파수 칩이 전체 회로기판 면적의 30~40%를 차지한다. 4G 휴대전화 앞 구간 무선주파수 부품에는 2~3개의 파워 확대기, 2~4개의 스위치, 6~10개의 필터가 포함되는데 원가가 9~10달러이다. 5G 시대가 열리면서 앞으로 무선주파수 칩의 중요성은 더욱 부각될 전망이다. 4G 시대 플래그 휴대폰의 무선주파수 체제 시장은 기본상 스카이웍스(Skyworks)·브로드컴·무라타(Murata)·코보(Qorvo)·TDK 등 5개 미국과 일본 업체가 장악하고 있고 중국은 이 분야에서 아직은 거의 공백상태에 처해 있다.

(4) 메모리 칩.

한국이 메모리 칩 분야에서 뚜렷한 우위를 차지하고 시장의 과반을 독과점하고 있는 반면에 중국은 눈에 띄게 취약하다. 메모리 칩은 DRAM과 NAND 플래시로 나뉘는데 DRAM 시장은 삼성·SK 하이닉스·마이크론 테크놀로지(MicronTechnology, Inc.)가 독점하고 있고, NAND 플래시 시장은 삼성·도시바·웨스턴 디지털(Western Digital)·마이크론 테크놀로지·SK 하이닉스·인텔이 독점하고 있다.

한국은 반도체 개발 초기에 DRAM을 착안점으로 삼아 기술 도입·인수 합병·자체 연구개발 및 역주기적 투자 등 다양한 수단을 이용하여 기술·규모·원가 우위를 구축하여 다년간 연속 시장점유율 70%를 넘어서면서 메모리 칩 제1 강국으로 올라섰다. 그 후 한국은 기술과 시장 우세를 NAND 플래시 시장으로 확대하여 2018년 4분기에 한국 NAND 플래시 시장 점유율은 50%에 육박했다. 한국은 DRAM 시장에서 절대적인 지배적 지위에 있기 때문에 미국 마이크론 테크놀로지의 시장점유율이 여전히 10% 이상인 것을 제외하고, 나머지 경쟁사의 시장점유율은 기본상 1% 대로 한국에 위협이 되지 않는다. 화웨이 하이쓰는 응용과 베이스밴드 프로세서를 자체 개발할 수 있지만, 메모리 칩은 여전히 외부 공급업체에 의존하고 있다. 중국은 메모리 칩 분야에서 경쟁력이 취약하여 NAND 플래시와 DRAM 두 분야 시장점유율을 합쳐도 1%가 넘지 못한다. 푸젠(福建)의 진화(晉華)는 일찍 중국 대만 유나이티드 마이크로일렉트로닉스(UMC)와 합작하여 DRAM 메모리칩을 개발하려 하였으나 UMC가 2017년 12월에 마이크론 테크놀로지로부터 기술 소유권 절도 혐의로 기소를 당하는 바람에 푸젠 진화와 UMC의 합작이 불확실해졌으며 푸젠 진화도 미국 반도체 장비와 소재 무역금지를 당하게 되면서 DRAM 메모리칩 개발 진척이 지체되었다.

(5) 디스플레이장치.

디스플레이장치 분야에서 중국 대륙과 한국이 1순위 그룹에 속하고, 대만과 일본은 점차 뒤처지고 있다. 디스플레이 기술의 발원지가 유럽과 미국이지만 현재 생산과 기술 개발은 대다수가 동아시아에 집중되어 있으며 중국·한국·일본이 주로 참여하고 있다. 지역 제품 출하량을 보면 중국 대륙이 다년간 1위를 지키고 있다. 2016년과 비교해보면, 2018년 상반기 한국·중국 대만·일본의 시장점유율은 각기 정도는 다르지만 모두 하락하였으며, 그중 한국의 점유율이 약 5%포인트 하락하고 같은 기간 중국대륙의 점유율은 약 8%포인트 하락했다. (그래프 9-10 참조) 참여 업체별로는 삼성과 징동팡(京東方)이 여전히 1, 2위를 유지한 외에 나머지는 순위가 크게 바뀌었다. 이 밖에 2018년 상반기 스마트폰 디스플레이 출하량 상위 5위 안에 든 징동팡·톈마(天馬)·선차오광전(深超光電)은 모두 중국 본토 업체로 합계 점유율이 35%에 이른다. AMOLED 시장에서는 현재 삼성이 독과점 지위를 유지하고 있고, 중국 업체들이 뒤따르고 있다. 기술별 분류를 보면 디스플레이 패널은 LCD(액정 디스플레이)와 AMOLED(아몰레드, 능동형 유기발광 다이오드, 즉 유연성 디스플레이) 2대 종류로 나뉜다. LCD에는 또 α-Si (비결정질실리콘)·LTPS(저온 다결정실리콘)·Oxide(산화물 반도체)가 포함된다. 전통 LCD 기술에 비해

그래프 9-11 휴대폰 카메라 원가 구성

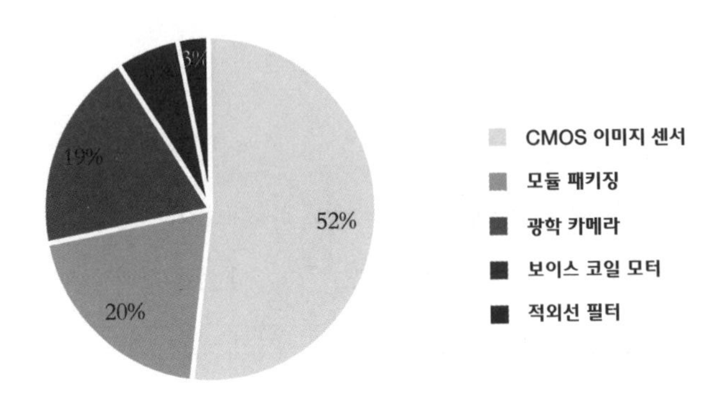

자료출처: TrendForce, 헝다 연구원.

AMOLED 화면은 넓은 색 영역, 고채도, 얇고 가벼운 디자인, 절전 등의 특성을 갖고 있어 차세대 디스플레이 기술로 불리고 있다. 그래서 2012년부터 삼성의 주도로 프리미엄 기종 중에서 AMOLED가 점차 LCD를 대체하기 시작했다. 2018년 상반기 α-Si의 출하 비중은 42.9%로 내려가고 AMOLED 비중은 꾸준히 상승하여 20.4%로 올라갔다. UBI 리서치 데이터 통계에 따르면 2018년 상반기 삼성의 AMOLED 패널 출하량은 전체의 92.6%(1억 6,000만 장)를 차지했다. 비록 2017년의 같은 기간의 99%에는 못 미쳤지만 여전히 다른 경쟁사들보다 월등 높은 수준이었다.

(6) 카메라.

휴대폰 카메라는 CMOS 이미지 센서·광학 렌즈·보이스 코일 모터, 적외선 필터, 스탠트 등으로 구성돼 있다. CMOS 이미지 센서 원가가

그래프 9-12 2017년 여러 휴대폰 브랜드 듀얼 카메라 침투율 비교

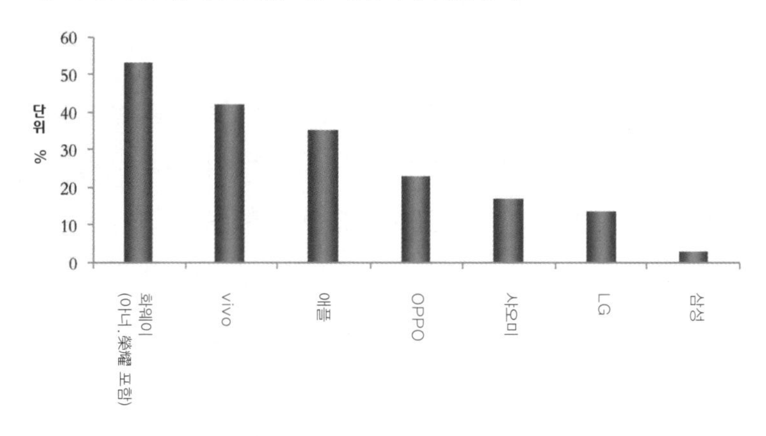

자료출처: 쉬르(旭日) 빅데이터, 헝다 연구원.

가장 큰 비중을 차지하고 그 다음은 광학 렌즈·모듈 패키징·보이스 코일 모터·적외선 필터 순이다. (그래프 9-11 참조) 현재 휴대폰 카메라산업은 동아시아지역에 집중되어 있다. 일본·한국·중국 대만은 CMOS 이미지 센서와 광학 렌즈의 주요 생산과 연구개발지역이다. 중국 대륙의 기업들은 주로 적외선 필터와 모듈 패키징에 집중되어 있다. 칩의 높은 기술 문턱과 높은 연구개발 투입에 비해 카메라 기술은 상대적으로 돌파가 빠르고 휴대폰 완성품의 효과와 수익에 대한 기여도가 뚜렷하다. 최근 몇 년 동안 카메라 분야의 혁신은 듀얼 카메라·3D촬영·인공지능촬영 등이 포함되는데 그중 듀얼 카메라의 침투율이 20%를 넘어 현재 휴대폰 완제품의 주요 매력 포인트 중의 하나가 되었다. (그래프 9-12 참조) 듀얼 카메라 분야에서 중국 국내 업체들의 추진력이 크고 삼성은 상대적으로 진도가 느리다.

1. CMOS 이미지 센서. 일본·한국 업체들이 첨단 CMOS 이미지 센서(CIS·CMOS Image Sensor)시장을 독점하였고, 중국 업체들은 중·고급 시장을 향해 진군하고 있다. CMOS 이미지 센서는 카메라 원가 비중을 가장 크게 차지하는 부품이다. IC 인사이츠(IC Insights)의 데이터에 따르면 2017년 CMOS 이미지 센서의 매출은 125억 달러로 동기대비 19% 성장한 것으로 나타났다. (그래프 9-13 참조)

CIS 업종에서 시장점유율 상위 3위를 차지한 업체는 각각 소니·삼성·옴니비전 테크놀로지스(OmniVision Technologies)이다. 소니는 다년간 카메라 분야에 심혈을 기울여오면서 줄곧 애플과 화웨이 주력 휴대폰제품의 가장 중요한 공급업체가 되어오고 있으며, 2017년 시장점유율이 42%에 달하여 CIS의 첨단시장을 거의 독점하다시피 했다. 삼성은 기술실력이 강하지만 자체 생산 및 자체 판매를 위주로 하고 있으며, 2017년 시장점유율이 20%에 달했다. 3위를 차지한 옴니비전 테크놀로지스는 원래 나스닥 상장기업이었으나 2016년 연초에 중국기업에 의해 사유화되어 주식시장에서 퇴출한 후 중·고급 시장을 주로 공격하고 있으며, 애플 CIS의 공급업체 중 하나이자 애플 공급사슬에 진출한 유일한 중국 반도체 기업이기도 하다.

2. 광학 렌즈. 광학 렌즈는 줄곧 중국 대만의 우위 산업으로 대만은 다년간 50%이상의 시장점유율을 유지하고 있다. 그중 라간 프리시전(Largan Precision, 大立光電股份有限公司)이 1위를 차지하고 있으며 2017년 시장점유율은 38%에 달했다. 초기 중국 대륙 업체들은

주로 중·저급 카메라 모듈 시장에 집중되어 있었으나 듀얼 카메라와 고화소 등에 대한 대륙 단말기 브랜드의 수요에 힘입어 대륙 업체들의 기술발전이 빨라지고 산업이 점차 대륙으로 이전하고 있다. 현재 1000만 화소 이상의 제품 생산이 가능한 업체로는 대만의 라간 프리시전, 일본의 칸타츠(關東辰美, Kantatsu), 세코닉스(Sekonix), 한국의 삼성, 중국 대륙의 순위광학(舜宇光學) 뿐이다. 그중 순위광학은 최근 몇 년간 빠른 속도로 성장하여 시장점유율이 2014년의 4.2%에서 2017년의 17%로 향상하였으며 순위가 7위에서 2위로 올라섰다.

그래프 9-13 2007~2017년 세계 CMOS 이미지 센서 판매액과 성장폭

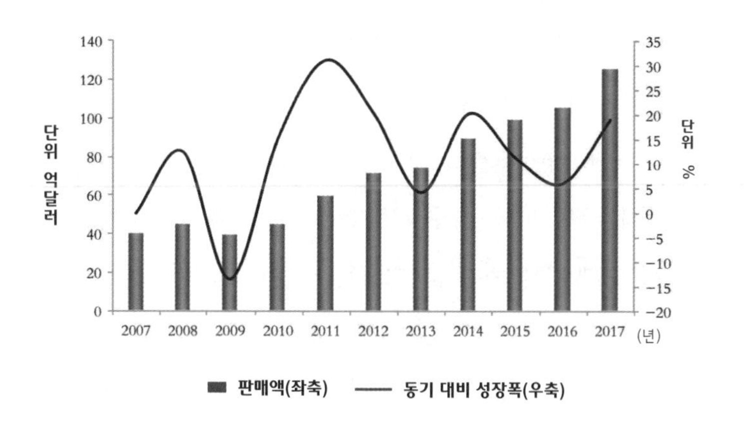

자료출처: IC Insights, 헝다 연구원.

제3절
미국 과학기술체제의 특징

1891년 스탠퍼드대학이 정식으로 학생을 모집하기 시작했다. 1939년 스탠퍼드대학 졸업생 빌 휴렛(Bill Hewlett)과 데이비드 패커드(David Packard)가 휴렛패커드(Hewlett-Packard Co. HP)회사를 창립하면서 실리콘밸리를 탄생시켰다. 1955년 "트랜지스터(Transistor)의 아버지" 윌리엄 쇼클리(William Bradford Shockley Jr.)가 실리콘밸리에 반도체 실험실을 세웠다. 그때부터 실리콘·트랜지스터·집적회로·인터넷 영역 관련 기업들이 실리콘밸리에 자리잡기 시작하여 페어차일드 반도체(Fairchild Semiconductor)·인텔·AMD·시스코(CSCO)·구글(Google)·애플·페이스북(Facebook)이 잇달아 실리콘밸리의 무대 중심에 섰다. 실리콘밸리는 미국뿐만 아니라 나아가 전 세계 과학기술의 혁신센터로 자리 잡았다. 「2019 실리콘밸리 지수보고서」에 따르면 실리콘밸리의 인구가 약 310만 명에 이르며 2017년 1인당 연간 수입이 10만 2,000달러에 달해 미국 평균 수준인 5만 2,000달러보다 훨씬 높은 것으로 나타났다. 2017년에 실리콘밸리에 등록된 특허 건수는 미국의 12.9%를 차지하며 2018년 벤처투자 금액은 미국의 17.1%를 차지했다.

1. 미국 과학기술체제.

1787년 미국 개국 초기에 이미 "작자와 발명자가 자신의 작품과 발견에 대해 일정 기간 동안 고유 권리를 누릴 수 있도록 보장해주는 것을 통해 과학과 유용예술의 진보를 촉진할 것"이라고 미국 「헌법」에 써넣었으며, 이로써 과학기술과 혁신을 독려했다.

1945년 그때 당시 국가과학연구개발국 장관이었던 버니바 부시(Vannevar Bush)가 트루먼 대통령에게 「과학—그 무한한 프런티어」라는 유명한 보고서를 제출하여 과학의 중요성과 과학기술관리의 이념을 체계적으로 논술하고 세 가지 역사적 경험을 종합했다. (1) 기초연구는 국가의 특정 목표를 실현하기 위해 응용연구와 발전연구를 진행하는 토대이며, 기초연구의 전개에 가장 적합한 체제는 대학교 체제이다. (2) 정부는 공업계 및 대학교와 연구계약을 체결하고 자금을 지원하는 제도를 통하여 과학기술을 지원할 수 있다. (3) 정부가 과학자들을 고문으로 받아들여 정부에 과학자문기구를 설치하는 것은 대통령과 정부가 더욱 정확하고 효과적인 과학기술결정을 내리는데 도움이 된다. 부시의 보고서를 토대로 정부의 기초연구 지원 기능을 담당할 미국 국가과학재단(NSF)이 설립되면서 미국의 현대 과학기술체제가 점차 갖춰지기 시작했다. 약 80년간의 세대교체와 보완 과정을 거쳐 미국은 이미 정치체제에 걸맞은 다원화 분산화 과학기술체제를 형성했다. 연방정부의 시각에서 볼 때 다원화와 분산화의 가장 직접적인 구현은 과학정책 제정의 책임을 행정부서와 입법부문이 공동으로 부담한다는 것이다. 그중 정부가 과학기술 예산의 제정, 관련 정책의 추진, 과학기술 업무의 조율을 책임지고, 국회는 과학기술 예산의 심사, 인원과 기구의 임명과 설치, 관련 연방당국과 기구의 업무에 대한 감독 및 평가를 책임지며 입법을 통해 제반 과학기술 정책의 기본 틀을 결정한다. 미국의 과학기술체계는 "결정–집행–연구"의 3단계 구조를 이루고 있으며, 각 단계마다 주체는 매우 많지만 분업이 명확하다. 의사결정 차원에서 미국 대통령은 국가 과학기술 활동의 최고 의사결정권과 지도권을 갖고 있으며, 대통령 행정실 산하에 백악관 과학기술정책실 (OSTP)·국가과학기술위원회(NSTC)·대통령 과학기술자문위원회(PCAST)·관리예산실(OMB)이 설치되어 있다. 그중 OSTP은 주로 대통령이 과학기술정책을 제정하고 연구경비를 분배할 수 있도록 분석과 건의를 제기하는데 이로써 과학기술정책의 형성과 발전에 중요한 영향을 끼친다. NSTC는 여러 정부기관 간 과학정책 조율을 주로 책임지며 그 위원장은 대통령이 직접 맡는다. PCAST는 대통령의 최고 차원의 과학 고문단으로서 주로 정책자문을 제공하며, 단원은 대개 정부 밖의 최고의 과학자·엔지니어·학자들로 구성되며 일정한 독립성을 띠고 있다. OMB는 주로 대통령이 국회에 예산을 보고하는 준비업무와 후속 협의를 책임지고 관리하며 과학사업의 우선순위를 정하는 데서 가장 중요한 영향력을 행사한다.

집행과 관리 차원에서 대부분 국가들은 하나의 중앙정부 부서나 과학기술 부서를 통해 과학에 대한 집중적인 지원을 제공하지만, 다원화한 과학지원체제는 미국 과학기술체제의 최대 특성이다. 많은 연방부서와 독립기구들이 공동으로 과학연구를 지원하고 과학기술정책을 지도하는 책임을 담당하고 있다. 그중 과학기술과의 관계가 가장 밀접한 연방부서에는 국방부(DOD)·보건사회복지부(HHS)·항공우주국(NASA)·에너지부(DOE)·국립과학재단(NSF)·농업부(USDA) 등 6개 부서가 망라된다. 각기 다른 연방부서와 독립기구는 각기 다른 사명을 맡고 있다. 예를 들면 항공우주국은 주로 우주탐구를, DOD는 국가안보 강화에 대한 연구를, NSF는 더욱 광범위한 기초연구를 지원한다. 그러나 일부 교차 학과와 첨단 과학연구 분야에 대한 지원에서는 다원화한 체제가 중복 업무를 초래할 수 있으며, 일부 프로젝트는 다중 관리에 직면할 수도 있다. 미국 입법자들은 각기 다른 기관이 각자 다른 사명에서 출발하기 때문에 과학문제를 보는 시각도 조금씩 다를 수 있다. 따라서 연구지원을 더 광범위한 사명을 실현하는 요소로 삼기 때문에 그러한 연구 지원체제가 더욱 강한 생명력을 보여 늘 예상치 못한 "누출효과(스필오버효과)"를 낳게 된다. 그래서 그러한 다원화 과학자금지원체제가 지금까지 답습되고 있다. 연구 차원에서 연방연구기관·대학교·기업·비영리적 연구기관 등 4개 부류의 주체가 효과적인 분업협력을 형성했다. 연방연구기관은 정부가 직접 관리하거나 혹은 계약방식으로 관리하며 주로 중요한 기술의 응용연구와 일부 기초연구에 종사한다. 예를 들면 에너지부에 소속된 오크리지 국립실험실의 경우 원자탄의 연구제작을 책임진 맨하튼 프로젝트에 중요한 기여를 하였었다. 대학교는 기초연구를 위주로 한다. 미국은 세계에서 수량적으로 가장 많고 수준이 가장 높은 연구형 대학교를 보유하고 있으며, 동시에 연구인원들에게 최대의 자유를 준다. 여기에는 과학연구인원의 창업을 독려하고 과학연구 성과의 전환을 촉진하는 것이 포함된다. 기업은 실험발전에 중점을 두고 대부분 공업연구실험실을 매개로 하여 신기술과 신제품을 개발하고 있다. 그 중에 가장 유명한 것으로 미국 벨 연구소에서 트랜지스터를 발명하고 정보시대를 개척한 것이 있다. 기타 비영리적 연구기관에는 주로 지방정부 또는 개인연구기관이 포함되며 주로 기초연구와 정책연구에 종사하며 앞의 3개 부류의 주체를 보충하는 역할을 한다. 입법 차원에서, 국회의 가장 중요한 기능은 감독과 입법이다. 감독 면에서 국회는 두 가지 중요한 기능기관을 갖추고 있다. 하나는 국회의 '백과사전'과 같은 기관으로서 여기에는 국회에 광범위한 정책·의제 분석을 제공하는 국회조사국(CRS)을 비롯해 하원 산하에 있는 과학·우주·기술위원회와 같은 일부 전문위원회가 포함된다. 다른 하나는, 국회의 '정보기관'으로 회계감사원(GAO)과 같은 기관이다. 회계감사원은 기존의 정부 정책에 대해 조사하고 평가하며 사업을 계획하고 경비가 효과적이고 정확하게 사용될 수 있도록 확보하는 책임을 짊어지고 있다. 미국은 과학기술 성과의 전환과 혁신 창업에 대한 장려 및 지원을 매우 중요시하고 있다. 국회는 입법을 통해 과학연구 업무에 종사하는 중·소기업에 세수우대를 주고 연구 성과와 발명 특허의 귀속권을 확정한다. 예를 들면 1980년에 제정된 「특허와 상표의 개정법안」(일명 「바이-돌 법」)은 연방정부의 재정적 지원으로 이루어지는 연구를 통한 상업화 혁신을 위한 통일된 기본 틀을 마련하여 대학과 기타 비영리적 연구기관이 그렇게 발명된 특허를 얻도록 하고 또 업체와 협력하여 그 발명 특허를 시장에 내놓을 수 있도록 허용했다. 그 법안은 미국 대학과 산업계 간의 기술 이전 수준을 향상시켰다는 보편적인 평가를 받고 있다.

2. 미국의 산학연: 스탠퍼드대학과 실리콘밸리의 대표적 사례.

스탠퍼드대학은 개교 초기에 아주 유명하지 않았으며, 하버드대학이나 인접한 캘리포니아대학 버클리분교보다 훨씬 뒤처져 있었다. 1951년 그때 당시 프레더릭 터먼(Frederick Terman)공과대학 학장과 월레스 스털링(Wallace Sterling) 총장이 의논을 거쳐 대량의 학교 부지를 아주 저렴한 가격으로 임대해 주어 산업단지를 창설하도록 결정했다. 이 같은 결정은 학교의 수입 창출에도 일정한 도움이 되었을 뿐만 아니라 많은 산업체들을 입주시켜 학생들의 취업 문제를 해결함으로써 스탠퍼드대학 발전의 전환점이 되었다.

1938년 스탠퍼드대학 졸업생 빌 휴렛과 데이비드 패커드가 그들의 스승인 터먼 교수의 지원을 받아 휴렛패커드(HP)회사를 창설, 이는 실리콘밸리의 기원을 알리는 상징으로 널리 인정받았다. 1955년 터먼의 초청으로 '트랜지스터의 아버지' 쇼클리가 반도체 실험실을 실리콘밸리에 세우고 1963년에 스탠퍼드대학에서 교편을 잡았다. 그때부터 실리콘과 트랜지스터 및 집적회로 등 분야의 기업들이 실리콘밸리에 뿌리를 내리기 시작하였으며' 실리콘밸리가 초고속 발전기에 들어섰다. 스탠퍼드대학과 실리콘밸리가 큰 성공을 거둔 뒤 세계 많은 대학들이 잇달아 모방하였지만 성공한 자는 그리 많지 않았다. 그 근본적인 원인은 스탠퍼드대학과 실리콘밸리의 굴기가 단순하게 산업단지와 인큐베이터의 조성이나 기술양도대표처의 설립에 의지한 것이 아니라 일류 대학, 일류 과학연구인원 및 신생 기업을 핵심 주체로 하여 자유개방, 혁신독려, 실패포용 문화를 바탕으로 여러 주체가 긴밀하게 협력하고 상호 촉진하는 생태계를 구축한 데 있다. (그래프 9–14 참조) 다음은 정부·대학·기업 등 3대 주체가 실리콘밸리 생태계에서 발휘하는 역할에 대해 분석하고자 한다. 미국정부는 스탠퍼드대학과 실리콘밸리의 성장초기에 매우 중요한 역할을 했다. 한편으로, 연방정부는 대학의 기초연구에서 주요 후원자들이다. 냉전시기 미국

그래프 9-14 스탠퍼드대학과 실리콘밸리의 산학연 모델

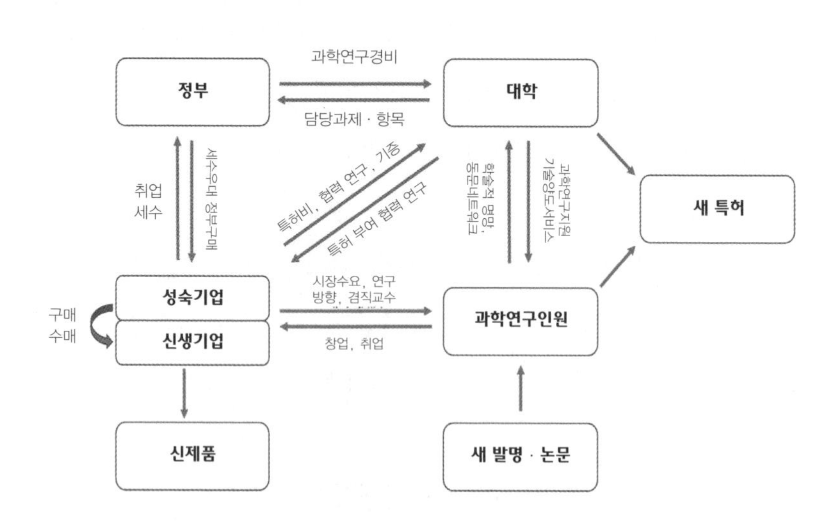

자료출처: 헝다 연구원.

정부는 군사기술 분야 연구에 대한 투입을 대폭 늘렸다. 스탠퍼드대학은 터먼의 인솔 하에 연방정부와 합작하여 실비아 전자 국방실험실(EDL)과 전자시스템실험실(ESL) 등 실험실을 설립하였으며 무선전과 트랜지스터 기술 분야 연구에서 빠른 발전을 이루었다. 다른 한편으로 연방정부는 냉전시기 실리콘밸리의 수많은 신생기업의 주요 고객이었다. 1950년대, 트랜지스터는 여전히 가격이 아주 비쌌는데 전자계산기 한 대의 가격이 자동차 한 대 가격의 4분의 1에 해당했다. 한편 정부는 국가안보를 위해 트랜지스터·전자마이크로파관 등 첨단제품을 대거 구입해야 했으므로 가격에 별로 민감하지 않았다. 바로 정부의 지원이 있었기 때문에 이들 신생 기업들은 꾸준히 기술의 업그레이드와 원가 절감을 실현할 수 있었다. HP·록히드 마틴(Lockheed Martin)·왓킨스 존슨(Watkins Johnson)·인텔 등 최초로 스탠퍼드 산업단지에 입주한 업체들이 혜택을 받았다. (그래프 9-15 참조)

그래프 9-15 2017년 실리콘밸리 외국인 출생인구 비율

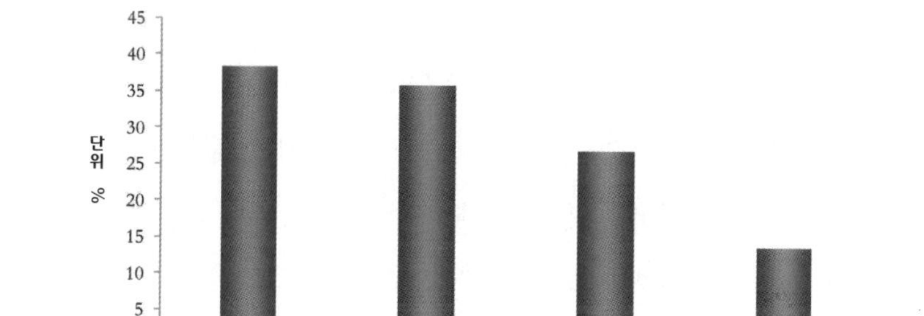

자료출처: 「2019 실리콘밸리 지수 보고서」, 헝다 연구원.

이민정책 면에서 미국정부의 H1B 미국 취업비자와 이민비자 체제가 많은 국제 인재들의 유입을 이끌었다. 2017년 실리콘밸리의 외국인 출생 비율은 38.2%로 미국 평균 13.7%보다 훨씬 높은 수준이었다.

대학은 실리콘밸리 생태계의 핵심 중 하나다. 스탠퍼드대학을 예로 든다면 대학의 주요 역할은 다음과 같은 세 가지가 있다.

(1) 대외로 기술 라이선스 및 협력 메커니즘을 구축하는 것.

(2) 대내로 기술전환서비스체제를 형성하는 것.

(3) 일류의 교원을 양성하고 일류의 인재를 양성하는 것이다.

그중 기술전환체제의 핵심부서는 기술 라이선스 사무소(office of technology licensing, OTL)이다. OTL는 주로 과학연구 또는 기술적 배경을 갖춘 프로젝트매니저들로 구성되며, 기술 전환의 전반 생명주기에 대한 관리를 담당한다. 여기에는 과학연구 성과 또는 발명이 특허로 전환될 가능성이 있는지 여부에 대한 평가, 비즈니스 잠재력 평가, 프로젝트 감정 평가, 그리고 그 토대 위에서 특허에 알맞은 산업 협력 파트너를 물색하고 최상의 조항에 대해 협상하는 등이 포함된다. 기술 라이선스의 형태는 신축성이 매우 강하여 라이선스 비용·저작권세·지분 등이 포함되지만 또 거기에만 국한되지 않는다. 동시에 스탠퍼드대학은 기술 라이선스에 따르는 수익은 과학연구인원·소속 대학·소속 학과에서 평균 분배하여 각각 1/3씩 차지하도록 규정지었다. OTL이 공개한 데이터에 따르면 2016년 스탠퍼드대학은 141개 기술 라이선스 프로젝트를 신규 증가하였는데 전체 기술 라이선스 프로젝트의 연도 수입이 9500만 달러에 달했다.

비록 기술 라이선스 수입이 스탠퍼드대학 전체 연도 예산(40억 달러 이상)에서 차지하는 비중은 크지 않지만, 스탠퍼드대학은 상기 조치가 학교와 산업계 간의 유대를 강화하는 동시에 자체의 기초과학 연구 실력을 과시해 연방정부의 과학연구경비 지원을 더 많이 확보하는 데 도움이 된다고 보고 있다. 이밖에 스탠퍼드대학은 또 교원과 학생들이 연구 성과를 바탕으로 창업하는 것을 독려하면서 학교에서 시장·자금·기술 등의 지원을 하고 있다. 2004년 구글이 상장한 후 스탠퍼드대학은 조기투자자 신분에서 퇴출하였는데, 그 한 가지 투자수익만도 3억 4,000만 달러에 달했다. 더욱 중요한 것은 전통 산학연의 "대학은 연구를 담당하고, 기업은 상업화를 담당하는" 선형 모델과 달리 스탠퍼드대학과 실리콘밸리 기업 간에는 '공생'과 비슷한 상호 의존관계를 맺고 있다는 점이다. 연구 성과의 상업화는 다만 그중의 일부분에 불과하다. 기업과 대학 간에는 또 협력연구·위탁연구·인재협력양성·기업컨설팅·데이터공유·설비 임대 등 다양한 형태·여러 주체의 협력 메커니즘을 구축했다. 예를 들면 스탠퍼드대학의 BIO-X 프로젝트는 바로 존슨 앤 존슨(Johnson & Johnson)·노바티스(NOVARTIS) 등 10여 개 바이오제약 거두와 협력하여 방문학자 장학금·협력연구 지원·기부기금 등 다양한 형태의 연구계획을 진행했다. (표 9-2 참조) 스탠퍼드대학이 밝힌 데 따르면 산업 계약 사무실(industrial contracts office, ICO)을 통해 학교는 매년 기업과 150건의 연구 자금 지원 협의와 450건의 자재 양도 협의를 체결한 것으로 알려졌다.

이러한 프로젝트는 스탠퍼드대학과 기업 간의 협력 범위와 콘텐츠를 크게 확장했다.

표 9-2 스탠퍼드대학과 기업의 협력 방식

협력 방식	간략 소개	특점	비고
기술 라이선스 (license)	OTL가 발명에 대한 체계적인 평가를 진행하고 특허출원을 하며 적절한 기업을 물색해기술 라이선스를 진행.	다원화한 협력 형태, 기술 라이선스 비용, 저작권료, 지분 등이 포함됨.	2016년에 141건의 기술 라이선스 신규 증가, 연도 수입 9,500만 달러.
연구자금지원협의 (sponsored research agree-ments, SRA)	기업이 연구 프로젝트에 자금을 지원, 프로젝트 계약은 ICO가 체결.	특정 연구계획·시간 기한·예산이 있음, 기업이 과학연구성과의 사용권과 진일보의 연구 권리 향유.	약 150건/년
자재양도협의 (material transfer agree ments, MTA)	연구 자재(바이오 샘플·화합물·실험 동물 등)의 전입과 전출.	연구 프로젝트의 협의를 바탕으로 하며 특정 예산이 없음, 최종 성과의 향유는 정책과 협의에 따라 종합적으로 결정함.	약 450건/년
자문 협의 (consulting)	교직원 또는 학생이 기업 자문을 담당함.	회사와 연구자가 체결한 개인 계약, 연구 성과는 기업과 학교가 공유함.	
설비 임대 협의	기업이 설비를 임대해주는 대신 연구 데이터 또는 보고를 얻음.	자금과 지적재산권 거래가 없음.	
데이터 사용 협의	연구인원이 연구를 목적으로 기업의 데이터를 사용함.	지적재산권 거래가 없음.	
파트너 계획	연구인원 주도로 진행되는 업계 인사 교류계획.	기업이 납부한 회원비로 자금을 제공함. 지적재산권 거래가 없음.	

기증(gifts)	기업이 교직원 또는 실험실에 무상으로 기증함.		
학자 방문	연구인원이 적격 기업 인사를 초청해 협력연구를 진행함.	최종 특허권과 저작권은 학교와 기업이 공동 소유함.	

자료출처: 스탠퍼드대학 공식 사이트, 헝다 연구원.

교사집단 건설과 인재 양성면에서 터먼 교수는 "steeples of excellence" 라는 유명한 이념을 가지고 있다. 즉 스탠퍼드대학을 최고의 대학으로 만들려면 반드시 최고의 교수가 있어야 한다는 것이다. 미국 연방정부의 자금 지원은 동종 업계 평가제도를 적용하고 있어서 오로지 최고 수준의 교사집단을 확보해야만 더 많은 연방정부의 자금 지원을 받을 수 있다. 스탠퍼드대학에는 총 81명의 동문·교수·연구인원이 노벨상을 수상하여 세계 랭킹 7위를 차지했다. 그리고 27명이 튜링상(컴퓨터업계 최고상)을 수상하여 세계 1위를 차지했다. 현재 재직 중인 교직원 중 노벨상 수상자가 19명이나 된다. 스탠퍼드대학은 화학·물리·전자공학 분야에서도 학과 우위를 갖추고 있어 많은 이공과 학생들이 선호하고 있으며 스탠퍼드대학 또한 실리콘밸리에 수만 명의 '젊은 피'를 보내주었다. 기업은 실리콘밸리 생태계의 또 다른 핵심이다. 위에서 언급한 바와 같이 기업과 대학 간의 다원화 협력 메커니즘 이외에 실리콘밸리 기업과 과학연구인원 간에도 매우 밀접한 연계가 있다. 적지 않은 기업의 창시자와 고위급 관리자 자체가 학교 과학연구인원과는 사제 간이거나 동창생 또는 동문 관계이다. 그중에서도 가장 대표적인 사례가 휴렛패커드(HP)회사이다.

터먼 교수는 처음에 군대 자원을 이용하여 HP회사의 초기 발전을 위한 적잖은 자금과 주문의 어려움을 해결해 주었으며‘ 또 줄곧 HP회사의 이사로 자문 역할을 담당해왔다. 결국 HP는 미국 최대의 과학기술회사 중의 하나로 부상하였으며’ 터먼도 자타가 공인하는 ‘실리콘밸리의 아버지’가 되었다. 2001년 스탠퍼드대학 110주년을 맞아 HP회사 창업주 휴렛 명의의 재단이 스탠퍼드대학에 4억 달러를 기부하여 기초교육과 연구에 쓰도록 하였는데, 그때 당시 미국 대학에서 받은 단일 기부금으로는 최고 액수이다. 사적인 관계 외에도 기업과 대학의 과학연구인원들 간에 광범위한 상호 방문·교류·협력·겸직이 이루어지며 또 기업은 종종 대학의 과학연구인원들에게 현실적인 문제해결을 방향으로 하는 연구 구상을 가져다주곤 한다. 그 대표적인 사례가 바로 구글과 경제학 교수 할 배리언(Hal Ronald Varian)에 대한 이야기이다. 배리언은 처음에 실리콘밸리의 다른 한 유명대학인 캘리포니아대학 버클리분교에 재직 중이었는데, 휴가 때 구글에 가서 겸직하면서 구글의 온라인 광고경매시스템인 애드워즈(AdWords) 디자인에 도움을 주었으며, 대학에서 퇴직한 후에는 심지어 전직으로 구글의 수석 경제학자로 근무했다. 배리언은 그 직무가 대량의 데이터를 접할 수 있어 이론의 선두에 설수 있었고, 또 많은 훌륭한 업계 인사들과 교류할 수 있는 기회가 있을 것이라고 여겼으며, 그 과정이 “참으로 흥미로울 것”이라고 생각했다. 한편 그가 디자인한 애드워즈 또한 구글에 매년 수백억 달러의 매출을 안겨주었다. 이밖에 기업이 집중되어 있어 기업과 기업 간 경제협력의 전개도 훨씬 수월해졌다.

협력은 주로 두 가지 방면으로 나뉜다. 산업사슬의 측면에서 보면 신생 기업들은 일반적으로 성숙한 기업에 원자재 제품·기술 또는 서비스를 제공하기 때문에 신생 기업들은 처음엔 최종 소비자가 아닌 기업 소비자를 대상으로 하며 초창기 마케팅 비용과 시장 리스크를 줄일 수 있다. 사스(SaaS) 분야의 거두인 세일즈포스(Salesforce)가 바로 성공 사례이다. 지분 보유의 각도에서 보면 성숙한 기업은 신생 회사를 인수 합병하는 것을 통해 제품라인을 꾸준히 확충하고 기술과 특허 비축을 강화할 수 있다. 애플·시스코·HP 등 거두들은 모두 활발한 인수자들이다. 신생 기업에게 있어서 거두의 판매와 사용자 네트워크를 빌려 신제품의 보급을 가속할 수 있기 때문에, 주주들에게 있어서 인수 합병은 또 다원화되고 편리한 퇴출 경로가 더 많아짐을 의미한다. 시스템의 각도에서 보면 기업은 실리콘밸리 생태계에서 중요한 '닫힌 원'이다. 오직 기업이 꾸준히 발전하고 장대해져야만 최종 일자리 창출·소득 실현·세수 기여를 이룰 수 있으며 더욱 높은 소득 수준, 더욱 많은 산업의 집중, 더 좋은 창업 분위기는 더 많은 우수한 기업과 최고의 인재를 유치할 수 있어 이에 따라 선순환이 형성될 수 있다. 비공식 통계에 따르면 스탠퍼드대학 동문들이 HP·구글·야후·시스코·엔비디아·트위터(Twitter)·링크트인(LinkedIn)·넷플릭스(Netflix)·인스타그램(Instagram) 등 실리콘밸리의 거두들을 만들었다. 스탠퍼드대학의 두 교수가 2011년에 진행한 조사결과에 따르면, 스탠퍼드대학 개교 이래 동문들이 총 4만 개 기업을 설립하였으며, 연 평균 수입이 약 2조 7,000억 달러에 달하는 것으로 집계되었다. 이들 기업을 모두 합치면 세계 10위 경제국(지역)이 될 것이다. 바로 이런 기업들이 꾸준히 생겨나고 성장하면서 실리콘밸리에 끊임없는 혁신활력을 가져다주었다. 「2019 실리콘밸리 지수 보고서」에 따르면 최근 10년간 실리콘밸리와 샌프란시스코지역의 1인당 평균 소득수준은 기본상 미국 전체 수준의 2배 정도를 유지하였으며 대다수 연도에 인구가 순유입상태를 유지했다. 금융위기 직후인 2010년 6월부터 2018년 6월까지 실리콘밸리 지역의 취업 기회 수는 29% 늘어 같은 기간 미국 전체 수준인 14%를 훨씬 웃돌았다. 실리콘밸리의 생명력을 엿볼 수 있는 대목이다. 그러나 주목해야 할 것은 2016년 이래 실리콘밸리의 집값이 빠르게 상승하였는데, 2018년 실리콘밸리의 집값 중위수 상승폭이 21%(같은 기간 캘리포니아 주는 겨우 3.4%임)에 달하였으며, 현재 이미 120만 달러에 달해 중등 집값 주택 구매 능력을 갖춘 계층의 비율이 하락했다는 사실이다. 이와 동시에 최근 몇 년간 실리콘밸리의 인구 순유입은 거의 정체된 상태이고 인구성장은 기본상 자연성장에 의존하고 있다. 2015년 7월부터 2018년 7월까지 실리콘밸리의 외국인 이민 인구수는 6만 2,000명이었다. 그러나 유출 인구수도 6만 4,000명이나 되었다. 2018년 실리콘밸리 인구 증가속도가 2000년 닷컴거품이 꺼진 이후의 최저치를 기록했다. 빠른 집값 상승이 바로 그 주된 원인일 수 있다.

3. 미국정부의 산업정책: 반도체의 경우.

미국이 무역마찰 과정에서 중국정부가 국가전략·산업정책 등 수단을 통해 "중국제조2025" 관련 하이테크 분야를 지원하고 있다고 거듭 비난하였지만, 실제로는 미국 자체가 하이테크 산업 육성에서 정부 조달·자금 지원 등 다양한 산업정책을 펴고 있다. 특히 반도체 산업의 경우 미·일 무역전쟁 기간 미국정부는 반도체 산업이 '국가안보'와 관련된다고 확정지은 뒤 일본 반도체 산업을 억제하기 위해 심지어 관세·외교 등 다양한 수단을 불사했다. 일본의 초대형 규모의 집적회로 연구개발연합의 설립 및 반도체 기술의 빠른 돌파의 움직임에 겨냥하여 미국 무역대표는 일본의 반도체 산업정책이 불합리하다고 비난하면서도 또 그 정책에 찬사를 아끼지 않았으며 미국정부도 그와 비슷한 정책을 마련할 것이라고 떠벌였다. 그 후 미국정부의 주도로 반도체제조기술전략연합(SEMATECH)이 설립되었고, 국방부 고등연구계획국(DARPA)의 지도아래 인텔·텍사스 인스트루먼트(Texas Instruments)·IBM·모토로라 등 11개 회사를 연합하여 공동 연구개발을 진행하여 반도체산업에 대한 기술 우위를 회복했다.

(1) 기술방향 자금지원 및 정부 구매.

기술발전초기, 즉 1950~70년대, 미국정부는 기술발전의 제창자였을 뿐만 아니라 자금지원자과 제품 구매자이기도 했다. 한 가지 새로운 기술의 발명은 자금도 많이 들고 위험도 높은 상황이 존재하므로 개인 기업은 감당할 수가 없다. 정부의 전폭적인 지지는 기업의 위험을 효과적으로 완화시켜 기술혁신을 위한 충분한 조건을 마련해 줄 수 있다. 군부의 기술적 지원으로서 초기에 여러 대기업과 실험실의 연구개발은 대부분 정부의 수요를 기반으로 하였기 때문에, 정부가 기술발전 방향에 중대한 영향을 주었다. 전쟁으로 인한 전자정보기술에 대한 "효율적이고 빠른 요구"로 트랜지스터가 탄생하게 되었다. 그러나 첫 트랜지스터의 원료인 게르마늄은 고온 조건에서 불안정한 화학적 특성을 띨 뿐 아니라 생산량이 제한적이었기 때문에 규소 소재의 사용을 촉진할 수 있었다. 다음은 소자 회로가 방대하고 복잡하며 고장률이 높은 것에 대해 군부가 "소형, 간편, 고효율" 요구를 제기하면서 소형 통합체 개발을 자극했다. 이 또한 1959년 텍사

그래프 9-16 1962~1968년 미국정부의 집적회로 구매 금액 및 비율

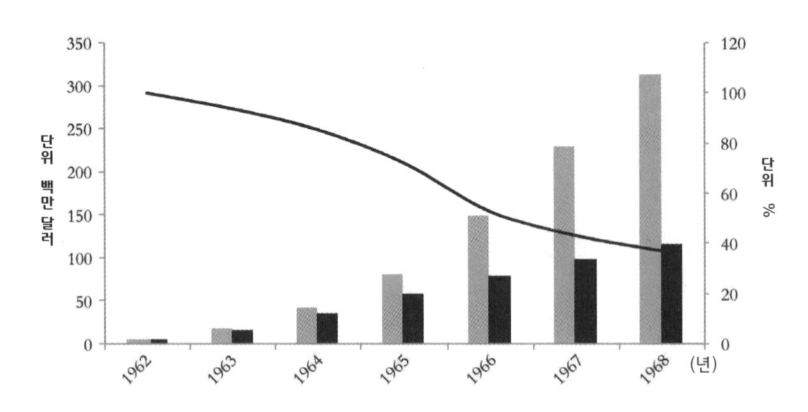

자료출처: John Tilton,"International Diffusion of Technology: The Case of Semiconductors", Brookings Institution Press, 1971, 형다 연구원.

스 인스트루먼트 실험실이 집적회로를 발명하게 된 직접적인 동기이기도 하다. 그리고 또 미국정부의 자금지원 및 대규모 구매가 기술의 발전과 제품의 상업화를 가속하였는데, 그중에서도 공군의 지원율이 가장 높았다. 연구개발 경비는 정부 경비와 민간 경비로 나뉘고, 정부 경비는 또 직접적 자금 조달과 도급 계약 두 가지 주요 형태로 나뉘는데 도급 계약의 기여도가 더욱 높다. 집적회로가 발명된 후 6년간 정부의 지원금이 3,200만 달러에 달하였으며, 그중 70%가 공군에서 조달했다. 합작 내용에는 텍사스 인스트루먼트의 115만 달러 2년 반의 기술 개발, 텍사스 인스트루먼트의 210만 달러의 500개 집적회로 생산 능력, 웨스팅하우스(Westinghouse Electric Corp.)의 430만 달러 전자제품 생산 등이 포함되었다. 제품이 초보적인 투자회수를 거둔 후 정부는 구매와 자금 강도를 낮추어 개인과 기업 투자자에게 인계하고 다시 시장효과를 이용하여 규모를 확대한다. (그래프 9-16 참조)

(2) 특별한 시기의 외교 및 무역 수단.

발전 중기에 이르러 일본은 DRAM 메모리 장치를 접점으로 하여 생산·기술·가격 등 모든 면에서 미국을 추월하여 '후발주자'에서 세계 제왕으로의 역습을 실현했다. 이에 따라 미국정부는 가장 유명한 「미-일 반도체무역협정」(The U. S.-Japan Semiconductor Trade Agreements)과 세마테크(SEMATECH, 미국 반도체 제조기술 연구조합)를 포함한 신속한 전략조정을 진행했다. 양자 협의가 체결된 배경은 일본이 첨단기술 분야의 일부를 선점함으로써 미국의 자체 발전에 대한 우려를 불러일으킨 것이다. 미·일 양자 협의는 일본의 무역장벽을 철폐하고 시장을 확대함과 동시에 일본의 발전을 억제하기 위한 데 목적이 있었다. 1980년대 이전까지 세계 판매량 최고의 반도체 회사는 미국이 독점하고 있었다. 그 반도체 회사들로는 내셔널 세미컨덕터(National Semiconductor)·텍사스 인스트루먼트·모토로라 등이 있다. 1986년에 이르러 세계 10대 반도체 회사 중 6개가 일본 업체로 바뀌었으며, 상위 3위권은 더욱이 일본 전기(NEC)·히타치·도시바가 차지하게 되었다. 이 때문에 미국정부는 1985년부터 일본과 협상을 시작하였으며, '반덤핑' 명목으로 일본정부에 산업정책을 조정할 것을 강요했다. 주요 요구는 아래와 같다. (1) 1991년 말까지 일본기업이 생산한 것이 아닌 반도체 부품과 칩의 일본 국내 판매량이 반드시 일본시장 총판매량의 20% 비중을 차지해야 한다.(그 이전에 일본정부의 보호 아래 그 비중은 10% 이하였음) (2) 일본 투자기업의 대 미국 인수합병 투자를 금지한다. (3) 가격감독메커니즘을 구축하여 제3국의 반덤핑행위를 금지한다. 미군의 보호에 의존해야 하였던 일본은 국방 수요에서 1986년에 협정을 맺었다. 그런데 그때 당시 많은 미국 업체들이 일본과의 저가 경쟁을 피하기 위해 ASIC(특정 목적의 맞춤 칩) 등 첨단기술·고부가가치 시장으로 방향을 돌렸기 때문에 양자 협정의 체결에 따른 효과와 수익이 별로 크지 않았다. 협정체결 후에도 일본의 반도체 시장점유율과 DRAM시장의 세계 점유율은 변화가 크지 않았으며, 여전히 미국보다 앞서가고 있었다. 이에 미국은 1989년에 또 다시 일본과 무역협정을 체결, 특허 보호 및 특허 라이선스 등으로 조항을 확대했다. 이에 따라 일본은 어쩔 수 없이 자국 기업들에 미국 기준과 제품을 적용할 것을 명했다. 1996년에 일본 기업 이외 업체가 생산한 반도체제품의 일본시장 점유율이 30%까지 상승하였으며 그중에서 75%가 미국제품이었다. 비록 미국이 산업조정을 거쳐 분업방식을 바꾸어 ASIC 맞춤 제작으로 방향을 틀면서 시장에 팹리스(Fabless) 운영 모델이 형성되었지만, 기본 기술·설비·자재의 열세는 무시할 수 없는 것이다. 일본 제품의 "싸고 질 좋은" 특성에 비해 미국은 제조공예 수준을 향상시켜 원가를 낮추는 것이 시급했다. 이를 위해 세마테크가 거대한 역할을 발휘했다. 1987년에 정부의 주도하에 일본의 대규모 집적회로기술 연구개발 연합의 노하우를 본받아 인텔·텍사스 인스트루먼트·IBM·모토로라 등 총 11개 회사를 연합하여 세마테크를 창설, 미국 국내 반도체 제조와 원자재 등 기초 공급 능력을 강화하는 데 취지를 두었다. 국방부 고등연구계획국(DARPA)의 지휘 아래 11개 기업은 서로 유무상통하면서 더욱이 설비제조업자들과의 협력을 강화했다. 협력 내용에는 (1) 설비의 위탁 개발, (2) 기존 설비의 개진, (3) 다음 단계 기술발전전략의 제정, (4) 정보교류 강화 등이 포함되었다. 그중에서도 가장 중요한 것은 새로운 설비의 개발로서 전체 예산의 60%를 차지하였으며, 금속판 인쇄기술·에칭·소프트웨어 및 제조 등에 프로젝트가 집중되었다. 자원을 통일적으로 계획하고 합리하게 배치하는 동시에 기업 간의 협력을 통해 연구와 실험의 중복을 줄이고, 전공 방향이 없는 문제를 개선하였으며, 제조능력과 자재연구개발의 진행과정을 크게 향상시켰다. 이에 따라 1992년 미국의 반도체 시장 점유율은 다시 1위를 회복했다. 시장 측면에서 미국 국내 미국산 신 설비 구입 의향이 1984년의 40%에서 1991년의 70%로 향상되었고, 1992년에 미국 응용자재회사가 세계 최대 설비 자재 공급업체로 부상하여 지금까지 유지해오고 있다. 기술적 측면에서 일본은 단말기 칩 분야에서 미국 대비 상대적 산출이 1985년의 50%에서 1991년의 9%로 하락하였으며, 1993년에는 세마테크(SEMATECH)가 0.35마이크로미터의 회로 제조를 완성했다.

(3) 관련 입법과 우대정책.

법적 보호를 중시하는 미국은 반도체 분야에서 여러 가지 정책을 실시하여 반도체 업계의 융자·투자·세수·특허 보호·과학기술 연구개발 등 방면의 진행 과정에 직·간접적으로 영향을 주고 있다. 정책 형태는 소득세 감면·기업 세율 인하·추가비용 감면·결손이월·소유권 보호·악성 경쟁 차단 등으로 나뉜다. (표 9-3 참조)

「1981년 경제회생세수법안」을 예로 들면 기업의 연구개발 비용은 자본으로 지원하지 않고 비용으로 간주해 공제한다. 예를 들어 당해 연구개발 비용 지출이 이전 3년의 평균치를 초과할 경우 초과부분에 대해 25%의 세수 감면 혜택을 주고, 기업이 신기술 개선에 사용하는 설비투자는 투자액의 10% 기준으로 소득세 공제가 가능하다. 이 법안의 실시는 기업의 영업압력을 덜어주는 동시에 기업의 혁신연구개발동력과 연구개발 강도를 증가시키기 위한 것이다. 일찍이 반도체 업계 저작권이 혼란스러운 현상을 겨냥하여 미국은 세계 최초의 「반도체 칩 보호법」을 출범시켰다. 그 법에 따르면 등록을 거친 집적회로 권리인은 10년 내에 그 작품에 대한 복제·발행 등 기본 권리를 누릴 수 있고, 또 악성 표절 복제자에 대한 추소권을 행사할 수 있다. 설령 등록을 하지 않았더라도 설계자는 2년 내에 권리를 행사할 수 있다. 그러나 「반도체 칩 보호법」은 역공학(기성 제품을 통한 설계 복원)에 대해 반대하지 않음으로써 시장경쟁도 어느 정도 촉진시켰다. 그 혁신적인 보호법안은 또 여타 국가 집적회로 특허 보호에도 영향을 주었으며 더욱이 세계지적재산권기구(WIPO)의 「집적회로 지적재산권 조약」의 개정과 세계무역기구(WTO)의 「무역 관련 지적재산권 협정」의 개정에 영향을 주었다.

표 9-3 미국 반도체 하이테크 분야 관련 법률 정리

	시간	법안	구체 내용
융자 벤처 투자	1958년	「소기업투자회사법」	소기업관리국(SBA)이 소기업투자회사의 세수혜택과 정부의 소프트대출 지원을 비준하고 소기업은 SBA를 통해 투자액의 4배에 달하는 저금리대출을 받을 수 있음.
	1977년	(SBICA)	상업대출기구가 기업 창설을 신청한 개인 또는 규모가 비교적 작은 대출기업에 대하여 차별정책을 실시하여서는 안 된다고 규정지음으로써 중·소기업이 공평한 대우를 받을 수 있도록 확보함.
	1977년	「공평신용대출기회법」	지역사회 은행이 소재한 지역사회의 중·소기업에 융자를 발행하는 것을 독려함.
	1982년	「커뮤니티 재투자법」	연구개발 예산이 1억 달러가 넘는 연방기구는 소기업 혁신 연구프로그램을 설립하고, 일정 비율로 중·소기업에 자금 지원을 해야 함.
	1992년	「소기업혁신발전법」	SBA는 자본투자에 종사하는 중·소기업을 위해 보증을 설 수 있고 소기업이 자본 증식을 실현한 뒤 원금과 이자를 일시불로 갚고 SBA에 10%의 수익분할금을 납부하도록 규정함.
세수 우대	1981년	「소기업자본투자촉진법」	기업 R&D 지출은 자본 지출로 간주하지 않고 비용으로 간주해 직접 공제할 수 있음.
	1986년	「경제회생세수법안」	기업이나 비영리기관이 정부 산하 기초연구기관·교육기관·독립연구기관에 기부할 경우 일부 세수 감면 혜택을 누릴 수 있음.
	1987년	「국내세수법」	R&D 투자세율을 49%에서 25%로 낮춤.
	2017년	「투자수익세인하법」	미국 하원과 상원을 통과한 1조 5,000억 달러의 세수법안이 기업 세율을 35%에서 21%로 대폭 낮춤. 미래 해외 이윤에 10.5%의 세금을 부과한다는 내용도 포함됨.
		공화당 세수계획	집적회로 등의 설계·특허를 보호함. 1987년, 1988년, 1990년, 1997년 연이어 개정하고 보완함.
지적 재산권 보호		「반도체 칩 보호법」	해외 미국 IC 디자인·제조 모조품을 억제함.
		「해외 모조품 방지법안」	

주: 일부 법안은 다년간 개정을 거쳐 현재까지 실행하고 있음.

자료출처: 헝다 연구원.

제4절
중국 과학기술체제개혁 및 정책건의

1. 중국 과학기술 체제개혁.

1978년 덩샤오핑(鄧小平)이 전국과학대회 개막식 연설에서 과학기술의 중요성을 전면적으로 논하면서 "과학기술은 제1의 생산력"이라고 명확하게 제기했다. 이는 중국 과학기술 체제에서 중대한 전환을 맞이하게 되었음을 의미하며 '과학의 봄날'이 본격적으로 시작되었음을 상징한다. 2012년 열린 중국공산당 제18차 전국대표대회에서 "혁신에 의한 발전추진전략"의 실시를 명시하면서 "과학기술혁신은 사회생산력과 종합국력을 향상시키는 전략적인 버팀목으로서 반드시 국가발전 전반 국면의 핵심적 위치에 올려놓아야 한다."라고 강조했다. 혁신에 의한 발전추진전략의 지도하에 2015년 중국은 과학기술체제개혁을 시작하였으며, 자원의 파편화와 전략적 목표의 초점 결여 등 문제를 중점적으로 해결하고 나섰다. 개혁은 주로 두 방면으로 나뉘었다. 한 방면으로는 과학기술 계획체제에 대한 개혁이다. 개혁 전에 40여 개 정부 부서가 90여 개 자금지원 프로젝트를 관리하고 있으면서 중복적, 분산적 폐쇄적인 문제가 존재했다. 개혁 후에는 중앙개혁전면심화지도위원회의 주도로 과학기술부·재정부·국가발전개혁위원회·

공업정보화부·교육부 등 부서가 참여하여 과학기술 계획관리 부서 간 연석회의제도를 형성하였으며, 또 지원 프로젝트를 국가자연과학기금·국가과학기술 중대 특별 프로젝트 등 5대류 과학기술계획에 포함시켜 각 부처 대표로 구성된 부서 간 회의에서 지원 프로젝트의 우선 등급과 자금 배분을 공동으로 상정하고 있다. 개혁 전에는 정부 부서가 연구자금을 배분할 수 있는 권한을 갖고 있었을 뿐 아니라 프로젝트 관리, 자금 용도에 대한 감독 및 평가도 담당하고 있었다. 개혁 후에는 정부 부서가 더 이상 연구 프로젝트의 관리에 개입하지 않고 그 부분의 업무는 전문적인 독립기구에 외주를 주었으며 기구 간에는 경쟁을 통해 정부 부서의 서비스계약을 취득하고 있다. 그 동안 1980년에 선전(深圳)경제특구가 설립되었다. 1985년에 중싱(中興)통신회사가 설립되었고, 1987년에 런정페이(任正非)가 화웨이사를 창설하였으며, 1998년과 2006년에 텐센트(騰訊)와 DJ-Innovations(大疆創新)이 잇달아 창립되었다. 2018년 선전 시의 전략적 신흥 산업 증가치가 총 9,155억 위안으로서 전시 GDP에서 차지하는 비중이 38%에 달했다. 그중 차세대 정보기술 산업의 증가치가 4,772억 위안으로서 선전 시 GDP에서 차지하는 비중이 20%에 달했다. PCT 국제 특허출원 수는 1만 8,000건으로 전국에서 1위를 차지했다. 2015년 이래 선전 시 상주인구가 연평균 50만 명 이상 씩 늘어 전국 1위를 차지했다. 혁신 창업자들이 선전으로 대거 모여들었다. 옛날의 작은 어촌이 중국 혁신의 도시로 급부상한 것이다. 시장화한 상업 토양, 자유롭고 포용적인 문화 분위기, 간편하고 개방적인 창업 환경, 집결된 우수인재 등이 바로 선전이 궐기하게 된 비법이다. 다른 한편으로는 전체 국면에 대한 전략적 기획과 입법에 대한 진일보의 강화이다. 최근 몇 년간 국가에서는 「과학기술체제 개혁심화 실시방안」「국가혁신구동발전전략요강」 등 일련의 정책문건을 계속 발표하고 일련의 전략적 목표와 실시방안을 제기했다. 2015년 전국인민대표대회 상무위원회에서 채택된 「과학기술성과전환촉진법」 개정안은 대학교 전반의 지적재산권 양도 및 판매 과정에서의 법률적 리스크를 낮추어 기술이전 및 전환을 촉진하고 연구개발인원들의 창업혁신을 장려하기 위한 제도적 환경을 마련했다.

2. 정책건의.

2018년 5월 28일, 시진핑(習近平) 총서기가 양원(중국과학원·중국공정원) 원사대회에서 발표한 연설에서 "중국이 강성하고 부흥하려면 반드시 과학기술을 대대적으로 발전시켜 세계 주요 과학중심지와 혁신고지가 되기 위해 노력해야 한다."라고 강조했다. 시진핑 총서기는 "혁신은 최고의 원동력이라는 이치를 충분히 인식해야 한다."며 "고품질의 과학기술을 공급하여 현대화 경제체계의 건설을 받쳐주는 데 힘을 쏟아야 한다."고 지적했다. 아울러 "과학 기술체제 개혁에서 감히 어려움에 맞서서 위험을 무릅쓰고 난관을 뚫는 용기가 있어야 하며. 과학기술혁신을 제약하는 모든 사상적 장애와 제도적 장벽을 타파해야 한다"라고 강조했다. 과학기술의 발전을 가속화하기 위하여 다음과 같이 건의한다.

1) 과학기술과 교육 체제의 개혁을 서둘러 시장화·다차원적인 산학연 협력시스템을 구축해야 한다. 국가 주도로 기초연구에 대한 투입을 늘리고 기업 주도로 실험개발에 대한 투입을 늘려 여러 부류의 주체가 합리적인 과학연구 분공을 이루어야 한다. 경비 분배와 과학연구 프로젝트 관리 면에서 미국의 "동종 업계 평가" 모델을 참고로 삼아 프로젝트에 대한 내부 경쟁과 사전 선정 및 사후 평가를 강화하여 고효율적인 경비 활용을 확보할 수 있다. 기업, 특히 중·소 신생 창업기업이 주도하는 연구개발 활동에 대해 감세를 강화하고, 연구개발 비용의 가산 및 공제비율을 더 높이며 특허 보호 관련 입법을 강화해야 한다. 스탠퍼드대학 기술 라이선스 사무소의 성공 모델을 배워 대내 대외 기술 전환 서비스 체계를 보완하고 대학과 기업 간의 다차원적 협력 모델을 독려하며, 대학 교직원들에게 창업·겸직·자문 방면에서 더욱 큰 자주권을 주고 학생들에게 학습과 사업 및 교류 면에서 더 좋은 환경을 마련해주어 양호한 혁신 분위기를 형성토록 해야 한다. 교육관리 제도를 개혁하여 기초교육 실력을 탄탄히 다지고, 대학교 교육에 대한 투입을 늘리며, 교육업계에 대한 규제를 풀어주고, 교육이념을 개혁하며, 충분한 학술토론의 자유를 주어 사상과 인재를 양성해야 한다.

2) 과학연구인원과 교원의 수입대우를 실제적으로 높여주고, 해외

고급인재 유치 강도를 높여야 한다. 현재 미국은 중국계 과학자에 대한 심사를 강화하여 인재 교류를 막는 등의 방식으로 중국 과학기술의 진보를 억제하고자 시도하고 있다. 중국학자들의 미국 방문교류에 대한 규제가 점점 더 엄격해지고 있으며, 제한 범위가 재미중국 "천인계획(千人計劃)" 학자들에게까지 확대되었다. 중국은 이 기회를 통해 연구경비 지원, 개인 세금 징수, 비자, 호적, 자녀 교육 등 분야의 해외 고급 인재 유치를 위한 일련의 정책을 출범시켜 과학연구원들에게 과학연구 재산권을 부여하는 것으로써 그들의 적극성을 불러일으키고, 과학연구원의 뒷 걱정을 확실하게 해결해주며, 또 그들의 과학연구와 창업에 더 강력한 지원을 해줘야 한다.

3) 합리적인 산업정책과 정부조달을 통해 "역량을 집중하여 큰일을 성사시키는" 체제의 우위점을 발휘하여 연구개발연맹을 구성하여 걸림돌이 되는 기술영역에서 연합하여 난관을 뚫어야 한다. 미국은 1960년대 반도체 산업발전 초기에 정부가 조달한 집적회로 제품 수량이 한때 기업의 전체 생산량의 37%에서 44%를 차지하였는데, 이로써 혁신기업과 중·소기업에 막대한 도움을 주었다. 1980년대 후기에 반도체 산업이 일본의 도전에 직면하였을 때, 미국은 국방과학위원회와 미국 반도체협회가 공동으로 주도하여 반도체 제조기술 과학연구조합(세마테크, SEMATECH)을 결성하여 연방정부가 연구조합 경비의 절반을 제공하고 연구성과를 정부와 기업이 공유하도록 하였으며, 최종 반도체 기업 세계 1위의 자리를 탈환하였던 것이다. 중국은

현재 수천억 규모의 국가집적회로산업투자기금(이하 "대 기금"으로 약칭)을 창설하였지만 대 기금의 투자방식은 여전히 분산투자와 지분 보유 위주로서 1970년대 일본의 VLSI(초대형 규모 집적회로) 프로젝트와 80년대 미국의 세마테크(SEMATECH)처럼 자원 통합, 집중 공략, 낭비 감소, 정보성과 공유 등의 시너지 효과를 낼 수는 없다. 이에 다음과 같이 건의한다.

① 당·정부·군대 분야에서 국산 운영체계와 국산 소프트웨어의 구매 비율을 늘려 자주적이고 통제 가능한 생태를 점차 구축해야 한다.

② 정부가 주도하여 반도체 기술연구개발연맹을 결성하고 화웨이·중싱·쯔광·SMIC 등 기업과 연합하여 기술 난제를 공략해야 한다.

4) 경제에 대한 금융의 버팀목역할을 적극 발휘시키고 주식시장 과학혁신판(科創板) 등록제개혁을 추동하여 과학기술기업의 융자를 지원해야 한다. 직접 융자 특히 벤처투자, 지방성 중·소은행을 발전시켜 창업형, 과학기술형 중·소기업의 융자문제를 해결하고 벤처투자에 대한 기업소득세 감면을 강화해야 한다. 현재 중국은 간접융자의 비중이 너무 높고, 직접융자의 비중이 낮아 신흥산업과 하이테크기업의 융자에 불리하다. "과학혁신판 + 등록제 시행"을 통해 다차원의 자본시장 건설을 탐색하여 과학기술혁신기업의 융자 효율을 높여야 한다.

결론

대국 흥망의 세기적 법칙과
중국의 부흥이 직면한 도전 및 미래

결론
대국 흥망의 세기적 법칙과 중국의 부흥이 직면한 도전 및 미래[16]

대국의 흥망 관련 명제에 대하여 오랫동안 논쟁이 끊이지 않고 있으며, 그 명제에 관련된 문제는 아주 복잡하다. 중국이 경제대국으로 부상하면서 중국을 바라보는 세계의 시각과 기대에도 변화가 일어났다. 피동적으로 받아들이든 자발적으로 맞이하든 중국은 그런 변화에 직면하게 되었고, 또 그런 변화에 적응해야만 하며, 더 큰 발전공간을 모색하고 그에 상응하는 글로벌책임을 짊어져야만 한다.

전략적 차원에서 보면 현재 다음과 같은 내용에 대한 연구가 시급하다. (1) 역사적으로 세계경제대국의 흥망성쇠 변화의 일반 법칙, 경제대국의 궐기가 세계 정치경제 구도에 미치는 영향, (2) 중국이 신흥경제대국이 된 후, 특히 세계 2위의 경제체가 된 후 진일보적인 궐기를 일으켜 직면하게 될 기회와 도전, (3) 중국이 경제대국으로부터 종합성 대국으로 나아감에 있어서 현실적인 전략적 선택 및 전망에 대한 연구가 필요하다.

16) 본문의 작자: 런쩌핑(任澤平), 뤄즈헝(羅志恒), 쑨완잉(孫婉瑩), 뤄리쥐안(羅麗娟).

제1절
글로벌 경제구도의 변화는 반드시 글로벌 관리구도의 재편성을 유발한다

2008년 세계 금융위기 이후 세계적으로 가장 주목받는 경제구도의 변화는 중국을 대표주자로 하여 인도·브라질을 포함한 신흥 경제국(지역)이 세계무대에서 부상하기 시작한 반면에 미국과 유럽의 경제국(지역)은 상대적으로 쇠락하고 있다는 점이다. 중국의 경제성과를 예로 든다면, 개혁개방 40년 이래 중국경제는 연평균 9.5%의 성장을 이루어 인류 역사상 대형 국가 경제성장의 기적을 창조했다. 2018년 중국의 GDP 규모는 90조 위안(13조 6,000억 달러)으로 전 세계에서 차지하는 비중이 16.1%에 달하였으며, 세계 2위 경제대국으로 부상했고, 글로벌 경제성장에 대한 기여도가 29%에 달했다. (그래프 10-1 참조) 그러나 현 시점에서 보면 신흥국가의 부상은 상당한 정도에서 경제대국의 신분으로 진행되었으며, 그 경제적 실력에 비해서 정치적 영향력과 군사적 실력에 여전히 매우 큰 격차가 존재한다. 신흥 경제대국이 창조한 경제발전성과가 세계적으로 신흥경제대국의 궐기 및 그 후과에 대한 논쟁을 불렀다. 브릭스(BRICS) 5개국, 중·미 G2, 「베이징 컨센서스」 중·미 무역마찰 등 의제가 화제에 올랐다. 역사의 경험에 비추어 보면 글로벌 경제구도의 변화는 필연적으로 글로벌 정치구도의 재편성을 초래하게 될 것이다. 다만 그 차이는 그런 조정이 전쟁의 방식으로 진행되느냐 아니면 평화적 방식으로 진행되느냐에 있다. 영국과 스페인의 해상 패권 다툼에서 제2차 세계대전에 이르고, 또 냉전·스타워즈 「플라자 합의」에 이르기까지 대국들 간의 패권다툼은 군사적 패주 지위의 다툼이자 경제적 실력의 겨룸이기도 하다. 핵시대가 도래한 뒤 세계 대국들 간의 자살식 전쟁이 일어날 가능성은 사라지고, 대신 '경제전쟁'을 위주로 하여 국제무역·국제금융·에너지 자원·지역조직·지연정치 등 분야로 겨룸이 폭넓게 펼쳐질 전망이다. 세계적 사무에서 일류 국가의 상대적 지위는 언제나 끊임없이 바뀌는데, 이는 군사적 투쟁의 결과일 뿐만 아니라 경제발전 경쟁의 결과이다. 각국 국력 성장속도의 차이, 기술의 발전, 조직형태의 변화 등 요소들은 모두 세계 대국의 흥망성쇠의 변화를 가져올 수 있다. 만약 21세기 글로벌 구도가 다극화로 나아가고 있다면, 그런 변화는 우선 경제구도로부터 시작될 것이다. 그러나 역사의 경험이 우리에게 알려주다시피 만약 글로벌 경제대국 간의 실력차이가 날로 축소된다면, 미국이 계속 글로벌 정치구도를 주도하기가 점점 더 어려워지게 된다. 제임스 매디슨(James Madison)의 데이터에 따르면, 기성 대국과 신흥 국가 간의 갈등이 집중적으로 폭발하기 전에 양국 간 GDP 격차는 모두 현저히 감소되었다. 구체적으로 보면 독일이 통일된 후 경제적으로 꾸준히 추격하여 독일과 영국의 GDP 비율이 1870~1880년의 70%대에서 1913년의 106%로 지속적으로 상승했으며, 독일이 영국의 패권에 도전하게 되면서 1914년에 제1차 세계대전이 발발한 것이다. 독일은 전쟁에서 패한 후 또 다시 빠르게 궐기하여 독일과 영국의 GDP 비율이 1939년의 125%로 급부상하면서 제2차 세계대전이 발발했다. 소련과 미국의 GDP 비율은 1929년의 30%대에서 제2차 세계대전 직전의 50%대로 꾸준히 상승했다. 미·소 냉전 기간에 소련이 공격태세를 취하였던 시기는 바로 소련과 미국의 GDP 비율이 상대적으로 높았던 1970년대였다. 일본은 제2차 세계대전 이후 궐기하여 일본과 미국의 GDP 비율이 전후 10% 미만이던 데서 1970년대 후반의 43%까지 올라갔다. 「플라자 합의」 이후 일본 엔화의 평가절상으로 인해 계속 상승하여 58%에 이르게 되자 미·일 양국 갈등이 격화되었다. 유럽과 미국 간 GDP의 비례는 1951년 마셜 플랜이 결속될 때의 50%에서 1960년대의 65%, 70년대 후기의 90%로 상승하면서 구미 간의 충돌이 끊이지 않았으며 유럽 내 미국 통제에 반대하는 정서가 심화되었다.

그래프 10-1 2018년 글로벌 앞 15위 경제국(지역) 경제총량의 세계 속 비중

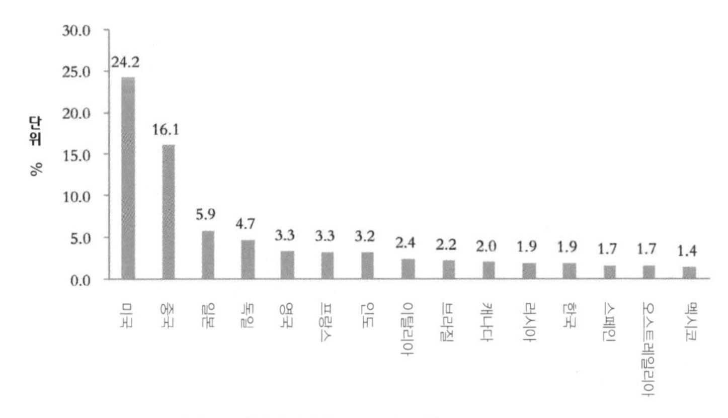

자료출처: Wind, 국제통화기금, 「세계경제전망」, 2018년 10월, http://www.imf.org/en/Publications/ WEO/Issues/2018/09/24/world-economic-outlook-october-2018 참고, 조회시간: 2019년 6월 3일, 헝다연구원.

제2절
대국 흥망의 세기적 법칙

'대국 흥망'은 경제적 현상만이 아니라 동시에 생물적·역사적·사회적·지리적·정치적 현상이기도 하다.

1. 경제학.

경제성장이론은 한나라 경제성장의 원인을 인구·기술혁신·투자·제도·재산권·사회분업·교육(인력자본투자)·비교우위·산업정책·발전계획·재정통화정책·공공재 공급·지적재산권 보호·모험을 대하는 태도·경쟁과 독점 등의 측면으로 돌려 중상주의·고전주의·케인즈주의·구조주의·신자유주의 등 다양한 경제학파가 형성되었으며' 중공업 추월, 수입 대체, 수출 선도, 「워싱턴 컨센서스」「베이징 컨센서스」 등 다양한 경제발전 모델을 종합해냈다. (표 10-1 참조) 그 주요 대표로는 애덤 스미스(Adam Smith)의 『국가의 부(富)의 본질과 원천에 대한 탐구』(일명 「국가의 부」 또는 「국부론」), 월트 로스토(Walt Whitman Rostow)의 『경제성장의 단계들: 비공산당 선언』, 홀리스 체너리(Hollis Chenery) 등의 「산업화와 경제 성장의 비교 연구」, 존 윌리엄슨(John Williamson)의 「워싱턴 컨센서스」, 조슈아 쿠퍼 레이모(Joshua Cooper Ramo)의 「베이징 컨센서스」 등이 있다.

표 10-1 국가간섭주의와 자유주의의 각기 다른 경제학파

국가간섭주의	자유주의
케인즈주의	고전경제학: 애덤 스미스 · 윌리엄 페티 · 데이비드 리카도
신고전종합파	신고전학파
신케임브리지학파	프라이부르크학파
신케인즈주의	조셉 슘페터(Joseph Alois Schumpete)의 경제사상
힉스의 경제사상	오스트리아학파: 루드비히 폰 미제스 · 프리드리히 하이에크
—	통화주의
—	이성예기학파
—	공급학파
—	공공선택학파
—	신제도경제학파

자료출처: 헝다 연구원.

2. 생물학.

다윈의 진화론은 생물과 환경의 상호작용에서 출발하여 생물의 변이와 유전 및 자연선택작용이 생물의 적응적 변화를 불러온다고 주장한다. "경쟁을 통해 적응한 것만 선택되어 살아남고 환경에 적응하는 생물만이 살아남는다(物競天擇, 適者生存)." 생물의 진화론에서 파생되어 나온 "국가생명주기론"은 국가도 사람과 마찬가지로 생기발랄하던 데서부터 노쇠와 사망에 이르는 생명주기를 가지고 있다고

그래프 10-2 1500~1980년 모델스키의 세계 권력 장기 주기

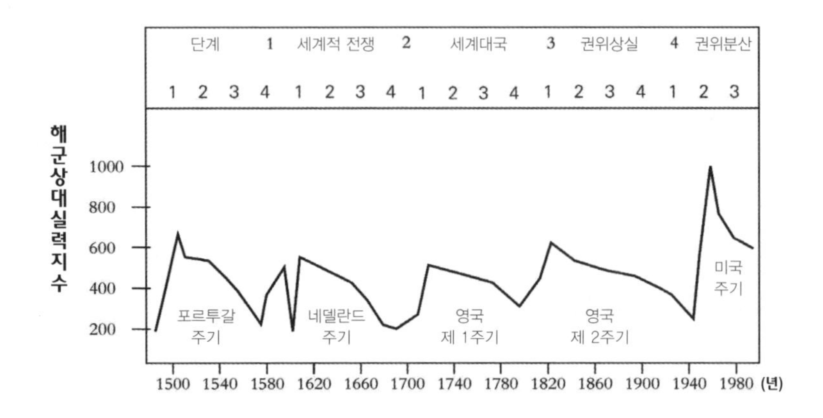

자료출처: George Modelski, William R. Thompson, Seapower in Global Politics, Macmillan Press,1988, p.10, 헝다 연구원.

주장한다. 세계 대국의 패권 교체 역사에 대해 경제학자들은 각기 다른 각도에서 구분했다. 예를 들면 이매뉴얼 월러스틴(Immanuel Wallerstein)은 경제의 전체적 우세(생산·상업·금융)에 따라 구분했다. (표 10-2 참조) 그러나 조지 모델스키(George Modelski)는 '해국시대' 각국 해군의 상대적 실력에 따라 구분했다. (그래프 10-2 참조) 나라가 쇠락하는 내부 원인에는 위험 회피·과소비·혁신능력 하락·생산성 저하·정부와 회사의 관료기풍의 보편화, 그리고 기득권집단이 개혁에 적응하려 하지 않고 저항하는 등이 포함된다. 외부 원인에는 전쟁·과도한 확장·잔혹한 경쟁 등이 포함된다. 표 10-3에서는 약 200년간 7개국 GDP가 세계에서 차지하는 비중의 변화를 열거했다. 국가가 사람과 다른 부분은 적당한 외부 자극이 있은 뒤 효과적인 내부 개혁을 통해 거듭 날 수 있는 것이다. 즉 외부 충격과 내부 개혁을 통해 국가는 다시 흥성하는 단계로 돌아올 수 있는 것이다. 예를 들면 개혁개방 후의 중국의 경우가 그렇다. 국가생명주기이론의 주요 대표인물과 저서로는 다윈의 『종의 기원』 1859년, 찰스 P. 킨들버그의 『세계경제패권: 1500~1990』, 1995년이 있다.

표 10-2 월러스틴의 세계 대국 패권 주기

패권의 권력	합스부르크 왕조	네덜란드(연합성)	영국	미국
궐기 중의 패권	1450~?년	1575~1590년	1789~1815년	1897~1913/1920년
패권의 승리	……	1590~1620년	1815~1850년	1913/1920~1945년
패권의 성숙	?~1559년	1620~1650년	1850~1873년	1945~1967년
쇠락한 패권	1559~1575년	1650~1672년	1873~1897년	1967~?년

자료출처: Terence K. Hopkins, Immanuel Wallerstein, World-Systems Analysis: Theory and Methodol-ogy, SAGE Publications, 1982, p.118, 헝다 연구원.

표 10-3 약 200년간 7대국의 GDP 세계 비중의 변화 **(단위: %)**

연도	1820	1870	1913	1929	1950	1973	2001
영국	5.21	9	8.22	6.76	6.53	4.22	3.23
독일	3.86	6.48	8.69	7.06	4.98	5.9	4.13
미국	1.8	8.84	18.94	22.7	27.32	22.07	21.42
소련/러시아	5.42	7.52	8.5	6.42	9.57	9.44	3.61
중국	32.88	17.05	8.83	7.37	4.5	4.62	12.29
일본	2.98	2.28	2.62	3.45	3.02	7.76	7.06
인도	16.02	12.12	7.48	6.52	4.17	3.09	5.39

자료출처: [영국] 앵거스 매디슨(Angus Maddison), 『세계경제 천년사』, 루샤오잉(伍曉鷹) 등 역, 베이징대학출판사 2003년판, 265쪽, 헝다 연구원.

3. 역사학.

역사학은 일반적으로 보다 전면적인 역사 사건과 정세로 대국의 흥망성쇠에 대해 분석하며, 분석 범위는 사회계층·문화 분위기·정치제도·국제정세 등 여러 방면이 망라된다. 표 10-4에서는 일부 신흥굴기국가와 기성 대국 간의 마찰을 종합하고, 여러 방면으로 각기 다른 역사시기의 신흥굴기국가의 각기 다른 결말의 원인에 대해 분석했다. 안드레 군더 프랭크(Andre Gunder Frank)는 자신의 저서 『백은자본: 경제 글로벌화 속의 동방을 중시하라』에서 중국은 장기간 세계경제의 중심 지위를 차지하였었으며, 경제총량이 전 세계의 50%에 달하였던 적이 있다고 지적했다. 그러나 '항해시대'가 시작된 역사과정에서 중국이 역사의 흐름에 순응하지 못한 것이 쇠락의 길을 걷게 된 중요한 원인이다. 네덜란드의 흥망성쇠를 보면 그때 당시 강대국 간 분쟁의 역사시기는 네덜란드가 궐기할 수 있는 토양이었음은 의심할 나위가 없다. 스페인의 "왕위계승 전쟁"이 끝나고 강대국들이 서로간의 분쟁을 끝내고 경제발전에 박차를 가하게 되면서 네덜란드는 점차 쇠락하기 시작했다. 이는 문화·지리·경제 등 요소로 전면적으로 설명할 수 있는 것이 아니다. 지나친 대외 확장이론은 16세기 서유럽 국가들이 진보한 이래 스페인·네덜란드·프랑스·영국·소련에서 미국 등 일류 강국의 흥망성쇠의 역사를 통해 알 수 있다시피 국가의 생산력·소득증대능력·군사력은 상호 의존적 관계를 형성하고 있다고 주장했다. 패권국 입장에서 보면, 장기적인 대외확장으로 말미암아 반드시 국력이 약화되고 패권이 남의 손에 넘어가는 결과를 초래하게 된다. 신흥국 입장에서 말한다면, 한 나라의 경제력과 군사력 증감이 동시에 이뤄지는 것이 아니다. 대부분의 역사 사례가 보여주듯이 양자 간에는 "타임래그"가 존재한다. 역사학에서는 대국의 흥망성쇠 분야에 대한 연구가 매우 많다. 예를 들면 데니츠 가야르(德尼兹·加亚尔)의 『유럽사』, 리스안(李世安)의 『구미 자본주의발전사』, 궈서우톈(郭守田)의 『세계통사자료선집(중고대부분)』, 레프텐 스타브리아노스(Leften Stavrianos)의 『세계통사 1500년 이후의 세계』, 폴 케네디(Paul Michael Kennedy)의 『강대국의 흥망』 등이 있다.

4. 사회학.

사회학은 사회계층과 문화가 대국의 흥망성쇠에 미치는 영향을 특히 중시한다. 예를 들면 영국이 최초의 산업화국가로 될 수 있었던 중요한 요소는 독특한 사회구조, 즉 강대한 중간계층이다. 산업혁명이 일어나기 직전에 영국이 유럽의 대다수 국가에 비해 독특한 특징은 영국에는 사회 상층과 하층 두 개의 계층만 존재하는 것이 아니라 강대한 중간계층이 존재하였으며, 계층 간의 경계가 상대적으로 모호하여 사회의 개방성과 유동성이 강했다는 점이다. 그리하여 상공업 생산 활동에서 영국은 다른 나라들이 가지고 있지 않은 사회활력을 갖출 수 있었다. 중간계층이 산업혁명을 추동하고 산업혁명 또한 역으로 신흥자산계급의 성장을 촉진시켰다.

표 10-4 역사상 신흥 궐기 국가와 기성 대국의 각기 다른 결말

기성대국	신흥 궐기 국가	추격 시간	결과
영국	독일	1880~1920년	독일과 영국 간 무역마찰이 끊이지 않음, 군비 경쟁 벌임, 제1차 세계대전 발발.
영국	미국	1870~1945년	영국은 유럽 대륙에 대한 견제에 주력하면서 대미 압박을 완화함. 미국은 경제·정치·군사·금융 등 분야에서 점차 패권 지위를 차지하였으며 최종적으로 영국을 대체하여 세계 패권국으로 부상함.
미국	소련	1945~1990년	정·군사 및 이데올로기의 의견차이로 인해 제2차 세계대전 종전 후 미국과 소련의 관계가 점차 악화되었으며 군사·정치·경제 등 분야가 포함됨. 미·소 양국은 총체적으로 대립상태에 처해 있었으며 단계적 국부적 완화 상황이 동반됨. 소련은 미국의 지속적인 압박과 "평화적 이행" 으로 경제 위기에 빠져들었고, 결국 해체됨. 미국은 세계 패권 지위를 유지함.
미국	일본	1950~1990년	미국이 일본에 대한 압박 강도와 수단을 점차 업그레이드함. 일미 경제 패권 다툼이 무역전쟁에서 환율·금융전쟁, 경제전쟁으로 점차 승격되고 산업마찰에서 거시적조정과 경제제도의 마찰로 승격되었으며, 결국 일본은 금융전쟁에서 패하여 "잃어버린 20년" 에 빠져듦. 미국은 세계경제·금융 패권을 유지함.
미국	유럽 공동체 (유럽연합)	1960년~현재	유럽 공동체의 경제총량이 점차 확대되면서 미국과 유럽 간에는 여러 차례 무역마찰이 일어남. 마찰분야에는 농업·철강 및 하이테크제품 등이 포함됨. 그러나 유럽연합은 주권국가가 아니기 때문에 내부구조적인 문제로 인해 미국의 패권에 전면적으로 도전하기 어려움.

자료출처: 헝다 연구원.

이것이 바로 영국이 산업혁명을 선도할 수 있었던 가장 뚜렷한 원인이다. 문화론은 사회학에서 대국의 궐기에 대해 설명하는 중요한 한 갈래로서 국가 흥망의 가장 중요한 원인은 가치관과 과학정신 그리고 기술인재의 양성에 있다는 것이 그 이론의 관점이다. 하버드대학 역사학자이자 경제학자인 데이비드 란데스(David Landes)가 그 관점의 대표적 인물이다. 그는 지리적 대발견은 서양문화 중의 모험정신 덕분이고, 산업혁명이 유럽에서 먼저 일어났던 것은 과학정신에 대한 추구와 기술지식의 축적 덕분이며, 청나라(清) 경제발전이 침체되었던 것도 과학과 문화적인 이유 때문이라고 주장했다.

문명충돌론도 국가의 흥망에 대해 깊이 있게 분석했다. 그 이론은 냉전 이후 세계는 8개의 주요 문명지역으로 구성되었고, 국가는 자체 이익에 입각하여 움직이면서 자국과 근원과 문화가 같은 국가와 협력하거나 결맹하고, 자신과 다른 문화를 갖고 있는 나라와 충돌하였으며, 냉전 이후 충돌의 주요한 차이는 더 이상 이데올로기의 차이가 아니라 문화의 차이라고 주장하고 있다. 문명과 경제는 서로 영향을 주고받으면서 국제 경제무역·정치구도의 변화를 추진해 각 국의 흥망에 영향을 주고 있다. 사회학 관점의 주요 대표 인물과 저서로는 새뮤얼 S. 헌팅턴(Samuel Huntington)의 『문명의 충돌과 세계질서의 재편』, 데이비드 S. 란데스(David S Landes)의 『국가의 부와 빈곤』이 있다.

5. 지리학.

대국 흥망의 지리론은 지리환경이 국가의 흥망에 중요한 영향을 준다고 주장, 그러나 각기 다른 역사시기에 그 영향은 각기 다르다. 교통이 불편하고, 농업과 목축업이 발달하였던 초기 역사 시기에는 충족한 수원, 경작이나 축산업에 적합한 기후 및 평원의 지세가 모두 국가 발전에 도움이 되는 중요한 요소였다. 그래서 인류 사회의 몇 개 문명고국은 황허(黃河)·인더스 강·나일강 등 하천유역에서 탄생한 것이다. 15세기 이후의 '항해시대'에는 바다와 가깝고 또 수심이 깊은 항구를 많이 보유하고 있는 나라, 예를 들어 스페인·포르투갈·영국·네덜란드와 같은 나라들이 모두 해운과 해군을 대대적으로 발전시켜 경제의 도약을 촉진했다. 산업경제발전과 육·해·공 수송이 전례 없는 발전을 이룬 시대에, 각국의 자연 자원 분포가 고르지 않은 것은 여전히 경제발전에 중요한 영향을 미쳤다. 석유 자원에 의지하는 중동 국가는 장기간 부를 축적하였고 말라카 해협 양안의 항구도시들은 천연 지리적 위치에 의지하여 무역을 대거 발전시켰다. 지리적 요소가 국가의 흥망성쇠에 미치는 영향은 국가의 문화·정치체제·군사력·지연전략 등 면에서도 반영된다. 첫째, 지리적 환경은 국가의 민족정신과 성격에 영향을 미친다. 예를 들면 해양형 국가는 장기적으로 외부와 접촉이 잦고 항해업과 상업에 많이 종사해오면서 더욱 모험적이고 자유를 추구하는 민족 성격이 형성되었기 때문에 원양항해와 무역에 참여하려는 의향이 더욱 강하다. 둘째, 지리적 환경은 국가의 정치체제에 영향을 미친다. 해양형 국가에서는 봉건전제체제가 지속된 시간이 보편적으로 짧지만 대륙형 국가에서는 봉건전제체제가 지속된 시간이 길다. 유럽이 정치적 다원성을 보이는 중요한 원인 또한 그 파편화된 지리적인 구조에 있으며, 드넓은 평원이 부족하여 사람들이 분산되어 있어 통일적인 중앙집권정권으로 통치하기 어렵기 때문이다. 셋째, 지리적 환경은 국가의 영토 방어 시스템과 군사력 구조에 영향을 미친다. 사면이 바다로 둘러싸인 영국은 강대한 해군이 필요하였고, 국토가 넓고 평원이 많으며 천연적인 보호벽이 부족한 러시아는 강대한 육군이 필요했다. 넷째, 국제 지연정치에서 국가가 차지하는 위치도 국가의 흥망성쇠에 심원한 영향을 미친다. 유럽연합(유럽 공동체)의 형성은 국제 지연정치의 원인이 크다.

대국 흥망성쇠의 지리적 이론의 영향으로 지연정치학에서는 지리적인 요소를 국가의 정치 행위에 영향을 미치는, 심지어 그 정치 행위를 결정하는 기본 요소로 보고 있으며 "대륙 균형설" "중심지대설" "변두리지대설" "육상권리·해상권리·제공권" "하이 프런티어(high frontier) 전략" 등과 같이 세계 각국의 지연·정치 게임에 대해 분석하는 관점을 형성했다. 지연경제학은 매개 나라가 지연의 각도에서 국제경쟁에서 국가 자체의 이익을 보호하고 경제수단을 통해 국제경쟁을 전개하며 국제관계를 처리한다고 주장한다. 인류 역사에서 그리고 현재 세계 주요 경제 강국들은 기본상 같은 위도지역에 처하여 있다. 지리적 이론의 주요 대표로는 폴 케네디의 『강대국의 흥망』, 제임스 도허티(James E. Dougherty) 등의 『논쟁 중의 국제관계이론』, 해퍼드 매킨더(Halford Mackinder)의 『역사의 지리적 중추』, 알프레드 사이어 머핸(Alfred Thayer Mahan)의 『해상 권력사론』, 줄리오 두에(Giulio Douhet)의 『제공권』, 헨리 키신저(Henry Alfred Kissinger)의 『대외교』, 즈비그뉴 브레진스키(Zbigniew Kazimierz Brzezinski)의 『거대한 체스판: 미국의 세계 1등 지위 및 지연 전략』이 있다.

6. 정치학.

국가 흥망성쇠의 정치이론은 제도이론이라고도 하는데 국가의 기본 제도 특히 정치제도는 국가발전의 진척과 효율을 결정한다고 주장한다. 역사를 살펴보면 대국의 흥기에는 흔히 제도의 개혁이 뒤따랐음을 알 수 있다. 진효공(秦孝公)의 상앙변법(商鞅變法)과 진시황(秦始皇)의 대일통(大一統)이 진한(秦漢)제국 400년 성세의 기반을 마련해주었고, 삼성육부제(三省六部制)·과거제(科擧制)·균전제(均田制) 및 양세제(兩稅制) 등 중대한 제도적 혁신이 수당(隋唐)의 흥성에 초석을 마련했다. 그리고 입헌군주제 및 공화제는 영국과 네덜란드의 궐기를 위한 길을 닦아놓았으며, 미국의 흑인노예제 폐지, 연방제와 삼권분립의 정치체제의 구축은 미국의 강성한 국력의 토대가 된다.

정치제도는 국가권력을 구분하는 것을 결정지으며, 지배계층의 이기적 의지는 국가발전의 잠재력을 제약할 수 있다. 정치제도의 기본 내용은 국가 권력을 구분하는 것이다. 고대 봉건왕조의 군주제는 군주를 대표로 하는 귀족계급이 통치권을 장악하고 있었고, 중세기 유럽 종교국가는 왕족과 교회가 공동으로 통치권을 장악하였으며, 현대 민주제는 민중이 국가를 관리하는 권력을 향유하고 있다. 소수자가 국가의 통치권을 장악한 정치제도 하에서는 통치계층이 이기적 요소로 인해 국가의 발전에 유리한 경제적 혁신을 억제할 수 있다. 예를 들면 1차 산업혁명 초기에 증기터빈은 영국이 아닌 프랑스에서 먼저 탄생하였지만 프랑스의 정치 지도자들이 증기터빈의 보급으로 인해 프랑스 동업조합의 쇠퇴를 불러와 저들의 통치기반이 영향을 받을까 우려하여 증기터빈의 발전을 제한하는 바람에 프랑스는 대국 궐기의 기회를 잃어버린 것이다. 재산권에 대한 효과적인 보호의 결여는 정치제도가 실패하는 첫 번째 원인이다. 제임스 A. 로빈슨(James A. Robinson)을 대표로 하는 제도이론은 국가패배의 근원이 착취형 정치제도와 경제제도에 있으며 경제제도보다 정치제도가 우선적 역할을 한다고 주장했다. 본질적으로는 재산권에 대한 효과적인 보호가 결여하기 때문에 착취형 정치제도와 경제제도가 행위자에 대해 지속적이고 유력하게 격려하지 못해 결국 발전이 침체되는 것이다. 전형적인 사례로 미국 남부의 노예제도를 들 수 있다. 1860년대의 미국에서 중북부는 상공업을 위주로 하고 남부는 흑인노예제를 기반으로 하는 재배농장경제를 위주로 했다. 남북전쟁이 노예제를 종식시켰지만 남방의 통치자들은 여러 가지 수단으로 노예제를 이어가는 바람에 남방 여러 주의 경제발전수준은 북부에 비해 장기간 뒤떨어져 있었다. 그 격차는 1960년대 이후에야 점차 좁혀지기 시작했다.

상기 이론의 주요 대표에는 대런 애쓰모글루(Daron Acemoglu)와 제임스 A. 로빈슨의 저서 『국가는 왜 실패하는가』, 더글러스 노스(Douglass Cecil North) 등의 『서양세계의 흥기』, 『제도 변천과 미국 경제 성장』, 새뮤얼 S. 헌팅턴의 『변화를 부르는 변화: 현대화와 발전 및 정치』, 『변화하는 사회의 정치 질서』이다.

제3절
중국의 경험: 중국은 무엇을 잘하였는가?

개혁개방 40년래 중국경제는 세계가 주목하는 발전성과를 거두었으며, 중국의 경제성장 모델 및 그 후과에 대한 각국 간의 논쟁을 야기했다.

현재 중국의 경제성장 모델에 대한 관점은 두 가지가 있다.

첫 번째 관점은 국제적으로 유행하고 있는 관점인데, 중국을 수출의존형 모델이라고 주장하는 것이다. 중상주의전략의 실행을 통해 저환율을 유지하고 에너지·토지·노동력 원가를 저평가하며 수출과 투자에 크게 의존한다고 주장한다. 국내 소비수요가 부족한 상황에서 과잉생산능력을 전 세계에 수출하여 심각한 내외 불균형이 형성되었고, 세계경제 불균형을 격화시키고 있다는 것이다. 이런 관점을 가지고 있는 이들은 세계경제의 재 균형을 이루려면 반드시 중국에 대해 보호무역주의를 실행해야 하고, 또 위안화의 평가절상을 촉구해야 한다고 주장한다.

두 번째 관점은, 중국을 내수 위주의 성장모델이라며, 매 단계의 경제성장 엔진의 전환은 모두 주민소비구조의 업그레이드 노선을 따라 전개된다고 주장하는 것이다. 표 10-5에 표시된 바와 같이 1980년대의 경공업에서 90년대의 가전산업에 이르고 또 21세기 이후의 자동차·부동산산업에 이르기까지 매번 산업 업그레이드와 경제성장의 흐름을 주도한 것은 '의식(衣食)'에서 '내구재', 그리고 다시 '주행(住行, 주거와 교통)'에 이르는 소비구조의 업그레이드였다. 중국경제성장의 동력구조를 보면 중국의 경제성장 모델은 '이륜구동'이라는 기본 특성을 갖고 있다. 1990년대 중반 이후 중국경제성장의 동력구조는 내수구동을 위주로 하던 데서부터 내·외수 '이륜구동'으로 과도하기 시작하였으며, 국제 경쟁력에 따른 외수와 주민소비의 업그레이드에 따른 내수가 함께 중국 경제성장의 '이륜구동'의 힘을 이루었으며, 두 힘이 모두 매우 강력했다. 중국의 점차 개선되고 있는 인프라시설, 숙련된 대규모의 제조업 노동자와 기술인원, 효과적인 환율개혁·세계무역기구 가입 등 정책조치에 힘입어 저렴하고 품질이 좋은 중국제조제품이 세계로 진출하게 되었고, 경제의 외향성이 빠르게 향상되었다. 동시에 중국은 14억에 가까운 인구를 가진 거대한 시장을 보유하고 있고, 중국의 도시화율은 59.6%에 이른다. 중국은 도시화를 빠르게 추진하는 시기에 처해있어 도시 진출 농민 노무자의 도시민화 의향이 절실하고, 도시주민의 소비 업그레이드가 빨라지고 있어 중국경제의 내적수요가 왕성하다. 지난 20년 역사를 돌이켜보면, 내수와 외수 두 갈래의 힘이 번갈아가며 중국의 경제성장을 공동으로 이끌었다. 중국의 경제성장 모델은 외수에 지나치게 의존하는 약소국의 수출지향형 모델도 아니고 전적으로 내수를 위주로 하는 대국의 폐쇄적 경제체의 모델도 아니며 전형적인 대국의 개방형 경제체이다. 더 심층적인 차원에서 보면 지난 40년간 중국의 발전성과는 시장화 지향적 개혁개방에 힘입은 것이다. 예를 들면 1980년대의 가정별 생산량 도급책임제, 향진(鄕鎭)기업, 경제특구의 설립, 1994년 국세와 지방세 분리의 세금제도의 개혁, 1998년 부동산개혁, 2001년 WTO 가입, 2015년 이래의 공급측 구조개혁 등을 통해 농민, 지방정부, 민간기업 경제, 국유기업, 외자기업 등 주체들의 재부 창출 활력을 충분히 방출시켰다.

표 10-5 1978~2018년 중국 경제성장의 주도 업종

시기	1970년대 말 80년대 초	1990년대	21세기
내수발전단계	의식	내구재	주행(주거, 교통)
외수발전단계	대외개방 실행, 경제특구 설립	1994년 위안화 환율의 심각한 평가절하, 수출주도전략	2001년 WTO 가입, 글로벌경제에 융합
경제성장과 주기적 변화를 주도한 업종	식품	가전	자동차
	방직	전자	부동산
	금융	자동차	화력발전, 철강, 석유화학
	야금	야금	금융
	석유화학	석유화학	인터넷
			전자

자료출처: 헝다 연구원.

제4절
세계경제 중심 이전의 추세 및 후과

1. 지난 100년간의 기본 사실.

1900년 이래, 세계경제의 중심은 먼저 대서양 동해안에서 대서양의 서해안으로 이전하였고, 다시 환대서양지역에서 환태평양지역으로 이전하였으며, 지금은 태평양의 동해안에서 태평양의 서해안으로 이전하고 있다.

2. 글로벌 경제중심이 이전하는 기본 원인.

한 나라 경제 분야에서 가장 중요한 것은 '생산성'이다. 역사상 경제 패권의 대다수가 '생산성'에서 '비생산성'으로의 전환을 거쳤으며, 이에 따라 경제패권국은 생명주기의 성격을 띠게 되었으며, 번영에서 쇠락에 이르는 숙명을 피해갈 수 없게 된다. 경제패권국은 초기에는 가장 선진적인 공업품 제조자였다가 그 후 자본수출의 방식으로 산업을 후발국가로 점차 이전하게 되며, 그 자체는 점차 금융서비스업에 의존하는 금리생활자로 바뀐다. (2008년 미국 부동산·금융 분야에서 발생한 서브프라임 모기지(비우량 주택담보대출) 위기, 2009년

유럽의 주권채무 위기, 2012년 은행업 위기) 그 과정을 경제적 측면에서 보면 이득을 얻을 수 있다. 그러나 안보·정치 측면에서 보면 패권의 기반을 상대적으로 쇠락시키는 결과를 초래하게 되며, 그 과정에서 괴리가 지속 불가능한 지경에 이르게 되면 반드시 세계 정치 구도의 재조정을 초래하게 된다. 역사상 글로벌 경제 중심의 이전은 우선 "생산성"부분을 갖춘 글로벌 생산 제조 중심의 이전이었다. 이에 따라 신흥국들은 후발주자가 추격하면서 모방하고 배울 수 있는 조건, 대규모 기술혁신의 산업기반, 글로벌 생산을 조직할 수 있는 능력, 글로벌 자원을 동원할 수 있는 실력을 갖출 수 있었으며, 나아가 글로벌 거버넌스에서 신흥국의 영향력과 소프트파워를 향상시킬 수 있었다. 지난 100년간 미국과 유럽경제가 직면하였던 주요 문제는 '생산성'에서 '비생산성'으로의 전환이었다. 미국 서브프라임 모기지위기와 유럽 주권 채무위기의 형성은 유래가 깊은데 생산성 저하, 제조업 위축, 산업 공동화, 지역경제 경쟁력 저하, 고복지 모델의 폐단(유럽), 과소비(미국) 등 병폐가 장기적으로 침식한 결과이며, 과거의 세계 패권국이 불가피하게 몰락의 길에 접어들게 된 생생한 모습인 것이다.

중국을 위수로 하는 신흥경제국(지역)들이 부상하게 된 원인은 바로 대내 개혁과 대외 개방을 통해 내부 활력을 방출하고, 외부 발전 공간을 확대하면서 세계 '생산중심'의 이전을 잘 이은 데 있다. 신흥국의 부상과 유럽·미국과 같은 전통 선진국들의 쇠퇴는 이른바 "부지런하면 성공하고 사치하면 패배한다", "근심 걱정 때문에 살고 안락함에 죽는다"라는 중국의 고훈을 증명해주는 대목이다.

3. 세계경제 중심의 이전이 가져온 정치적 군사적 후과.

패권국에는 날로 쇠락하는 상대적 경제력과 여전히 강대한 정치·군사 실력이 공존하고 신흥국가에는 활력이 넘치는 경제력과 여전히 취약한 정치·군사 실력이 공존하고 있다. 21세기 세계 패권 다툼은 새로운 수단이 등장할 것이다. 경제전쟁·화폐전쟁·지연전쟁·문화전쟁·과학기술전쟁이다. 지금은 세계 주요 경제대국의 향후 30년 경제발전에 대해 전략적으로 예측하여 2050년까지 세계경제의 지연 구도를 그려내야 한다. 「플라자 합의」가 체결되기 전에 일본 GDP의 미국 GDP 대비 비율은 40%에 가까웠으며, 현재 중국의 GDP는 미국 GDP의 66%에 해당하는 수준이다. (그래프 10-3 참조) GDP 성장폭 6%로 계산하면 2027년을 전후하여 중국이 미국을 제치고 세계 최대 경제국으로 부상할 수 있다.

그래프 10-3 1970~2016년 중국·소련·일본 GDP의 미국 GDP 대비 비율

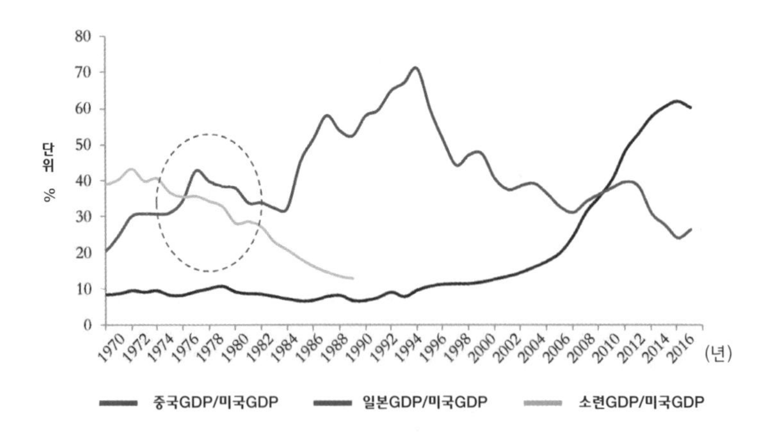

자료출처: 유엔·러시아 통계서·헝다 연구원.

제5절
중국경제대국의 굴기가 직면한 도전과 미래

1. 역사 경험: 세계 신흥경제대국이 경제 강국으로 나아가는 성패의 거울

역사상 몇 차례의 세계 신흥경제대국의 굴기는 당시 세계 정치경제 구도에 모두 심원한 영향을 주었다. 충분히 장원한 역사적 시각으로 볼 때, 세계 지리의 대발견과 산업혁명 이래 글로벌 경제패권의 다툼은 마치 영원히 멈추지 않는 선수권대회와도 같았다. 해상권력 시대에 영국이 스페인을 상대로 해상패권에 도전하여 성공을 거두었고, 두 차례의 세계대전 기간에 독일이 영국의 세계경제패권에 도전하여 실패하였으며, 두 차례의 세계대전 종전 후에 미국이 영국의 세계경제패권에 도전하여 성공을 거두었고, 1980년대 말에 일본이 미국의 세계경제패권에 도전하여 실패했다.

2. 기회와 도전: 중국은 경제발전을 계속 유지할 수 있을까?

중국경제발전의 앞날은 새로운 내외부의 기회와 도전에 직면하고 있으며, 또 날로 복잡해지는 지연관계에도 직면하여 있다. 중국경제발전이 직면한 외부 환경의 도전: 에너지 안전, 새로운 국제 지위, 새로운 세계 책임 등이다. 중국은 어떻게 해야만 새로운 경제대국의 역할과 세계 규칙에 적응하여 양호한 국가 이미지를 구축할 수 있을까? 중국은 "중진국의 함정"이라는 세계적 딜레마를 어떻게 뛰어넘을 것인가? 앞으로 3억 농촌인구를 수용하는 공업화와 도시화를 어떻게 실현할 것인가? 중국경제의 지속적인 발전을 지탱해줄 에너지 자원을 어디서 찾아야 할까? 어떻게 요소에 의한 고속성장단계로부터 혁신에 의한 고품질 발전단계로 전환할 것인가?

중국경제발전이 직면하고 있는 내부 제도적 장애, 지속적인 개혁의 동력은 어디에서 오는가? 어떻게 해야 기득권 집단으로부터 오는 저항을 극복하고 "공평한 기회, 과정의 참여, 성과의 공유"를 실현한 조화로운 사회를 이룰 수 있을까?

3. 현실적인 전략적 선택: 중국은 어떻게 경제대국에서 종합성 대국으로 나아갈 것인가?

(1) 중국의 가장 중요한 외교관계는 중·미관계이다.

중·미관계의 본질은 신흥대국과 기성 패권국가의 관계라는 모델문제이다. 세 가지 기본 모델은 경쟁과 대항, 협력과 추종, 도회와 고립이다. 경제대국에서 종합성 대국으로 나아가려면 탁월하고 위대한 지도자, 인심을 결집시킬 수 있는 이상과 희망, 뛰어난 전략적 지혜, 뛰어난 외교적 수단, 결단력 있고 영활한 집행력 및 전면적인 인재가 필요하다.

(2) 새로운 국가부흥전략을 제정해야 한다.

개혁개방 40년간 중국은 한편으로는 경제 규모에서 세계 2위 경제국으로 부상하였으며 다른 한편으로는 1인당 GDP, 기초기술, 소프트파워 등에서 선진국에 비해 여전히 큰 격차가 존재한다. 중국은 전략적 전환기와 전략적 방황기에 처하여 있으며, 해결해야 할 관건적인 문제는 새로운 국가부흥전략을 세우는 문제, 즉 미래 정치경제 정세의 변화 추세 및 세계 지도권의 교체에 직면하여 자국에 유리한 장원한 전략적 목표방향을 확정하는 것이다. 과거 영국의 대륙 세력의 균형, 미국의 고립주의, 중국의 재능을 드러내지 않고 때를 기다리는 것과 비슷하다.

(3) 중국이 처한 발전단계에 대한 명석하고 냉철하며 객관적인 인식을 갖추어야 하며, 3대 전략을 계속 견지하고 전략적으로 확고한 의지를 유지해야 한다.

3대 전략을 계속 견지해야 한다. 즉 반드시 겸손한 학습태도를 견지해야 하고, 반드시 계속 재능을 감추고 때를 기다려야 하며, 반드시 확고부동하게 새로운 한 차례의 개혁개방을 추진해야 한다.

(4) 6대 개혁을 추진하여 새로운 국제 삼각 분업에서 포위를 돌파해야 한다.

당면한 국제 분업 구도 속에서 형성된 새로운 삼각관계(미국을 금융과 과학기술혁신의 중심으로 하고, 일본과 독일을 첨단 제조업 중심으로 하며, 중국을 비롯한 동아시아 국가들을 중저가 제조업 중심으로 하는 것) 속에서 중국은 어떻게 해야 '외곽'으로부터 '중심'에 들어갈 수 있을까? 어떻게 해야 제조업 중심에서 혁신 중심과 금융 중심으로 들어갈 수 있을까? 또 어떻게 해야 추격자 신분이던 데서 일부 분야의 선두주자가 될 수 있을까?

미래를 내다보며 고품질 발전을 이루려면 국제 새 삼각관계 분업에서 돌파구를 찾아야 하며, 6대 개혁에서 돌파를 이루는 것이 시급하다. 지방 시행 방식을 통해 지방이 새로운 라운드의 개혁개방 속에서 적극성을 발휘하도록 동원해야 한다. 국유기업 개혁을 실현해야 한다. 서비스업을 대대적으로 대규모로 활성화해야 한다. 미시적 주체의 원가를 대규모적으로 낮춰야 한다. 중대한 위험을 방비, 해소하고 금융의 본원 회귀를 촉진하여 실물경제를 위해 더욱 잘 봉사하도록 해야 한다. "주택은 투기용으로 사용될 것이 아니라 주거용으로 사용되어야 한다"라는 정의에 따라 거주 지향적인 새로운 주택제도와 장기효과 메커니즘을 구축해야 한다. 관건은 통화금융의 안정과, 인구와 주택용지를 연결시키는 것이다.

(5) 인류운명공동체를 구축하고 세계의 아름다운 미래를 함께 열어나가야 한다.

중국은 어떻게 해야 세계적 시야에서 출발하여 자체 발전의 전략체계를 구축하고, 경제발전 전략과 정치·군사 발전 전략의 양호한 협동을 실현할 수 있을까? 어떻게 해야 새로운 정세에서 내정 및 외교

관계를 잘 처리할 수 있을까? 중국은 어떻게 글로벌 운영관리에 참여하여 더욱 큰 발전공간을 쟁취하고 상응하는 세계 책임을 담당할 것인가? 경제 글로벌화를 추진하고, 다자주의를 확고히 지지하며, 글로벌 운영관리체계의 개혁을 추진하는데 적극 참여하여 인류운명공동체를 함께 구축하고, 세계의 아름다운 미래를 함께 열어나가야 한다.

대도가 행해지면, 천하는 만인의 것이 된다.(大道之行, 天下爲公) 960여 만㎢의 드넓은 대지 위에 서서 5천여 년간 중화 민족이 긴 분투를 거쳐 쌓아온 문화의 양분을 섭취하면서 14억에 가까운 중국 인민이 방대한 역량을 집결하여 새로운 라운드의 개혁개방을 확고부동하게 추진한다면, 중국경제의 전환 발전은 반드시 성공을 이룰 것이다.

참고문헌

[미국] 알프레드 사이어 머핸(Alfred Thayer Mahan), 『해상 권력이 역사에 미치는 영향(1660~1783년)』, 리사오옌(李少彦) 등 역, 해양출판사 2013년.

[미국] 아서 루이스(William Arthur Lewis), 『성장과 파동』, 량샤오민(梁小民) 역, 화샤(華夏)출판사 1987년,

[영국] 앵거스 매디슨(Angus Maddison). 『세계경제 천년사』, 우샤오잉(伍曉鷹) 등 역, 베이징대학출판사 2003년.

[영국] 앵거스 매디슨, 『중국경제의 장기적 표현(기원 960~2030년)』, 우샤오잉·마더빈(馬德斌) 역, 상하이인민출판사 2016년.

[일본] 하마노 기요시(浜野潔) 등, 『일본 경제사: 1600~2000』, 펑시(彭曦) 등 역, 난징(南京)대학출판사 2010년.

[미국] 폴 케네디(Paul Michael Kennedy), 『강대국의 흥망』, 천징뱌오(陳景彪) 등 역, 국제문화출판회사 2006년.

[미국] 즈비그뉴 브레진스키(Zbigniew Kazimierz Brzezinski), 『거대한 체스판: 미국의 세계 일등 지위 및 지연 전략』, 중국국제문제연구소 역, 상하이인민출판사 2010년.

[미국] 찰스 P. 킨들버그(Charles P. Kindleberger), 『세계경제 패권: 1500~1990』, 가오쭈구이(高祖貴) 역, 상무인서관(商務印書館) 2003년.

[영국] 다윈, 『종의 기원』, 왕즈광(王之光) 역, 이린(譯林)출판사 2014년.

[영국] 해퍼드 매킨더(Halford Mackinder), 『역사의 지리 중추』, 저우딩잉(周定瑛) 역. 산시(陝西)인민출판사 2013년.

[미국] 헨리 키신저(Henry Alfred Kissinger), 『대외교』, 구수신(顧淑馨)·린톈구이(林添貴) 역, 하이난(海南)출판사 1998년.
[미국] 홀리스 체너리(Hollis Chenery) 등, 『산업화와 경제성장에 대한 비교연구』, 우치(吳奇) 등 역, 상하이 싼롄(三聯)서점 1989년.
[미국] 가브리엘 알몬드(Gabriel A. Almond) 등, 『당대 비교정치학: 세계의 시각』(제8판 갱신판), 양훙웨이(楊紅偉) 등 역, 상하이인민출판사 2010년.
[일본] 구보타 이사오(久保田勇夫), 『일미 금융전쟁의 진실』, 루먀오(路邈) 등 역, 기계공업출판사 2015년.
[스웨덴] 요한 루돌프 셸렌(Johan Rudolf Kjellen) 『유기체로서의 국가』, 1916년.
[독일] 마르크스, 『자본론』, 중국공산당 중앙위원회 마르크스·엥겔스·레닌·스탈린 저작 편역국 역, 인민출판사 2004년.
[미국] 마이클 G. 로스킨(Michael G. Roskin) 등, 『정치과학』 (제10 판), 린전(林震) 등 역, 중국인민대학출판사 2009년.
[미국] 조슈아 쿠퍼 레이모(Joshua Cooper Ramo), 『베이징 컨센서스』, 신화사(新華社) 『참고자료(參考資料)』 편집부 역, 2004년.
[미국] 새뮤얼 S. 헌팅턴(Samuel Huntington), 『문명의 충돌과 세계질서의 재편』(수정판), 저우치(周琪) 등 역, 신화(新華)출판사 2010년.
[일본] 미하시 게이히로(三橋規宏) 등, 『일본 경제 분석』, 딩훙웨이(丁紅衛)·후쭈어하오(胡左浩) 역. 칭화대학출판사 2018년.

[미국] 토니 주트(Tony Judt), 『전후 유럽사』, 린샹화(林驤華 등 역, 중신(中信)출판사 2014년.
[미국] W.W.로스토 (Walt Whitman Rostow), 『경제성장의 단계: 비공산당선언』, 궈시바오(郭熙保)·왕쑹마오(王松茂) 역, 중국사회과학출판사 2001년.
[일본] 이오키베 마코토(五百旗頭真) 책임 편집, 『전후 일본 외교사: 1945~2010』, 우완훙(吳萬虹) 역, 세계지식출판사 2013년.
[미국] 사이먼 쿠즈네츠(Simon Kuznets), 『각국의 경제성장』, 창쉰(常勳) 등 역, 상무인서관 1999년.
[영국] 애덤 스미스(Adam Smith), 『국가의 부(富)의 본질과 원천에 대한 탐구』, 궈다리(郭大力)·왕야난(王亞南 역, 상무인서관 1974년.
[일본] 노구치 유키오(野口悠紀雄), 『전후 일본경제사』, 장링(張玲) 역, 민주건설출판사 2018년.
[미국] 조지프 슘페터(Joseph Alois Schumpeter), 『경제 분석사』, 주양(朱泱) 역, 상무인서관 1996년.
[미국] 존 윌리엄슨(John Williamson), 『워싱턴 컨센서스』, 1989년.
[이탈리아] 줄리오 두에(Giulio Douhet), 『제공권』 차오이펑(曹毅風)·화런제(華人杰) 역, 해방군출판사 2005년.
차이린하이(蔡林海)·자이펑(翟鋒), 『실패의 전례: 일본 경제의 거품과 "잃어버린 10년"』 경제과학출판사 2007년.
허샤오쑹(何曉松), 『일미 정치경제마찰과 일본의 대국화: 1980년대를 중심으로』, 사회과학문헌출판사 2015년.
후팡(胡方), 『일미 경제마찰의 이론과 실태 일미 무역에 대한 우리나라의 대책과 건의』, 우한(武漢)대학출판사 2001년.
쉬메이(徐梅), 『일미 무역마찰 재검토』, 중국세무출판사 2016년.
자오진(趙瑾), 『글로벌화와 경제마찰: 일미 경제마찰의 이론과 실증연구』, 상무인서관 2002년.